贾东 主编 建筑与文化·认知与营造 系列丛书

U0195045

宋代城市形态
和官署建筑制度研究

袁 琳 著

中国建筑工业出版社

图书在版编目（CIP）数据

宋代城市形态和官署建筑制度研究/袁琳著． —北京：
中国建筑工业出版社，2013.9
（建筑与文化·认知与营造　系列丛书/贾东主编）
ISBN 978-7-112-15621-4

Ⅰ.①宋…　Ⅱ.①袁…　Ⅲ.①城市史-建筑史-研究-中
国-宋代　Ⅳ.①TU-098.12

中国版本图书馆CIP数据核字（2013）第162072号

责任编辑：唐　旭　张　华
责任校对：陈晶晶　王雪竹

建筑与文化·认知与营造　系列丛书
贾东　主编

宋代城市形态和官署建筑制度研究

袁　琳　著

＊

中国建筑工业出版社出版、发行(北京西郊百万庄)
各地新华书店、建筑书店经销
北京嘉泰利德公司制版
北京中科印刷有限公司印刷

＊

开本：787×1092毫米　1/16　印张：$17\frac{1}{2}$　字数：400千字
2013年11月第一版　2013年11月第一次印刷
定价：58.00元
ISBN 978-7-112-15621-4
　　　　（24246）

总　序

人做一件事情，总是跟自己的经历有很多关系。

1983年，我考上了大学，在清华大学建筑系学习建筑学专业。

大学五年，逐步拓展了我对建筑空间与形态的认识，同时也学习了很多其他的知识。大学二年级时做的一个木头房子的设计，至今还经常令自己回味。

回想起来，在那个年代的学习，有很多所得，我感谢母校，感谢老师。而当时的建筑学学习不像现在这样，有很多具体的手工模型。我的大学五年，只做过简单的几个模型。如果大学二年级时做的那一个木头房子的设计，是以实体工作模型的方式进行，可能会更多地影响我对建筑的理解。

1988年大学毕业以后，我到设计院工作了两年，那两年参与了很多实际建筑工程设计。而在实际建筑工程设计中，许多人关心的也是建筑的空间与形态，而设计人员落实的却是实实在在的空间界面怎么做的问题，要解决很多具体的材料及其做法，而多数解决之道就是引用标准图,通俗地说，就是"画施工图吹泡泡"。当时并没有意识到，这种"吹泡泡"的过程其实是对于建筑理解的又一个起点。

1990年~1993年，我又回到了清华大学，跟随单德启先生学习。跟随先生搞的课题是广西壮族自治区融水民居改造，其主要的内容是用适宜材料代替木材。这个改进意义是巨大的，其落脚点在材料上。这时候再回味自己前两年工作实践中的很多问题，不是简单地"画施工图吹泡泡"就可以解决的。自己开始初步认识到，建筑的发展，除了文化、场所、环境等种种因素以外，更多的还是要落实到"用什么、怎么做、怎么组织"的问题。

我的硕士论文题目是《中国传统民居改建实践及系统观》。今天想来，这个题目宏大而略显宽泛，但另一方面，对于自己开始学习着去全面地而不是片面地认识建筑，其肇始意义还是很大的。我很感谢母校与先生对自己的浅薄与锐气的包容与鼓励。

硕士毕业后，我又到设计院工作了八年。这八年中，在不同的工作岗位上，对"用什么、怎么做、怎么组织"的理解又深刻了一些，包括技术层面的和综合层面的。有一些专业设计或工程实践的结果是各方面的因素加起来让人哭笑不得的结果。而从专业角度，我对于"画施工图吹泡泡"，有了更多的理解、无奈和思考。

随着年龄的增长及十年设计院实际工程设计工作中，对不同建筑实践进一步的接触和思考，我对材料的意义体会越来越深刻。"用什么、怎么做、怎么组织"的问题包含了诸多辩证的矛盾，时代与永恒、靡费与品位、个性与标准。

十多年以前，我回到大学里担任教师，同时也参与一些工程实践。在这个过程中，我也在不断地思考一个问题——建筑学类的教育的落脚点在哪里？

建筑学类的教育是很广泛的。从学科划分来看，今天的建筑学类有建筑学、城市规划、风景园林学三个一级学科。这三个一级学科平行发展，三者同源、同理、同步。它们的共同点在于，都有一个"用什么、怎么做、怎么组织"的问题，还有对这一切怎么认知的问题。

有三个方面，我也是一直在一个不断认知学习的过程中。而随着自己不断学习，越来越体会到，我们的认知也是发展变化的。

第一个方面，建筑与文化的矛盾。

作为一个经过一定学习与实践的建筑学专业教师，自己对建筑是什么、文化是什么是有一定理解的。但是，随着学习与研究的深入，越来越觉得自己的理解是不全面的。在这里暂且不谈建筑与文化是什么，只想说一下建筑与文化的矛盾。在时间上，建筑更是一种行为，而文化更是一种结果；在空间上，建筑作为一种物质存在，它更多的是一些点，文化作为一种精神习惯，它更多的是一些脉络。就所谓的"空"和"间"两个字而言，文化似乎更趋向于广袤而延绵的"空"，而建筑更趋向于具体而独特的"间"。因而，在地位上，建筑与文化的坐标体系是不对称的。正因为其不对称，却又有着这样那样的对应关系，所以建筑与文化的矛盾是一系列长久而有意义的问题。

第二个方面，营造的三个含义。

建筑其用是空间，空间界面却不是一条线，而是材料的组织体系。

建筑其用不止于空间，其文化意义在于其形态涵义，而其形态又是时间的组织体系。

对营造的第一个理解，是以材料应用为核心的一个技术体系，如营造法式、营造法则等。中国古代建筑的辉煌成就正是基于以木材为核心的营造体系的日臻完善。

对营造的第二个理解，是以传统营造为内容的研究体系，如先辈创办的中国营造学社等。

对营造的第三个理解，则是符合人的需要的、各类技术结合的体系。并不是新的快的大的就是好的。正如小的也许是好的，我们认为，慢的也许是更好的。

至此，建筑、文化、认知、营造这几个词已经全部呈现出来了。

对建筑、文化、营造这三个概念该如何认知，是建筑学类教育的一个基本命题。

第三个方面，建筑、文化、认知、营造几个词汇的多组合。

建筑、文化、认知、营造几个词汇产生很多组合，这里面也蕴含了很多互动关系。如，建筑认知、认知建筑，建筑营造、营造建筑，建筑文化、文化建筑，文化认知、认知文化，文化营造、营造文化，认知营造、营造认知，等等。

还有建筑与文化的认知，建筑与文化的营造，等等。

这些组合每一组都有一个非常丰富的含义。

经过认真的考虑，把这一套系列丛书定名为"建筑与文化·认知与营造"，它是由四个关键词组成的，在一定程度上也是一种平行、互动的关系。丛书涉及建筑类学科平台下的建筑学、城乡规划学、风景园林学三个一级学科，既有实践应用也有理论创新，基本支撑起"建筑、文化、认知、营造"这样一个营造体系的理论框架。

我本人之《中西建筑十五讲》试图以一本小书的篇幅来阐释关于建筑的脉络，试图梳理清楚建筑、文化、认知、营造的种种关联。这本书是一本线索式的书，是一个专业学习过程的小结，也是一个专业学习过程的起点，也是面对非建筑类专业学生的素质普及书。

杨绪波老师之《聚落认知与民居建筑测绘》以测绘技术为手段，对民居建筑聚落进行科学的调查和分析，进行对单体建筑的营造技术、空间构成、传统美学的学习，进而启迪对传统聚落的整体思考。

王小斌老师之《徽州民居营造》，偏重于聚落整体层面的研究，以徽州民居空间营造为对象，对传统徽州民居建筑所在的地理生态环境和人文情态语境进行叙述，对徽州民居展开了从"认知"到"文化"不同视角的研究，并结合徽州民居典型聚落与建筑空间的调研展开一些认知层面的分析。

王新征老师之《技术与今天的城市》，以城市公共空间为研究对象，对 20 世纪城市理论的若干重要问题进行了重新解读，并重点探讨了当代以个人计算机和互联网为特征的技术革命对城市的生活、文化、空间产生的影响，以及建筑师在这一过程中面临的问题和所起到的作用，在当代建筑和城市理论领域进行探索。

袁琳老师之《宋代城市形态和官署建筑制度研究》，关注两宋的城市和建筑群的基址规模规律和空间形态特征，展示的是建筑历史理论领域的特定时代和对象的"横断面"。

于海漪老师之《重访张謇走过的日本城市》，对中国近代实业家张謇于 20 世纪初访问日本城市的经历进行重新探访、整理、比较和分析，对日本近代城市建设史展开研究。

许方老师之《北京社区老年支援体系研究》以城市社会学的视角和研究方法切入研究，旨在探讨在老龄化社会背景下，社区的物质环境和服务环境如何有助于老年人的生活。

杨鑫老师之《经营自然与北欧当代景观》，以北欧当代景观设计作品为切入点，研究自然化景观设计，这也是她在地域性景观设计领域的第三本著作。

彭历老师之《解读北京城市遗址公园》，以北京城市遗址公园为研究对象，研究其园林艺术特征，分析其与城市的关系，研究其作为遗址保护展示空间和城市公共空间的社会价值。

这一套书是许多志同道合的同事，以各自专业兴趣为出发点，并在此基础上的不断实践和思考过程中，慢慢写就的。在学术上，作者之间的关系是独立的、自由的。

这一套书由北京市教育委员会人才强教等项目和北方工业大学重点项目资助，以北方工业大学建筑营造体系研究所为平台组织撰写。其中，《中西建筑十五讲》为《全国大学生文化素质教育》丛书之一。在此，对所有的关心和支持表示感谢。

我们经过探讨认为，"建筑与文化·认知与营造"系列丛书应该有这样三个特点。

第一，这一套书，它不可能是一大整套很完备的体系，因为我们能力浅薄，而那种很完备的体系可能几十本、几百本书也无法全面容纳。但是，这一套书之每一本，一定是比较专业且利于我们学生来学习的。

第二，这一套书之每一本，应该是比较集中、生动和实用的。这一套书之每一本，其对应的研究领域之总体，或许已经有其他书做过更加权威性的论述，而我们更加集中于阐述这一领域的某一分支、某一片段或某一认知方式，是生动而实用的。

第三，我们强调每一个作者对其阐述内容的理解，其脉络要清楚并有过程感。我们希望这种互动成为教师和学生之间教学相长的一种方式。

作为教师，是同学生一起不断成长的。确切地说，是老师和学生都在同学问一起成长。

如前面所讲，由于我们都仍然处在学习过程当中，书中会出现很多问题和不足，希望大家多多指正，也希望大家共同来探究一些问题，衷心地感谢大家！

贾　东

2013 年春于北方工业大学

序

记得当代美国建筑史学家里克沃特在一篇文字中曾说过一句话,大意是:一切知识,说到底都是历史知识。一个伟大民族,最重要的记忆,莫过于它那曾经辉煌或曲折的历史。建筑历史,作为人类建造活动史,同时也是一种文明史与艺术史的记录与研究,已经有数百年时间了。由梁思成等老一辈学者开创的中国建筑史学科,也有近100年的时间。老一辈学者的研究,筚路蓝缕,煌煌伟业,终于使独树一帜的中国古代建筑侧身世界建筑之林。然而,现在的中国建筑史研究却越来越被挤压得几乎没有任何空间。中国大学艺术学科至今都没有专攻建筑史的艺术史专业研究方向,大学建筑系建筑史学科,也渐渐被具有强烈功利性目标的历史保护、保护规划等新兴的学科所覆盖。甚至有学者认为,建筑史学已经开始成为隐学。

所幸的是,这一观点并不被许多有志青年所认同。尽管这是一门需要多年的辛苦积淀,常年坐冷板凳的学科,仍然有不少有志于中国建筑史学术事业的年轻学者积极投身于兹。不畏学术研究的艰辛,不惧学科被冷遇的压力,不受诱人商业大潮的纷扰。正应了孔老夫子赞美颜回的那句话:"一箪食,一瓢饮,在陋巷,人不堪其忧,回也不改其乐也。"我所熟悉的那些致力于建筑史研究的博士生之中,不乏这样一些执着坚持,苦心向学的青年才俊。这或许就是这个学科的希望所在,也是中国古代建筑文明最终有可能进一步发扬光大,为世界所认知的希望所在。

这本书的作者袁琳博士,就是这样一位潜心于中国古代建筑史研究的年轻人。她的博士论文,数年磨一剑,不仅获得了同行专家们的充分肯定,而且,令人感到欣喜的是,刚刚到任新工作岗位,她所在的北方工业大学建筑学院领导,就慧眼识珠,将她的博士论文作为专著纳入近期学院组织的出版计划之中。

袁琳就读于清华大学建筑学院,本科毕业后,因学习成绩优异直推博士研究生,开始接触建筑史领域,一晃七年过去,先后完成了硕士与博士论文。毕业并获得清华大学博士学位后,进入北方工业大学从事教学工作。在学校方面拟将其这本专著出版之际,她邀我作序,虽百事纷繁,但考虑到这是学界新人的一部新作,其事虽小,意义兹大,也就愉快地答应了。

袁琳的这本专著,是我曾经主持的国家自然科学基金支持项目中的子课题之一。这一基金项目研究的核心问题是中国古代城市与建筑在平面维度上的基址规模问题,传统中国是一个农业国家,古代农业的"田"字形土地划分模式,早在西汉时代就确立了"营邑立城,制里割宅"的古代城市与建筑规划设计理念。中国古代建筑多以组群方式存在，建筑组群以院墙为边界，诸多的院落，又以里坊的形式，构成城市的单元，进而形成整体城市空间。因而，中国古代建筑，不惟体现在体量与造型的奇巧上，也更多体现在围绕建筑物的组群与庭院所占的基址规模上。围绕这一研究方向，课题组展开了不同时代、不同类型、不同手段的探讨。这本书就是将宋代的府衙与皇城，作为一个建筑空间单元，进行的初步探讨。

中国古代建筑史研究，一向以唐宋建筑的研究难度为大，因其历史较为久远，若有一些新见解，其学术成果也会较大。袁琳的这本书对宋代官署建筑进行了较为全面、系统的探讨，特别是对一些前人的研究总结进行了分析和批判，并在对现有实物、文献资料进行整理、分析的基础上提出了一些新的见解，弥补了这一研究领域的某些不足。她的研究中，对皇宫与中央官署的关系，对北宋皇宫的营建以及内部组成的推测，以及对两座重要宋代府衙的复原研究、基址规模的探讨，都是此前研究中未曾涉及或未能解决的问题。这本书在中国古代城市史领域，对于古代城市形态演进的方式，也都进行了一些较有深度和价值的探索。

中国建筑史，经过梁思成、刘敦桢二位学界巨擘的开拓与建树，完整建构了中国建筑史学科基本框架，解析了清式营造则例与宋营造法式两种基本法式制度。经过近百年的披荆斩棘，无论在研究领域与研究对象的拓展上，还是在研究视角与研究方法的深度上，中国建筑史研究的体系和框架已呈现枝繁叶茂、欣欣向荣的局面。越来越多的人认识到，建筑历史研究，不仅仅是孤立建筑物的案例研究，更是人类历史与文化史的一个重要环节，是民族与社会对自己历史文化理解与审视的重要工具，是社会自我认知的镜子。在当下略显浮躁的社会与文化环境下，从事建筑史与建筑理论研究不仅需要付出苦涩和艰辛，更加需要平和的心态和坚持的信念。

袁琳的这本书，毕竟是她步入学术殿堂的第一步，今后的道路仍然艰难而长远。开始迈开最初的一步并不难，难就难在很多年锲而不舍的坚持。唯一的希望是，像袁琳这样已经踏入建筑史学之门的莘莘学子，能够在这条并不平坦的道路上坚持不懈、踏踏实实地走下去。

谨以此为序，权作为青年建筑史学者们的鼓吹呐喊。

清华大学建筑学院　王贵祥

2013 年 1 月

于清华园荷清苑

目　录

下篇 基址与格局

第1章 引 言

1.1 本书的研究对象

  本书是一部城市史视角下针对特定建筑类型的断代史研究。长期以来，在城市史研究领域，对宋代城市的研究多集中于经济体制变革背景下的城市形态变化，如里坊制、官市制的瓦解、"商业变革"、市镇兴起，或是宋金交战军事背景下的城池和边防体系研究等，而对政治体制变革所带来的城市格局变化，尤其是宋代地方城市核心空间——子城及内部格局的变化研究较少。本书正是尝试从政治制度入手来解读两宋官署建筑，考其形态，究其制度。

  官署是个较为现代的词语。官署建筑用今天的语言可以理解为行政机构，是国家或地方的管理机构行使政令的地方。从建筑学的角度，今天的官署建筑具有明确、单一的建筑功能，其空间范畴是较为清晰明确的。中国古代官署建筑与现代意义上的官署建筑，在所指代的范围与建筑功能上有较大差异。官署发展至今天有明确的功能和空间限定，经历了复杂的流变过程。

  官署在古代多称"衙署"，衙署的定义是："中国古代官吏办理公务的处所。《周礼》称官府，汉代称官寺，唐代以后称衙署、公署、公廨、衙门。"[1] "衙"源自"牙"：古时，天子或将帅巡行出征，多立旗以为营门，称为牙门。唐时，衍生出牙城、牙兵、牙将，形成军、财、政三权独立性很强的城市牙城空间。《资治通鉴》胡三省注云："凡大城谓之罗城，小城谓之子城，又有第三重城以卫节度使居宅，谓之牙城。"[2] 史籍中"牙"、"衙"互用，渐变为"衙门"、"府衙"、"公府"：唐封演《封氏闻见记·公牙》："近俗尚武，是以通呼公府为公牙，府门为牙门。字稍讹变转而为'衙'也。"[3]《唐语林》："近代通谓府庭为公衙。"[4] 至北宋，逐渐通用"衙门"，由于北宋奉行文官治郡，此称谓也扩大至不论文武的官府。明清延续了这一称谓，官府或称衙门、衙署、公廨、公署。进入民国时期，"衙门"一词废止，地方官府用政府称谓。综上，"衙"最初的空间之所指实为牙城，牙城不仅包括治事之所，还是一个具有多种功能的综合空间。

  "署"即机构，其含义古今变化不大：汉代于宫廷置画室等署，掌宫内事务，

---

① 傅熹年等.中国大百科全书.建筑、园林、城市规划卷.
② 转引自：郑天挺，吴泽，杨志玖.中国历史大辞典.上卷.上海：上海辞书出版社，2000:432.
③ 孙永都，孟昭星.中国历代职官知识手册.天津：百花文艺出版社.2006:198.
④ [宋]王谠.唐语林.卷八.北京：中华书局，2007.

还有武库署，北齐以后，诸寺、诸监所属都有署；唐代有武器署、甲坊署及弩坊署。[1]其空间所指对应为具体的行政机构建筑群。

可见，古人对"衙署"的理解，是包括了"牙城"和"机构"两种不同范畴的建筑群体，从城市用地上，包括部分城墙、府州县治所、各类公署机构、官廨、部分官寺、仓库、场务、亭馆等，从建筑功能上，涉及军事、政治、宗教、礼仪等诸多建筑功能。"衙"从空间上有较为明确和独立的限定（牙城），是狭义定义，而"署"从功能上指出了官署建筑的功能本质，是广义定义，此功能对应的空间有多样化的表现，如两宋时期，中央官署部分在皇宫内，部分在皇宫外，地方治所大多在子城内，地方的其他官署机构，如通判厅、转运司衙及仓场库务。

目前，对衙署建筑的研究往往倾向将研究简化或偏向为"衙"的空间研究，而往往忽略了"署"的制度研究。因为衙城（子城）是唐宋时期城市营建的主体结构，聚一国、州之精华，决定了古代城市的主要空间形态，衙署（治所）在城市格局中往往占有显要的位置，在空间形态上较为完整、独立和具有共性。从"署"的角度来看，所有两宋官员所使用的治事机构都可以算作宋代官署建筑，"署"在空间上不是完整、统一和独立的，而是分散变化的。官署的设置受政治制度等因素影响，但官署建筑空间形态是如何产生影响，产生什么样的影响，则不能一概而论，尚需要进一步研究。

从所指代的范围来说，本书的研究范围包括：两宋都城内的中央官署和两宋地方城市中的地方官署建筑。从重要性来说，本研究最为重点的对象是地方城市中的治所。

鉴于宋代官署建筑遗构和具体形象的稀少，本研究不在建筑形制层面做深究。研究也将舍弃以下这部分"官宇"：官寺、府学、庙学、军营等。因为从空间分布、功能及制度上，这部分"官宇"都具有较独立的特点，这一点也可以从唐宋诏令的分类看出来，学舍、仓库等功能建筑有独立于官署的单独的令："《天圣令》现存令文来看，学舍的营修见于《杂令》，仓庾之营修则见于《仓库令》……见于《营缮令》者仅地方州县公廨，则应以州宅、廨署为主。"[2]

1.2 研究的意义及背景

从建筑史研究的角度来看，相对宫殿建筑、宗教建筑、陵墓建筑和园林建筑等较成熟的研究题材，官署建筑题材的研究及成果相对薄弱。因两宋官署建筑的考古资料及建筑遗存稀缺，对其营建的文献记录相对较少，也较为分散，目前的实物和文献资料尚不足以支撑对宋代官署建筑做建筑层面（如建筑的风格、比例、

---

① 俞鹿年.中国官制大辞典：上卷.哈尔滨：黑龙江人民出版社，1992:563. 季德源.中华军事职官大典.北京：解放军出版社，1999:300.

② 牛来颖.唐宋州县公廨及营修诸问题 // 荣新江.唐研究.第十四卷.北京：北京大学出版社，2008.

材分及制度等）的研究。从城市史视角来看，在中国古代城市建设史上，两宋朝没有出现隋唐（如都城长安之营建）和明代（如九里十三步之建城运动）这样或大规模或大范围的城市营建"大事件"，在许多历史名城（如南京、成都、洛阳、大同等）的历史地理文献中，相比于其他朝代，两宋阶段城市变动的记载相当少，甚至两都（北宋汴梁、南宋临安）皇宫皆因袭前朝地方城市官署，并没有新建。从另一方面看，宋代经济、社会、文化等人文方面的活动却相当丰富，城市面貌更加生动地出现在宋代绘画、方志和文人笔记中，我们对宋代城市的了解，可能比其他朝代的城市更加立体。这些材料也说明了宋代城市营建可能出现了新的特点，即城市营建重点从"官方营建"转为"民众参与"。鉴于上述文献信息不对称的情况，我们无法像研究唐长安的里坊一样对一个宋代城市展开如此深入的空间分析，无法具体图解出里坊是如何瓦解的，也无法还原出在文献中鲜有记载的"民众参与"建设的城市空间，或许还可以有更合适的研究角度来还原这个动态过程。因此从城市史研究的角度来看，对宋代官署建筑的研究或许是解读宋代城市空间形态特征的一把关键钥匙。

从宋史研究的角度来看，经历了立足史实、总结归纳的阶段[1]以后，目前宋史研究开始出现借助其他学科综合分析的新方向，以日本宋史学界的加藤繁、梅原郁及新一批学者平田茂树、久保田和男等为代表。

综上所述，研究两宋官署建筑的角度和方法尚有空白可填。笔者关注官署建筑的政治相关属性，寻找政治制度对官署建筑形态和制度的影响，尝试在历史学者之于制度和建筑史学者之于形制之间，建立研究框架，试图发现以下问题的答案：国家行政制度和政治思路是否对城市建设及官署建筑制度有直接或间接影响？具体的政治事件、营建方式对于城市和官署的形态有哪些直接影响？相比于商品经济自下而上对城市形态的影响，政治制度又是如何对城市形态产生影响的？

1.3 研究的时空范围

在时间限定上，"宋代"一词有广义和狭义两层含义，前者泛指公元 10~13 世纪我国古代多民族政权如两宋、辽、金、西夏并存的整个历史阶段，而后者单指赵氏王朝[2]。本书研究狭义的两宋赵氏王朝时代：公元 960 年赵匡胤陈桥兵变

---

[1] 包伟民. 视角、史料与方法：关于宋代研究中的"问题". 历史研究，2009(6)："大体说，目前关于宋代史的研究有三类情况：一是基本按传统史学叙述的路径，以"讲清楚"史实为主要目的，如各种国家制度的阐释，人物生平介绍与评价，事件过程铺叙等等；二是延续前人——包括两宋时期人——观察这一段历史的一些归纳性议论，来展开讨论，如强干弱枝、崇文抑武、积贫积弱、国用理财、田制不立、士风人心、忠奸清浊等等；三是借用现代社会科学的概念，将其应用到宋代史研究领域之中，如较早形成的一个重要论题是"经济重心南移"，此外如政治制度、社会结构、民族关系、思想流派、商品经济等等，都是如此。近年来因受时势及海外学术的影响，有一些时新的论题越来越流行，如基层社会、经济开发、城乡关系、士大夫（精英）政治等等。"

[2] 包伟民. 视角、史料与方法：关于宋代研究中的"问题". 历史研究，2009(6).

夺取皇权，建立宋朝，史称北宋，公元 1127 年，金朝军队攻占汴京，掳走宋徽宗和宋钦宗，北宋灭亡，同年高宗赵构在南京（今河南商丘）称帝，是为南宋，1279 年，帝昺在元军追击下投海殉难，南宋亡国，宋朝前后 320 年。

另外，宋王朝前承晚唐、五代，宋初的许多开国制度需要从唐制和五代的变革中去寻根溯源，邓小南先生认为："中晚唐、五代乃至北宋初期（太祖、太宗朝至真宗朝前期）应该属于同一研究单元。"[①] 陈寅恪先生亦认为："唐代之史可分前后两期，前期结束南北朝相承之旧局面，后期开启赵宋以降之新局面，关于政治社会经济者如此，关于文化学术者莫不如此。"[②] 因此，本研究的时间段上限外延自晚唐五代起。宋末元初兵乱对城市造成了很大的破坏，明代方重建制度，可以说是大破大立的过程，和唐、五代及宋的继承发展模式有很大不同。

在空间限定上，两宋疆域和今天的中国疆域有较大差别，北宋和南宋疆域亦有较大差别。北宋经太祖、太宗二朝，结束五代分裂，形成中原初步统一的局面："宋太祖初受周禅，承五季之后，割据者尚多，太祖努力削平，巴、蜀、荆、湖、江南、广南渐次内属。太宗继之，而陈洪进、钱俶等相继献地入朝，及平北汉，宇内乃复归于一统，五十余年之分裂局面，至此遂告一段落焉。"[③] 在建国百年后，神宗朝间，疆域方达到较稳定的状态："大抵宋有天下三百余年，由建隆初讫治平末，一百四年，州郡沿革无大增损……"[④]

北宋都开封，疆域范围具体为："东、南至海；北以今天津海河、河北霸州、山西雁门关一线与辽接界；西北以陕西横山、甘肃东部、青海湟水流域与西夏、吐蕃接界；西南以岷山、大渡河与吐蕃、大理接界；以广西与越南接界。"[⑤] 南宋都临安，与金的边界线南退至淮河、秦岭一带，东南、西南疆域界限同北宋。

1.4　文献综述

建筑史界对官署建筑的研究始于刘敦桢《大壮室笔记》列《两汉官署》，书中归纳了《汉书》《后汉书》等史籍中的相关记载，考证了丞相府、幕府（将军府）、官寺等衙署机构的形制。在考古资料稀缺的状况下，从文献中辑录、考证和还原官署制度无疑是研究官署建筑最为重要的开端。

对于和宋代官署建筑制度有密切关系的唐子城制度，宿白和郭湖生先生分别从考古和文献角度对隋唐至元明的城市作了类型上的研究。其中，宿白先生对城

① 邓小南. 走向"活"的制度史——以宋代官僚政治制度史研究为例的点地思考. 宋代制度史百年研究. 上海：商务印书馆，2004.
② 陈寅恪. 金明馆丛稿初编. 上海：上海古籍出版社，1980：296.
③ 顾颉刚，史念海. 中国疆域沿革史. 上海：商务印书馆，1999：156.
④ 郭黎安. 宋史地理志汇释. 合肥：安徽教育出版社，2003：9.
⑤ 郑天挺，吴泽，杨志玖. 中国历史大辞典. 上卷. 上海：上海辞书出版社，2000：1563.

墙和道路构成的城市结构作了归纳和总结 [1]，郭湖生先生对子城制度展开了溯源和研究 [2]。子城制度是在中古城市研究中文献和考古恰能互相佐证之最佳尺度和视角。

关于唐宋官署建筑之格局，傅熹年先生在《中国古代城市规划建筑群布局及建筑设计方法研究》中概括："宋代衙署目前只能在南宋镌平江府图碑和一些明代志书的古图中略知其大致情况" [3]，并总结了唐宋中央官署和地方城市子城内衙署的基本形制：

"唐宋时期，大型中央官署中轴线上建主院，院内建正堂后堂，要经外门、院门二重门才可到正堂前。另外主院之左右侧各建一至数行前后相重的小院，安排各职能部门。唐宋时最高行政机构尚书省都是这样布置。地方官署除主院左右侧有若干小院外，后部也建一些小院，为官员住宅。建在子城内的衙署其正门即为城楼，称谯门或谯楼，上有报时的谯鼓……又称鼓角楼。州府级城市谯门下开二门洞，称双门，县级城市只开一门洞。谯门外左右还建二亭，一般名颁春、宣诏，带有礼仪性质。" [4]

刘敦桢先生在《苏州古建筑调查记》中，以平江府图碑为资料，对平江府衙署展开了考证和研究；郭黛姮先生主编的《中国古代建筑史·第三卷（宋、辽、金、西夏建筑）》对临安府、静江府、平江府等地方城市的沿革、布局进行归纳，对子城中的衙署布局进行了详细的描述；王贵祥先生的《中国古代建筑基址规模研究》第六章"宋元时代的第宅署廨建筑"，总结了建康府、临安府等衙署建筑群的基址规模及规律。

关于衙署建筑单体的建筑形制和院落布局，不是本书的研究重点。现存的衙署建筑实例非常有限，宋代遗构完全没有，元代仅有一孤例；而宋代衙署考古，仅发现于洛阳（1996）、杭州（2000）、南京（2009）、重庆（2011），均没有整体挖掘。总体而言，宋代衙署建筑的实物不具备足够数量的综合分析样本。北京大学的李志荣先生在其博士论文《元明清华北华中地方衙署个案研究》中，从考古材料出发，对尚有遗构的元、明、清三代华北华中地区的八个衙署案例——霍州署、绛州署、顺天府署、南阳府署、蔚州署、广宗县署、直隶总督署、内乡县署进行了逐一研究，考证了它们的遗迹和布局沿革，提出了在历史发展中，衙署建筑的大堂承继前朝和建筑规制下降两个结论，并发现了元明清时期衙署建筑形制比同时期其他公共建筑形制等级偏低的现象，这一结论对宋代官署建筑形制的

---

[1] 宿白.隋唐城址类型初探// 北京大学考古系.纪念北京大学考古专业三十周年论文集.北京：文物出版社，1990.

[2] 郭湖生.中华古都.台北：空间出版社，2003：57.

[3] 傅熹年.中国古代城市规划建筑群布局及建筑设计方法研究（上）.北京：中国建筑工业出版社，2001：82.

[4] 傅熹年.中国古代城市规划建筑群布局及建筑设计方法研究（上）.北京：中国建筑工业出版社，2001：82.

推测和归纳具有重要启示作用。此外，李志荣先生还对部分明清衙署实例（如霍州州署、内乡县衙）进行了个案研究。研究明清衙署实例的学者还有姚柯楠、胡介中、李德华、赵鸣、张海英等。

关于宋代城市，不少宋代重要城市都有专门的论著。如北宋都城汴梁，已有中国大陆、中国台湾、日本的不同时代学者多角度的研究成果：周宝珠的《宋代东京研究》（城市史）、刘春迎《北宋东京城研究》（考古）；中国台湾郑寿彭的《宋代开封府研究》（制度），日本久保田和男《宋代开封府研究》（空间）。南宋行都临安及其他地方城市尤其是宋代江南城市的研究成果亦相当丰富，此不赘述。

总体说来，建筑史领域的学者关注于官署建筑的历史变迁、空间形态和建筑制度，以及在此基础上，对城市—里坊（坊厢）—建筑群—合院—建筑这一空间体系的各种问题的深入研究。

历史学界对唐宋时期官署建筑相关的史料挖掘和整理上有重要贡献，重要论文有牛来颖的《唐宋州县公廨及营修诸问题》[1]和中国台湾学者江天健的《宋代地方官廨的修建》[2]。

牛来颖参与整理和研究了《天圣营缮令》，他对《天圣令》中与地方官廨营修相关的条目进行了逐条解读，在此基础上，他的《唐宋州县公廨及营修诸问题》一文，挖掘了许多唐宋地方城市衙署和公廨的文献资料，并对戟门（仪门）、设厅、吏舍、甲仗库、军资库等条目做了考证，得出宋代地方官廨在唐创立营筑的基础之上，不做彻底颠覆，有明显的继承特点。[3]

台湾学者江天健以宋代方志中的府廨地图和宋代官员的政治活动为线索展开研究。他对宋代地方官廨的格局做了重要总结：

"宋代郡治官廨大都在子城立面，位置坐北朝南，从仪门进入，仪门之外两侧有手诏、颁（班）春两亭，设厅直对仪门，为郡署办公地方，仪门与设厅之间，树立官箴戒石；设厅后面有宅室、堂庑、楼阁、亭榭、水池等建筑物，便厅则为休息宴游的场所，一些郡治里面还有郡圃。简而言之，当时地方官廨系办公厅舍、生活住宅及园林院落等所组成的建筑群体，包含了处理公务、家居生活、休闲游憩以及招待宾客等空间功能。"[4]

---

[1] 牛来颖.唐宋州县公廨及营修诸问题//荣新江.唐研究.第十四卷.北京：北京大学出版社，2008：345-364.

[2] 江天健.宋代地方官廨的修建//台湾大学历史系.转变与定型：宋代社会文化史学术研讨会论文集（宋史研究集31辑）.2000：445-474.

[3] 牛来颖.唐宋州县公廨及营修诸问题//荣新江.唐研究.第十四卷.北京：北京大学出版社，2008：354.从唐宋地方官廨的格局来看，因宋代官制变化所形成的厅司机构变化之外，就基本功能和格局来看有许多共同点，宋在唐创立营筑的基础上，往往"易庳陋为高广，更坏复葺"，不做彻底颠覆，所以有着明显的继承性。同时与后代衙所形成的布局模式比较来看，唐宋时期的官署建设还处在逐渐规整划一的过程中，例如其中关于县尉、县丞和主簿厅事的设置还不统一，未形成明清建筑中县丞居东、主簿居西的以左为尊的程式化设计。

[4] 江天健.宋代地方官廨的修建//转变与定型：宋代社会文化史学术研讨会论文集.宋史研究集31辑.2000：445-474.

1.5　研究资料

本研究所使用的文献主要包括历史文献和现当代学者的研究成果。其中，相关的历史史料主要有文献史料和实物史料，文献史料包括各类政书、类书、正史、方志、笔记、文集等，实物史料包括各类遗物、遗址、建筑、碑刻、雕塑和绘画等。

在历史文献资料中，唐宋时期的厅壁记和两宋时期的地方志为本研究提供了重要的线索和相对系统的基础资料。

（1）唐宋时期的厅壁记

唐宋时期有在官署厅堂墙壁上题写文章的习惯，这一习惯成为规定，则始于后唐长兴二年（931年），唐明宗诏："记有司及天下州县，于律、令、格、式、《六典》中录本局公事，书于厅壁，令其遵行。"[①]

这类由官员撰写，书于厅壁的文章称为厅壁记，常被收录在各类文集中。厅壁记的内容不外乎：官署创建之来龙去脉、官署所对应职官的建置沿革和职责，历代任职的官员情况，官署建筑营建的情况和建成后的官署格局，以及借题发挥的治国、为官之感想等。厅壁记为了解彼时彼地的营建政策、营建方式、营建过程以及格局提供了许多信息。

相关文章较集中的文献如：李昉《文苑英华》卷八百至卷八百十一、林表民《赤城集》、楼钥《攻媿集》卷五十八、姚铉《唐文粹》卷七十二、七十三，以及收录在《全唐文》、《全宋文》文人文集中的相关文人笔记。

（2）宋代方志

宋代方志在中国方志史上占有重要地位。宋代以前的地方志散佚殆尽，存世极少，而另一方面，宋元之后的方志量增质减，明清方志地图的质量较宋代方志地图有很大下降。现存相当一部分宋代方志保留了图经体例，存有高质量的城市舆图，往往图文并茂，无论从资料性还是文学性来说都保持了很高的水准。

在宋代方志地图中，与官署建筑研究关系密切的地图主要有两类：城市地图和官署地图，它们均属于不计里画方的平面地图，虽然对其量化分析的研究存在着很难突破的瓶颈，但这些城市地图的描述对象有山川境域、城池、宫城、官府，主要绘图要素有城墙、山水、府治、府学、社稷坛庙、坊厢的位置、边界和文字标记，主要反映城市的平面格局；官署地图则以建筑物作为主要制图要素，辅以道路、院墙、城墙、河流、树木和文字标记，主要表示建筑布局，多用立面和平面相结合的绘制方法，主要反映官署建筑的院落布局和部分建筑形象。这两类地图传达了强烈的主观表述，可以给政治制度方面的研究带来一些启示。

另外，元、明时期的地方志偶尔会保留下宋代方志和方志地图："明代编绘方志地图时往往利用唐宋旧志，而明初新修方志中的地图也往往是续编方志时地

---

① [宋]薛居正．旧五代史．北京：中华书局，1976.

图编撰的资料来源，同时这些旧志中的地图也往往被保存在新方志中。"① 这样的例子有《嘉靖惟扬志》《隆庆临江府志》，《永乐大典》辑佚的宋元方志地图如：潮州府，汀州府。此外，宋代城市地图按表现形式还包括石刻地图和碑刻地图，地方性的石刻地图有刻于咸淳八年（公元 1272 年）的"静江府修筑城池图"和绘于绍定二年（公元 1229 年）的宋平江图。这些都是非常难得的宋代官署建筑研究资料。

1.6 研究视角

中国建筑古代史的基本研究方法是一个认识形态到解释制度的认知过程，是一个"从掌握史实（通过对实物和文献的调查研究）到形成史论（通过编写建筑通史和专史）的阶段性渐进过程"。这个过程不是单一、单向的，而是循环反复的，通过不断地修正史实，不断发现新的问题，不断酝酿和发展新的理论，再寻找新的史实验证。目前的研究，刚刚经历完三个阶段，"正处于下一个阶段中进行深入的专项或专门史研究"② 的状态，有多方面多角度的学术拓展空间。

本书一方面关注宋代官署建筑空间形态（如规模、面积、布局、比例、模数等建筑学要素）的基础，另一方面关注城市空间和时间上形成的动态变化，从建筑学的本质去理解宋代官署建筑表现出来的特性；在这二者的基础上，试图进而能够发现建筑制度与历史之关系，政治、经济等各种社会因素对建筑制度、城市空间的具体影响。日本史学者仁木宏中指出："以往有关城市空间的历史地理学与建筑史学的部分研究，将空间隔离开来加以分析，以为足以自圆其说。然而，此方法无法描绘出历史全景。是人类建造了城市空间，特别是在前近代社会，可以认为当时的人类社会结构状态直接反映在城市空间结构之中。"③ 也如斯波义信所言："城市是历史演变的产物，所以各个时代的各类城市，自然均产生在对该时代起作用的各种复合因素互相影响的交叉点上……这类组织中也包含着经济的、社会的、行政的、文化的、象征的、宗教方面之类的因素。"④

官署建筑相比于其他类型的建筑，具有独特的政治属性。官署建筑是否和政治制度、政治事件有关，以及有什么样的关系，是如何受到后者的影响？具体而言，宋代政治权中央轻地方的特点，是否体现在官署建筑在城市中的地位变化中？地方政府的多元政治权力结构（如刺史和通判相互制衡的权力格局）是否对城市格局有所影响？只有弄清楚这些问题，方能从本质上把握官署建筑的特点。

① 潘晟.明代方志地图编绘意向的初步考察.下.中国历史地理论丛.2005，20(4).
② 傅熹年.对建筑历史研究工作的认识.中国建筑设计研究院成立五十周年纪念丛书.论文篇.北京：清华大学出版社，2002：320-325.
③ [日]平田茂树.日本宋代政治制度研究评述.上海.上海古籍出版社，2010：290.
④ [日]斯波义信.宋代江南经济史研究.方健，等译.南京：江苏人民出版社.2001:350.

本书还试图发现"营建制度"以外的城市营建规律。实际上，营建制度对城市的形成所起的作用和影响并非如过去一些研究中认为的那样强大和绝对，现存大多史料，尤其是在官书、政书中，行政意志、象征模式一直是被强调和夸大的："在旧中华帝国那种传统王朝统治长期延续的复杂社会中，关于城市的形成、发展、形态及区划等，浮现出色彩浓郁的来自上级的行政意图和传统象征模式的功能……在遗存至今有限的史料中，撰写时又充满了官尊民卑的偏见，又使这种印象有着有增无减的扩大化倾向。"[①]在现有研究对建筑制度探寻、总结的基础上，应该更加注重建筑活动和"人事"的关系："制度必须与人事配合，死的制度是随着活的人事而变化，没有历久不变的制度，而那些曾长期延续的制度，一定是与当时的人事相配合的。"[②]这些频繁的"人事"活动，还有许多反映彼时社会生活场景的描述，得益于宋代成熟的雕版印刷技术，散落于大量的宋代政书、官书以及文人笔记中，流传至今。同时，随着考古等实物资料的不断补充，我们也逐渐纠正了过去的一些偏见。目前对宋代城市的形态，已经形成了一些成熟的共识，如宋承唐制的基本格调，对子城之制的继承及里坊制度瓦解的趋势。本书试图对此趋势有更加细致和准确的研究，尤其是将城市的营建放入宋代社会的大背景中去。

另外需要说明的是，在资料有限的情况下本书试图建立起对宋代官署建筑尽可能系统、客观和准确的认识，而本书所依据的资料具有如下特点：

（1）时代特点。由于南宋以前地方志的稀缺，无法对北宋及更早的地方城市官署建筑的修建、制度等基本情况有全面认识，南宋时期地方志数量较多，则可以对南宋时地方城市的情况有较多了解；对于都城的建设情况，正史和政书中均有较全面的记录，同时历史上宫室的营建往往和改朝换代紧密相关，也会伴随丰富的政治活动，所以中央官署（以及皇宫）的营建记录在晚唐、五代及宋初时尤为频繁和详细。

（2）地域特点。晚唐五代时期，可大致将混战的诸地方政权分为南北两类：北方的地方政权围绕中原的长安、洛阳及汴梁等政治中心进行皇权争夺，以后梁、后唐、后晋、后汉和后周为例；而南方的地方政权则大多立足本地，偏安一隅，并不求一统天下，以南唐、吴越、后闽、后蜀和南汉为例。这两派地方政权的政治方针的差异必将带来其营建官署建筑制度等方面的差异。

1.7 研究框架

本书分为上下篇，从制度和形态两方面展开研究。上篇为第2~4章。第2章总述"官署建筑相关制度"，阐述行政建置、职官制度、营建制度、官署机构

① [日]斯波义信.宋代江南经济史研究.方健，等译.南京：江苏人民出版社.2001：350.
② 钱穆.中国历代政治得失.北京：生活·读书·新知三联书店，2005.3

具体设置四方面分别对官署建筑营建的影响，建立起相互之间的关联，并从两宋官员生活的微观视角去验证和进一步考察两宋官署建筑的营建情况。第3、4章分别考察中央和地方的官署制度。前者考察历代中央官制，以及所对应的中央官署的位置、功能的变化情况，后者着重考察子城制度，以及两宋时期地方城市格局、治所形态之相关制度。下篇为第5~7章，以两个个案研究和一个整体研究的架构完成对两宋时期地方城市治所的形态研究。所用研究方法是考古和文献相结合，对现存为数不多的宋代方志舆图进行解读，考察子城周回、规模、形态、选址、和治所的位置关系，并对治所核心院落的建筑布局和相关制度做探讨。其中，第5、6章选取的个案是资料相对翔实、形态较为特殊、时间跨度较长的临安府和建康府。北宋杭州州治因袭了五代吴越国治，南宋因袭为皇宫，而府治择地重建，南宋建康府府治情况相似，择地重建的府治为元代行台察院公署所因袭，上述变化上及五代，下探元代，贯穿两宋，并且是地方治所不在子城内的两个特殊案例，对元、明治所格局有一定的影响。第7章对其余类型相似及同时期的城市治所进行整体研究，对重要的空间要素之特点进行归纳，对特殊的官署机构做考略。

　　本书的研究框架见图1-1。

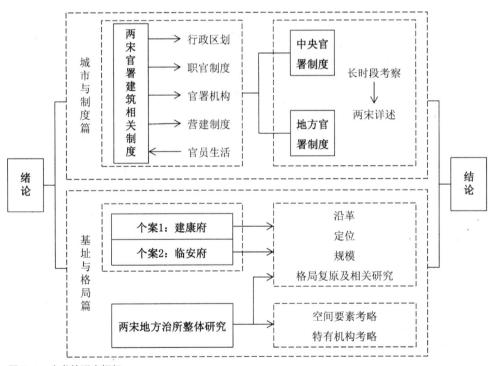

图1-1　本书的研究框架

上篇　城市与制度

第2章 两宋官署建筑的相关制度

官署建筑同时具有政治属性和建筑属性，因此其营建必然同时受到政治制度和营建制度两方面的影响。这些影响是从宏观到微观，从不同方面和角度对官署建筑的营建产生影响的（图2-1）。

具体而言，本朝的行政制度和职官制度决定了本朝官署机构的部署和设置，也因而影响到官署建筑的空间形态，如分布和格局等。但职官制度毕竟只是涉及人与人关系的制度，并不涉及空间之间的联系，官职、机构和官署建筑的城市格局并没有存在严格的一一对应关系，对具体城市来说，其官署建筑会有特定的具体形态，有其独特的历史沿革和演变，只有从行政区划上对城市群体进行整体考察，方能找出行政和职官制度对城市空间形态影响的方方面面。

另一方面，从微观的角度，虽然因为宋代官署建筑遗构、遗址等考古资料的匮乏，对当时的营造技术和营造费用是如何控制官署建筑的规模、风格等建筑属性，尚无法细致了解，但我们可以通过对前朝营造技术和制度的流变分析，对本朝土木工程相关的财政、土地政策的研究，来解读两宋官署建筑的营建制度。

综上，两宋官署建筑营建的相关制度，从宏观到微观依次包括：行政区划设置、中央和地方的行政制度、中央和地方的职官制度、中央和地方行政机构的具体设置、两宋期间对公宇营建的相关规定（诏令）这些方面。

总体而言，北宋太祖、太宗朝奠定了北宋的疆域、行政区划和基本的行政制度，并完成都城汴梁的皇宫及中央官署营建的建设，而具体的职官和机构设置直

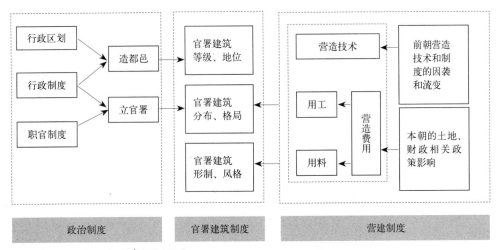

图2-1 官署建筑两大属性的影响因素

到神宗元丰、熙宁年间才形成并直至终宋；北宋末，金兵南下，宋廷南渡，临安成为行都，并成为实际意义上的南宋都城，其中央官署建筑也有条件在新官制的指导下重新营建，并维持到南宋结束，地方行政机构（主要是路级机构）则受到了疆域缩小的影响而有所调整。这是个"行政制度建立→城市、建筑营建→官制改革→城市、建筑再营建"的过程，城市和建筑的变化相比于人事之变化，总是略微滞后的。

本章初步建立起行政制度、职官制度、机构设置和官署营建四者之间的关联，梳理两宋官署建设的历史脉络，以把握官署格局在城市中发展变化的根源。

2.1 两宋行政区划

行政区划决定国家疆域内的城市数量、权重和功能定位。宋初承袭唐代后期之制，地方实行道—州—县三级建制。太宗时改道为路，实行路—州—县三级行政建制，终宋变化不大。

2.1.1 路

宋代诸路疆域的划分大致遵循山川地理和人文传统等因素，宋史学界一般不认为宋代的路已经是成熟完备的行政区划，实际上，路级管理区仅设有转运司等中央派出的地方办事机构，并没有统一的行政主管机构，也没有以长吏为中心的权力机构，其机构相当于中央驻地方的办事机构，诸司之间互不统摄，流动施治，所管辖之内容也各不相同，其设置一直随事变化。北宋中期后路的数量稳定在二十四路，南宋疆域内仅存十五路左右（表2-1）。

两宋路的设置变化表　　　　　　　　　　　　　　表2-1

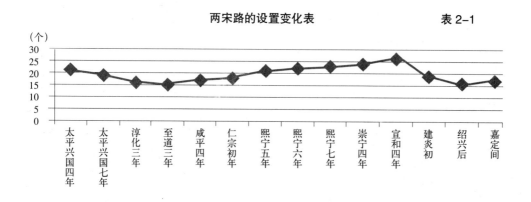

（数据来源：郭黎安.宋史地理志汇释.合肥：安徽教育出版社，2003.）

2.1.2　府、州、军、监

路以下的行政单位是府、州、军、监。简言之，政治、经济、军事三者兼重的城市设府，府的地位略高于州，多为潜藩之地，如重庆府、建德府等。军侧重军事，驻有重兵，监侧重经济，如煮盐、冶铁等工业区设监。从形态上，府州级城市大多因袭历代之州郡，以城市为载体，变化不大，而军、监的历史沿革情况稍复杂，等级上多与州同级，还有少数隶属于府州，与县同级。

现存宋代总志，所载的政区时间各有不同，如《太平寰宇记》载宋初政区，《舆地广记》载神宗时政区，《宋史·地理志》载政和时政区，《元丰九域志》载元丰八年之政区，《舆地纪胜》载南宋中期时政区。借助今人之相关研究，综计太祖末年，疆域内的府、州、军、监共二百六十三[1]（表2-2），北宋版图全盛时（宣和四年），这个数字则达到三百五十一[2]，南宋则减为一百九十五个。可见，太祖太宗朝已经基本奠定了北宋的疆域和城市。其中，约一半来自承于周者，一半来自灭国所得。

宋初的行政城市建置数量表　　　　　　　　　　　　表2-2

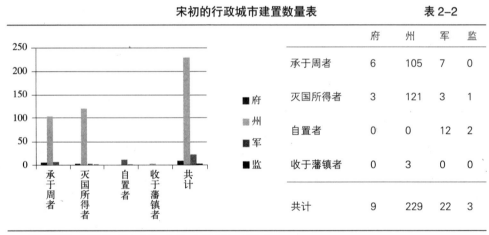

	府	州	军	监
承于周者	6	105	7	0
灭国所得者	3	121	3	1
自置者	0	0	12	2
收于藩镇者	0	3	0	0
共计	9	229	22	3

（数据来源：聂崇歧.宋史丛考.北京：中华书局，1980.）

2.1.3　县

府州下设县。县是最小的基层行政组织，虽小而五脏俱全："县视州秩小位卑，而于民最近。"[3]北宋州县的设置数量变化见表2-3。南宋（宝祐四年以后）县分布数量见表2-4。

① 聂崇歧.宋代府州军监之分析 // 聂崇歧.宋史丛考.北京：中华书局，1980.
② 《宋史地理志汇释》：京府四，府三十，州二百五十四，监六十三，县一千二百三十四.
③ [宋]陈耆卿.嘉定赤城志.卷六.公廨门三 // 宋元方志丛刊（第七册）.北京：中华书局，1990.

北宋州县数量变化简表 表2-3

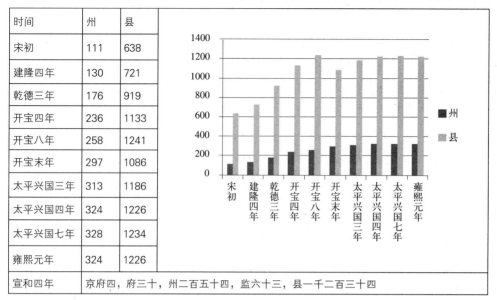

时间	州	县
宋初	111	638
建隆四年	130	721
乾德三年	176	919
开宝四年	236	1133
开宝八年	258	1241
开宝末年	297	1086
太平兴国三年	313	1186
太平兴国四年	324	1226
太平兴国七年	328	1234
雍熙元年	324	1226
宣和四年	京府四，府三十，州二百五十四，监六十三，县一千二百三十四	

（数据来源：郭黎安.宋史地理志汇释.合肥：安徽教育出版社，2003）

南宋县的数量 表2-4

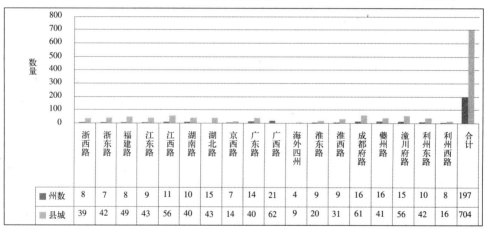

	浙西路	浙东路	福建路	江东路	江西路	湖南路	湖北路	京西路	广东路	广西路	海外四州	淮东路	淮西路	成都府路	夔州路	潼川府路	利州东路	利州西路	合计
州数	8	7	8	9	11	10	15	7	14	21	4	9	9	16	16	15	10	8	197
县城	39	42	49	43	56	40	43	14	40	62	9	20	31	61	41	56	42	16	704

（数据来源：祝穆、朱洙《宋本方舆胜览》[①]）

　　因县的数量庞大但城市营建资料稀少，其城市形态受历代建置、地域经济发展水平的影响较多，本书不对其作整体统计研究。因此，府、州对应的城市是本书所考察的城市群范围。

---

① 转引自：刘馨珺.明镜高悬——南宋县衙的狱讼.北京：北京大学出版社，2007：4.

2.2　两宋行政和职官制度演进

2.2.1　北宋前期（太祖、太宗朝）的相关制度

继承五代后周政权后，宋太祖继承了后周的行政体系和官僚机构，对于统一战争过程中所灭之国，太祖、太宗也采取了"伪署并仍旧"[①]的做法。同时，宋初也因袭了晚唐五代职官设置的一贯做法，即在正常行政机构、职官之外另设机构、派官掌管，用分割、增设等方式，"实行分散事权的管理机制和彼此限制的约束体制"[②]，架空原有的官署机构，以实现事权的平稳转移，同时，也造成了官制的混乱。

官制的混乱表现在中央官署机构设置上，如《宋史·职官志》所总结："宋承唐制，抑又甚焉。三师、三公不常置，宰相不专任三省长官，尚书、门下并列于外，又别置中书禁中，是为政事堂，与枢密对掌大政。天下财赋，内庭诸司，中外筦库，悉隶三司。中书省但掌册文、覆奏、考帐；门下省主乘舆八宝，朝会板位，流外考较，诸司附奏挟名而已。台、省、寺、监，官无定员，无专职，悉皆出入分莅庶务。故三省、六曹、二十四司，类以他官主判，虽有正官，非别敕不治本司事，事之所寄，十亡二三。"[③]

虽然官署机构的设置比较混乱，但决策机构集团及其理政议政的固定程序在北宋前期定朝仪时已经形成，最高决策机构毫无疑问是皇帝以坐殿视朝听政的方式进行，而次高决策机构则可概括为："宰执在二府理政和议政、朝廷官员集议，以及一些临时设置的决策机构如制置三司条例司等。"[④]

官制之混乱在地方城市中的表现：撤销藩镇后，以京官转运使取代晚唐五代节度使及刺史的地方势力："国初罢节镇统支郡，以转运使领诸路事，其分合未有定制。"[⑤]类似的路级职官设置变动频繁，因事设官，转运使之后，还有安抚使司、制置司等。而府州级别的职官则以文臣任知州，另外在此基础上，增设了各色名目的职官辅佐或牵制，如设于建隆四年[⑥]的通判，是为了牵制知州，防止藩镇之弊再现"艺祖下湖南，命所管州各置此官，以刑部郎中贾玭等充，惩藩镇之弊也。建隆后大郡置两员，余置一员。"[⑦]

---

① [宋]李焘.续资治通鉴长编.卷十二.辛卯.北京：中华书局，2004.
② 朱瑞熙.中国政治制度通史（第六卷 宋代）// 白钢 主编.中国政治制度通史.北京：社会科学文献出版社，2007：248.
③ [元]脱脱等.宋史.志一百一十四.职官一.北京：中华书局，1977.
④ 朱瑞熙.中国政治制度通史.第六卷 宋代 // 白钢 主编.中国政治制度通史.北京：社会科学文献出版社，2007：98.
⑤ [宋]李焘.续资治通鉴长编.北京：中华书局，2004.
⑥ [宋]罗愿.淳熙新安志.卷一.载："诸州置通判，自建隆四年始。"
⑦ [宋]陈耆卿.嘉定赤城志.卷十.秩官门三 // 宋元方志丛刊（第七册）.北京：中华书局，1990.

2.2.2 北宋中后期（神宗朝为主）的相关制度

随着政治逐渐稳定，条件成熟，真宗至哲宗朝，进行了多次涉及社会多方面（如官制、经济、兵权）的改革和尝试，如仁宗朝范仲淹主张的庆历新政，神宗朝王安石所主张的熙宁变法，神宗朝的元丰改制等。其中，官制方面的改革以元丰五年的元丰改制最为彻底："元丰改制基本上改变了北宋前期中央职能机构多元化和事权分散化的旧管理机制，而实行事权相对集中和减少互相牵制的新管理机制。"[1]另外，如贾玉英总结，官制改革还促成了宋代士官阶层的兴起，宋太宗端拱以后到真宗咸平二年以前，知州制逐渐取代刺史制的主体地位。[2]形成文官治州的局面。

官制改革的本质是解决宋初尾大不掉的藩镇问题而矫枉过正的"强干弱枝"之弊：事权高度集中，则皇帝一人之力已无法承受，而士大夫阶层通过科举制度新兴起来。以士大夫为主要群体的士官阶层在北宋中后期掀起了关于社会管理、国家治理的诸多讨论，经过君、臣的博弈和合作，建立起相对宋初要更加稳定的职官制度和更加高效的行政体制。在这个体制下，君权和士大夫群体形成了新的平衡点："事"集中于士官而"权"集中于"皇"，士大夫群体具有"先天下之忧而忧，后天下之乐而乐"的高度社会责任感，同时，军权、财权集中，文官治州，士大夫也丧失了对君权构成威胁的可能性；其物质、精神待遇虽然高于平民，但相比于唐之门阀士族，士官数量大幅增多，其地位大幅下降，即与平民的差别由"贵贱"变为"尊卑"。因此，不难理解以元丰改制为重点的多次官制改革没有带来官署建筑建设的高潮，这一阶段，中央官署在城市中的设置做了一定的调整和更新，鉴于城市用地的限制，没有大变动，官员的住处除了赐宅和自购宅，租赁的形式则更加普遍。而在地方，地方官员中以京官权知的比例大幅增加，官员任期变短，流动性强，不仅失去了修建官署的动力，也失去了修建官署的财政控制权。

2.2.3 南宋初期（高宗、孝宗朝为主）的相关制度

南渡后，在用地更加局促的城市临安重建朝廷，而疆土流失大半。中央行政制度和职官制度没有大的调整，但是随着政局变化和对权力的争夺也出现了一些变化，朱瑞熙总结："从南渡初年起，继续进行从北宋后期开始的中央行政管理新、旧机制的转换工作。高宗建炎三年，完成了哲宗初年宰相司马光的未竟之业，将门下和中书、尚书三省合并为一……还并省了一些机构，减少许多冗员……至此

---

① 朱瑞熙．中国政治制度通史．第六卷 宋代 // 白钢 主编．中国政治制度通史．北京：社会科学文献出版社，2007：251.

② 贾玉英．宋代地方政治制度史研究述评 // 包伟民 主编．宋代制度史研究百年．上海：商务印书馆，2004：147.

为止，宋朝新的中央行政管理机制正式确立。"[1]

由于以临安为行都，按照新的官制部署中央官署机构，同时受到临安城山水城格局的影响，中央官署机构的格局和北宋汴梁相比发生了较大的变化。于地方，延续了北宋因事增设的传统，官职的种类和官员的数量远多于北宋，如《嘉定镇江志》记载："盖是时，郡寮之数止如此，其后寖多。始时别乘一员，今增为两员，其下又有签判矣；始时都监一员，今增为五员，而其上又有钤辖矣；始时推官一员，监当官共七员，今推官分为节察二员，而监当则有监仓、监库、监酒、监税、监闸及排岸巡铺作院等官矣……"[2]因此产生了大量散布在治所周围的机构，形成了以州治（府治）为中心，其余机构散布在州治之外甚至城市之外的格局。

2.3　两宋职官和官署机构设置

两宋行政机构可分为中央和地方两个系统。于中央，最高的中央决策机构是皇帝以定期视朝听政的方式执政，对应的空间为皇宫，次高的中央决策机构则是宰执在二府理政和议政，以及其他一些临时性的决策机构，对应为中央官署机构，如三省各自的办公机构和临时办公机构、三省及枢密院议政的都堂等，再有就是和中央官制相对应的各种中央官署机构；于地方，从宋太祖开始，废除节镇支郡之制，任命京、朝官出任权知州事。在各州之上，又设置互不统属的几个监司和帅司，以监督知州和通判，并分掌一路的民、财、兵、司法等权，此为路级机构，知州下又设有幕职官和诸曹官，此为州级机构，于县，除县令、知县事对应县司以外，还有县丞、主簿及县尉等职官及对应的佐官厅机构。

因事设职的做法贯穿了两宋，因此两宋官制是历代官制中最为复杂的，因此，以《宋代官制辞典》[3]的官制和官职分类为基础，整理出具有实体建筑的两宋官署机构的设置简图，如图 2-2 所示。以下从中央—地方的系统为基础，简述其中较为重要并对城市格局有重要影响的机构。

2.3.1　中央官署机构

宋神宗元丰改制以唐前期的官制《唐六典》为模板，撤销了大多庞杂机构（保留枢密院），基本恢复三省制，也恢复了以政事堂（都堂）作为三省长官议政场所的唐制。其中，三省、枢密院、御史台是权位较重的中央官署机构。

三省又称东府、台省、省台，为中书省、门下省、尚书省之合称。此外还有三省下挂的临时机构如经抚房（宣和四年置）等。三省也有各自的办公场所，均

① 朱瑞熙.中国政治制度通史.第六卷 宋代 // 白钢 主编.中国政治制度通史.北京：社会科学文献出版社，2007：253-254.

② [宋]卢宪.嘉定镇江志.卷十二.治所.南京：江苏古籍出版社，1988.

③ 龚延明 编著.宋代官制辞典.北京：中华书局，1997.

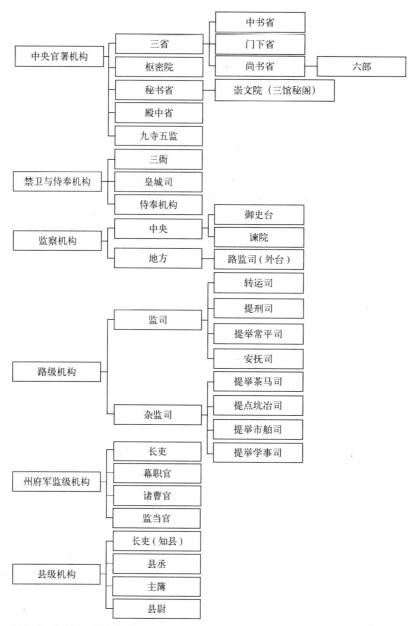

图 2-2 宋代官署机构简图

设置在皇宫内，元丰改制后，尚书省移出皇宫。

枢密院又称西府，其机构对应的建筑是政事堂，即都堂："尚书省、密院属官于入局日分，持所议事上都堂，禀白宰执而施行之。"[①]都堂也是元丰改制后三省聚议朝政之所，如朱瑞熙总结，三省即宰相办公的官厅，称为"三省都堂"或"都堂"。[②]

① ［宋］赵升 编 . 朝野类要 . 卷四 . 北京 : 中华书局，2007.
② 朱瑞熙 . 中国政治制度通史 . 第六卷 宋代 // 白钢 主编，中国政治制度通史 . 北京 : 社会科学文献出版社，2007 : 220.

台谏机构在中央为御史台，还有谏院、皇城司等，在地方为监司。谏院是天禧元年（1017 年）从中书门下分离出来的机构，使用门下省的官邸，监司的机构则分散于地方城市。

以上机构仅仅代表了主要的中央官署机构，按照《宋代官制辞典》的分类，还有"皇宫京城警卫与侍奉机构类"机构也属于中央官署机构，包括三门：禁军三衙门、皇城司与横行五司门、三卫官与六统军门。具体机构名目繁多，如两司三衙、皇城司、合门司等，不一一列举。皇宫京城警卫机构对应的空间多以军营为主，在皇城内外也设有办公机构，侍奉机构多分布在皇宫内。

2.3.2　地方官署机构

府州军监级地方机构以长吏为核心，由幕职官和职曹官辅佐，由路级机构、监察机构牵制。县级机构以长吏（知县）为核心，由县丞、主簿或县尉牵制。

2.3.2.1　路级机构

路级机构实际上是中央的外派机构，统称监司。从太祖太宗朝的转运司，至真宗朝的提刑司，再到神宗朝的提举常平司，笼盖一路之经济、刑狱、民事。至南宋，疆域内的路减少，以一路之治所所在州之知州兼任安抚使（宁宗后兵政转至都统制司），和北宋的监司有所不同。按主管内容，漕、宪、仓、帅各司机构之沿革大致如下：

（1）发运司和转运使司（漕司）。发运司是设置最早的路级机构，主管水陆联运皇粮，兼茶、盐、财货及刺举官吏。转运使掌一路租税、军储。元丰八年时各路首列府州即为当时转运司治所所在。真宗景德四年以前，转运使掌握一路的大权，实际是本路的最高长官，南宋时转运司执掌范围缩小，地位下降。

（2）宪司。即提点刑狱司，管司法、纠察刑狱公事。

（3）仓司。即提举常平司，掌常平、义仓钱谷、庄产、户绝田土及贷青苗钱等："自青苗钱不散外，常平免疫之政皆掌之" [①]。提举常平司自建炎元年（1127 年）七月诏归提刑司后，废置不常。

（4）帅司。即安抚使司，主管灾害赈济、抚平边衅，如统辖军队，掌管兵民、军事、兵工工程等事务，南宋时兼管民政。初置时因事而设，事已则罢，后由所在州府的知州或知府兼任，同时凡安抚使都带本路"马步军都总管"之职。徽宗后因军事需要，临时设某路或数路（沿江、沿河）的制置使司，委派制置使一员，主管本路或数路经画边防军旅等事。建炎元年曾诏令安抚使，发运、监司、州军官并听置制司节制，后因权位太大碍于朝廷而逐渐废除。

（5）其他类似机构。《宋代官制辞典》中还有"军事统帅机构与地方治安机构类"的分类，其中例如制置司、宣抚司等，并不属于严格意义上的路级机构，

---

① ［宋］李心传．朝野杂记．甲集．卷十一．提举常平．北京：中华书局，2000.

但其设置时间、方式与同时期的安抚司等相似，故从此类机构中选择若干重要的简化归为路级机构，见图2-3。

职官和机构 / 时间（年）	发运使	转运使	提点刑狱使	提举常平公事	安抚使	制置、宣谕、招讨、经略安抚使等	宣抚、总领所等	大元帅府、都督府等	兵马都部署、钤辖、监押等
建隆 960 乾德 963 开宝 968	二年，设置京畿路发运使	乾德间，设置诸道转运使				八年，常、润等州置经略巡检使	宣抚使，两宋常设，北宋为传诏抚绥边境、宣布威灵，或统兵征伐、安内攘外，事毕即罢。南宋为前线划定防守大军主帅，宣抚使司置于沿边军事重镇，如镇江、鄂州、建康，再如宣抚处置使司于泰州、楚州置司		宋太祖朝，置两浙路都钤辖使
太平兴国 976			二年，命诸路转运使各命参官一员为提点刑狱			四年，置经略安抚使司，北宋时，河东、陕西、河北、广南、湖南诸路任安抚使者，多带"经略"，南宋时，广南东、西二路守臣沿带经略安抚使，本路部署、钤辖、都监均听其节制			太平兴国四年，置兵马钤辖，治所为兵马钤辖司
雍熙 984 端拱 988 淳化 990					置广南东、西路安抚使，事已则罢				
至道 995 咸平 998	元年，设置江、淮、两浙发运使								
景德 1004 大中祥符 1008		三年，本路转运司劝农使	六年置，其治所提点刑狱司于淳化四年罢，景德四年复置		三年，以知州兼河北路延边安抚使，其后，诸安抚使均以路分内首府、州知府或知州充	五年，设邠、宁、环庆、泾原、仪、渭、镇戎军经略使，是单置经略之始，治所为经略使司			
元禧 1017 乾兴 1022 天圣 1023									
明道 1032 景祐 1034			二年，复置，迄南宋不废			元年，始置沿边招讨使，治所为招讨使司，如陕西沿边经略安抚招讨司			
宝元 1038 康定 1040 庆历 1041		三年，兼按察使				元年，诸路设招抚蕃落司			
皇祐 1049									
至和 1054 嘉祐 1056		三年，定转运使司与提刑司治所不宜在同一州内							
英宗 治平 1063 熙宁 1068			二年，始置河北、陕西等路提举常平广惠仓官						
			三年，始见司名						
元丰元年 1078						五年，置泾原路经略安抚制置使，治所为经略安抚制置使司，元丰六年罢			
元祐 1086			元年，罢			熙宁、元丰后，以文臣为群牧制置使、江淮制置茶盐使、陕西制置使，以武臣为制置使领军事，治所为制置使司			
绍圣 1094 元符 1098	三年，发运使兼经制江、浙、淮、荆、湖、福等七路财赋		元年，复置						
建中靖国 1101 崇宁 1102 大观 1107 政和 1111									六年，置廉访所，不受本路监司节制，直达奏闻公事
重和 1118 宣和 1119			二年，六月罢提刑，八月复置			七年，遣河北、河东路宣谕使，事已即罢	建炎间，宣抚处置使司置随军转运使专一总领四川财赋，总领之名始从衔	元年，赵构以募兵勤王抗金、解救京师之围为名，开大元帅府	元年置廉访所
靖康 1126 建炎 1127			三年，罢归提刑	元年，于沿河、沿江置帅府，文臣守臣带一路安抚兼马步军都总管	元年，于沿河、沿江置帅府，文臣守臣带一路安抚兼马步军都总管	元年，有招捉盗贼制置使	元年，于镇江置司总领三宣抚司钱粮	元年，大元帅府解散	元年，大元帅府解散
绍兴 1131	二年罢 八年，置江、淮、荆、浙、闽、广等路经制发运使 十五年复置提举常平茶盐司		三年，罢归提刑 三年，兼提举常平事	三年，罢归提刑事 五年，并入茶盐司 九年，并入经制司，后复归提刑司兼领	二年，置沿海置制置使；三年，设四川制置、江南诸路、湖南路等，治所为制置大使司；六年，始定以"某路制置司"为名；九年，沿海置制置使归浙东安抚使、浙西制置使、沿海置制置使，治所为沿海制置司；十一年，始建宣谕使名，治所为宣谕使司，如湖北、川西宣谕使司、川陕宣谕使等	六年，于镇江置司总领三宣抚司钱粮 十八年，罢三宣抚司，置总领四川宣抚司钱粮官，合称"东南三总领"（淮东、淮西、湖广） 三十一年，置四川总领财赋钱粮官以总领四川财赋钱粮、专一报发御前文字，确立四川总领之名	二年，置江淮浙都督府，事已即罢；绍兴四年置川陕襄都督府；绍兴五年置诸路军都督府 三十一年，置视师府，以督视江淮荆襄军马	三年，置都督守臣，要郡、次郡、以及郡州带兵马钤辖，副钤辖改路分军都监，依旧制置路分兵马钤辖、州带制置武臣带制路分兵马钤辖
隆兴 1163 乾道 1165								元年，置江淮都督府	
淳熙 1174								十年，置诸路军马都督府	
绍熙 1190									

图2-3 两宋重要路级官职和机构沿革简图[①]

[①] 参考龚延明. 宋代官制辞典. 北京：中华书局，1997.

综上，路级诸司互不统摄，流动施治，且其机制在不断变化。路级机构一般设在地位较为重要的府州级城市，如荆州（江陵府），北宋时为本路安抚使治所；洪州为江南西路转运司、安抚司治所；梓州为梓州潼川府路安抚、提点刑狱司之治所；平江府为浙西路提点刑狱司与提举常平司的治所；鄂州为荆湖北路转运、安抚使治所；潭州为荆湖南路转运、安抚使治所；镇江府于南宋设置沿江安抚大使司，并为两浙西路提点刑狱司之治所；福州为福建路安抚司治所等。表 2-5整理了两宋设置转运司治所的情况。

两宋转运司治所设置简表　　　　　　表 2-5

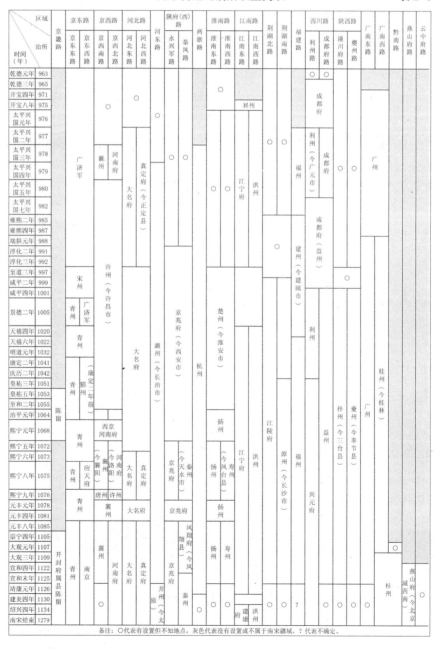

备注：○代表有设置但不知地点，灰色代表没有设置或不属于南宋疆域，？代表不确定。

　　漕司等路级机构在地方城市出现，是宋代城市格局较为独特的特点之一。例如《舆地纪胜》对各城市景观的介绍，甚至出现了漕司详于府治的情况。如卷二十六对南昌府有关漕司和府治的描述，再如卷三十江州有关漕司和州治的描述。（见附录的相关摘录）

　　这类机构的格局，在两宋方志舆图中，仅有《景定建康志》"制司四幕官厅图"有所体现（图2-4）。该图为上西下东朝向，绘制了一组东西开门的方形院落，东门为正门，三开间带挟屋，标为"沿江大幕位"，院内东、南、西、北各一小院落，分别向东西甬道开门，东侧两院均为"参谋厅"，西侧两院均为"参议厅"。每个厅内，由坐西面东的正厅、后堂分为前后两进，四周有回廊，正厅前有"厅司房"和"人从房"，正厅和后堂之间有穿堂，后堂后有倒座，倒座两侧有"浴堂"和"厨屋"。是一组"15~20亩左右"的"宋代府属职能办公机构"。[1]

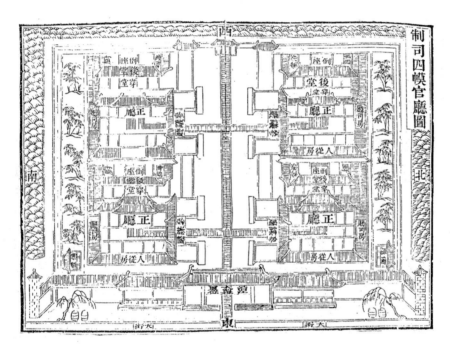

图2-4 《景定建康志》"制司四幕官厅图"

（图片来源：《景定建康志》// 宋元方志丛刊（第二册）.北京：中华书局，1990:1379）

2.3.2.2 府州军监级机构

　　"宋代州一级实际长官为知某州军州事，即知州，副贰为通判某州军州事，即通判。"[2] 宋初，遣文臣为知某州军州事，在知州以外，又设通判为佐贰："本朝立法，以知州为不足恃，又置通判分掌财赋之属"[3]，"通判下设有应在司、理

① 王贵祥等.中国古代建筑基址规模.北京：中国建筑工业出版社，2008.6: 83.
② 龚延明 编著.宋代官制辞典.北京：中华书局，1997: 530.
③ 黎靖德 编.朱子类语.卷一〇六.外任.北京：中华书局，1986:2651.

欠司、总领所、审计司、磨勘司等机构"[1]，通判级别则多数仅为从八品，与权知军、州事的二、三品相差悬殊，但与知府同签署本府公事，实际上起了牵制长吏的作用，至于互相牵制的利弊，则情况较为复杂不可一概而论：

国朝自下湖南，始置诸州通判，既非副贰，又非属官，故常与知州争权。每云："我是监郡，朝廷使我监汝。"举动为其所制。太祖闻而患之，下诏书戒励，使与长吏协和。凡文书非与长吏同签书者，所在不得承受施行。[2]

大郡帅守位貌尊严，通判既入签厅，凡事不敢违异，往往将经总制钱窠名多方拘入郡库，不肯分拨，为通判者亦无之如何。至于小郡，长贰事权相若，守臣稍不振立，通判反得其命，督促诸县，迨无虚日，本州合得之钱，亦以根刷积欠为名，掩为本厅经总制名色。积聚虽有盈羡，不肯为州县一毫助，取以妄用。间亦有之利害相反，自为消长。[3]

知州和通判下设幕职官和诸曹官。

幕职官又称幕官、职官、幕属、幕职。其职掌是"协办郡（州、府、军、监）政，总理诸案文移，斟酌可受理、可施行或可转发、可奏上与否，以告禀本郡长官最后裁定。"[4] 具体官职有如签判官、节推、察推、判官、书记、支使等。幕职官各有其办公厅，如签书判官治事之所为签书判官厅，又称签厅、使院，也是幕职官集中议事的"联事合治之地"[5]。

诸曹官又称曹官、曹掾官、掾、州掾，为州郡僚佐之属，其职掌是"分掌户籍、赋税、仓库出纳、议法断刑等。"[6] 包括诸州（府、军、监）录事参军、司理参军、司法参军、司户参军、诸府司录参军、户曹参军、法曹参军、士曹参军、仓曹参军等。诸曹官对应的机构如州院和司理院。州院又称"州司"[7]，由录事参军主掌；司理院由五代之马步院、宋初之司寇院演变而来："太平兴国四年改司寇院为司理院……为置司理院之始。大州、刑讼事繁剧处，设左、右司理院……分别由左司理参军、右司理参军掌领。"[8] 均为每州（府、军、监）必设的刑狱机构。

幕职官、诸曹官的本质均为辅佐知州的幕僚、官吏，幕职官是因袭了唐制的职官，而诸曹官是在唐制的基础上，由幕职官改、分而来。可见两宋对地方权力的分割，不仅仅是针对知州，而是自上而下，遍及多方面的。《宝庆四明志·卷

① 贾玉英. 宋代地方政治制度史研究述评 // 包伟民 主编. 宋代制度史研究百年. 上海：商务印书馆，2004：153-155.

② [宋] 欧阳修. 归田录. 卷二. 三秦出版社，2003.

③ [清] 徐松 编. 宋会要辑稿. 食货六四之一〇八. 北京：中华书局，1957.

④ 龚延明 编著. 宋代官制辞典. 北京：中华书局，1997：541.

⑤ [宋] 沈作宾，施宿. 嘉泰会稽志. 卷一 // 宋元方志丛刊（第七册）. 北京：中华书局，1990.

⑥ 龚延明 编著. 宋代官制辞典. 北京：中华书局，1997：545.

⑦ 龚延明 编著. 宋代官制辞典. 北京：中华书局，1997：547.

⑧ 龚延明 编著. 宋代官制辞典. 北京：中华书局，1997：548.

第三》详细记载幕职官、诸曹官的沿革演进①。

这些官吏的办公场所多称为厅或院，散布在州衙周围。如州内分布的官衙，除了州治和通判厅，还有"签厅、签判厅（判官厅）、教授厅、节推厅、察推厅、录事厅、府院、司理院、司户厅、司法厅、路钤衙、州钤衙、路分厅、支盐厅、巡辖马递铺厅等，不同时期还有变化。"②军、监因其职能还设有一些特殊的机构，因资料较少，情况不详，此不赘言。

2.3.2.3 县级机构

县级行政体制和职官设置相对稳定，唐代确立丞、簿、尉县令佐体制："丞之职所以贰令，于一邑无所不当问。其下主簿、尉，主簿、尉乃有分职。"③县治下设丞厅、主簿厅、尉厅。县令、县丞为官，主簿、县尉为吏。唐代县官特点是吏强官弱，韩愈的《蓝田县丞厅壁记》记载了崔斯立做县丞时遭受冷遇的情形"文书行，吏抱成案诣丞，卷其前，钳以左手，右手摘纸尾，雁鹜行以进，平立睨丞曰："当署。"丞涉笔占位，署惟谨，目吏，问："可不可？"吏曰："得。"则退。不敢略省，漫不知何事。官虽尊，力势反出主簿、尉下。"④

宋代以前，县署或有或无。有多年不修的情况，也有以寺院改作的情况。如五代之贵乡县以寺院改建："贵乡，后魏分馆陶西界置贵乡县于赵城。周建德七年自赵城东南移三十里，以孔思集寺为县廨。"⑤县署之格局仅能通过留存在唐宋文人笔记中的县署厅壁记中的只言片语来了解一二。如许昌县署：贞元十九年（公元803年），白居易的叔父"自徐州士曹掾选署厥邑令"，⑥到许昌县之后，"先是，邑居不修，屋壁无纪，前贤姓字，湮混无闻"，于是始建仓库和公署："储蓄，邦之本，命先营囷仓。又曰：公署，吏所宁，命次图厅事"。"取材于土物，取工于子来，取时于农隙"，"丰约量其力，广狭称其位；俭不至陋，壮不至骄；庇身无燥湿之忧，视事有朝夕之利"。这段话没有提及县署的格局。仅知仓库和厅事

---

① [宋] 罗濬. 宝庆四明志. 卷第三. 官僚. 职曹官："皇朝因唐制, 两使各置判官、推官一, 节度置掌书记, 观察置支使为幕职官, 录事、司户、司理、司法参军各一, 为署官幕职, 官掌助理郡政, 凡书记支使不得并置, 有出身即为书记, 无出身即为支使, 录事掌判院庶务, 纠诸曹稽违, 司户掌户籍赋税仓库受纳, 司理掌狱讼鞫勘之事, 司法掌议法断刑, 诸州为录事, 诸府为司录, 大观二年诏诸州依井封府制分曹建掾, 改判官为司录、参军, 推官为户曹参军, 录事改士曹, 兼仪曹参军, 司理改左治狱参军, 司户改右治狱参军, 司法改议刑参军。政和二年, 以左右治狱参军名称非古, 古有六曹掾, 名可以复置, 于是司录参军外, 有士曹、户曹、仪曹、兵曹、刑曹、工曹六参军, 且各有掾, 视州次第事繁简增减员数。三年, 又以参军起于行军用武, 非安平无事之称, 改为司录事、司士曹事、司户曹事、司仪曹事、司兵曹事、司刑曹事、司工曹事。建炎元年, 诏州司录依旧为签书节度判官厅, 公事曹掾官依旧为节度观察, 军事推官支使掌书记, 录事、司户、司理、司法参军。"
② 贾玉英. 宋代地方政治制度史研究述评 // 包伟民 主编. 宋代制度史研究百年. 上海: 商务印书馆, 2004: 151.
③ [唐] 韩愈. 详注昌黎先生文集. 卷十三. 杂著. 蓝田县丞厅壁记. 宋刻本.
④ 同上.
⑤ [五代] 刘昫. 旧唐书. 卷三十九志. 第十九. 北京: 中华书局, 1975.
⑥ [唐] 白居易. 白氏长庆集. 卷第二十六. 许昌县令新厅壁记. 上海书店, 1989.

是县署必不可少的机构。再如栎阳县县丞厅，长庆元年（821年）建县丞厅："便署所以接宾也。……其构在公堂之左，正寝西南隅，其形类厢二间，覆厦于南陲。"[①] 其规制看起来很小，大抵为公堂居中，便厅在公堂东侧，正寝则在西南侧，正南为门庑（厦），是两路合院的规模。

宋代县官的设置基本以唐代架构为基础。宋代知县为京官权知，佐贰为县丞（或京官权知），县官还有县主簿和县尉，而都不是必须设置的，至于公廨，县治一般位于县城较重要的位置，而主簿厅、尉厅则没有定制，或在县治附近，或蹴居民居，或无定所。县无城墙、县署，以宫观寺院充县署在两宋也是常见的情况，如北宋的咸平县，《咸平县丞厅酴记》记载："咸平五年，诏以陈留之通许镇为咸平县……即以宫（老子祠）为令治所，主簿居中书府，而枢密府为尉舍。熙宁某年始置丞，于是迁县尉于外，而丞居焉。"[②] 再如南宋绍兴年间崔敦礼任高邮县主簿，写有《高邮主簿厅壁记》："庭内闲闲，日影布地，时有二三子抱书在门，门外弥望，菜畦晚色，葱翠瀑瀑，闻灌溉声，亦有老农圃时辑杖来谈。"[③] 所表现的则是农家景象。再如南宋陆游所述："建炎绍兴间……及王室中兴，内外粗定，然郡县吏寓其治于邮亭、民庐、僧道士舍者，尚比比皆是。"[④]

至于县署营建和县署的格局，从南宋方志《嘉定赤城志》所记载得黄岩、临海、仙居、宁海四县的县署图中可窥一二（图2-5～图2-8），这也是现存方志中极少数展现宋代县署形象的图像资料。

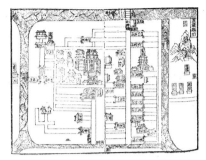

图 2-5　黄岩县

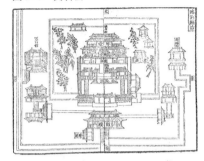

图 2-6　临海县

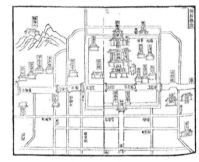

图 2-7　仙居县

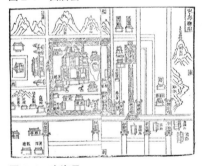

图 2-8　宁海县

（以上各图来源：[宋]陈耆卿.嘉定赤城志.宋元方志丛刊本.）

① [唐]沈亚之.沈下贤集.卷六.栎阳县丞小厅记.台湾商务印书馆，2011.
② [宋]吕祖谦.宋文鉴.卷第八十四.张耒.咸平县丞厅酴记.上海书店，1985.
③ [宋]崔敦礼.宫教集.卷六.高邮主簿厅壁记.清文渊阁四库全书本.
④ [宋]陆游.渭南文集.卷第二十.诸暨县主簿厅记.台湾商务印书馆，1983.

由图中可总结出县治的大致格局：县治前为重门，县门上建楼，称鼓楼或衙楼，也称敕书楼，鼓楼既有和县城之城墙相结合的，也有作为独立的城楼坐落在城市中的。鼓楼和仪门之间两侧往往有主簿厅、尉司、各类仓库等机构，仪门前有颁春手诏亭。县治有独立的院墙，院内分为前后两进，均有环廊，第一进为治事之正厅，后一进为知县晏息之所，往往和县圃相结合，有厅、堂、楼、阁等，形式较为多样，且根据营建经费、营建主持水平和喜好等情况，其营造或简陋或精致。

2.4 两宋官署营建制度

前文已述，"官署建筑营建制度"并不存在于两宋任何法令法规等制度中现成的制度，根据本章前三节的论述，笔者从宏观和微观两方面来总结"两宋官署建筑制度"。宏观上的制度是中央政府主动发布之法令，而微观上的制度则是地方民间约定俗成之规则。

2.4.1 中央发布法令之整理

宋代及之前的城市及建筑制度多以"令"的形式随事发布，并没有如明洪武初以及清《大清会典·工部》"公廨"条那样系统详尽的营建制度。两宋重要的相关营建令文献有：《宋会要辑稿·方域四》《天圣营缮令》。另外，众所周知的《营造法式》从建筑工程的角度对建筑的设计和施工方面提出了一套规范，以供营造时参考，适用于所有官宇，是为"式"，而非"令"。这套规范从微观技术层面帮助设计和施工人员完成建筑的等级、制度、规格等宏观方面的属性。

2.4.1.1 诏令

《宋会要辑稿·方域四》收录了不少北宋至南宋初年官署建设的相关诏令，类似政策，时效性较短。这些诏令大都从营造权限、营造费用等方面提出各种限制和政策，多因事发布。除了《宋会要辑稿·方域四》，还有《宋大诏令集》《续资治通鉴长编》，另外，存在于唐宋文人（多为官员）文集中的厅壁记等记文也保留了一些城市和建筑营建方面的诏令。以《宋会要辑稿》方域四的诏令为主，《资治通鉴续编》《宋大诏令集》中相关诏令做补充，按时间顺序，列于表2-6。

和地方官署建筑营建相关的诏令及解读[①]　　　　　　　　　表 2-6

时间	相关的诏令和制度	解读
太祖乾德六年（968 年）	二月，诏曰：郡县之政，三年有成；官次所居，一日必葺。如闻诸道藩镇郡邑府廨、仓库等，凡有损处，多不缮修，因循岁时，渐至颓圮。及僝工而厄役，必倍费以劳民。自今节度、观察、防御、团练使、刺使（史）、知州、通判等罢任日，具官舍有无破损及增修文帐，以次交付。仍委前后政各件析以闻。其幕职州县官候得替日，据曾葺及创造屋宇，对书新旧官历子，方许给付解由。损坏不完补者殿一选，如能设法不扰人整葺，或创造舍宇，与减一选，可减者取裁[②]	新朝初立，创立官廨是必不可少的程序，且将此项责任纳入官员交接时的文帐中。鼓励营造的政策带来了宋初京城营造的热潮。同时，众所周知，土木工程业缺乏监督机制，易出现大兴土木和贪污等事件，到景德年间已有所反映
景德元年（1004 年）	正月，诏：诸路转运司及州县官员、使臣，多是广修廨宇，非理扰民。自今不得擅有科率，劳役百姓。如须至修葺，奏裁	政府接连出诏令，从如下方面进行控制：景德元年、二年、三年令：如修葺廨宇，需奏裁。景德三年令：从用料方面限制，并要求随处志修葺年月、负责人姓名。大中祥符二年令：此条是景德初年令的补充和完善，以防止奏裁和实际营建不同，杜绝中间可能出现的手脚，用技术手段限制了营造费用的非正常流失。此条大多研究认为是宋代开始有城市规划思想的端倪，其实，实际上定图是为了定功，控制预算
	八月，诏：西川诸路巡检兵士，令逐处州造廨壁以居之。先是上封者言，川陕巡检兵士自来不许修造廨宇，多分泊道涂深，所非便故，有是诏	
景德二年（1005 年）	七月，诏：今后应有旧管廨宇、院宅舍、寺观、班院等，乞创添间例及欲随意更改，并权住修。如特奉朝旨，即得修造	
景德三年（1006 年）	六月，诏：近日京中廨宇营造频多，匠人因缘为奸利，其频有完葺，以故全不月（用）心，未久复以损坏。自今明行条约，凡有兴作，皆须用功尽料。仍令随处志其修葺年月、使臣、工匠姓名，委省司覆验。他时颓毁，较岁月而久者，劾罪以闻	
	八月，诏：应出使朝臣、使臣，多是不奉宣敕，便于所在州军行牒取索工匠、丁夫、物料等，修盖屋宇。宜令诸路转运司者指挥逐处未得依禀。若须合应副，即事讫具人数并物色名件实封以闻	
	先是，帝曰："近闻郑牧放使臣以完葺廨宇为名，多于本州岛擅役工匠、丁夫。此乃知者，不知者固亦多矣。可降条约。"故有是命	
大中祥符二年（1009 年）	（真宗大中祥符二年六月）丙申，诏："自今凡有营造，并先定地图，然后兴功，不得随时改革。若事有不便须改作者，并奏裁。"先是，遣使修吴国长公主院，使人互执所见，屡有改易，故劳费颇甚，上闻之，令劾罪而约束焉[③]	
大中祥符六年（1013 年）	（大中祥符六年七月）乙未，上谓王钦若曰："访闻河北州军城池廨宇，颇多摧圮，皆云赦文条约，不敢兴举。今虽承平无事，然武备不可废也，宜谕令及时缮修，但无改作尔。"[④]	上述限制政策对于边防地区有所放宽
天圣七年（1029 年），修成《天圣令》，十年（1032 年）"镂版施行"。		天圣令是在需要有效控制营建成本、杜绝营建过程中的贪污等不良行为的需求下施行的

① 表中引文未标注者，来自徐松《宋会要辑稿·方域四》，其余引注均标注在脚注中。
② 此条同时见于《宋会要辑稿》、《宋大诏令集》，文字略有出入。在《宋大诏令集》中条目为："令外郡官罢任具官舍有无破损及增修文帐诏"。
③ 李焘.续资治通鉴长编.卷七十一.北京：中华书局，2004.
④ 李焘.续资治通鉴长编.卷八十一.北京：中华书局，2004.此条亦见于《宋会要辑稿》，文字略有出入。

续表

时间	相关的诏令和制度	解读
天圣七年 （1029 年）	赐中书门下不得创起土木修造诏：……今后京城之内，除添修已成宫观寺院舍产之外，更不得创起土木修造。其三司合检计、应仓库军营房屋损坏之处，即不住修葺，咨尔宰府，体予至怀，申告攸司，奉若成宪[①]	下达禁令，禁止土木修造。也说明景德初年的政策已经控制不住京城营造的势头
天圣八年 （1030 年）	八年十一月，诏：闻诸处监当京朝官、使臣、幕职州县官，多无廨宇，或借民舍而居，或即拘占馆驿，深为非便。自今量拨系官舍屋，令其居止	开始关注地方官廨的情况。由于大量派遣京官到地方任职，地方官廨用地需求增加，因此出现了地方官民争地的情况
英宗治平三年 （1066 年）	英宗治平三年六月十九日，三司言：乞今后应在京官司如元无官员廨宇，及虽有局所，本非官员居止去处，并不许辄有陈乞指射系官廨宇、宅舍及仓场、库务空闲舍屋居止并创行添展。如违，委自省司执奏	限制在京官廨占用民地，也说明京城内用地局促。官民争地的矛盾日益突出
治平四年 （1067 年）	十一月诏：今后诸处官员廨宇不得种植蔬菜出卖，只许供家食用	是对上条令的补充，矛盾亦源于用地
	十二月十四日，诏：诸路州军库务、营房、楼房檐等，缮治如旧外，其廨宇、亭榭之类，权住修造二年。违者从违制科罪	天圣七年令的初步解禁
熙宁七年 （1074 年）	正月一日，诏：官员廨宇内外旧有空地或园池系本厅者，逐时所出地利听收	治平四年禁种植蔬菜出卖令的补充。通过征税的方式限制
熙宁八年 （1075 年）	二月十二日，三司言："在京官局多援例指射官屋、军营、廨舍，并乞破赁宅钱，转相仿效，有增无减，宜一切禁止。"从之	禁营造令放松后又造成一轮营建浪潮，于是禁令再度锁紧
元丰七年 （1084 年）	正月十八日，广南西路转运判官许彦先言："本路提举常平等事刘谊于桂州治廨舍，费官钱万缗，转运使张颉等不切觉察。"诏转运司张颉、陈倩，副使苗时中、马默、朱初平、吴潜，判官朱彦博、谢仲规，各罚铜二十斤	一起针对公款营造的惩罚事件
哲宗元祐六年（1091 年），将作监第一次编成《元祐法式》并下诏颁行；绍圣四年（1097 年）又诏李诫重新编修，刊行于崇宁二年（1103 年）		和《天圣令》相比，《营造法式》从更具体、微观的角度控制营造成本
元祐四年 （1089 年）	（苏轼知杭州，上书中称：）"近年监司急于财用，尤讳修造，自十千以上不许擅支[②]"	给出了限营造的具体费用数额
元祐八年 （1093 年）	八年十二月二十五日，户部言："检会治平四年十二月四日朝旨节文，应今后诸处官员廨宇内及职田，更不得种植蔬菜出卖，其廨宇内菜圃只许供家食用。自熙宁编敕，别无约束。今欲乞应官员廨宇内外并公使库菜圃，并依治平旧条，除供食外，更不得广有种植出卖。如愿召人出租断佃者，听。"从之	略同治平四年令
绍圣元年 （1094 年）	绍圣元年三月六日，诏："今后管军臣僚在外任者，更不许于在京指占营房、廨宇居止。亡殁之家，亦不得陈乞于军营寄住。今殿前司告示，限一月搬出。"	限制在京的营房、廨宇用地
	五月十三日，诏：应提举官并随所在旧来廨宇居住，不得创行修盖。如实损坏，方许随事修葺	同熙宁八年令

---

① 宋大诏令集.卷第一百七十九.政事三十二.营缮上.北京：中华书局，1962.
② 苏轼.苏文忠公全集·东坡奏议.卷六.乞赐度牒修廨宇状.岳麓书社 2000.

续表

时间	相关的诏令和制度	解读
元符三年 （1100 年）	九月二十二日，工部状："无为军乞修廨舍，并河北、京东路转运司、齐州状，并乞修官员廨舍等事。尚书省检会近降朝旨，灾伤路分除城壁、刑狱、仓库、军营、房廊、桥道外，所有诸般亭馆、官员廨舍之类，并令权住二年修造。今勘当，自降旨挥后来，不住据诸路州军申请，称官员廨舍内有破损，不堪居住，一例权住二年，不唯转更损坏材植，兼虑官员无处居住。"诏：如委实损坏，仰转运司因旧补葺，即不得别有创增改易，及搔扰民户。余并依已降朝旨施行	多处地方官员乞修官廨，禁令有所松懈，由完全禁止变为禁止增创和禁止扰民
大观二年 （1108 年）	十二月三十日，从侍郎方康札子："伏睹朝廷设教授之官，于今六年州郡尚有不置教官廨宇之处，尽室寓于僧院。"诏：州教官未置廨宇去处，并令月（用）学费钱修盖	鼓励兴建州学，不在禁止营造之列
政和三年 （1113 年）	正月六日，淮南转运司奏："政和二年六月八日朝旨，吏部与重修敕令所同共讲究到分曹建擦旨挥，数内增置曹合要廨宇，除狱官外，欲依次第从上拨充，【谓如签判廨宇第一即与司录、节推，廨宇第二即与士曹参军之类。】许踏逐在州诸司所管屋宇充。【合出卖、不合出卖同。】又，即无修盖【此处文字似有脱误。】诸曹参军不得过职官，擦不得过判司，廨宇数少者随宜。"诏从之	根据逐渐成熟的官制制定出与之相符的廨宇用地等级
	十二月十二日臣僚言："伏睹见任官廨宇内外空地，各有所出地利物，于条听收。访闻诸州、军、镇、寨等处，缘有上条，往往务广蔬圃，多占人兵，不唯侵夺细民之利，而又抑勒白直等人田散货卖，不无陪备之患，乞有立法禁止，或限定数目，如圭田之制。令监司当切觉察，按劾施行。诏令尚书省立法，今拟修下条：诸在任官以廨宇外官地、园池之类【谓共属本县厅所收地利者】，营种辄收利，徒二年，或虽应收地利而私役公人者，加本罪一等，上条合入《政和杂敕》。"从之	略同治平四年令
宣和七年 （1125 年）	七年十二月五日奏。陕西转运使王倚奏："条具到所部无名之费，数内外路官司为有廨舍前后相承增修不已，或巧为名目，多作料数。州县一面勘请，或肆行检计，动数千缗，诸司直牒取授，莫可检察。欲望特赐诫约。"讲议司看详："官司廨舍修造之费，在法许支头子钱。三十贯以下，本州支讫，申转运常平分认。今来王倚所奏，切恐其间却有委实损坏倒塌去处，支用不足，欲令诸州修廨宇费用官钱岁不过三，料余依所乞。仍不得侵支正钱。若巧作名目，多作料数支给，仰监司按劾闻奏，诸路依此。"诏从之	略同元祐四年令
建炎四年 （1130 年）	高宗建炎四年二月德音"应缘金人或贼盗烧毁州县，除城池、仓库外，其余官舍未得修葺，务在息民。如违，许人户越诉。"	战争造成州县损毁的情形下，对公廨营造的禁令依旧
	四月二十五日，提举江南西路茶盐公事汪思温言："本司廨舍元在洪州，遭人烧毁，欲权于抚州置司。"从之	应对上条令的权宜之策
	九月七日，诏："残破州县廨宇，除紧要治事处许随宜修盖，应闲慢修造并住。"	半年后禁令有所松解

时间	相关的诏令和制度	解读
绍兴二年 （1132 年）	正月二十九日，知临安府宋辉言："昨得旨将府学改充府治，方造厅至廊屋三两间，而本府日有引问勘鞫公事，合置当直司钥厅，使院诸案未有屋宇。"诏州治有刑狱司分，特许修盖。时有诏："访闻行在系官修造去处甚多，可日下并罢。"故申明云	禁令之下的各种权宜之计。多是官署内部的调整，各种官地的互相指占
	闰四月八日，诏赐绍兴府行宫复作州治。上云："方艰难时，宜惜财用，若不赐与，须别建府第，亦烦费矣。"	
绍兴三年 （1133 年）	三月一日，诏以两浙转运司两廨舍充新除参知政事席益、签书枢密院事徐俯府第，其退下位次却充本司廨宇	
	五月七日，辅臣言：大宗正司将至行在，南班宗子所居，当作屋百间。上曰："近时营宇之令一下，百姓辄受弊者，盖缘郡县便行科配。若物和买，则费与役，民不与知。可令有司具其一切调度以闻。"	
绍兴四年 （1134 年）	四年二月一日，臣僚言："自来官司廨宇，皆以所管职事为名，其下便为治所，未有无职事而得廨宇者。近诏临安府祗候等库屋添修，充张公裕廨宇。契勘公裕系同管省、四方馆、合门公事，兼总领海船。客省、合门等职事见在禁中，从旧不曾别置廨宇。兼客省、合门官非止公裕一名，公裕既得，他人皆可得也。若以总领海舡为名，则其职事系在明州，于行朝别无所治，岂有置廨宇于此而遥领职事于彼者？况旧祗候库已改作户部杂卖场，今若添修充公裕廨宇，其杂卖场须别踏逐，不唯公裕居之无名，而更添修土木，烦费实多。乞将前降旨挥速赐寝罢。"从之	
绍兴十一年 （1141 年）	十一年三月七日德音："寿春府、庐、濠、滁、和、舒州、无为军，应官舍曾经兵火烧毁处，除仓库、刑狱量行修葺外，其余并未修葺。一年后许申取朝廷旨挥，仍不得擅行支拨应付诸般使用。"	同建炎四年解禁令总领事
	九日，臣僚言："近闻临安府营不一创置职事官廨宇既十余所，而仁和等县应者各十数处，其间补葺增新者又不知其几也。夫一椽一瓦，非天降地涌，皆出于民力。在承平农隙之时，以次兴修，优游不迫，民犹告病，况此军兴、农务之际哉！兼闻明州细民艰食，间有流移，而本州岛方兴工修造州衙及鼓角楼，众口怨谤。乞降指挥，除屋舍颇合修整外，并放罢役。兼契勘承平时，在京职事官多无廨舍，住任官有廨舍，而新旧交承，不容他官居占。近来临安府应副职事官廨舍，乃更相互指占，移易不已。乞诏职事官并以见占屋宇为廨舍，更不许易。"从之	禁止官署内部互相指占
绍兴二十五年 （1155 年）	八月十七日，上谓辅臣曰："向来韩世忠纳宅，当时令移左藏库及仓，欲以仓基造二府以处执政，此祖宗故事。今各散居，非待遇之体。所降旨挥已三年矣，转运司犹未施行，可呼至都堂，传旨催促，并要日近了毕。合用物料、工钱，于御前请降，不得科敷。"	较重要的中央官署的用地仍需靠官地腾挪，中央官署营造逐渐完成
绍兴二十六年 （1156 年）	二十六年正月九日，新建执政府三位，诏令迁入。东位魏良臣，中位沈该，西位汤思退	
	二十四日，殿中侍御史周方崇言："州县遇有修造所需物料，或以和买为名，取之百姓，其官司未必一一支还价钱。土木之工，费用为多，以此扰民，深恐未便。乞委监司常切约束州县，无致搔扰。或有违戾，按劾以闻。"从之	对地方营造的禁令

时间	相关的诏令和制度	解读
隆兴二年（1164 年）	孝宗隆兴二年二月十六日德音："楚、滁、濠、庐、光州、盱眙、光化军管内，并杨（阶）、成、西和州、襄阳、德安府、信阳、高邮军，应官舍、刑狱曾经兵火烧毁去处，许行修盖整葺外，其余并未兴工。候及一年，逐旋申取朝廷指挥，不得擅起夫搔扰。"	开始解决南宋初年的战争带来的城市破坏问题。是解除禁令的信号
	五月十一日，淮西宣谕使王某奏（王之望）："前都统制邵宏渊所居屋宇，乃王权旧宅，见都统制别无廨宇，合将王权旧宅赐都统制司，永充廨宇。"从之	通过回收官员住宅的方法扩大官地
	二十三日，诏："临安府具到修盖环卫官宅子图，内三十间盖二位，以待正任观察使以上；二十间盖四位，以待正任防御使、遥郡观察使以上；一十七间盖四位，以待余环卫官。不得别官指占。"	解决官员居住问题
乾道元年（1165 年）	九月二十六日，诏："恩平郡王璩所居府第，令与见今提举衔两易。令绍兴府将新换提举衔如法添修排办，应副恩平郡王璩居住。"	
乾道二年（1166 年）	二年五月二十三日，知临安府王炎奏："欲乞将怀远驿地基创行盖造廨舍五所，专充台谏官住屋，不许指占。"从之	
淳熙六年（1179 年）	十一月二十七日，诏临安府修葺六部架阁库屋，其主管官员居止，令就库侧充廨舍，使朝夕便于检校，以防文书疏失。从吏部尚书周必大请也	开始关注官员廨舍和办公距离
淳熙七年（1180 年）	七年三月二十七日，诏大庆观巷内枢密院充故皇子魏王府第，其枢密知院府第以朝天门里天庆观西先拨赐李显忠宅	官地腾挪
	五月十一日，诏临安府修盖大理寺评事廨宇，以刑部尚书谢廓然言："狱情贵乎严密，评事散居于外，乞以本寺空地创廨宇。"故有是诏	官署建筑进入兴建期
	七月二十一日，诏广西路提刑移司郁林州，起造廨舍，合用钱令转运司应副五千贯。先是，本路提刑徐谊奏："本司旧置容州，移郁林州。得旨令安抚使刘焞、运判梁安世同共相度以闻。故有是命	
淳熙八年（1181 年）	八月二十八日，诏临安府于大理寺修盖治狱正丞廨舍，从臣僚请也	
淳熙九年（1182 年）	二月二日，诏大理寺于本寺内修盖断刑官廨舍。以大理卿潘景珪言，乞将本寺空地自行盖造，故有是命	
淳熙十六年（1189 年）	三月六日，诏大理司直、寺簿并就寺居止。仍令临安府于仁和县后花园内空地，盖造廨宇两所	
绍熙二年（1191 年）	正月二十八日，兼知临安府潘景珪言："本府籍定百官廨宇，其来久矣。向者帅臣尝有申请，分而为三，侍从两省官为一等，卿监、郎官、省官为一等，寺监丞簿以下为一等。比年以来，迁易无常，因而殽杂。乞将本府廨舍依旧分为三等，自今后遇空闲，若元系侍从、两省官及台属廨舍，并行存留，以俟朝廷除擢，应副居止。"从之	重申政和三年令。根据官制的变化，重新制定官署建筑的等级

2.4.1.2 律令

《天圣营缮令》，北宋天圣七年发布，为律令，时效性较长。此书发现于天一阁博物馆，为残篇（后十卷），存包含营缮令、杂令等在内的十二篇。书后还附有唐代的《开元令》，同时有唐令和宋令，因而得到学界关注和重视。目前已经有《天一阁藏明抄本天圣令校证（附唐令复原研究）》出版。《天圣营缮令》主要对土木工程营造的用工、用料方面提出各种规章制度，也包括少量的建筑式样等级的规定。《营缮令》① 则涉及营建机构、程序、人力物力来源、营建准则等，而且还有和唐令的对比。《营造法式》是从材料、用功上控制营建成本，避免采料、建造过程中的贪污和浪费，但没有相关的建筑实物与之互相验证。笔者将《营缮令》中相关唐、宋令条目比较罗列于表 2-7②。

《营缮令》中相关条目列表   表 2-7

宋令	复原后的唐令
【宋1】诸计功程者，四月、五月、六月、七月为长功，二月、三月、八月、九月为中功，十月、十一月、正月为短功。春夏不得伐木。必临时要须，不可废阙者，不用此令。	【唐复原1】诸计功程者，四月、五月、六月、七月为长功，二月、三月、八月、九月为中功，十月、十一月、正月为短功。 【唐复原2】诸四时之禁，每岁十月以后，尽于二月，不得起冶作。冬至以后，尽九月，不得兴土工。春夏不伐木。若临时要行，理不可废者，以从别式。
【宋2】诸新造州镇城郭役功者，具科申奏，听报营造。	【唐复原3】诸新造州镇城郭役功者，计人功多少，具尚书省，听报，始合役功。
【宋3】诸别奉敕令有所营造，及和雇造作之类，未定用物数者，所司支料，皆先录所需总数，奏闻。	【唐复原4】诸别敕有所营造，及和雇造作之类，所司皆先录所需总数，申尚书省。
【宋4】太庙及宫殿皆四阿，施鸱尾，社门、观、寺、神祠亦如之。其宫内及京城诸门、外州正牙门等，并施鸱尾。自外不合。（补充："宋制：凡公宇，栋施瓦兽，门设楷板，诸州正衙门及城门并施鸱尾，不得施拒鹊。"③）	【唐复原5】宫殿皆四阿，施鸱尾。
【宋5】诸王公以下，舍屋不得施重栱、藻井。三品以上不得过九架，五品以上不得过七架，并厅厦两头。六品以下不得过五架。其门舍，三品以上不得过五架三间，五品以上不得过三间两厦，六品以下及庶人不得过一间两厦。五品以上仍连作乌头大门。父、祖舍宅及门，子孙虽荫尽，仍听依旧居住。	【唐复原6】诸王公以下，舍屋不得施重栱、藻井。三品以上不得过九架，五品以上不得过七架，并厅厦两头。六品以下不得过五架。其门舍，三品以上不得过五架三间，五品以上不得过三间两厦，六品以下及庶人不得过一间两厦。五品以上仍连作乌头大门。勋官各依本品。非常参官不得造轴心舍，及施悬鱼、对凤、瓦兽、通栿乳梁装饰。父、祖舍宅及门，子孙虽荫尽，仍听依旧居住。其士庶公私第宅，皆不得起楼阁，临视人家。
【宋6】诸公私第宅，皆不得起楼阁，临视人家。	

---

① 指天一阁藏明抄本《天圣令》卷二十八《营缮令》，共 32 条，包括根据唐令修改后形成的宋令 28 条和因制度变化不再行用的唐令 4 条。已有今人研究成果《天一阁藏明钞本天圣令校证附唐令复原研究》出版。

② 表文均引自：天一阁博物馆，中国社会科学院历史研究所. 天一阁藏明钞本天圣令校证附唐令复原研究. 北京：中华书局，2006.

③ 周城. 宋东京考. 卷九. 北京：中华书局，1988.

续表

宋令	复原后的唐令
【宋 7】宫城内有大营造及修理，皆令司天监择日奏闻。	【唐复原 7】宫城内有大营造及修理，皆令太常择日以闻。
【宋 11】立春前，三京府及诸州县门外，并造土牛耕人，其形色可依司天监每岁奏定颁下。县在州郭者，不得别造。	【唐复原 11】立春前二日，京城及诸州县门外，并造土牛耕人，各随方色。
【宋 12】三京营造及贮备杂物，每年诸司总料来年一周所须，申三司，本司量校，豫定出所科、备、营造期限，总奏取报。若依法先有定料，不须增减者，得本司处分。其年常支料供用不足，及支料之外，更有别须，应料者，亦申奏听报。	【唐复原 12】诸在京营造及贮备杂物，每年诸司总料来年所须，申尚书省付度支，豫定出所备。若依法先有定料，不须增减者，不用此令。其年常支料，供用不足，及支料之外，更有别须，应料者，亦申尚书省。
【宋 13】诸在外有合营造之处，皆豫具录造作色目、料请来年所须人功调度、丁匠集期，附递申三司处分。	【宋 13】疑为唐令，未能复原。
【宋 25】诸州县公廨舍破坏者，皆以杂役兵人修理。无兵人处，量于门内户均融物力，县皆申州候报。如自新创造、功役大者，皆具奏听旨。	【宋 25】疑为唐令，未能复原。
【宋 27】诸别敕有所修造，令量给人力者，计满千功以上，皆须奏闻。	【宋 27】疑为唐令，未能复原。
右令不行	已废"右令不行"的唐令 【唐 2】诸营造杂做，应须女功者，皆令诸司户婢等造。其应供奉之物，即送掖庭局供。若作多，及军国所用，量请不济者，奏听处分。其太常祭服、羽葆、伎衣及杂女功作，并令音声家营作，彩帛调度，令太常受领，付作家。 【唐 3】诸州镇戍有旗幡者，当处斟量役防人，…… 【唐 4】诸州县所造礼器、车辂、鼓吹、仪仗等，并用官物，帐申所司。若有剥落及色恶者，以公廨物修理，……
《天圣令》之《仓库令》中和官署营建相关的条目	
【宋 14】诸州县修理仓屋、窖及覆仓分付所须人物，先役本仓兵人，调度还用旧物。即本仓无人者，听用杂役兵人。	唐令缺失
《天圣令》之《杂令》中和官署营建相关的条目	
【宋 28】诸州县学馆墙宇颓坏、床席几案须修理者，用当处州县公廨物充。	唐令缺失

　　以上残令包含了功程计量、城郭宫庙和宅第营造两方面。目前，《营缮令》部分的条令多为针对地方州县公廨，另外还有针对学舍、仓庾营建的条令分别见于《杂令》和《仓库令》。牛来颖认为，相关条令的史籍尚有缺失[①]，从现存的这些条令来看，通行的宋令和唐令的相似度非常高。出发点不外乎用工、用料和建筑等级。因此，宏观官制改革是给宋代官署建筑制度带来变化的主要原因，而

---

① 牛来颖．唐宋州县公廨及营修诸问题 // 荣新江．唐研究．第十四卷．北京：北京大学出版社，2008：345-364："关于官宇的营修规定，从《天圣令》现存令文看，学舍的营修见于《杂令》，仓庾之营修则见于《仓库令》。至于如学舍一项是否还见于相关令如《学令》则无法确定。见于《营缮令》者仅地方州县公廨，则应以州宅、廨署为主。然而，上述现幸存于《天圣令》的三条令文，在整理和复原令文时，又都没有能复原为相对应的唐令，由此说明对于唐代官宇的营修，在材料上还有相当的缺失。"

微观上的营建（用工、用料等）相关制度并没有大的改变。

2.4.2 地方遵循规则之搜集

除了政府明文的政策，地方上也实行约定俗成的一些规则。这些规则往往不见诸法律条文，但从一些营建事件的记载中可以发现这些规则或约定的存在。

2.4.2.1 营造用地

以下通过三个例子来解读官署建筑在城市中用地的相关制度。

（1）临安府界碑

官署建筑的用地一般称为官地，官地往往通过在地块边界用沟、碑、石的方式划定。《咸淳临安志》的"府治图"中有"府隅"的标记，而近年的考古成果中，也有南宋临安府治出土的界碑（图2-9），《临汀志》和《至顺镇江志》亦有官民争地的记载。

红砂岩府治界碑1块，表面磨光，长方形上端委角，残高72厘米，宽33厘米，厚7厘米，上面印刻楷书两行，残存25字：府打量清河坊入巷以西至龙舌头丈陆尺仰居民不得侵占如违重作施。[1]

图2-9 2000年南宋临安府治遗址出土界碑
（图片来源：马时雍 主编. 杭州的考古. 杭州出版社，2004）

（2）汀州

绍定间，晏梦彪等在汀、南剑州、邵武军境发起农民起义，汀州郡守李公华削平寇叛以后，兴作郡治，自宅堂至州门均撤换一新："先是，州治前民居交侵，正街车不得方轨，乃访之耆老，云两畔古有圳，内皆官地。圳堙塞，故民皆私之。及开圳，果得古碑如耆老言。遂撤民之侵冒者，得空地数亩，左右创行廊以为限。"[2] 可见两宋时，官地往往用界碑、圳（沟渠）等地标来标示，而回顾唐代的做法，坊墙确实是划分用地的更好方法。

（3）镇江府

元至元年间，达鲁花赤诺怀重建镇抚所，称旧官廨用地被富民所侵占，通过官司的手段收回官地。《至顺镇江志》中如是记载："镇抚所在千秋桥东，放生池上，即旧南山亭，郡县军官待班之所。至元二十四年改置，岁

---

① 马时雍 主编. 杭州的考古. 杭州出版社，2004：198. 经图文对照，原文中少了"入巷以西"四字，补入。
② [宋] 胡太初. 临汀志·廨舍. 福建人民出版社. 1990

久颓圮，至治元年镇抚诺怀重建……先是旧廨地邻富民，日肆侵削，及公（即达鲁花赤诺怀）至议复故制，民讼诸宪府，公从容辩析，辞理平直，于是部使者察民诬罔责，归于官公。"①

不管这两桩公案真相到底是民侵官地还是官占民地，均可见宋元时期城市内的用地紧张和局促之状况。

这三个南宋和元的例子也说明，官府在控制城市用地上是强势的一方，尽管朝廷通过各种政策和法令来控制地方的土木兴建，但地方官府还是有各种手段和对策。但审视朝廷限制土木兴建的初衷不外乎消藩和护农，两宋朝的官署建筑营建也基本没有出现大兴土木的局面，可以说朝廷的政策还是基本实现了其目的。

2.4.2.2　营造费用

笔者考察了部分文献中营造费的情况，将费用和时间、地点、营造内容对应列于表 2-8。

官署建筑营建相关的费用　　　　　　　　　　表 2-8

时间	地点	内容	引文
南宋	南方	治一桥	南方治一桥费缗钱辄十数万②
嘉泰	台州	新县学	凡庠序堂庑门观举新之……学有射圃，沧弃榛莽，亦加薙葺，别市民居，刱观德亭，总为钱千二百缗，皆出节用③
绍兴		创后殿	（李）光乞增创后殿，上许之……曰：但令如州治足矣，若止一殿，虽用数万缗，亦未为过必事事相称④
宝庆	建康	创制置司金厅	合而计之，为屋一百四十楹，作兴于宝庆丁亥十月二十八日，竣事于绍定戊子三月初二日，工以庸计，凡二万四千钱，以缗计，凡一万一千，米以斛计，凡九百五十⑤
景定		重建制置司金厅	景定癸亥重建制司金厅，自四月至于八月落成。通费官会二十五万余缗，米八百石⑥
嘉祐	苏州	修设厅	始大修设厅，规模宏壮。假省库钱数千缗，厅既成，漕司不肯除破。时方贵《杜集》，人间苦无全书。琪家藏本，雠校素精。即俾公使库镂版印万本，每部为直千钱。士人争买之，富室或买十许部。既偿省库，羡余以给公厨⑦
南宋		修酒务	酒务损弊，前守司谏孙公请于朝，给省金四万缗，新之⑧
端平	镇江	治所	宣诏、颁春终乎丽谯仪门，营翼俨如，廊庑肃如，厅事雄屹，榱桷蝉嫣，前后有堂，东西有厅轩曰近民阁、曰高闲，左揭仁寿之名，右标道院之目，书塾谂室前后区别，吏坐曹廨……以程计者，凡六百二十五泉粟，以缗考者，总十五万八千有奇⑨

① ［元］俞希鲁．至顺镇江志．卷十三．公廨·治//宋元方志丛刊（第三册）．北京：中华书局，1990.
② ［宋］陈耆卿．嘉泰赤城志．卷三．地里·门三//宋元方志丛刊（第七册）．北京：中华书局，1990.
③ ［宋］陈耆卿．嘉定赤城志．卷四．公廨门一．仙居//宋元方志丛刊（第七册）．北京：中华书局，1990.
④ ［宋］周应合．景定建康志．卷一．留都·录一//宋元方志丛刊（第二册）．北京：中华书局，1990.
⑤ ［宋］周应合．景定建康志．卷二十五．官守志二//宋元方志丛刊（第二册）．北京：中华书局，1990.
⑥ ［宋］周应合．景定建康志．卷二十五．官守志二//宋元方志丛刊（第二册）．北京：中华书局，1990.
⑦ ［宋］范成大．吴郡志．卷六．官宇．南京：江苏古籍出版社，1986.
⑧ ［宋］朱长文．吴郡图经续记．州宅下·仓务．南京：江苏古籍出版社，1999.
⑨ ［元］俞希鲁．至顺镇江志．卷十三．公廨·治所//宋元方志丛刊（第三册）．北京：中华书局，1990.

续表

时间	地点	内容	引文
宝庆	明州	重建公使库	公使库……守胡矩重建，凡一百六十六间，磨有院，碓有坊，酒有栈，钱米什物等有库，公厅吏舍以及神宇莫不整厘。自宝庆三年二月十五日经始十一月三十日告成，役工一万五百二十六，用楮券一万二千六百二十七缗有奇①
		重建市舶务	市舶务……宝庆三年守胡矩捐楮券万三千二百八十八缗有奇，属通判蔡范撤新之，重其闲事，高其闲闳，内厅扁曰清白堂，后堂存旧名曰双清，清白堂之前中唐有屋，以便往来，东西前后列四库，胪分二十八眼，以寸地尺天……
		修都酒务	都酒务……宝庆三年守胡矩重修，务屋凡费楮券四千一百四十七缗有奇
		重建子城东门	子城东门（奉国门内常平仓之后，宝庆三年守胡矩重建，费楮券一千一百二十一缗有奇）
		设厅	设厅……守胡矩重建，经始于（宝庆二年）八月八日落成于十二月二十九日，用楮券一万二千六百三十八缗有奇
		隐德堂	隐德堂……宝庆三年守胡矩更新之，九月十四日经始十一月三十日毕工，用楮券五千三百九缗有奇
淳祐	广州	新建双门	广十丈四尺，深四丈四尺，高二丈三尺，皆甃以石覆以砖，虚其东西二间为双门，而楼其上者，七间旁为两翅，东通亲效营，西为团结军，前则颁春、宣诏二亭。规模宏壮……木石砖瓦与工费糜钱二万七千缗②
嘉定	黄岩县	重建厅事	乃立木创大厅五间，合从屋。凡百二十楹，糜缗钱三千，米斛三百，悉办之③
庆元	昌国县	主簿厅	……鸠工于三年初夏，落成于十月之乙未，为厅三间，高广加于前数尺，阶与轩称是，徙厅右之神祠于左廊庑吏舍。一切更造，木工一千五百有奇，役夫二千优与之直，费钱才千缗，父老争持酒币以犒工役……④
淳祐	宝庆府	建设厅	费米以缗计一万有奇，以斛计七百有奇⑤
	成都	建营屋	成都据右蜀之会，近岁并川陕宣抚司，建四川制置使，即其地为治所……乞于本道选内郡精兵千人，集之成都，建营屋一千二百楹以居之……又建堂于厅事之西，列两库于左右，以贮军需甲仗之属……军须缗钱十万，不取于他，皆出于节约之余，以充悠久治兵之费⑥
淳熙		绿云楼	成都漕台之右，有楼屹然，榜曰绿云。今使者栝苍卢公所徙建也。……若他道之馈遗，总为缗二千九百有奇，皆前至不用而藏之官帑⑦
景定	吴县	尉衙	吴县尉衙改创于开禧乙丑，察院罗公相为尉之日，距震之官五十有五年，间无与葺一椽瓦者，而屋额矣。……诃震乃得窃窥其暇，积入幕之俸，并请益于邑大夫李君，共为费五千六百缗有奇，自景定辛酉三月十八日役工，迄五月二十八日，凡听事、门庑、堂寝皆新之，复还畴曩之盛，可以观时政焉……作析清堂……又其西筑台临道而屋其上，列栢森森，扁曰平远……台则前尉，唐公璘增高，罗公旧基改为之，唐公亦相望入台察岂有开必先如古鹎鹕滩之类欤遂并葺之，易扁曰栢台，以彰二公风宪先兆⑧
宝祐	吉州龙泉县	县丞厅	……于是度地，于是市树，于是鸠工，为门，为厅，为廊，为东西便厅，为堂，为室，规模宏而制度称观，瞻耸而闲燕，适异时主簿廨西面至是而南也。……东偏九用缗钱千钱，大半君俸也⑨

① [宋]张津.乾道四明图经.卷第三 // 宋元方志丛刊（第五册）.北京：中华书局，1990.
② [元]陈大震.大德南海志.卷八 // 宋元方志丛刊（第八册）.北京：中华书局，1990.
③ [宋]林表民.赤城集.卷三.王居安.黄岩重建厅事记.台湾商务印书馆，1983.
④ [宋]楼钥.攻媿集.卷五十八.昌国县主簿厅壁记.台湾商务印书馆，2011.
⑤ [宋]程公许.沧洲尘缶编.卷十三.宝庆府改建设厅记.清文渊阁四库全书本.
⑥ [宋]王敦诗.雄边堂记.[DB/OL].(2007).中国基本古籍库电子版.
⑦ [宋]刘德秀.转运司绿云楼记 //[宋]扈仲荣等.成都文类.卷二八.记·官宇.
⑧ [宋]黄震.黄氏日钞.卷八十六记一.修吴县尉衙纪事.台北：台湾商务印书馆，1986.
⑨ [宋]欧阳守道.巽斋文集.卷十五.吉州龙泉县丞厅记.清文渊阁四库全书本.

对以上数据整理和分析。

（1）费用计量单位：大多数为缗（一千钱为一缗），此外还有折合工和米的费用。

（2）费用来源：大多来源于公费，记载中往往要强调是节用而来，或者立名目，如乞卖度牒、公使库印书出卖，以及富民相助等，唯一自掏费用的例子是吉州龙泉县县丞厅是县丞自掏大半俸禄而建。

（3）费用的数据分析。和建筑等级的关系：县级官署的营建和维修没有超过上万缗的，而县以上的官署维修动则上万缗甚至数十万缗，仅有个别单体建筑的维修会在万缗以内。具体而言，县级机构无论单体还是院落，花费都在二、三千缗以下，府州级官署的重要建筑（单体），如设厅、楼阁及厅堂，少则数千缗，多则上万，府州级官署的次要机构（院落），如公使库、市舶务、酒务、制置司金厅，约为万缗出头，也有数千缗的，府州级官署的重要机构，如治所及制置司金厅，则可达几十万缗。

（4）比较。笔者对南宋官员之俸禄进行了考察，以便对以上数据有直观的感受。

两宋实行益俸的政策，官员俸禄除了元祐四年和建炎初略有缩减外，总体是不断增加的。其基本制度是《嘉祐禄令》和之后的元丰新禄制，即"寄禄官请给为本俸，职钱为辅的双规俸给制"[1]。至于数额，节度使约 400 千、宰相 300 千，郧州内品0.3 千，而不满三千户县的县令月俸钱 10 千。再如北宋苏辙"朝奉郎、试户部侍郎"，可得月俸 45 千（职钱）+30 千（本俸）+ 衣等。南宋俸禄制度较北宋略为复杂，"在寄禄本俸、职事官寄职钱外，又增加了不少名目。"从俸禄发放方式看，宋代俸禄可分为请受、添给两大类，请受"由寄禄官决定"，即基本收入；添给即基本收入之外的补贴。添给的重头有公用钱、职田、给券等，这部分收入差异较大，例如"节度兼使相月给公用钱高达 2 万贯……亦有不给者。文武升朝官知州、各路监司、帅司以边地要塞带兵官，也是给公用钱。可供长吏或统兵长官自行支配，如用于犒设往来官员酒食之费。或"随月给受，如禄俸焉"，或岁给。……南宋建炎二年三月七日，定诸帅臣供给每月不得过 250 贯，提举茶盐公事、知州、通判不得过 150 贯。"[2]

从官员俸禄中添给部分的数额来看，南宋官员的实际收入较北宋官员有较大提高，高等地方官员月薪数量级应在百贯左右。但即便是这个数量级的俸禄，相比于动则上万缗的官廨营造费用，无异于杯水车薪，两宋官员调任频繁的情况下，官员不可能用自己的俸禄营修廨宇。但对于如小厅三间，亭台若干，百楹、千缗这样小规模的官廨，尚可负担，官员的营造权并没有完全丧失。

还可比较的数据是南方治一桥的费用是十数万缗。可见，官署建筑营建的费

---

① 龚延明. 宋代官吏的管理制度. 历史研究，1991(06).

② 同上。

用相比于其他城防、公共设施的营建费用，还是相对较低的，相比于官员的俸禄，则是不可能承受的。

2.5　两宋官员生活

总体上看，对比唐代官员，宋代官员的任期短，地方官多以京官充任，流动性增强，实权减小，物质待遇提高，居住及工作地分开的比例大于前朝。

为防止宰相夺权，京官大臣的工作和居住被严格分开，不准在私宅会见宾客，但并不能保证此条规定实际上是否得到严格执行。两宋朝高级官员受到非常优厚的待遇，常有皇帝赐宅："执政、亲王曰府，余官曰宅，庶民曰家。"[①] 关于官员的住所，有政府赐宅，也有租赁：一方面，《宋会要辑稿》有敕给高级官员私宅的记录；另一方面，"（熙宁八年）丙申诏罢给在京官赁宅钱"[②]，可见相当部分在京官员是在外租房的，也见官员之间的差距也越拉越大。京官贫富差距大的例子还有赵普："卢多逊在翰林因召对，数毁短普，且言普尝以隙地私易尚食蔬圃，广第宅营邸店，夺民利。"[③]

与高级官员相比，一些低级官吏则出于职业的规定，居住在廨舍中："大理寺，在仁和县西，设卿、少丞、簿、评事、司职之官，及治狱都辖推吏等。家属皆居于寺内，以严出入之禁。"[④]

以京官充任的地方官员一般任期较短，调动频繁，且一般不能在自己的原籍担任地方官，必须举家赴外地任职："有的住在政府提供的官舍或官衙里，有的有私宅，有的则租屋居住。"[⑤]

地方官员有私宅的例子："吴淑未冠时，其先人为润州书记，时严续相公作镇，书记宅在子城西门……"[⑥] 另外，《淳熙严州图经·子城图》中，子城内有通判宅的文字标识（见后文）。

在京官员赁宅的例子有北宋范仲淹和王禹偁：

元祐初……公（范仲淹）为谏议大夫，僦居城西白家巷。东邻陈衍园也。[⑦]
王禹偁《赁宅》诗："老病形容日日衰，十年赁宅住京师。阁栖凤鸟容三入，巢宿鹪鹩欠一枝。壁挂图书多不久，砌栽芦苇亦频移。人生荣贱须知分，会买茅庵映槿篱。"

《赁宅》之二："萍流艇系任行藏，惟指无何是我乡。左宦只抛红药案，僦居

① [元]脱脱 等.宋史.卷154.志第107.舆服志六.北京：中华书局，1977.
② [宋]李焘.续资治通鉴长编.卷二百六十九.神宗.熙宁八年.北京：中华书局，2004.
③ [宋]李焘.续资治通鉴长编.卷十四.太祖开宝六年.北京：中华书局，2004.
④ [宋]吴自牧.梦粱录.诸寺.台湾商务印书馆.1983.
⑤ 陈国灿.略论南宋时期绍兴城的发展与演变.绍兴文理学院学报（哲学社会科学）.2010(05).
⑥ 分门古今类事.卷六.吴淑丹阳.台湾商务印书馆，1983.
⑦ [宋]晁说之.晁氏客语.岳麓书社，2005.

犹住玉泉坊。白公渭北眠村舍，杜甫瀼西赁草堂。未有吾庐莫惆怅，古来贤达尽茫茫。"

偶置小园因题："十亩春畦两眼泉，置来应得弄潺湲。三年谪宦供厨菜，数月朝行赁宅钱。空愧先师轻学圃，未如平子便归田。此身久畜耕山计，不敢抛官为左迁。"[1]

此外，还有皇室成员也不一定有固定居所，而靠赁宅：

屯田郎中、勾当步军粮料院赵令铄言："父世雄于祖宗为玄孙，乞同父母赁宅外居。"诏许令铄入宫省觐。[2]

地方官员僦居的例子有：

（北宋）王淏得替，赁卢家宅子，称每月饶减得房钱一千。其人已移辰州通判，只是暂时，即非久住，当赁宅子时，又未曾言请托桥事。量人情，只是为淏曾在本县守官，遂欲借宅与住，淏尚不肯，须用钱赁，只饶减得一千。[3]

（南宋）参议、机宜、抚干，旧无廨舍，皆僦居于市。[4]

（南宋）旧制有路钤、路分，本州岛驻札及州钤、都监、监押，近岁省并，只路分一员，都监、监押共三员，除路分、都监廨舍外，或居寺院，或僦民居；税务监官二员，一员廨舍在税务内，一员僦居。[5]

值得说明的是：宋代官员僦居是被动的，而到了元代，官署则完全成为办公之所，不再提供官员居住场所："设官分职以来，各有厅事，所以出政令而决讼狱也。自唐至宋，皆专宫署事，故所至廨宇，因以居焉，其临民苟事者，止于厅事而已。圣朝立法设完，坐官每司或三四员，或五六员，廨宇止为听断之地，而各官私居，类皆僦赁。"[6]

2.5.1　在京官

宰相执政的"府"是在元丰初年才建立的，元丰以前没有办公、居住合一的"府"："京师职事官，旧皆无公廨。虽宰相执政，亦僦舍而居。每遇出省，或有中批、外奏急速文字，则省吏遍持于私第呈押，既稽缓，又多漏泄。"[7]神宗熙宁三年，建东西府"以居执政"[8]，位于右掖门之前。陈绎在《新修东府记》中记载了营建的缘由和过程："今禁卫三帅率有公廨，庶官省寺亦或有居，而独大臣不列府舍，每朝则待漏阙门之次，入则议政殿上，退即听事。暨有司公见请白可否少休，

① [宋]王禹偁.小畜集.卷第九.商务印书馆，1937.
② [宋]李焘.续资治通鉴长编.卷二百八十.神宗.熙宁十年.北京：中华书局，2004.
③ [宋]李焘.续资治通鉴长编.卷一百四十八.宋仁宗.庆历四年.北京：中华书局，2004.
④ [宋]张淏.宝庆会稽续志.卷三// 宋元方志丛刊（第七册）.北京：中华书局，1990.
⑤ [宋]陈公亮.淳熙严州图经.卷一// 宋元方志丛刊（第五册）.北京：中华书局，1990.
⑥ [元]陈大震.大德南海志.卷十.廨宇// 宋元方志丛刊（第八册）.北京：中华书局，1990.
⑦ [宋]叶梦得.石林诗话.北京：中华书局，1991.
⑧ [元]脱脱等.宋史.卷十五.北京：中华书局，1977.

吏史抱文书环几案左右颉颃以进，至日下昃数刻始归。夫以王城辇毂之大，其制度之阙如此。乃出圣画，新创二府，亲遣中人，度地于阙之西南，轮广方制，房皇钩折，绘图以闻，即刊定于禁中，申命三司，饬吏诸司，计工程材，役不妨时，费不病官。自熙宁三年秋七月兴作，东西府凡八位，总千二百楹。明年秋八月，东府四位成……"①

先是，诏建东西二府，各四位，东府第一位，凡一百五十六间，余各一百五十三间。东府命宰臣参知政事居之，西府命枢密使副使居之。府成，上以是日临幸（丁未二十六日）。后十日（十月丁巳），赐宴于王安石位，始迁也。三司副使知杂御史以上皆预（三年九月二十六日，新旧纪并书作东西府，以居执政）。②

元丰后虽然有公廨，但宰相还是形成了于私第治事的习惯，公署多虚位：

崇宁末，蔡鲁公罢相，始赐第于梁门外；大观初再入，因不复迁府居。自是相继何丞相伯通、郑丞相达夫与今王丞相将明，皆赐第，援鲁公例，皆于私第治事，而二府往往多虚位，或为书局官指射以置局，与元丰本意稍异也。③

宰相们除了每天五鼓早朝外，还需要赴二府办公，有时还需赴二府内专门的议事厅（枢密院南的议事厅或中书门下的政事堂）议事，朱瑞熙总结为：

宰执们赴政事堂，必有穿朱衣的两名中书直省吏骑马在前引导；遇到假日，则推迟至黎明始赴中书门下，由中书直省吏从私宅引导，成为"宅引入堂"。④

这一点和唐代类似。唐代三省长官的工作模式为："开元以前，诸司之官兼知政事者，午前议政于朝堂，午后理务于本司。"⑤

南宋时，形成在京官职事官无廨舍，住任官有廨舍的制度。

（绍兴三年三月）九日，臣僚言：近闻临安府营不一创置，职事官廨宇既十余所，而仁和等县应者各十数处，期间……乞降指挥，除屋舍颓弊合修整外，并放罢役……在京职事官多无廨舍，住任官有廨舍……⑥

绍熙二年（1191年）一月，潘景珪所奏略云：本府籍定百官廨宇，其来久矣。向者帅臣尝有申请，分而为三：侍从、二省官为一等，卿监、郎官、省官为一等，寺监、丞簿以下为一等。比年以来，迁易无常，因而毂杂。乞将本府廨舍依旧分为三等，自今后遇空闲，若原系侍从、两省官及台属廨舍，并行存留，以俟朝廷除擢，应副居止。⑦

① 陈绎. 新修东府记 // 宋文鉴，卷八十一. 上海书店，1985.
② [宋]李焘. 续资治通鉴长编. 卷二百二十七. 北京：中华书局，2004.
③ [宋]叶梦得. 石林诗话. 北京：中华书局，1991:
④ 朱瑞熙著. 中国政治制度通史. 北京：中国人民出版社，1996:14.
⑤ [唐]杜佑. 通典. 卷二十三. 职官五. 吏部尚书. 北京：中华书局，1984.
⑥ [清]徐松 编. 宋会要辑稿. 方域四之一八. 北京：中华书局，1957.
⑦ [清]徐松 编. 宋会要辑稿. 方域四之二一. 北京：中华书局，1957.

2.5.2　地方官

以王安石生平为例。王安石出生在临川城府治内："维崧堂在府治内。宋天禧中，王益为临江军判官，其子安石生于此，后人因名其堂曰维崧。"① 王安石从童年到少年，大都是跟随父亲在其仕宦之地，可见地方官员任职时是携带眷属的；约皇祐三年（1051 年），王安石从鄞县任满，委派至舒州做通判，在舒州做通判期间，两次被召赴阙应试，他均以"先臣未葬，二妹当嫁，家贫口众，难住京师②"为由拒绝，再次验证了外地京官赴任允许带家属。

另外，地方官员的调任极为频繁，如王禹偁："以至道乙未岁自翰林出滁上，丙申移广陵，丁酉又入西掖，戊戌岁除日有齐安之命，己亥闰三月到郡，四年之间奔走不暇，未知明年又在何处"③。

宋代地方长吏有时也并不住在治所内，如苏轼住三十三间堂，再如咸平二年王禹偁以翰林出任滁地，住子城内的竹楼："黄冈之地多竹……用代陶瓦，比屋皆是，以其价廉而工省也。子城西北隅雉堞圮毁，蓁莽荒秽，因作小竹楼二间。"④

两宋地官员廨舍已经不能保证位置和机构的一致，甚至因用地紧张而不能保证有。如《淳熙三山志》所载福州的情况，若有新增职官，廨舍往往以不太重要的机构所在官地充当，或以僧寺充，或干脆僦居。

帅属廨舍：州作帅府，自建炎三年始，置机宜、抚干为属，以监务厅为机宜廨舍，今旌隐坊北是也。绍兴五年，增置通判，以为通判厅。十一年初，置参议，犹寓他所。至十九年，通判移威武军之东，后乃以为参议廨舍。机宜，旧占僧寺。抚干员多，所居不一，后省各一员。今累政、机宜南禅，抚干神光。

监务廨舍：初，监务两员：都务官廨舍，旧旌隐北；临河务官廨舍，旧法海寺北。建炎以来，旌隐坊北迭为机宜、通判、参议厅。法海北，尝为登瀛馆，近亦添差、签判所寓。监务后增三员，皆僦居。

监甲仗库廨舍：旧康泰门内之南。乾道元年，以展拓试院，移瓯冶池南庵舍。淳熙八年，复为庵舍，始僦居。⑤

2.6　本章小结

在财、军、民政三权中，对城市营建起至关重要作用的是财权和军权，财权保障营建之费用来源，军权则在一定意义上赋予城市等级和地位，只有拥有相对

① [清] 蔡上翔. 王荆公年谱考略. 上海人民出版社，1973.
② [宋] 王安石. 辞集贤校理状 // 临川文集. 卷四〇. 台湾商务印书馆，1983.
③ [宋] 王禹偁. 竹楼记 // 吕祖谦. 宋文鉴. 卷第七十七. 上海书店，1985.
④ [宋] 王禹偁. 竹楼记 // 吕祖谦. 宋文鉴. 卷第七十七. 上海书店，1985.
⑤ [宋] 梁克家. 淳熙三山志. 卷七. 公廨类一 // 宋元方志丛刊（第八册）. 北京：中华书局，1990.

独立的军权和财权，才有营建城市之能力。而不同的制度对于以上三权的分配方式是有不同的，唐代地方城市城郭宽广、街道正直、廨舍基址宏敞①，是建立在地方长官（主要指节度使）长期拥有充分财政独立权的基础上的。宋初，太祖采用赵普的谋略，对节度使采取了"稍夺其权，制其钱谷，收其精兵"②的办法，剥夺财、政、军权，尤其在财政权上，规定地方财政每年的赋税收入，除支度给用外，均收回中央：（乾德三年）"令诸州自今每岁受民租及笼榷之课，除支度给用外，凡缗帛之类，悉辇送京师。"③这条政策奠定了两宋官署营建的基调。伴随着宋初及中期的历次制度改革，除了军权，地方长吏的司法、财权也逐渐被收回、控制和制约，这一过程持续到北宋中后期，如苗书梅指出："军权是自宋仁宗庆历之后，经熙丰将兵法改革才大部分丧失掉的，其司法权也是在元丰改制以后始大为减少的，其财权在宋仁宗时逐步减少，经过宋神宗时增加中央财权的一系列改革，到宋徽宗以后更加减少。因此，可以说在北宋前期，知州拥有较完整的治理州郡的权力，能够比较顺利地推动州内的一切庶政。……北宋中期以后，知州的权力逐步减少，这些被减少了的权力增加到了路级机构中，使路级机构增加了行政的职能。"④这数次官制改革重组了官制的权力结构，权力以不一样的名目和数量转回地方，造成了冗官和地方官署机构的增多的现象。

同时，北宋一朝，地方权力被收归中央的同时，君权也受到士大夫阶层及各种中央制度的制约，君权和士官互相制约，形成一个精密而庞大的体系，即使作为天子，也无法直接管辖象征中央财权的内藏库，以宋太祖令后苑制造薰笼为例："太祖皇帝尝令后院造一薰笼，数日不至。帝责怒，左右对以事下尚书省，尚书省下本部，本部下本寺，本寺下本局，覆奏，又得旨，依方下制造，乃进御，以经历诸处故也。帝怒，问宰相赵普曰：我在民间时，用数十钱可买一薰笼。今为天子，乃数日不得。何也？普曰：此是自来条贯，不为陛下设，乃为陛下子孙设。使后代子孙若非理制造奢侈之物，破坏钱物，以经诸处行遣，须有台谏理会。此条贯深意也。"⑤南宋朝廷和宫廷对中央财权的争夺更加白热化。

在上述三权分配制度下，两宋的城市营建受到了严格的控制和监督。中央通过诏令、律令和发布法式的形式逐渐完善两宋官署建筑的营建制度，诏令自上而下控制营建权限和费用来源，律令和法式自下而上控制营建成本。

对两宋官署营建，中央和地方的认识迥然不同。中央官员认为州郡的官署营

① 顾炎武.日知录："予见天下州之为唐旧治者，其城郭必皆宽广，街道必皆正真。廨舍之为唐旧创者，其基址必皆宏敞。宋以下所置，时弥近者制弥陋。"
② ［宋］李焘.续资治通鉴长编.卷二.北京：中华书局，2004.
③ ［宋］李焘.续资治通鉴长编.卷五.北京：中华书局，2004.
④ 贾玉英.宋代地方政治制度史研究述评//包伟民 主编.宋代制度史研究百年.上海：商务印书馆，2004：152.
⑤ ［宋］杨万里.诚斋集.卷第六十九.台湾：商务印书馆，1983.

建无有不足，土木之功处处皆是，[①] 而地方官员则经常抱怨中央政策限制太多，尤讳建造，官廨破旧不堪，有倒塌之虞，无法住人。调和矛盾的方法如：在京机构租赁民宅为官廨并且给予报销，又如"指射"[②] 民宅或废弃军营和较为次要的官地以建设新设的官署等。种种官民以及官署机构之间的矛盾都指向同一原因：即两宋时期城市里官署建筑用地紧张。

---

① ［宋］蔡襄.上仁宗论兵九事 // 宋名臣奏议.卷一二一.兵门.兵议下："天下州郡自太平以来，廨宇亭榭，无有不足。每遇新官临政，必有改作，土木之功，处处皆是。"
② ［日］久保田和男.宋代开封研究.郭万平 译.上海：上海古籍出版社，2010: 79："占据、使用土地进行改变其原有用途的建设"。

第 3 章　两宋中央官署和中央官制

中央官署的形成取决于成熟的都城制度和中央官制。历朝新政权成立后，首先要做的事不外乎立朝仪、定官制、造都邑。朝仪即君臣之礼，其本质即君、臣之权力关系；官制则为臣、臣之权力关系的分配和组织，如秦汉之三公九卿制度，隋唐之三省六部九寺五监；官制则反映了臣、臣之间的权力分配和关系；而都邑则是朝仪和官制之物理空间载体。

中央官署在不同的朝代有不同的机构名称和组成方式，不变的是其核心空间是权位最重的是次高级决策中心，也就是宰执的议政场所。从形态上看，宰执的议政场所历朝都是作为较独立的建筑群出现在皇宫附近，一定程度上象征了君权与相权互相依赖而又矛盾之微妙关系。历代皇宫和宰相议政场所的位置和格局都受到了营国思想、行政制度、相权设置等方面综合因素的影响而产生各种变化，反之，议政场所和皇宫的空间关系也反映了朝仪制度和中央官制的相关特征。

本章主要关注中央官署在都城中形态之流变，以及在两宋都城中之具体表现。首先从长时段上考察历朝中央官制和中央官署之特征及其关联，然后集中考察两宋都城之营建，并对两宋中央官署和皇宫之位置关系做必要的考证，以发现其中互相印证之处，并得出两宋中央官署建筑之特征。

3.1　长时段考察：历代中央官制和中央官署之建筑形态

3.1.1　两种视角下的历史分期

3.1.1.1　政治史视角下的历史分期

日本政治史领域的学者平田茂树在他的研究中提出了"场"（政治空间）的概念，并且以"场"的空间形式、参与人员、参与形式的性质特点来划分了中央官署制度，这也是将抽象的政治和具象的空间相结合的重要理论。

按不同时期"场"的特点，他将中国历代中央官制的发展分为三个阶段：古代（秦汉时期）、中世（六朝隋唐时期）以及唐代后半期以后这三个阶段："第一，古代（秦汉时期）的大议、公卿议等由具有一定身份的官僚召集，到中世后，各种专项会议、宰相会议开始得到发展，以官僚机构为中心的会议逐渐成为了官僚集团决策的"场"（政治空间）的中心。第二，在中世时期，出现了门阀士族集团决策的"场"从皇帝的政治权力中脱离出来的现象。第三，从唐代后半开始，皇帝决策的"场"作为直接联络皇帝和官僚的体系，得到了很大的发展。决策过程转移到以皇帝为中心的空间。"① 这个分期的起始时间是秦代，排除了夏商、春秋战国等先秦的朝代，虽然夏王朝建立后便已经形成了国家和都城。

官制的发展随着朝代演进逐渐成熟且保持各朝的独特性。如丞相制的逐渐形成，使中央权力不集中在皇帝一人，形成了权力集团，这个权力集团在不同的时期有不同的表现形式，如唐代为贵族门阀，宋代为士官阶层，在同一时期，围绕在皇帝周围的权利集团可能有多个，如唐末的宦官集团、宰相集团和藩镇势力。随着中央官制的成熟，这些权力集团人数增加、权力分散、互相牵制，成为维护君权的巨大体系，这是中央官署制度的本质。在先秦、秦汉时期，朝堂、大司徒府等代表宰相权力的建筑处于重要位置，等级颇高、面积很大，并且某些方面还同构于皇城，魏晋时期出现了转变，"在六朝，礼官之议、法官之议等专门会议十分活跃。并且，朝议的中枢是每天在朝堂召开的尚书八座丞郎参加的"参议"，门阀士族（官僚）逐渐表现出其非从属的性质。另一方面，正如从北朝北魏孝文帝莅临朝堂的行动中所看到的那样，皇帝开始集中控制太极殿和朝堂。"② 到了唐代，"形成了政事堂（以后的中书门下）议论日常政务的宰相会议，它与尚书都堂的"议"共同构成官僚集团决策机制的复合构造，由于汉、六朝时期作为官僚的会议场所发挥了重要作用的朝堂（在汉、六朝时代与内朝正殿邻接）的使命在唐代移到了外朝的尚书都堂，官僚议政的行政色彩变得更加浓厚了。"③ 这个过程中，中央官署逐渐演变为办事机构，其空间形态出现了分散化、小型化的特点，而皇城内产生了多种受君权干涉的"权力空间"（延英殿等），这个转折大概出现在唐代中期："如果据松元保宣的研究，将唐代皇帝裁决的场所变化进行整理可发现：（1）与唐代前半期以正殿为中心进行朝政，皇帝用个人的力量进行驾驭官僚相比，唐代的后半期以延英殿为中心，官僚直接与皇帝面对面陈述意见的政治体系发展起来。（2）与唐代前半期由宰相审查百官的奏折来进行政治管理的制度相比，从唐代后半期开始，不经由中书省，诸官府部门直接上奏宫城诸门的文书制度发展起来。"④

3.1.1.2　建筑史、城市史视角下的历史分期

傅熹年先生注意到了历史上中央官署的分布和功能的几次重要改变⑤：

（1）分布和格局。即三国、南北朝时期宫内中央官署与宫城正门骈列，宫外官署集中于宫城前，隋唐时期中央官署集中于宫城前和皇城内，明代中央管束仅集中于皇城外。

（2）功能。唐以后才形成纯办公功能的中央官署。唐以前，宰执的府宅往往

① [日]平田茂树.日本宋代政治制度研究评述.上海：上海古籍出版社，2010：10.
② [日]平田茂树.日本宋代政治制度研究评述.上海：上海古籍出版社，2010：9.
③ [日]平田茂树.日本宋代政治制度研究评述.上海：上海古籍出版社，2010：9.
④ [日]平田茂树.日本宋代政治制度研究评述.上海：上海古籍出版社，2010：9.
⑤ 傅熹年.中国古代城市规划建筑群布局及建筑设计方法研究（上）.北京：中国建筑工业出版社，2001：82、83.

047

即朝议场所。

郭湖生先生提出了"战国体系、邺城体系及汴京体系"[1] 来概括中国古都的三个阶段。这个体系也包含他对历代中央官署建筑的诠释:"大体上说,汉承秦制中央集权之后,又有汉武帝加强君权,削弱相权的举措,于是有中外朝之分,最后导致尚书代替丞相九卿的职能。于是自邺城起朝廷政府并列于宫城,形成了我称为骈列制的格局,所以魏晋南北朝的宫城南垣宫门骈立,相应有两条宫前大道。又如隋唐有皇城,宋代没有而明清又有,但性质内容不同于隋唐,这里有一个内容转换的过程,皇城也不是周礼制度的要求。"[2]

虽然年代略有差别,但可见不同领域的学者对中央官署制度的理解有契合之处。他们共同描述了相权和朝堂的形成、发展、独立以及最终被君权压制的过程,而且这一过程中,建筑形制的变化总略微滞后于权力和制度的变化。

参考上述分期,本章按照朝代的时间顺序,考察了各时期中央官署与皇宫或皇城的位置关系及各时期中央官制的特征和异同,以得出政治制度和官署建筑之间的联系和他们的变化规律。

3.1.2　历代中央官署制度图解

3.1.2.1　先秦

西周初年定中央官制,周太王古公亶父"贬戎狄之俗,而营筑城郭室屋,而邑别居之,作五官有司。"[3] 五官为司徒、司马、司空、司士、司寇,郑玄认为此为殷制[4],但遗憾的是在先秦都城遗址中很难找到符合此功能的建筑遗址。张国硕在其《夏商时代都城制度研究》里以现有都城考古资料为依据,概括了中国古代都城的基础设施,包括宫室区、宗庙、手工业作坊区、必要的防御设施、陵墓区、离宫别馆[5],其中并不包含中央官署。

目前已有较确定考古遗址的先秦都城的实例有:夏代的二里头遗址,商代的郑州商城、偃师商城、洹北商城、安阳殷墟。在这些案例中,因考古资料深度限制,仅分析城市结构(城郭、宫城、建筑基址等)辨识度较高的偃师商城,目前考古界对偃师商城的城址性质认定为"汤都西亳"。[6]

偃师商城的基本格局是大城与小城相嵌,宫城在小城内偏南且居中。宫城内西南部分被认为是主要宫殿区,为前朝后寝格局,其中二、三、七号宫殿遗址所

---

① 郭湖生.关于中国古代城市史的谈话.建筑师, 1996 (6).

② 同上.

③ [汉]司马迁.史记.卷四.周本纪.北京:中华书局, 1959.

④ [汉]司马迁.史记.卷四.周本纪:"集解骃案礼记曰:天子之五官曰司徒、司马、司空、司士、司寇、典司五众.郑玄曰此殷时制."

⑤ 张国硕.夏商时代都城制度研究.郑州:河南人民出版社, 2001: 7-8.

⑥ 杜金鹏, 王学荣.偃师商城近年考古工作要览——纪念偃师商城发现 20 周年 // 杜金鹏, 王学荣.偃师商城遗址研究.北京:科学出版社, 2004: 10.

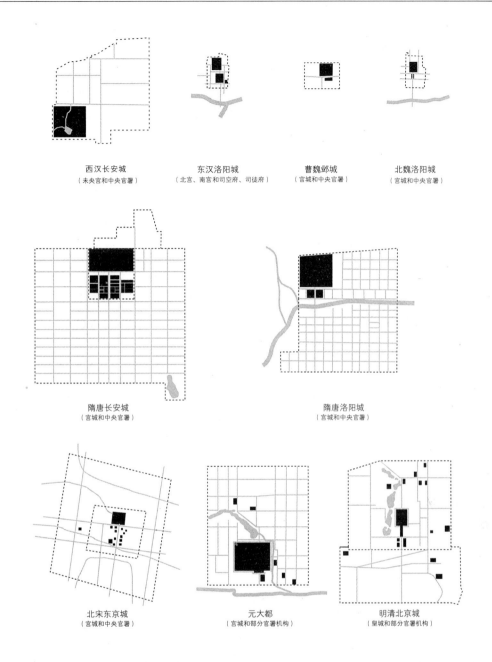

西汉长安城
（未央宫和中央官署）

东汉洛阳城
（北宫、南宫和司空府、司徒府）

曹魏邺城
（宫城和中央官署）

北魏洛阳城
（宫城和中央官署）

隋唐长安城
（宫城和中央官署）

隋唐洛阳城
（宫城和中央官署）

北宋东京城
（宫城和中央官署）

元大都
（宫城和部分官署机构）

明清北京城
（皇城和部分官署机构）

图 3-1　历代部分中央官署建筑与宫城之位置关系简图
　　注：黑色为官署建筑，深灰色为宫城，虚线为城墙，浅灰色为道路和水系①

---

① 　西汉长安城底图参考：刘庆柱.汉长安城.北京：文物出版社，2003；东汉洛阳城底图参考：赵化成，
高崇文.秦汉考古.北京：文物出版社，2002；曹魏邺城底图参考：贺业钜.中国古代城市规划史.北京：
中国建筑工业出版社，2003；北魏洛阳城底图参考：贺业钜.中国古代城市规划史.北京：中国建筑
工业出版社，2003.隋唐长安城底图参考：武廷海.从形势论看宇文恺对隋大兴城的"规画".城市
规划，2009(12)；隋唐洛阳城底图参考：潘谷西.中国建筑史（第四版）.北京：中国建筑工业出版社，
2001；北宋东京城底图参考：李合群.北宋东京布局研究 [博士学位论文].郑州：郑州大学，2005；
元大都底图参考：姜东成.元大都城市形态与建筑群基址规模研究 [博士学位论文].清华大学建筑学
院，2007；明清北京城底图参考：傅熹年.傅熹年建筑史论文集.北京：文物出版社，1998.

组成的区域被认为是主要的"举行国事活动及处理政务"[①]的前朝区。宫城外主要建筑遗址中有二号、三号基址，分别位于宫城的西南和东北角，其中二号建筑群遗址"带有极浓厚的专用色彩和封闭色彩，应该是当时国家最高级别的仓储之所"。[②]张国硕也认为二号、三号建筑群都具有"府库、仓廪或屯兵防卫的拱卫城性质"[③]，即府库。如图3-2。

换言之，宫城外的建筑群性质以仓储和防卫为主，没有官署建筑之分类。推测彼时朝议功能应该在宫内的外朝部分。

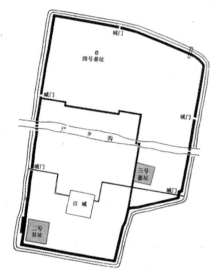

宫城外的建筑基址分布

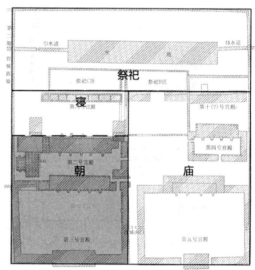

宫城内的功能分布

图3-2　偃师商城宫城外的大型建筑群基址和宫城内的外朝部分[④]

3.1.2.2　秦

秦设"三公九卿"，然具体职官语焉不详，文献中唯提及咸阳宫和阿房宫前殿有会群臣之功能：

如咸阳宫，秦王或秦皇"接见各诸侯国使臣贵宾，为皇帝祝寿举行盛大国宴，与群臣决定国家大事"[⑤]都在咸阳宫内进行。

而阿房宫兴建之因有二：一是咸阳旧宫小，"始皇以为咸阳人多，先王之宫

---

① 杜金鹏，王学荣．偃师商城近年考古工作要览——纪念偃师商城发现20周年//杜金鹏，王学荣．偃师商城遗址研究．北京：科学出版社，2004：7.

② 中国社会科学院考古研究所河南第二工作队．偃师商城第Ⅱ号建筑群遗址发掘简报//杜金鹏，王学荣．偃师商城遗址研究．北京：科学出版社，2004：525.

③ 张国硕．夏商时代都城制度研究．郑州：河南人民出版社，2001：34："在外大城西南隅发现二号小城（或二号建筑群基址），形状近方形，边长近200米，面积4万多平方米，四周有2米厚的夯土墙，内部是成排的长条形建筑基址，共6排，每排16座。每座基址南北长20多米，东西宽6米多，室外有廊，室内由纵向隔墙分成三部分。基址的形状、大小、间隔整齐划一。在内城东北方、外小城东墙外属外大城范围之内，发现有三号小城（或三号建筑群基址），形状近方形，有2米宽的围墙。"

④ 底图参考：杜金鹏，王学荣 主编．偃师商城遗址研究．北京：科学出版社，2004.8：537.

⑤ 刘庆柱．论秦咸阳城布局形制及其相关问题．文博．1990（05）.

廷小……乃营作朝宫渭南上林苑中，先作前殿阿房。"二是为大会群臣："秦始皇上林苑中作离宫别观一百四十六所，不足以为大会群臣。二世胡亥起阿房殿，东西三里，南北三百步，下可建五丈旗，在山之阿，故号阿房也。"阿房宫始建于秦始皇三十五年（前 212 年），前 207 年秦亡，营建工程半途而废。

综上，秦和上述偃师商城一样，以天子大朝正殿为"大会群臣"之场所，并提出"前殿"之概念，形成制度，象征皇帝是中央权力的核心，同时也意味着中央官署尚未形成对应于中央官制的独立于皇宫之外的建筑群。

3.1.2.3　两汉

汉初沿秦"三公九卿"制度，三公为丞相、御史大夫、太尉，但较秦制其内涵已有相当的不同。首先较秦之极端中央集权，汉之君权稍弱，但相权加重，三公之权也受到新置中朝官的分割，相权和君权互相制约，达到了一个新的平衡状态，其次皇宫建筑功能分化，原来混和皇帝起居、朝仪、朝议功能的皇宫，演化为皇宫（离宫居多）、朝堂、三公之府宅（二府）和普通官寺。

（1）皇宫。汉代宫室营建活跃，如长乐宫、未央宫、北宫、桂宫、明光宫、建章宫等，多为离宫，可见皇宫的功能也出现了分化。

（2）朝堂。朝堂制度在西汉宣帝后形成，为皇帝与百官议政的场所，"西汉时虽以未央宫为主宫，但史载它的大朝会却在司徒府，皇帝在府中百官朝会殿与丞相百官议国之大政，相当于《周礼》之外朝，则西汉时宫殿尚以皇帝日常听政和居住为主，不具外朝功能。"[①] 此时，"政治是通过大议、公卿议、有司议、三府议等多层会议来进行的。"[②] 因此，可以说朝堂是当时真正的政治中心。

（3）二府。二府和普通官寺形制不同，因汉代相权强大，前者同构于宫阙："汉制以丞相佐理万机，无所不统，天子不亲政，则专决政务，故其位最尊体制最隆，丞相谒见天子，御坐为起，在舆为下，有疾天子往问。其府辟四门，颇类宫阙，非官寺常制也。"[③] 二府的具体形制："署曰丞相府，……门内有驻架庑，停车处也。有百官朝会殿，国每有大事，天子车驾亲幸其殿，与丞相百官决事，应劭谓为外朝之存者，其说甚当。盖西汉初营长安，萧何袭秦制，仅制前殿，供元会大朝婚丧之用，而庶政委诸丞相，国有大政，天子就府决之，观政西有王侯以下更衣所，足为会朝议政之证。至若丞相听事之门，以黄涂之，曰黄阁，阁内治事之屋颇高严，亦称殿，升殿脱履，与宫殿同制。……两汉官寺皆有官舍寝堂，以处媵属，其在丞相府者，简称府舍，又曰相舍，其舍至广，有阁，有庭，有堂，其后有吏舍以居掾属。又有客馆、马厩、奴婢等室，以东阁推之，似在府之东部，然不能定也。御史府又谓之宪台，在未央宫司马

---

① 傅熹年. 中国古代城市规划、建筑群布局及建筑设计方法研究上册. 北京：中国建筑工业出版，2001: 18.

② [日]平田茂树. 日本宋代政治制度研究评述. 上海：上海古籍出版社，2010: 9.

③ 刘敦桢. 大壮室笔记 // 中国营造学社汇刊. 第三卷. 第三期. 知识产权出版社，2006: 137-138.

门内……与丞相府同，门内殿舍之制，悉无考焉"。①

（4）普通官寺。两汉官寺既有散布于宫中的，也有位于宫外的，既有带官舍寝堂以处眷属的，也有官署宅邸散布在宫城之外的闾里之间的，可能和官职性质和官员等级有关。

到东汉时期，相权极大的局面发生变化。"皇帝开始不出席朝议"，② 东汉初南宫为主要宫区，明帝时大修北宫并兴建德阳殿，作为举行大朝会的场所，将外朝的功能重新收回到皇宫内，并且，皇宫分内外朝的格局为后世沿袭，"此后宫殿遂成为兼具代表国家政权的外朝与家族皇权的内廷之地，直至明清。"③

综上，两汉时期，君权和相权在激烈之较量中，中央官制较秦有了极大的发展，皇宫保留了外朝之功能，而中央官署从前殿制度中脱离出来，形成君臣共议之朝堂、相之府宅和普通官寺三种独立于皇宫之外的建筑类型，说明不仅军权和相权，相权内部之组织和分割方式也都更加复杂和微妙。

3.1.2.4 魏晋

魏晋时新设中书省，逐渐成为实权之职。这一时期的实权之职还有门下省、集书省等。用新设职官的方式来分割相已成为惯用手段，这种方法也为历代因袭。这一时期是"邺城体系"时期，代表城市有曹魏邺城、西晋洛阳、东晋建康、北魏平城、北魏洛阳等。

曹魏邺城开创了东西堂骈列制，中央官署机构集中于宫前御道两侧，后者为后世都城因袭，东晋建康宫（台城）也为骈列制东西堂的格局。

3.1.2.5 隋唐

隋在魏晋中央官制基础上形成较稳定的三省六部制，唐在此基础上增加了二十四司九寺五监，隋大兴城首创皇城制度，"采用宫城、皇城、大城三重环套的配置形制"④，中央官署和宫城被皇城空间所统一，这一制度也逐渐控制了宫、府、民城市用地的比例，皇城不再像秦汉朝毫无节制的占用城市土地，中央官制和都城制度均可谓精密之极。

中央官署集中于宫城前，"皇城之内，惟列府寺，不使杂居止，公私有便，风俗齐肃，实隋文新意也。"这个隋文新意，既把一般居民和宫城隔得更远，又把皇帝住地的宫城和其他大小统治者的宅第严格分开，以使宫城的卫护更为加强。⑤

而宰执议政场所——政事堂的功能也发生了变化。唐制，三省长官以门下省的政事堂为议政场所，后来将政事堂迁到中书省，唐玄宗开元十一年（723年）又改政事堂为中书门下。之后，政事堂逐渐从宰相议政场所演变为宰相办公衙门。

---

① 刘敦桢.大壮室笔记 // 中国营造学社汇刊.第三卷.第三期.知识产权出版社，2006：137-138.
② ［日］平田茂树.日本宋代政治制度研究评述.上海：上海古籍出版社，2010：9.
③ 傅熹年.中国古代城市规划、建筑群布局及建筑设计方法研究.上.北京：中国建筑工业出版，2001：18.
④ 唐嘉弘 主编.中国古代典章制度大辞典.郑州：中州古籍出版社，1998：326.
⑤ 宿白.隋唐长安城和洛阳城.考古，1978，(6).

此转变的原因是宰相之上朝方式的改变。开元之前，宰相身兼他职，有各自办公机构，而朝堂为众官员议政之场所，即"午前议政于朝堂，午后理务于本司"，开元之后，宰相转为专职，沦为普通官员，朝堂则沦为宰相办公之机构。"为适应宰相办公的需要，就于后堂设置吏、枢机、兵、户、刑礼等五房，分曹以主众务，实为宰相的五个秘书处。"①

3.1.2.6　两宋

北宋前期，采用了同样的手段取消了前代实权机构议政和决政之职权："在宫内设中书门下，在宫外设三省六部，三省长官非宰相者一般不得登政事堂，实际上剥夺了三省议政和决政的职权。"②

关于唐宋官制的本质区别，如平田茂树所总结，唐代及之前，其政治过程是通过"与贵族的协议共同体"而实现的，而宋代的政治过程则是由君主承担全部责任，而官吏分担部分权力："官吏不仅如宰相等涉及全局者，即使是管理局部者，也不能拥有全权，君主绝不向任何官吏委任该职务的全权，因此官吏对其职务不负有完全的责任，责任都由君主一人承担"。③

官制本质的变化，导致了官署建筑功能的进一步分化：机构化、分散化、规模缩小。换言之，唐代以前的中央官署机构是有议政功能的，而宋代及以后的中央官署大多沦为办事机构，议政空间向皇宫内部转移，议政形式向"转"、"对"等更加高效及对皇帝更加有利的方向发展。平田茂树对唐代前后期及宋代之政治机构做了精辟的比较：

作为政治机构，至唐代前期，皇帝身边设置了以宰相为核心的行政府，此行政府采用主持政治的体制。进入唐代后期，新设了枢密院、翰林院等诸官厅，为皇帝直属，诸官厅及官僚不以宰相为核心介入行政府，而与皇帝直接对面，或直接提交文书，可见其政治系统之发达。受该系统发达的影响，到宋代，确立了官僚利用各种机会直接向皇帝陈述意见的被称之为"对"的系统，在决定政治认识的基础上起到了重要的作用，并取代了唐代以前的官僚集议方式。即较之官僚集议，一对一或一对几的进行，如此皇帝与官僚的意见交换于决定政治意识上起到了重大的作用。④

因此，唐末以宰执为核心的次级决策机构逐渐消失在中央官署建筑的类型中。在北宋都城开封，中书省、门下省、枢密院、都堂、中书门下后省等原"宰相空间"还因唐制设置在宫内外朝部分，但仅为形式而已，"而皇帝一天所有的主要的活动则都在内朝（内廷）展开"。⑤到北宋崇宁二年（1103 年），尚书省迁至宫

① 戴显群.唐五代社会政治史研究.哈尔滨：黑龙江人民出版社，2008：16.
② 朱瑞熙.中国政治制度通史.第六卷 宋代 // 白钢 主编.中国政治制度通史.北京：社会科学文献出版社，2007：220.
③ ［日］平田茂树.日本宋代政治制度研究评述.上海：上海古籍出版社，2010：24.
④ ［日］平田茂树.日本宋代政治制度研究评述.上海：上海古籍出版社，2010：216.
⑤ ［日］平田茂树.日本宋代政治制度研究评述.上海：上海古籍出版社，2010：293.

外，其格局有都堂，有议事厅，有六部公廨，是议事和机构之结合，到南宋临安，上述建筑如其他官署机构则全部设于宫城外了。当然这种相权渐弱之趋势在历史发展潮流中。到南宋，向高级官员馈赠私宅的做法流行起来，宰相私宅有时成为政治决策的场所，也是南宋初期重要的政治空间之一。

当然，绝对的权力中心则转移到了内朝。君臣会议的方式也改变为"议"和"对"，前者为多数人参加且讨论重大问题如谥号等关于礼制问题的集会，后者为少数人参与与皇帝秘密进行的会晤。从场所上来说，后者常在"于皇帝极近的场所"秘密进行，这类场所已经渗透到皇帝的内朝起居之所，如垂拱殿等。

3.1.2.7　元明清

元大都受了宋东京和金中都的影响，并创建了宫前御街千步廊州桥的政治空间序列。"大都城内的中央官署，主要有中书省、枢密院、御史台及其下属各机构。与中原王朝行政中央机构相比，元代官制显得异常杂乱，新设大量的皇室家政机构和官府化的怯薛执事机构，有十五院、十寺、十二监、三司、五府之称。"[①] 而其后的明清紫禁城，沿袭此序列并有所发展，形成定制[②]。

3.2　北宋都城和中央官署建筑建设

3.2.1　城市建设历史简述

北宋以前，汴梁城从未作为都城，城市建设可分为大梁城时期、唐州城时期、五代藩镇国治时期，其中唐州城和五代藩镇国治以及宋皇城具有因袭关系。

3.2.1.1　大梁城时期

早期的开封及周边有若干城垣，和唐宋城位置重叠的有战国时期的大梁城："大梁古城。案：(《战国策》注：大梁，魏惠王所都。今陈留浚仪西大梁城是。又《水经注》：沛水东径大梁城北城。冢记云大梁城毕公所筑。毕公，高文王之子。)"[③]

3.2.1.2　唐州城时期

唐乾元元年恢复汴州建置，建中二年（781 年）设置宣武军节度使，领汴、宋、颖、亳四州，同年筑罗城，罗城"周二十里一百五十五步"。[④] 经考古发掘证实唐罗城即宋内城："(唐州治)处在宋和明清内城以下，残墙距今地表 11 米左右，其东西墙大致与今日开封城墙相叠压"。[⑤]

① 姜东成 . 元大都城市形态与建筑群基址规模研究 [博士学位论文]. 清华大学建筑学院，2007: 112.
② 傅熹年 等 . 中国大百科全书 . 建筑、园林、城市规划卷 . http://ecph.cnki.net: 中央各部院衙署正堂为五间工字厅，两侧建若干院落。以吏部为例，总平面呈矩形，分前后两部。前部外门三间，门内分三路。中路是以面阔五间工字形正堂为中心的主庭院，前有三间的仪门，左右各有东西庑 16 间，正堂左右各有二小堂。左右两路各为六个院落，与中路以巷道相互间隔，是各职能司的公廨。后部为仓库。
③ [宋] 晁载之 . 续谈助 . 卷之二 . 中华书局，1985.
④ [宋] 晁载之 . 续谈助 . 卷之二 . 北道刊误志 . 中华书局，1985.
⑤ 唐汴州城遗址 // 程遂营 等编 . 开封 . 上海：中华地图学社，2005: 9.

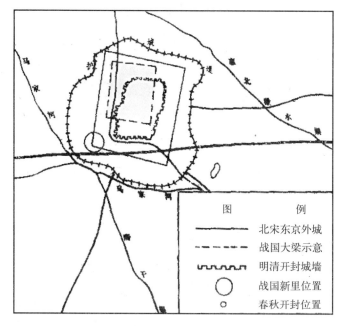

图 例

——　北宋东京外城

- - -　战国大梁示意

ᴖᴖᴖᴖ　明清开封城墙

◯　战国新里位置

○　春秋开封位置

图 3-3　大梁城城址位置
（图片来源：开封城建志 . 北京：
测绘出版社，1989.）

　　子城始设不详，但至少不晚于五代："（李）澄引兵将取汴，屯其北门不敢进，及刘洽师屯东门，贼将田怀珍纳之。比澄入，洽已保子城矣。"[①]

　　因此唐州城时期汴州城市为罗城—子城—节度使治所的结构。

3.2.1.3　五代藩镇国治时期

　　后梁建都汴梁，以宣武军治所为建昌宫，后晋废为大宁宫，后周显德二年建新城，"周四十八里二百三十三步"，[②] 使城市结构变成新城（罗城）—里城（旧罗城）—宫城的三重城格局："显德二年四月诏曰：……须广都邑。宜令所司于京城四面别筑罗城。先立表识，候将来冬末春初，农务闲时，即量差近甸人夫，渐次修筑。春作才动，便令放散。或土功未毕，即次年修筑。今后凡有营葬，及兴宅灶并草市，并须去标帜七里外。其标识内，候官中劈画定军营街巷仓场诸司公廨院务了，即任百姓营造。至三年正月，发畿内及滑、曹、郑之丁夫十余万筑新罗城。仍使曹州节度使韩通都部署夫役。"[③]

　　国治则因袭宣武军节度使治所："今大内即宣武军节度治所，朱梁建都遂以衙第为建昌宫，晋天福初又为大宁宫，第改名号而已。周世宗虽加营缮，犹未合古制。"[④]

3.2.1.4　宋初定都之议

　　虽然宋太祖赵匡胤以黄袍加身的方式顺利接替后周政权建立北宋，并因袭都

---

①　[宋]欧阳修 . 新唐书 . 卷一五四 . 列传 . 第六六 . 李澄传 . 商务印书馆，1958.

②　[宋]晁载之 . 续谈助 . 卷之二 . 中华书局，1985.

③　[宋]王溥 . 五代会要 . 卷二六 . 城郭 . 北京：中华书局，1998.

④　[宋]高承 . 事物纪原 . 卷六 . 中华书局，1989.

城汴梁，但实际上，定都之议贯穿了太祖在位的始终。洛、汴之议有许多微妙的因素，最终汴梁成为北宋都城，其原因是综合性的。根据过去和现在的相关记载和研究，当时争议的焦点和形势见表3-1。

宋初定都条件比较 表3-1

	洛阳	汴梁
客观条件	劣："京邑凋弊"，"畿内民困"，"军食不充"等（即"八难"①）	优：漕运（方便集中财权）
	优："山河盛"（雍、洛）	劣：无险可守
政治因素	上（宋太祖）有迁都之意	晋王（宋太宗）反对迁都
	宋太祖"生于洛阳，乐其风土"	太宗即位前为开封府尹
	太祖的皇位接班人皇子德芳的势力范围在洛阳②	
	宋太祖的政治主张是"欲据山河盛而去冗兵，循周、汉故事，以安天下也"	晋王的政治主张是"在德不在险"，集中财政以养禁军，集中兵权

太祖的定都倾向是迁都洛阳，并消减禁军，而太宗（晋王）的定都主张则是以富有和漕运方便的开封为都，而用禁军取代天险捍卫都城。直到开宝末年，晋王取代德芳（太祖之子）成为宋太宗，结束了汴、洛的都城之争，以无险可守的汴梁作为都城，而用集中财权、兵权于中央的方式弥补这一客观不利条件。而此时，都城汴梁皇宫的初步营建已经成型，"国朝建隆三年五月诏广皇城，（四年五月）命有司画洛阳宫殿，按图而修之，自是皇居壮丽矣。"③

因此推测太祖修建皇城之时，恐怕并没有十分坚定要永久定都汴梁，并且也保留了因袭唐制设两都的想法，并部分实施（祭祀功能建筑设置在洛阳）。因此，汴梁都城的城市结构是在论述并不充分的情况下定型的，其城市建设未必做了长远的考虑和规划，因此导致了不久太宗朝即有广宫城的需求，"雍熙三年，欲广宫城，诏殿前指挥使刘延翰等经度之，以居民多不欲徙，遂罢。"④

3.2.1.5 南渡后之变迁

南宋金兵南下，汴梁沦陷，后成为金之陪都，经历了数次重建皇宫等建设，但宫城、里城、外城的格局没有发生大变动。国朝洪武十一年，即宋金故宫遗址建周王府："明周王府四周萧墙九里十三步，高二丈许，城门有四座，正南门曰

---

① ［宋］李焘.续资治通鉴长编.卷十七："起居郎李符上书，陈八难曰：京邑凋弊，一难也；宫阙不完，二难也；郊庙未修，三难也；百官不备，四难也；畿内民困，五难也；军食不充，六难也；壁垒未设，七难也；千乘万骑盛暑从行，八难也。"
② ［宋］李焘.续资治通鉴长编.卷十七："（开宝九年）上至西京，见洛阳宫室壮丽，甚悦，召知河南府、右武卫上将军焦继勋面奖之，加彰德节度使。继勋女为皇子德芳夫人，再授旌钺，亦以德芳故也。"
③ ［宋］王应麟 编.玉海.卷一百五十八.南京：江苏古籍出版社 上海书店，1987.
④ ［元］脱脱 等.宋史.地理志.卷八十五.北京：中华书局，1977.

午门。"①

综上，唐建里城、节度使治所，后周建新城，此后三重城结构一直被各朝所因袭。但北宋宫城何时从周回五里变成明王府萧墙的周回九里十三步，一直是悬而未解之谜。

3.2.2　北宋皇宫之营建和结构

3.2.2.1　已有研究成果及问题

今天北宋都城汴梁的研究已有相当成果，对城市结构（京城、皇城、宫城）、皇城及皇城周边的空间形态，有来自历史、考古、建筑等不同专业背景不同角度的探讨②，兹罗列如表 3-2。

开封城市格局图像资料　　　　　　　　　　　　表 3-2

成果和观点	图像

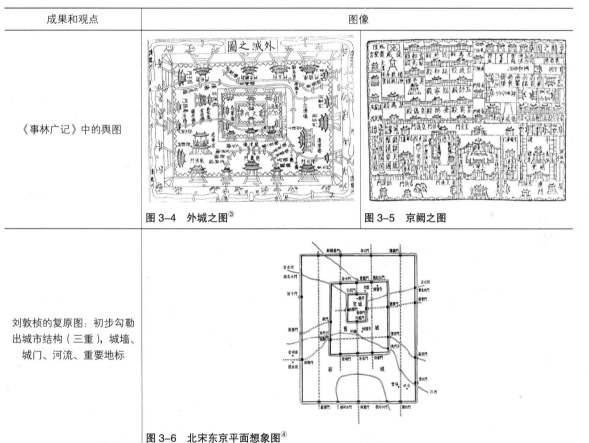

| 《事林广记》中的舆图 | 图 3-4　外城之图③ ／ 图 3-5　京阙之图 |
| 刘敦桢的复原图：初步勾勒出城市结构（三重），城墙、城门、河流、重要地标 | 图 3-6　北宋东京平面想象图④ |

---

① 常茂徕 校注. 如梦录. 周藩记第三. 中州古籍出版社，1984.
② 还有一些不涉及图像的北宋东京城市研究，关于北宋东京城的营建、布局，在 20 世纪 80 年代，吴涛和丘刚分别从文献和考古方面做了全面的综述，等等，在此不一一罗列。
③ 陈元靓. 事林广记，转引自 张驭寰. 北京：中国友谊出版公司，中国城池史，2009：163.
④ 刘敦桢. 中国古代建筑史（第二版）. 北京：中国建筑工业出版社，1984：179.

成果和观点	图像
吴良镛的复原图：在城墙、水系的基础上，对部分城市用地的地块划分做了复原和推测，考证出若干地标	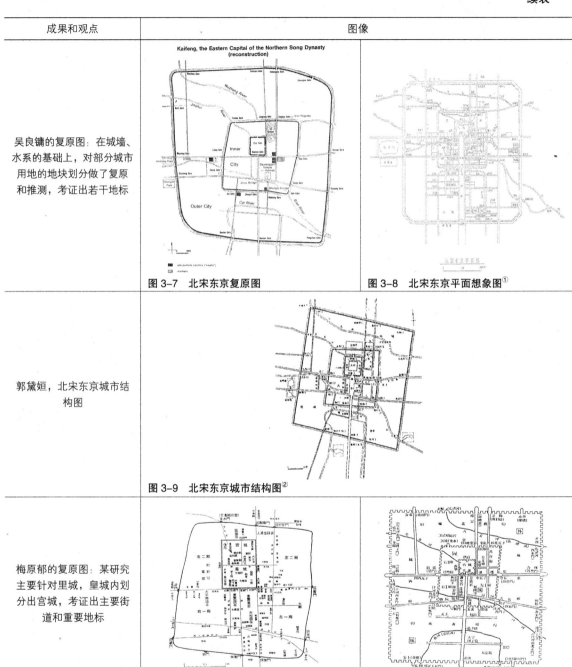

图 3-7　北宋东京复原图　　　　　图 3-8　北宋东京平面想象图[1]

图 3-9　北宋东京城市结构图[2]

郭黛姮，北宋东京城市结构图

梅原郁的复原图：某研究主要针对里城，皇城内划分出宫城，考证出主要街道和重要地标

图 3-10　北宋东京城[3]　　　　　图 3-11　北宋东京城想象图[4]

① 两图引自：Wu Liangyong. A Brief History of Ancient Chinese City Planning. Kasseel: Gesamthoch-schulbibliothek: 45、46.
② 郭黛姮. 中国古代建筑史 第三卷 宋、辽、金、西夏建筑 第三章. 北京：中国建筑工业出版社，2003: 22.
③ 转引自：张驭寰. 中国城池史. 北京：中国友谊出版公司，2009: 161.
④ 转引自：张驭寰. 中国城池史. 北京：中国友谊出版公司，2009: 161.

续表

成果和观点	图像
周宝珠所绘东京地图：考证了河流较精确的位置和外城范围内的城市主要街道和地标	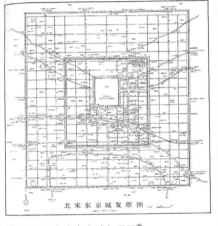 图 3-12　北宋东京图①
张驭寰的复原图：对里城内道路、河流及各种地标位置进行复原。信息量大，但明显模仿了唐长安里坊的形态，缺乏必要依据	北宋东京城复原图 图 3-13　北宋东京城复原图②　　　 　　　　　　　　　　　　　　　图 3-14　北宋开封示意图③
刘春迎的复原图：以考古成果为依据定位了宋内城和外城及五里宫城	 图 3-15　北宋东京城平面实测图④　　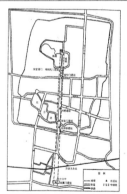 　　　　　　　　　　　　　　图 3-16　开封城传统布局中轴线位置示意图⑤

①　周宝珠.宋代东京研究.郑州:河南大学出版社, 1999.
②　张驭寰.北宋东京城复原研究.建筑学报2000, (9).
③　张驭寰.中国城池史.北京:中国友谊出版公司, 2009:164.
④　刘春迎.北宋东京城研究.北京:科学出版社, 2004.7.
⑤　刘春迎.北宋东京城研究.北京:科学出版社, 2004.7.

成果和观点	图像

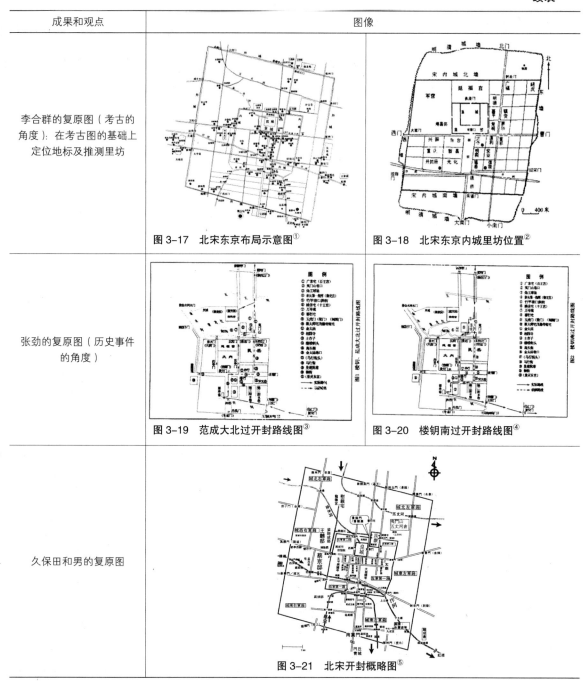

李合群的复原图（考古的角度）：在考古图的基础上定位地标及推测里坊	图 3-17　北宋东京布局示意图①	图 3-18　北宋东京内城里坊位置②
张劲的复原图（历史事件的角度）	图 3-19　范成大北过开封路线图③	图 3-20　楼钥南过开封路线图④
久保田和男的复原图	图 3-21　北宋开封概略图⑤	

① 李合群. 北宋东京布局研究［博士学位论文］. 郑州：郑州大学，2005.

② 李合群. 北宋东京内城里坊布局初探. 中原文物，2005，(3).

③ 张劲. 两宋开封临安皇城宫苑研究. 济南：齐鲁书社，2008.

④ 张劲. 两宋开封临安皇城宫苑研究. 济南：齐鲁书社，2008.

⑤ ［日］久保田和男. 宋代开封研究. 郭万平 译. 上海：上海古籍出版社，2010.

续表

成果和观点	图像
傅熹年的复原（建筑学、建筑模数的角度）：首次复原了皇宫内的建筑布局	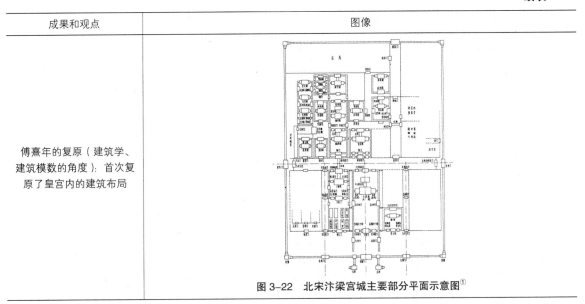 图 3-22　北宋汴梁宫城主要部分平面示意图[1]

考察以上复原研究，发现皇宫正门和中央官署集中之处出现了两种差别较大的形态：

（1）如图 3-23 左图的九里皇城，宣德门位于今新街口处，皇宫内是宫城，皇宫前是御街和通往里城的曹门和梁门的城市东西主干道，是丁字街的结构。（梅原郁、周宝珠、张驭寰、李合群、久保田和男）

（2）如图 3-23 右图的五里宫城，宣德门位于今午朝门处，皇宫前是御街，是十字街的结构。（刘春迎）

这两种形态的主要差别在于宫城外是否有皇城。对于（1）说法，各人对皇城尺寸及营建时间的考证又不尽相同。各人的推测基本是在考古学界丘刚先生《北宋东京皇城的初步勘探与试掘》[2]和《北宋东京皇宫沿革考略》[3]两篇对北宋皇宫考古和文献考证的基础上得出的，因此首先要分析考古结论。

丘刚先生并没有考证宋皇城存在与否，他的基本观点首先肯定宋五里宫城的存在，且明紫禁城系周回五里之宋故宫旧基，对午朝门、新街口两处已发掘的宋门遗址提出疑问，只称在新街口处（即可能的"九里皇城"南门处）发现了相叠的金皇宫正门遗址和宋代门址："1985 年，考古队在配合宋都御街宫城的文物勘探中，在距午朝门南 400 米左右的新街口附近发现一早期门址的部分残迹。……联系以往的勘探材料，结合文献记载和勘探区域所处的位置分析，在明午门遗址下距地表深 6.3 米处的建筑残迹，应是金皇宫正门——五门遗址；在距地表深 8.2

① 傅熹年 . 傅熹年建筑史论文集 . 天津：百花文艺出版社 2009: 296.
② 开封市文物工作队 编 . 开封考古发现与研究 . 郑州：中州古籍出版社 . 1998: 163-172.
③ 丘刚 . 北宋东京皇宫沿革考略 . 史学月刊 . 1989 (4).

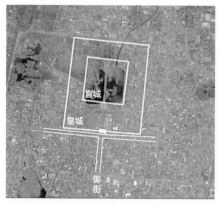

图 3-23　关于北宋皇宫和街道形态的两种观点[1]

图 3-24　丘刚的考古叙述　　　　　　　图 3-25　李合群的推测
（图片来源：根据丘文自绘）　　　　　（图片来源：根据李文自绘）

米处的建筑残迹，应是一宋代门址。"[2] 丘刚先生的观点示意见图 3-24，并初步推测新街口处门址可能是午朝门处宣德门遗址向前延伸的门阙。

　　李合群紧扣史料和考古资料发展了丘刚的观点。他认为明紫禁城因袭宋宫城，明端礼门对应宋宫城正南门，即现午朝门处宋门址，明萧墙正南门午门对应宋宣德门，即现新街口，宋皇城、宫城共用一段北墙，也即明紫禁城北墙（没有论证，从所绘之示意图中看出），宋宫城尺寸和位置基本确定，见图 3-25。

　　因为没有北宋皇城东西墙的考古依据，因此，他根据里坊布局规律推测皇城东西跨度为 1570 米，从而算出皇城九里的尺寸[3]。在宋里坊制度是否以及何时存在，以及里坊制度的详细内容都还没有定论时，这个推论经不住推敲。如何证明里坊制度在宋初汴梁得到了实施？又如何证明里坊的尺寸是有固定数值的？鉴于明周王府萧墙的东西跨度只有约为 1000 米[4]，笔者按李合群之结论，在航拍图上绘出，与金皇城、明萧墙对比来看，李合群所推测之皇城东西墙和明萧墙、

① 以丘刚董祥《北宋东京皇城的初步勘探与试掘》一文所描述的考古地点为定位参考，以刘春迎《北宋东京城平面实测图》为形态参考.
② 丘刚，董祥．北宋东京皇城的初步勘探与试掘 // 开封考古发现与研究．郑州：中州古籍出版社，1998.
③ 李合群．北宋东京皇宫二城考略．中原文物，1996，(3).
④ 据丘刚北宋东京皇宫沿革考略一文所描述之地点，在 googleearth 软件中测量所得.

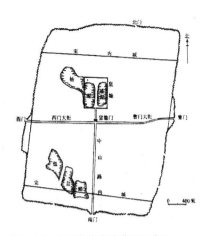

图 3-26　北宋初期皇宫范围示意图

（图片来源：尹家琦《北宋东京皇城宣德门研究》. 郑州：河南大学，2009）

图 3-27　张劲对皇宫范围的推测

（图片来源：根据张劲文自绘）

金皇宫东西墙并不重合，为明显不一样的两个形状，如何解释宋皇城的东西两块被金皇宫和明王府弃用，也是相当费解的。

　　另外，在皇城的营建时间上，尹家琦在硕士论文《北宋东京皇城宣德门研究》中认为：宋初，皇城为五里，还没有扩大到九里的规模。皇城南门宣德门却坐落在新街口（考古发现宋门址处）处，即城门在城墙南约 400 米处，见图 3-26。何以要在皇城以南 400 米处单建一个城门？那么宣德门并列的左掖门、右掖门的位置又如何交待？和皇城南城墙的位置关系又如何？显然，城门不在城墙上有悖于常理，出现了这个矛盾的结论是因为回避了九里皇城的建造时间问题（因为宋初太祖朝修建大内的文献同时提到了宫城周回五里和修建宣德门的事实，见后文列表），也就是没有从根本上解决丘刚先生提出的问题。

　　张劲则对皇城的范围、营建年代的假设、不同时期的宫殿、城墙沿革或变迁甚至皇城内的建筑位置都做了大胆的推测。其中关于皇城范围的部分观点如下（见图 3-27）：宋初皇城已达到了七里的规模，即金皇宫（明紫禁城）范围去掉北宋末兴建的延福宫的剩余部分，皇城中无宫城，"北宋东京皇城的内部并没有小城分割[1]"，今考古所探之"五里宫城"，是北宋新建之"禁中"，其更多细节之推测如大庆殿、德隆殿位置等[2]不展开讨论。

① 张劲. 开封历代皇宫沿革与北宋东京皇城范围新考. 史学月刊. 2002.（7）.
② 如张劲认为大庆殿基址应在新街口和午朝门之间这一观点，从古建筑群的布局规律看，是需要商榷的。皇宫主殿进深、殿前广场之进深、主殿院落之总进深是有一定比例关系的，若大庆殿台基进深达到张劲推算之 150 米，那么大庆殿及其附属之殿前广场、殿后空间、大庆门、大庆门前导空间以及午朝门的进深、再加上新街口处宋代门址本身的进深之半，其总进深不可能仅为 400 米。可参考：唐长安大明宫含元殿至丹凤门轴线之距就达到 635 米，明清紫禁城午门至乾清门为 606 米，若加上端门距午门的 382 米则将近 1 千米（参考傅熹年《中国古代城市规划、建筑群布局及建筑设计方法研究》相关图纸）。此条不成立后，关于金代德隆殿的位置推测等也都失去定位坐标。在此不展开详述。

皇城七里之说在皇城南墙、北墙位置的考证与李合群的论点基本一致，而东西墙推测为金皇宫所因袭，因此得出周回七里的数据。比较而言，同样在缺乏必要文献、考古依据的情况下，城墙因袭之说比按里坊制度反推之结论要更有道理一点。

以上从考古成果出发所做之总结和分析。另外还有梅原郁、傅熹年先生的复原。他们没有从考古的角度对皇宫内部结构进行复原，而是以《事林广记》"京阙之图"为复原依据，傅熹年先生还参考了《宋会要辑稿》和《东京梦华录》的相关描述，从建筑学的角度解释了宋宫外朝的文德、大庆殿不是前后相重之原因：

北宋东京汴梁宫殿的前身是唐汴州州城，宋初仿唐洛阳宫殿加以改建，但仍留有州衙旧制痕迹，即其外朝两座殿不像唐代那样前后相重位于中轴线上，而是东西并列。这是因为州衙进深浅，容纳不下的缘故。①

从"京阙之图"看，皇城内并没有明显"回字形"宫城之结构，而是呈倒品字形，与考古发掘金皇宫、宫城（部分是因袭宋宫）之回字形结构有较大差距，这也是李合群没有涉及而张劲有所发现但没有解释清楚的问题，这也是无法回避的问题。

3.2.2.2 皇宫空间结构的史料线索及推测

笔者在前人基础上继续探索上述问题，首先搜集整理关于皇宫营建的记录并按时间顺序排列，见表3-3。

文献记载列表 表 3-3

编号	场景时间	场景
【1】	后梁开平元年（907年）	四月，（后梁）改正衙殿为崇元殿，东殿为元德殿，内殿为金祥殿，万岁堂为万岁殿（门如殿名）。大内正门为元化门，皇城南门为建国门，滴漏门为启运门，下马门为升龙门。元德殿前为崇明门……皇城东门为宽仁门，浚仪门为厚载门，皇城西门为神兽门，望京门为金风门② 恭帝显德六年冬十二月改万岁殿为紫宸殿③
【2】	五代后梁至后晋	京师大内，梁氏建国，止以为建昌宫，本宣武军节度使治所，未暇增大也。后唐庄宗迁洛，复废以为宣武军。晋天福中，因高祖临幸，更号为大宁宫④ 此时宫内还有玉华殿⑤
【3】		东京，唐汴州。梁太祖因宣武军置建昌宫，晋改为大宁宫，周世宗虽加营缮，尤未如王者之制⑥
【4】	后周广顺元年（951年）	周广顺元年（951年）六月，敕以薰风等门为京城门，明德等门为皇城门，启运等门为宫城门，升龙等门为宫门，崇元等门为殿门⑦
【5】	宋太祖，建隆元年（960年）	（二月）辛卯，大宴于广德殿。凡诞节后择日大宴自此始
【6】		（五月）乙卯，宴近臣于广政殿

---

① 傅熹年. 山西省繁峙县严山寺南殿金代壁画中所绘建筑的初步分析 // 傅熹年. 傅熹年建筑史论文集.
　天津：百花文艺出版社，2009: 297.
② [宋]王溥. 五代会要. 大内. 卷五. 北京：中华书局，1998.
③ [明]顾炎武. 历代宅京记. 卷十七. 北京：中华书局，1984.
④ [宋]叶梦得. 石林燕语. 卷一. 北京：中华书局，1984.
⑤ [明]顾炎武. 历代宅京记. 卷十七：（晋天福）四年春二月，改东京玉华殿为永福殿.
⑥ [宋]邵伯温. 邵氏闻见录. 卷一. 三秦出版社，2005.
⑦ [宋]王溥. 五代会要. 大内. 卷五. 北京：中华书局，1998.

续表

编号	场景时间	场景
【7】	宋太祖, 建隆元年（960年）	八月戊辰朔, 御崇元殿, 设仗卫, 群臣入合, 置待制、候对官（三五）, 赐廊下食
【8】		庚午, 宴近臣于广德殿
【9】		（初）大宴广政殿。自是, 大宴皆就此殿
【10】		九月辛丑, 宴近臣于万春殿, 后九日, 又宴于广德殿, 皆曲宴也。凡曲宴无常, 惟上所命[1]
【11】	建隆二年（961年）	春正月丙申朔, 御崇元殿受朝贺, 上服衮冕, 设宫悬、仗卫如仪, 退, 群臣诣皇太后宫门奉贺。上常服, 御广德殿, 群臣上寿, 用教坊乐
【12】		正月己酉, 上御明德门观灯
【13】		三月丙申, 内酒坊火。坊与三司接, 火作之夕, 工徒突入省署。上登楼见之, 以酒坊使左承规、副使田处岩纵其下为盗, 并弃市
【14】		癸亥, 上步自明德门, 幸作坊宴射
【15】		丙戌, 韩令坤、慕容延钊辞, 宴于广政殿
【16】		五月癸亥朔, 上御崇元殿受朝, 服通天冠、绛纱袍, 仗卫如式[2]
【17】	建隆三年（962年）	建隆三年, 广皇城东北隅。命有司画洛阳宫殿, 按图修之, 皇居始壮丽矣[3] 太祖建隆初, 以大内制度草创, 乃诏图洛阳宫殿, 展皇城东北隅, 以铁骑都尉李怀义与中贵人董役按图营建[4]
【18】		（正月）发开封府仪民城皇城东北隅。殿前都指挥使、义成节度使武安韩重赟董其役（按：还有以下说法：广皇城东北隅[5]；展皇城东北隅[6]；筑皇城东北隅[7]）
【19】		是月, 始大治宫阙, 仿西京之制, 命韩重赟董其役[8] 五月, 命有司按西京宫室图修宫城, 义成军节度使韩重赟督役[9]
【20】	建隆四年/乾德元年（963年）	四年五月十四日, 诏重修大内, 以铁骑都将李怀义、内班都知赵仁遂护其役[10]
【21】		五月丁丑, 明德门成 大内南门, 即宣德门也[11] 东京明德门（今为乾元门）即唐时汴州宣武军鼓角楼, 至朱梁建都, 不遑改作, 因而号曰建国, 楼其上, 有节度使王彦威诗石尚在……其石至太祖重修官职不复存矣[12]
【22】		六月壬辰, 以大热, 罢京城营造, 赐工匠等纻衣巾履

① [宋]李焘.续资治通鉴长编.卷一.北京：中华书局, 2004.
② [宋]李焘.续资治通鉴长编.卷二.北京：中华书局, 2004.
③ [元]脱脱 等.宋史.地理志.北京：中华书局, 1977.
④ [宋]叶梦得.石林燕语.北京：中华书局, 1984.
⑤ [宋]李埴.皇宋十朝纲要.卷一.文海出版, 1967.
　[宋]司马光.稽古录.卷十七.北京：中华书局, 1991.
　[明]袁褧.枫窗小牍.卷上.北京：中华书局, 1985.
　[元]脱脱 等.宋史.卷八十五地理志第三十八.北京：中华书局, 1977.
⑥ [宋]叶梦得.石林燕语.卷一.北京：中华书局, 1984.
⑦ [元]脱脱 等.宋史.卷二百五十列传第九.北京：中华书局, 1977.
⑧ [宋]李焘.续资治通鉴长编.卷三.北京：中华书局, 2004.
⑨ [清]徐松 编.宋会要辑稿.方域一.北京：中华书局, 1957.
⑩ [清]徐松 编.宋会要辑稿.方域一.北京：中华书局, 1957.
⑪ [宋]王应麟 编.玉海.卷一百七十.南京：江苏古籍出版社 上海书店, 1987.
⑫ [宋]江少虞.新雕皇朝类苑.卷第三十九.王彦威诗.日本元和七年活字印本.

编号	场景时间	场景
【23】	建隆四年 / 乾德元年（963年）	九月丙寅，大宴广政殿，始作乐
【24】		十一月甲子，合祭天地于南郊，以宣祖配。还，御明德门。大赦，改元
【25】		十一月壬申，以南郊礼成，大宴广德殿，号曰饮福宴。自是为例①
【26】	乾德二年（964年）	正月己丑，内殿起居无宰相，太子太师侯章为班首……一日，于朝堂纵言及晋、汉间事……
【27】		八月，先是，文武官辞见及谢正衙，御史台报阁门，方许诣内殿……上意不平，因诏自今见谢辞，先赴内殿对，后赴正衙，受使急速者免衙辞
【28】		十月，改广德殿为崇政殿②
【29】	乾德三年（965年）	八月庚戌，修文明殿成。文明殿即端明殿也，国初改焉。 正衙殿曰文德，常朝殿也（初曰文明，雍熙元年改今名。熙宁间，改南门曰端礼）③
【30】		九月丙子，重阳，宴近臣于长春殿（即万春殿）
【31】		十一月戊子，日南至，受朝贺于文明殿，上服通天冠、绛纱袍，宫悬仗卫如元会，礼毕，群臣诣崇德殿上寿④
【32】	乾德四年（966年）	春正月丁卯朔，御文明殿受朝
【33】		二月癸卯，上亲视宫城版筑，遂幸北园宴射
【34】		四月庚戌，修崇元殿成，改曰乾元殿。召近臣诸军校观之。赐近臣器币，军校帛，役夫钱
【35】		八月辛丑，召宰相、枢密使、开封尹，翰林学士窦仪，知制诰王祜等，宴紫云楼下
【36】		八月，唐主遣使来贡，助修乾元殿
【37】		十一月癸巳，日南至。上御乾元殿受朝毕，常服御大明殿，群臣上寿，初用雅乐登歌及文德、武功二舞，酒五行而罢
【38】		十二月，上于后苑亲阅殿前诸武艺不中选者三百余人，悉授外职⑤
【39】	乾德五年（967年）	春正月庚寅朔，御乾元殿受朝，升节度使班在龙墀内金吾将军上
【40】		壬子，令御史台集百官于朝堂，议全斌等罪⑥
【41】	开宝元年（968年）	春正月乙酉朔，御乾元殿受朝
【42】		春正月，是日，大内营缮皆毕，赐诸门名。上坐寝殿，令洞开诸门，皆端直轩豁，无有拥蔽，因谓左右曰："此如我心，少有邪曲，人皆见之矣。"⑦ 初，命怀义，凡诸门与殿须相望，无得辄差，故垂拱、福宁、柔仪、清居四殿正重，而左右掖与龙银台等诸门皆然，惟大庆殿与端门少差尔。宫成，太祖坐福宁寝殿，令辟门前后，近臣入观……后虽尝经火屡修，率不敢易其故处矣⑧

① [宋]李焘.续资治通鉴长编.卷四.北京：中华书局，2004.
② [宋]李焘.续资治通鉴长编.卷五.北京：中华书局，2004.
③ [清]周城.宋东京考.北京：中华书局，1988.
④ [宋]李焘.续资治通鉴长编.卷六.北京：中华书局，2004.
⑤ [宋]李焘.续资治通鉴长编.卷七.北京：中华书局，2004.
⑥ [宋]李焘.续资治通鉴长编.卷八.北京：中华书局，2004.
⑦ [宋]李焘.续资治通鉴长编.卷九.北京：中华书局，2004.
⑧ [宋]叶梦得.石林燕语.北京：中华书局，1984.

续表

编号	场景时间	场景
【43】	太宗雍熙三年	（太宗）欲广宫城，诏殿前指挥使刘延翰等经度之，以居民多不欲徙，遂罢①
【44】	真宗大中祥符五年	正月，以砖垒皇城②
【45】	徽宗重和元年	（闰九月）大内火。大火自甲夜达晓……凡爇五千余间，后苑广圣宫及宫人所居几近被焚，死者甚多。时天大雨火发雨如倾略不止而火益炽。或传上，是夜微宿于外，然事秘不可得知
【46】	徽宗朝	（宋徽宗）宣童贯、蔡京值好景良辰，命高俅、杨戬向九里十三步皇城无日不歌欢作乐③

对照该表，可以发现宋皇宫的营建始于建隆三年（962 年），并持续至开宝元年（968 年）共六年时间（【19、42】）。

在皇宫营建之前，因袭五代旧宫（【2、3】），太祖常使用的宫殿有：

（1）皇城门明德门（【4、12、14】）；

（2）正衙崇元殿（【1、7、11、16】），此为因袭梁建昌宫之正衙，或可溯源自宣武军之正衙；

（3）宴会用的广德殿（【5、8、10、11】）、广政殿（【6、9、15】）、万春殿（【10】）。另外，内酒坊与三司相接，且皇城内有较高的楼阁（【13】）。

其中，崇元殿为一直因袭之正衙，广德殿即重建大内后的崇政殿（【28】），万岁殿为重建后的紫宸殿（【1】），另外宫城门似乎在后周时向南扩展过，核心院落至少有两路。若时代向前以唐节度使治所布局为参考，向后以"京阙之图"及《历代宅京记》、《宋东京考》中描绘的北宋皇宫布局为参考，则可以得出自唐末到北宋建隆三年以前，皇宫结构之演进（图 3-28）。并发现"京阙之图"中，垂拱、崇政殿区域为原大内核心区域。

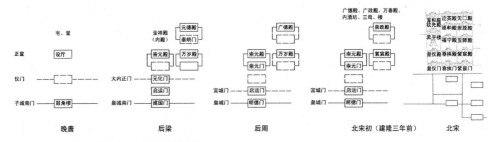

图 3-28　后梁、后周、北宋皇宫结构变化

再来考察六年的皇宫营建，根据每年的营建内容的描述，可将营建大致分为两个阶段：

（1）建隆三年正月广皇城东北隅（【18】）；

建隆三年五月仿西京之制大治宫阙（【19】）；

---

① ［元］脱脱 等 . 宋史 . 地理志 . 北京：中华书局，1977.

② ［宋］李焘 . 续资治通鉴长编 . 卷七十七 . 北京：中华书局，2004.

③ 新刊大宋宣和遗事 . 古典文学出版社，1956.

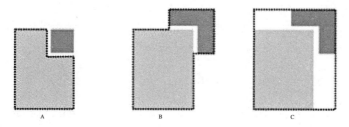

图 3-29 "广皇城东北隅"的可能性

（2）建隆四年五月重修大内（【20】）；

建隆四年五月明德门成（【21】）；

乾德三年八月文明殿成（【29】）；

乾德四年二月宫城版筑中（【33】）；

乾德四年四月崇元殿成（乾元殿、大庆殿）（【34】）

开宝元年正月大内营缮完毕，赐诸门名（【42】）。

最先建设的记录是建隆三年正月"广皇城东北隅"，类似的说法还有广、筑、展皇城东北隅（【18】）。笔者对这条语焉不详的史料进行推测："皇城之东北隅"所指是原皇城内的东北隅（图 3-29，A）还是皇城之外东北隅（B）？无论怎样都会产生不规则、不合理的皇城平面，如果将"广"、"展"、"城"、"筑"这四个字的意思结合起来看，可以做出图 3-29，C 的推测：太祖也采用了周世宗营建外城的手法，先定用地范围，然后分区建设，即事先划定好需要扩充的皇城范围，然后分次扩建。因此推测至少皇城北墙、东墙的位置向外扩展了，但仅有东北隅部分动工开筑而已。另外，南墙、西墙尚不清楚是否扩展。

筑皇城东北隅之后仅四个月，即当年（建隆三年）五月，便按西京宫室图修宫城（【17、18、19】），这个过程我们知之甚少，仅知道筑皇城和修宫室督役是同一人即韩重赟，而宫殿营建的具体负责人是铁骑都尉李怀义与中贵人。

可一年后，即乾德元年五月，又诏重修大内（【20】），这次董其役的是李怀义及内班都知赵仁遂，营造地点虽然不详，但随即新的皇城南门明德门、文明殿和崇元殿先后建成，值得注意的是，这一阶段的广政殿、广德殿都在正常使用（【23、25】），可见此次营造的区域转移到了皇城南部。

明德门具有重要的礼仪和政治上的意义，文人梁周翰还专门为改建后的明德门作了《五凤楼赋》。明德门建成后半年，太祖便祭天地于南郊，御明德门，改元（【24】），可见，第一阶段的展皇城及按洛阳图修宫城，可能是增设了皇宫必需的机构，其规模和藩镇国治相比不会有本质的变化，而这一阶段的营建则是对礼仪建筑的营建，并且也是真正意义上的都城皇宫建设，其规模较前次营建必然有大的增加。另外，明德门在建成前一直使用中（【12、14】），因此新建明德门不是因为损毁，而是一次制度的重建，并且其位置亦极可能发生变化。

上述营建的过程，与《事林广记》"京阙之图"所表现的皇宫结构大致相同，如图 3-30 所示，皇宫被两条夹道分为 1、2、3 三部分。第 1 部分中灰色区域是上文所推测因袭旧宫的部分，北宋初逐渐演变为内朝，第 2 部分营建于第一阶段，空间较杂乱，有六尚局、东宫等，第 3 部分营建于第二阶段，以大庆殿为正衙，文德殿为常朝，两侧有明堂和主要官僚办公的空间（中书省、门下省、枢密院、都堂等），是为"外朝"空间，皇宫呈现倒品字形结构。前文已述，目前北宋皇宫的考古成果

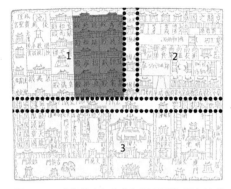

图 3-30 《事林广记》"京阙之图"所表达的丁字形结构及推测之回字形结构

基本肯定了宋五里宫城及金九里皇宫、明九里周王府萧墙的位置，和宋宫城呈回字形相套。因为北宋末也有皇城九里之说（【46】），所以认为金、明因袭宋皇城是顺其自然的推测。

笔者通过对上文具体的营建过程复原进行了推测，给予丁字形和回字形结构的矛盾一个较合理的解释，见图 3-31。补充解释：

关于宫城的周回。五代时权位较重的藩镇城市的子城规模一般为周回四、五里，如建康府（五代南唐都城）子城"周四里二百六十五步"[1]，太原府子城"周五里

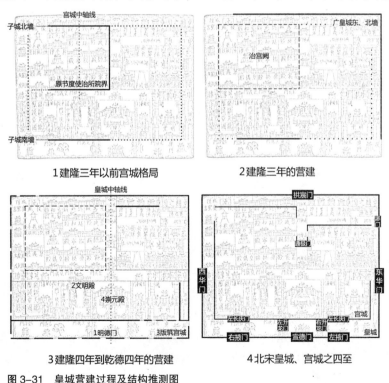

1 建隆三年以前宫城格局　　　2 建隆三年的营建

3 建隆四年到乾德四年的营建　　4 北宋皇城、宫城之四至

图 3-31　皇城营建过程及结构推测图

---

① [宋]周应合.景定建康志.卷一.大宋中兴建康留都录行宫记载 // 宋元方志丛刊（第二册）.北京：中华书局，1990.

一百五十七步"①,醴州"子城周五里"②等。因此宋五里宫城应因袭了唐五代之子城。而唐节度使治所为子城内的核心建筑群,应有院墙为界,在五代、宋的宫城建设中,建隆三年进行的第一期营建中沿袭成为主要的内朝宫殿区。

宋五里宫城的四至推测。通过《续资治通鉴长编》中对窃盗于皇城门、宫门、殿门、内(殿门)不同等级的定罪:"甲寅,大理寺言窃盗于皇城门谓宣德、左右掖、东西华、拱宸门、宫门内谓左右升龙、承天门、左右长庆门、谏门、临华门、通极门、学士院北角门、殿前关东子以北,加京城内窃盗法一等徒罪……殿门谓……内谓……又加一等徒罪……"③将上述门在图中给以定位,可略知皇城、宫城之四至,可惜宫门之临华门、学士院北角门、殿前关东子以北这三处不知所在。

关于宫城城墙之形制。宫城并没有在皇城内形成完整的"回"字形,其象征意义多于实际城墙本身之意义。宫城前身为子城城墙,在扩建皇城时,东北隅应被打破,从下图中也能看出保存较完整的是南城墙。另外,西城、北城墙都有数段较为完整,但似乎没有形成封闭的城墙。另外,宫城城墙可能为高墙之形制,而非城墙,乾德四年二月版筑之宫城,应指代皇城。

另外,由于古代地图的绘制特点,《宫阙之图》中心被放大,四周缩小和简化,导致宫城、皇城之间的空间被压缩。如皇城西北隅的后苑和皇城东侧的东宫,其占地应该远大于图像所表达,还有宫城东北部分的各内诸司,均没有绘制出院落结构。

3.2.3 皇城内、外的中央官署机构

通过上一节对皇宫营建过程的剖析,发现皇城内分布了相当一部分中央官署机构,其中,中书省、门下省、枢密院、中书后省、门下后省、都堂等宰执办公、议事机构分布在文德殿西侧,而学士院、内东门司、六尚局等内诸司在皇城东北隅。皇城外也有官署机构散布,而且"不能集中一地","杂处于居民和商业区之间"。④不同于隋唐长安和洛阳中央官署集中于皇城南部于的格局,吴涛先生继而认为两宋的中央官署机构散布于皇城外各处的格局与汉魏洛阳相似。如前文所述,汉魏时丞相府、朝堂等是实际的政治中心,而两宋时政治权力已被皇帝牢牢把握,中央官署则偏向机构化,北宋重要中央官署营建时间见表3–4。

---

① [清]杨准 点校. 永乐太原府志. 卷三 // 安捷. 太原府志集全. 太原:山西人民出版社, 2005.
② [清]沈青峰. 雍正陕西通志. 卷十四. 城池. 干州. 清文渊阁四库全书本.
③ [宋]李焘. 续资治通鉴长编. 卷四百九十三. 北京:中华书局, 2004.
④ 吴涛. 北宋都城东京. 郑州:河南人民出版社, 1984:10.

北宋重要中央官署营建时间　　　　　　　　　　　　　　表 3-4

元丰以前	中书省、门下省者，存其名，列皇城外两庑、官舍各数楹。中书省但掌册文、覆奏、考账，门下省主乘舆、八宝、朝会、报版、流外、考校诸司附奏挟名而已[1]
咸平四年（1001 年）	四月，置朝集院于朱雀门外，凡百余区。真宗以朝臣外任代还者寓于逆旅，故置焉，寻覆罢之[2]
景祐二年（1035 年）	十月辛亥，置朝集院[3]
元丰五年（1082）	七月，始命皇城使、庆州团练使宋用臣建尚书新省。在大内之西，废殿前等三班，以其地兴造。凡三千一百余间，都省在前，总五百四十二间
政和末	政和五年，因建明堂有诏徙秘书省出于外在宣德门之东，亦古东观类云。秘书省自政和末（1117 年）既徙于东观之下，宣和中始告落成[4]

以下对《东京梦华录》和《梦粱录》中的两宋官署在城市所展示的空间格局做简要分析。

3.2.3.1　《东京梦华录》中的北宋中央官署

北宋时期，中央官署机构散布在皇宫内（文德殿前）外（皇宫前、御街左右及其他处），并没有集中一处，但仍见皇宫和官署建筑关系密切。

《东京梦华录》所记多是宋徽宗崇宁到宣和年间事，作者孟元老，据考[5]为户部侍郎孟揆之晚辈孟钺，曾任开封府仪曹，因此对皇宫内院和朝仪郊祀，都能亲见亲闻，有一定可信度，见表 3-5。

《东京梦华录》中的中央官署机构描述　　　　　　　　表 3-5

	卷一
大内	大内正门宣德楼列五门……（大庆）殿外左右横门曰左右长庆门。内城南壁有门三座，系大朝会趋朝路。宣德楼左曰左掖门，右曰右掖门。左掖门里大明堂，右掖门里西去乃天章、宝文等阁。宫城至北廊百余丈。入门东去，街北廊乃枢密院，次中书省，次都堂，宰相朝退治事于此。次门下省，次大庆殿外廊横门，北去百余步，又一横门，每日宰执趋朝，此处下马；余侍从台谏于第一横门下马，行至文德殿，入第二横门。东廊大庆殿东偏门，西廊中书、门下后省；次修国史院，次南向小角门，正对文德殿，常朝殿也
	……（禁中，凝晖）殿相对东廊门楼，乃殿中省、六尚局、御厨。殿上常列禁卫两重，时刻提警，出入甚严。近里皆近侍中贵，殿之外皆知省、御药、幕次、快行、亲从官、辇官、车子院、黄院子、内诸司兵士，祗候宣唤；及官禁买卖进贡，皆由此入。唯此浩穰诸司，人自卖饮食珍奇之物，市井之间未有也。每遇早晚进膳，自殿中省对凝晖殿，禁卫成列，约栏不得过往……东华门外，市井最盛，盖禁中买卖在此，凡饮食、时新花果、鱼虾鳖蟹、鹑兔脯腊、金玉珍玩衣着，无非天下之奇……
内诸司	内诸司皆在禁中，如学士院、皇城司、四方馆、客省、东西上合门、通进司、内弓箭枪甲军器等库、翰林司、茶酒局也。内侍省、入内内侍省、内藏库、奉宸库、景福殿库、延福宫；殿中省六尚局、尚药、尚食、尚辇、尚醢、尚舍、尚衣。诸合分、内香药库、后苑作、翰林书艺局、医官局、天章等阁；明堂颁朔布政府

① [清]徐松.宋会要辑稿.职官一.北京：中华书局，1957.
② [清]徐松.宋会要辑稿.方域四.北京：中华书局，1957.
③ [宋]李焘.续资治通鉴长编.卷一百十七.北京：中华书局，2004.
④ [清]倪涛.六艺之一录.卷三百十三上.台湾商务印书馆，1983.
⑤ 李致忠.《东京梦华录》作者续考.文献，2006(3).

外诸司	外诸司：左右金吾街仗司，法酒库，内酒坊，牛羊司，乳酪院，仪鸾司，帐设局也。车辂院，供奉库，杂物库，杂卖务，东西作坊，万全，造军器所。修内司，文思院上下界，绫锦院，文绣院，军器所，上下竹木务，箔场，车营，致远务，骡务，驼坊，象院，作坊物料库，东西窑务，内外物库，油醋库，京城守具所，鞍辔库，养马曰左右骐骥院，天驷十监，河南北十炭场，四熟药局，内外柴炭库，军头引见司，架子营，楼店务、店宅务。榷货务，都茶场，大宗正司，左藏、大观、元丰、宣和等库，编估局，打套所。诸米麦等：自州东虹桥元丰仓、顺成仓，东水门里广济、里河折中、外河折中、富国、广盈、万盈、永丰、济远等仓，陈州门里麦仓，子州北夷门山、五丈河诸仓，约共有五十余所。日有支纳下卸，即有下卸指军兵士支遣，即有袋家每人肩两石布袋。遇有支遣，仓前成市。近新城有草场二十余所。每遇冬月，诸乡纳粟秆草牛车，阗塞道路，车尾相衔，数千万量不绝，场内堆积如山。诸军打请，营在州北，即往州南仓，不许雇人般担，并要亲自肩来，祖宗之法也

<table>
<tr><td colspan="2" align="center">卷二</td></tr>
<tr><td>宣德楼前省
府宫宇</td><td>宣德楼前左南廊对左掖门，为明堂颁朔布政府、秘书省。右廊南对右掖门，近东则两府八位，西则尚书省。御街大内前南去，左则景灵东宫，右则西宫。近南大晟府，次曰太常寺。州桥曲转，大街面南，曰左藏库……自大内西廊南去……西宫南皆御廊权子……至浚仪桥之西，即开封府。御街一直南去，过州桥，两边皆居民[1]</td></tr>
</table>

《东京梦华录》中的中央官署机构大致分布在皇宫内的外朝区、皇宫内的东北隅、宣德楼前集中区、皇宫外的外诸司四部分。[2]

（1）宫城内外朝区。重要的中央官署机构有枢密院、中书省、都堂、中书/门下后省、修国史院，包括天章诸阁等，是宰执等高级官员办公之处。值得注意的是，和明清紫禁城之外朝相比，北宋皇宫之外朝大部分时间是对官员开放的，夏日甚至允许官员在大庆殿纳凉。[2]

（2）禁中，以皇城东北隅为主。殿中省、六尚局、御厨、茶酒局等，为皇宫营建时率先扩展的部分，其功能为皇宫后勤，并在皇宫东华门外形成繁华的交易市场。

（3）宣德楼前的官署。有两府八位、尚书省、大晟府、太常寺、开封府等。分布在宣德楼前和御街两侧，是明清"千步廊"格局之前身。

（4）外诸司则散布在城内各处，无定所。

3.2.3.2 《梦粱录》中的南宋中央官署

南宋中央官制基本因循北宋，但因皇宫狭隘中央官署全部被移出皇宫，大多分布在和宁门北，御街两侧，见表3-6。

---

① 孟元老．东京梦华录．北京：中华书局，2006.

② 蔡绦．铁围山丛谈．中华书局，1983：秘书省之西，切近大庆殿，故于殿廊辟角门子以相通，遇乘舆出，必繇正寝而前。则秘书省官自角门子入而班于大庆殿下，迓车驾起居，及还内亦如之，可谓清切矣。以是诸学士多得繇角门子至大庆殿，纳凉于殿东偏。世传仁祖一日行从大庆殿，望见有醉人卧于殿陛间者，左右丞将呵遣，询之，曰："石学士也。"乃石曼卿。仁庙遽止之，避从旁过。

《梦梁录》中的中央官署机构描述　　表 3-6

三省枢使谏官	
枢密院	枢密院，国初循唐旧制，置院于中省之北，今在都堂东，上为枢属列曹之所。盖枢密使率以宰臣兼领，自知院以下，皆聚于都堂治事……枢密院后建经武阁，系藏经武要略之文……承旨检详编修，在枢密院。三省枢密院监门，大门之南
省院	省院在和宁门北，首旧福宁寺也
中省门下后省	中省门下后省，在都堂后
谏院	谏院任后省之西
检正左右司	检正左右司在谏院之右向东
三省枢密院架阁	三省枢密院架阁在制敕院后
御史台	御史台在清河坊内北向，盖取严肃之义。内有朝堂即台厅也。自绍兴来，未尝置对。有属台臣谳问，则刑察就听于大理寺问罪矣①
六部	
六部	六部在三省枢密院之南，部之中堂名曰论思献纳之堂
六部监门	六部监门在六部大门之左，凡所掌之事隶于六部。部门受其出入之时，以听上稽访。门之司存，盖至是而愈重矣。奉行列曹之命，以正胥吏之失，赞长贰之惩决，以遵长官之意耳。六部架阁其库在天水院桥，掌六曹之文书，主二十四司之案牍，故官置库，掌其架阁皆无失误矣
其他	
诸寺、秘书省、诸监、大宗正司、省所、六院四辖、三衙、阁职、监当诸局、诸仓、内司官、内诸司（略）②	
诸官舍	左右丞相、参政知枢密院使签书府，俱在南仓前大渠口。侍从宅在都亭驿东。台官宅在油车巷。省府官属宅在开元宫对墙。卿监郎宫宅在俞家园。七官宅在郭婆井。五官宅在仁美坊。三官宅在潘阆巷。十官宅在旧睦亲坊。六房院，即后省官所，居处在涌金门东，如意桥北。五房院，即枢密院诸承旨所居处在杨和王府西也
临安府治	在流福坊桥右……③

3.3　本章小结

本章将建立起中央官制和中央官署建筑制度的关联。

中央官署机构并不是古而有之，在先秦都城中并非必需要素，中央官署是在中央官制发展到较为成熟的阶段，相权形成了制约皇权的重要势力以后，从皇宫外朝部分（即前殿）分化出来的，并在两汉时期形成了朝堂的形态，皇帝甚至也要亲自来朝堂与官员共同议政，此为中央官署真正作为议政场所，"相权权力中心"的辉煌时期，但是这个状态并不稳定。

中央官制的本质是分割皇权与皇权周围的内戚、宦官、宰相、藩镇等各种权

① [宋]吴自牧.梦梁录.卷九.三省枢使谏官.台湾商务印书馆.1983.
② [宋]吴自牧.梦梁录.卷九.台湾商务印书馆.1983.
③ [宋]吴自牧.梦梁录.卷十.台湾商务印书馆.1983.

力的方式。随着历代皇权与这些权力小集团进行激烈、反复斗争，皇帝逐渐积累起丰富的经验，中央官制逐渐成熟。两宋朝的官制达到了历史上最复杂的水平，而皇权也是历朝最稳定的，两宋朝覆于"外患"，基本没有来自上述"内忧"对皇权的威胁，可见其中央官制的成功之处。

虽然两宋中央官署的布置方式、格局都可以从前朝寻找到制度的源头，但这一时期，中央官署的功能悄然发生了本质的变化，逐渐从朝堂、政事堂演变为办事、办公机构，不再是象征相权的权力中心。皇帝与官员的议政方式不再是集聚会议的模式，而是皇帝以各种对的方式约见随意组合的官员，从而实现皇权的极大化。

北宋中央官署机构在皇宫内外均有，大致皇宫内的中央官署机构（如三省、枢密院、都堂）是高级官员集会之场所，皇宫外的机构是各级官员办事办公之场所。到南宋，一方面因为南宋临安皇宫用地局促，一方面得益于文书交流技术（造纸、印刷技术的成熟），皇帝与官员的交流可以更多依靠文书，因而皇宫内更无官员集会议政之场所，皇宫外御街两侧林立中央办公机构的格局便由此形成。

第4章　两宋地方官署和子城制度

汉代以来，地方官署多集中附属于子城内。在笔者所能搜集到的宋代地方城市治所的舆图中，官署建筑群以子城为依托形成制度化的空间序列，这个序列大致为：子城门（州门、府门、军门、鼓角楼、鼓角门），仪门（戟门、牙门），戒石铭，设厅，后宅，子城北墙。可见两宋地方城市治所和子城有非常密切的关系。子城制度并非缘起自两宋，因此有必要对子城制度进行溯源，探究子城与城市的关系及子城制度和政治制度的关系，进一步考察子城制度在两宋朝的体现和特征。

4.1　子城制度溯源

郭湖生先生认为："子城罗城之设，昉于南北朝，或可追溯于两晋，唐代州军治所设子城已为常规，两宋因方志图经遗存较多，方可展开集中研究，元朝堕毁城墙，子城之制乃绝，明代重修城池，与子城制度迥异，且南北异趣。"[①]这是从史料中得出的客观结论。包志禹在其博士论文中将罗、子城之设出现之最早时间推至先秦："子胥亡后，越从松江北开渠至横山东北，筑城伐吴。子胥乃与越军梦，令从东南入破吴。越王即移向三江口岸立坛，杀白马祭子胥，杯动酒尽，越乃开渠。子胥作涛，荡罗城东，开入灭吴。至今犹号曰示浦，门曰□礌"。是从东门入灭吴也。[②]

同上一章一样，笔者综合历朝的行政建置制度变化和城市建设兴衰期两方面来分析子城制度的历史分期。

（1）城市建设。汉、唐、明是中国建城史上的三个高潮期，汉代城市因时代过于久远，其城址大多没有因袭至今，也无法考证其城市形态是否是子城。筑子城作为一种制度差不多是在唐代定型的，两宋作为"非筑城时期"[③]，多数两宋城市因袭了唐代的子城制度。

（2）行政建置。中国的地方行政制度，秦代为分封制和郡县制之分水岭，自

① 250 郭湖生. 子城制度 // 中华古都：中国古代城市论文集. 台北：空间出版社，2003：145。
② 司马迁. 史记. 吴太伯世家第一. 北京：中华书局，1959.
③ 鲁西奇、马剑. 城墙内的城市——中国古代治所城市形态的再认识 // 中国社会经济史研究. 二〇〇九年第二期：概括地说，两汉魏晋南北朝（公元前206年—公元589年）、中晚唐五代（755年—960年）、明中期至清末（1450年—1911年）这三个时段或可得称为"筑城时代"；其余的隋唐前中期（589年—755年）、宋元至明前期（960年—1450年），则基本可以断言，其筑有城郭的州（郡）县城在全部州县治所城市中不会超过50%，或可称之为"非筑城时代".

秦代以后，中国的地方行政制度便逐渐稳定为郡县制，但并非一成不变，不同的历史时期其制度又略有变化，而且其对应的城市格局表现形式也各有特色，需要按历史的分期来叙述。

4.1.1　第一次筑城时期（大小城雏形时期）

汉高帝时有一次全国性的筑城行为，"汉高帝五年大将军灌婴定豫章郡，六年，令天下郡邑皆筑城。"[①] 根据已有的考古研究成果，可以知道汉代城市已形成以官府寺舍为中心的形态，官寺有高墙，形成大小城的雏形，此外，门前有礼仪性构筑物阙或桓表[②]。但早期城市的考古资料较少，不足以证明子城在汉代已经普遍存在。

汉代的筑城是在封建制和郡县制反复的背景下完成的。先秦两汉经历了从政治制度上封建制和郡县制的反复。其中西周始置分封制，而秦始设郡县制。汉仿周代遗意设封建制，但二者有所区别，不若周代层层分封，汉初仅为一层分封，诸侯王国以下仍为郡县制，其特点是中央权力较为薄弱且不稳定，弥补的方式是依靠地方权力（封王）。也就是说，地方以郡县为主，仍存在"王城"。徐苹芳先生认为"郡县制确立以后，地方政治体制与地方城市密切结合，由于政治统治的需要，要建各级地方官吏守土治民的府舍，以这些官吏府舍为中心修建的地方城市，在城市形制上必然是以官府为中心的布局。"[③]

4.1.2　第二次筑城时期（罗城 – 子城时期）

魏晋时期，文献中开始出现子城的记录。和子城同时出现的，还有金城、牙城、罗城等说法，"晋宋时，凡城内牙城皆谓之金城。"大抵与军事防御有关，其分布南北方均有，总数仍比较少，见表4-1。

隋代杨素时期是第二次筑城时期。笔者所统计之两宋地方城市中，相当比例的城市始建于隋，此时郡县制已较为稳定，但隋和唐早期的子城记录仍不多。

黄巢起义失败以后，唐王朝实际上就已经被大大小小的节度使瓜分了，这种瓜分暂时没有体现在政权上，但往往体现在经济上（独立财权，不上交或克扣财赋）和军事上（营建城池，据城划分势力范围）。如其中较大的割据势力包括朱全忠据宣武，李克用据河东，杨行密（及后来的徐知诰）据淮南，王审知据威武

---

① ［明］严嵩 等.正德袁州府志.卷三.城池.明正德刻本.
② 邹水杰.汉代县衙署建筑格局初探.南都学坛第24卷第2期，2004年3月.
③ 转引自：邹水杰.汉代县衙署建筑格局初探.南都学坛第24卷第2期，2004年3月.

军，王建据西川，刘隐据岭南，马殷据武安军等等。[1]

　　子城大量的出现正是在这一时期的文献记载中，绝大多数藩镇占据的重要城市都有子城，尤其是势力交界处的城市群。而藩镇势力范围中地位最重要的城市，子城往往过渡为五代的王宫、国治。子城制度应该是在这样一种政治局势下定型的。地方政权有较为独立的财权和军权，罗城城墙是为了防止外敌，子城则在大城空间里限定出权力中心空间，树立起个人（节度使）的威望，这种重城模式在中晚唐伴随着藩镇制度迅速地发展起来。

早期（魏晋）子城的文献记载　　　　　　　　　　　　　　表 4-1

古地名	今地	引文
光州	河南省潢川县	夫人年七十，薨于光州子城内[2]
羌新县	湟中县多巴镇东北	湟水又东，经临羌新县故城南。阚骃曰：临羌新县在郡西百八十里，湟水经城南也。城有东西门，西北隅有子城[3]
滕县		县故城在滕西北城周二十里，内有子城。按《地理志》：即滕也，周懿王子错叔绣文公所封也，齐灭之，秦以为县[4]
寿春		邃（梁豫州刺史裴邃）后竟袭寿春，入罗城而退。遂列营于黎浆、梁城，日夕钞掠。承业乃奏侃为统军[5]
定州		孝昌初，（杨津）加散骑常侍，寻以本官行定州事……定州危急，遂回师南赴。始至城下……贼攻州城东面，已入罗城，刺史闭小城东门，城中骚扰，不敢出战……津开门出战，斩贼帅一人，杀贼数百[6]
扬州		任城国太妃孟氏，巨鹿人，尚书令、任城王（元）澄之母。（元）澄为扬州之日，率众出讨。于后贼帅姜庆真阴结逆党，袭陷罗城。长史韦缵仓卒失图，计无所出。孟乃勒兵登阵，先守要便。激励文武，安慰新旧，劝以赏罚，喻之逆顺，于是咸有奋志。亲自巡守，不避矢石。贼不能克，卒以全城。（元）澄以状表闻，属世宗崩，事寝。灵太后令曰："鸿功盛美，实宜垂之永年。"乃敕有司树碑旌美[7]
郢州	武汉市武昌	（王）神念长子遵业，位太仆卿。次子僧辩……元帝以僧辩为征东将军、开府仪同三司、江州刺史，封长宁县公，命即率巴陵诸军沿流讨景。攻拔鲁山，仍攻郢，即入罗城[8]

① ［五代］刘昫. 旧唐书. 卷下. 僖宗纪："时李昌符据凤翔，王重荣据蒲、陕，诸葛爽据河阳、洛阳，孟方立据邢、洺，李克用据太原、上党，朱全忠据汴、滑，秦宗权据许、蔡，时溥据徐、泗，朱瑄据郓、齐、曹、濮，王敬武据淄、青，高骈据淮南八州，秦彦据宣、歙，刘汉宏据浙东。皆自擅兵赋，迭相吞噬，朝廷不能制，江淮转运路绝，两河、江淮赋不上供，但岁时献奉而已；国命所能制者，河西、山南、剑南、岭南四道数十州，大约部将自擅，常赋殆绝，藩侯废置，不自朝廷，王业于是荡然。"
② 汉魏南北朝墓志集释. 北齐. 王怜妻赵氏墓志. 广西师范大学出版社，2008："今河南光山，非宋代之光州。南朝梁置光州，治光城，今河南光山，隋时所改。712 年移治定城，今潢川，民国废州，以州治为潢川县。"
③ ［南北朝］郦道元. 水经注笺. 卷二. 北京：中华书局，2009. 临羌新县故城位于湟中县多巴镇东北、俗称破塌城。破塌城在 1960 年时能看出轮廓，东西 250 米，南北 250 米，呈正方形，有东、西、南三门，城墙附有马面。残城墙夯筑方法为汉代时期手法，所见遗物皆属汉代时期。
④ ［南北朝］郦道元. 水经注. 卷二十五. 北京：中华书局，2009.
⑤ ［南北朝］魏收. 魏书. 卷五十八. 列传第四十六. 北京：中华书局，1974.
⑥ ［南北朝］魏收. 魏书. 卷五十八. 列传第四十六. 北京：中华书局，1974.
⑦ ［南北朝］魏收. 魏书. 卷九十二. 列传列女第八十. 北京：中华书局，1974.
⑧ ［唐］李延寿. 南史. 卷六十三. 列传第五十三. 北京：中华书局，1975.

到了五代中期，伴随着针对限制节度使的财权的措施，除了五代都城外，地方城市的城墙、公廨建设已经开始受到限制。如后唐明宗天成元年秋八月的一条枢密院的奏折称："亦有州使安称修葺城池廨宇，科赋于人，及营私宅，诸县镇所受州使文符，如涉科敛人户，不得禀受。州府不得赊买行人物色，兼行科率。已前条件，州使如敢犯违，许人陈告，勘诘不虚，量行奖赏。宜令三京、诸道州府，准此处分。"[①]

唐代子城内格局，以睦州为例，"置州筑城，东西南北纵横才百余步。城内惟有仓库、刺史宅、曹司官宇、自司马以下及百姓并沿江居住，城内更无营立之所。"[②]可见子城内有治所、相关官署机构及少量民宅。

两宋基本因袭唐城，从政治制度的角度来看，《文献通考》等传统政治制度专著以及许多现当代学者都有"宋承唐制"的观点，如钱穆认为"论中国政治制度，秦汉是一个大变动。唐之于汉，也是一个大变动。但宋之于唐，却不能说有什么大变动，一切只是因循沿袭。"[③]在城市建设上，"宋承唐制"的特点也比较明显，宋代城市的城墙、官衙等大型建筑群大都继承唐代的格局，或是在唐代城市基础上修复和营建，但因袭的基调上，也有变化（见下一节之分析）。

4.1.3 第三次筑城时期（明城时期）

明初掀起第三次全国范围内的大规模筑城运动。明代也实行分封制，但地方城市仍以郡县为主，王府营建有严格的建筑制度，制度较高，往往因袭前朝的子城墙，为地方城市的中心。明代城市相比于唐宋城，有三个明显的整体特点：

（1）城市规模多统一为周回九里左右；

（2）城墙多改用砖砌；

（3）城市内不再有子城，衙署不再有城墙为依托。

4.2 两宋地方城市之结构

众所周知，唐宋时期官署建筑是和子城是紧密结合的，对一个府州级别的地方城市而言，其基本空间结构是罗城—子城—州治的模式，对于个别府州，子城内还有牙城（衙城）。宋代处于隋唐造城运动之后的时期，政治平稳，没有出现大规模的造城运动，考察这一历史时期的城墙，期间既有五代的造城，也有宋初的毁城，还有北宋中期、南宋的修城、造城。同时，疆域内还存在地域功能上的差异，宫泽知之将两宋疆域内的城市按功能分为"边境（军队）- 都（政治）-

---

① [宋] 薛居正 . 旧五代史 . 唐明宗本纪 . 第三 .

② [唐] 沈成福 . 议移州治疏略 // 全唐文 . 卷二百 . 中华书局，1983. 此疏写于永徽三年，后州治于神功元年徙于建德 .

③ 钱穆 . 中国历代政治得失 . 上海三联书店，2001:67.

长江下游（物资基地）三块区域"①。

如何从整体上把握整个两宋疆域内的城市情况？笔者对两宋疆域内府州军监的资料收集整理，并对以下信息进行粗略的统计：从全宋疆域范围内的城市方志中收集记载建城墙的记录；其次对资料详细、地域相近的城市，展开城市形态比较研究，解决"是什么"的问题；再其次，对不同时期的典型城市做个案研究，试图发现一些制度上的历史脉络。

4.2.1　两宋疆域内地方城市整体情况考察

笔者依据考察考古资料及今人研究成果，按照两宋的行政区划建置，笔者对379个府州级地方城市进行了初步的资料收集和整理，见附录A。初步的整体直观印象是，相比于明代"九里十三步"的规模限制，两宋时期的城市规模和形态更加丰富。

不少研究认为两宋时地方城市的城墙已被拆除，"太宗……乃令江淮诸郡毁城隍，收兵甲，彻武备者，三十余年。书生领州，大郡给二十，小郡减五人，以充常从号曰长吏，实同旅人。名为郡城，荡若平地。"②

但实际上宋初的诏令仅针对江淮诸郡，且主要目标是去武备，针对的主要还是白露屋、敌楼等防御设施，如常州"太平兴国初，虽诏撤楼橹，规模犹岿然也。"③子城的消失也并非因为宋初的毁城，也并非突然性的全部消失，而是因维护不力自然倒塌。如咸平二年，黄冈"子城西北隅雉堞圮毁，蓁莽荒秽"。④

在城市建设方面，由于北宋中后期南方出现了数次规模较大的农民起义，以方腊起义为典型，地方城市不建城墙的策略有所改变，以皇祐五年的筑城诏令为信号，"又诏诸路城池据冲要者，即修筑之。其余以渐兴功毋或劳民。⑤"在两浙路和福建路为主的城市群出现了一次筑城潮，官署建筑的形态或许也受到一定的影响。同样的情形出现在元初和元至正晚期，战争结束后下令毁城，而随着农民起义，不得不重新修城。

除了拆城墙，两宋期间消极的修城是体现"非筑城"的主要状态。如王无咎《抚州新建使厅记》"城池之所以备豫，廨舍之所以兴居，仓库之所以出纳，以及台榭廨驿亭圃之区区，宜革而革，宜修而修，此差可以缓而不可废者也。"⑥南宋晚期

① ［日］宫泽知之.宋代中国的国家和经济——财政、市场、货币.创文社.1998年,转引自:［日］平田茂树.
　　日本宋代政治制度研究评述.上海古籍出版社.2010:3
② ［宋］李焘.续资治通鉴长编.卷四十七.北京:中华书局, 2004.
③ ［宋］史能之.咸淳毗陵志.卷三.城郭.州 // 宋元方志丛刊（第三册）.北京:中华书局, 1990.
④ ［宋］吕祖谦.宋文鉴.卷第七十七.竹楼记.王禹偁.上海书店, 1985.
⑤ ［宋］李焘.续资治通鉴长编.卷一百七十四.北京:中华书局, 2004.
⑥ ［宋］吕祖谦.宋文鉴.卷第八十四.上海书店, 1985.

的城市建设也出现了不建子城的例子，有邵武县[①]、徽州、抚州、信州[②]。

总体而言，两宋时期疆域内仍有相当城市为重城结构。

另一方面，北宋立国后，在文官政治的主导下，对城市礼仪方面的强化也导致城市景观发生了一些变化。破除了军事防御功能的子城，经过两宋文人官员的改造，形成了具有城市制高点功能的人文景观。

4.2.2 对部分城市的群体考察

4.2.2.1 研究资料

在资料分布不均匀的情况下，对两宋城市的城市建设总体情况也无法做到平衡的把握。从以下两份宋代方志统计列表中即能看出苏、浙、闽地区的资料远多于其他地区城市。

元代以前府州类方志的地域和数量分布[③] 表 4-2

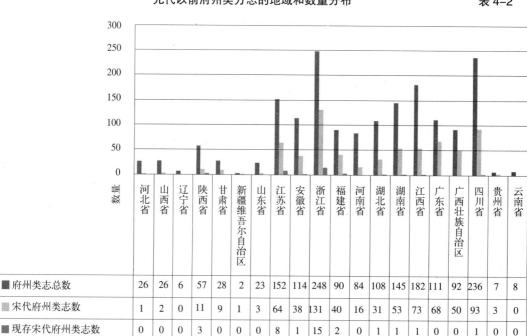

	河北省	山西省	辽宁省	陕西省	甘肃省	新疆维吾尔自治区	山东省	江苏省	安徽省	浙江省	福建省	河南省	湖北省	湖南省	江西省	广东省	广西壮族自治区	四川省	贵州省	云南省
府州类志总数	26	26	6	57	28	2	23	152	114	248	90	84	108	145	182	111	92	236	7	8
宋代府州类志数	1	2	0	11	9	1	3	64	38	131	40	16	31	53	73	68	50	93	3	0
现存宋代府州类志数	0	0	0	3	0	0	0	8	1	15	2	0	1	1	1	0	0	1	0	0

① [宋] 陆游 . 渭南文集 . 卷第二十 . 记 . 邵武县兴造记："太平兴国五年，诏即建州邵武县置邵武军，而县为属，其治在军之东。建炎三年，盗起闽县，邵武亦被兵，焚官寺民庐略尽。绍兴十年作谯门，十六年作守丞治所，于是学宫、军垒、图圄、仓廪以次皆复其旧……县寓尉廨。至二十一年知县事叶邃始复县治，未及成，安抚使用兵官王存之请即日撤除，涤地皆尽，而县徙寓武阳驿。乾道六年，知县事尤昂始作县门，它犹未暇及。庆元四年，宣义郎史君定之来为县……于是始有意于新县治矣。会得吏蠹与用度之余为钱百余万，自（庆元）五年七月甲午鸠工，至十月己巳落成，出令有所，燕息有次，劳宾有馆，胥吏徒役咸有宁宇，货布器物各司其局，事立令行，老稚舞歌，视承平旧观有加焉。"

② [清] 谢旻 . 康熙江西通志 . 卷六 . 城池二 . 广信府：宋信州城旧基周围七里五十步，高二丈一尺，址广二丈有奇，崇广如制。皇祐二年水圮，州守张公实修筑，中为子城，围一里二百八十三步，高二丈五尺，后亦圮。淳熙七年州守林枅因旧址筑牙门，韩元吉记。淳祐十二年复罹泺水甚于皇祐。宝祐二年，州守陈昌世重修，王雷记……元因宋旧，明洪武初修筑罗城，围九里二十步。

③ 参考：《中国古方志考》、《宋元方志丛刊》。此表包含县志数量。其中：湖北现存宋代府州类方志《寿昌乘》；《中国古方志考》中定为佚，《宋元方志丛刊》有收录；湖南现存宋代府州类方志《鄱阳记》实为南朝宋刘澄之所作，后人有续补。一并算在现存数内。

现存宋代府州类志表 表 4-3

地域		方志名	修志年代
陕西	雍州（今西安）	长安志	北宋熙宁九年（1076）
		长安图记	元丰三年
		雍录	南宋孝宗间
江苏	建康府	景定建康志	景定三年（1262）
	苏州府	吴郡图经续记	元丰七年（1084）
		吴郡志	绍熙三年（1192）年 – 绍定二年（1229）
	华亭县	云间志	绍熙四年（1193）
	昆山县	玉峰志	淳祐十一年（1251）修
		玉峰续志	咸淳八年（1272）
	常州	咸淳毗陵志	咸淳四年（1268）
	镇江府	嘉定镇江志	宋嘉定六年（1213）修
安徽	徽州	新安志	淳熙九年（1182）修
浙江	临安府	乾道临安志	乾道五年（1169 年）
		淳祐临安志	淳祐十年（1250 年）
		咸淳临安志	咸淳四年（1268 年）
	海盐县澉水镇	澉水志	绍定三年（1230）– 宝祐五年（1257 年）
	湖州	吴兴志	嘉泰元年（1201）
	庆元府	乾道四明图经	乾道五年（1169）
		宝庆四明志	宝庆三年（1227）修
		开庆四明续志	开庆元年（1259）修
	绍兴府	嘉泰会稽志	嘉泰元年（1201）
		宝庆会稽续志	宝庆元年（1225）
	嵊县	剡录	嘉定七年（1214）成书
	台州	赤城志	宋嘉定十六年（1223）修
	建德府（严州）	严州图经	淳熙十三年（1186）
		新定续志	宋景定三年（1262）修
福建	福州	三山志	淳熙九年（1182）成书
	仙游县	仙溪志	宝祐四年（1256）– 元至正十一年（1351）
湖北	寿昌军（鄂州）	寿昌乘	宝祐间
湖南	岳州	岳阳风土记	北宋
	饶州	鄱阳记	南朝、宋
四川	成都	锦里耆旧传	北宋

上述方志中有少部分方志质量较差，对城市、官署记载不详，有用的信息量不大，但大部分包含了关于宋代城市规模、营建历史、公署布局等情况，仅有极少部分包含城市舆图和官署地图。按照资料的详尽程度，研究也可分为若干层次。对于存在公署地图的城市则展开公署布局和机构沿革的考察，这部分以个案研究的方式完成，选取的案例为建康府和临安府。对于城市群体，则考察重点城市结构、子城、核心官署建筑，上述针对城市形态的研究都在下篇展开。

4.2.2.2 两宋时期的城市营建

笔者选取城墙营建史料较为翔实的若干府州，如扬州、建康府、镇江府、常州、徽州、抚州、泉州、汀州、福州、临安府、平江府、绍兴府、建德府、湖州、庆元府、台州、广州，进一步做两宋朝时段的城市建设之考察，其成果如图4-1。

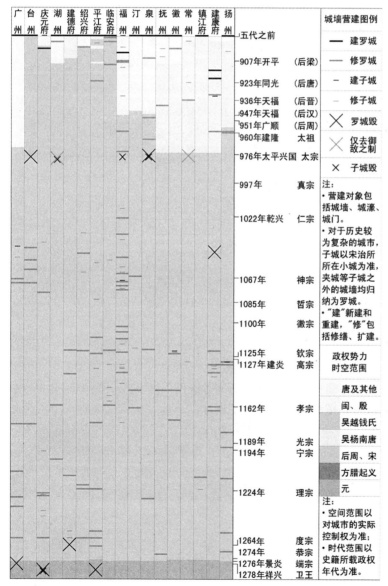

图4-1 两宋部分城市的城墙营建

对城市建设的定义包括新建、重修罗城，修、广罗城，新建、重修子城，修、广子城（含改为宫城的情况），毁罗城，去御敌之制，毁子城这几种情况，对时段的考察则覆盖了唐末军阀混战（约 889 年）到元初。上述城市在五代时分属南唐、殷闽、吴越和南汉政权，其中仅扬州属五代南唐中央政权，而其余城市均属南方十国政权，这些政权往往偏安一隅，宋以前的城市建设基本反映了政权交战、变动的情况，宋以后的城市建设则基本反映了纵观两宋的若干次农民起义对城市形态的影响。从图中可看到较集中的几次营建：

（1）五代初期的军事性营建。

（2）宋初的毁城令。

（3）皇祐年间的修城。对应为方腊起义在南方数个城市（以建德府为中心的若干城市）。

（4）两宋交接年间的城市营建。对应为宋金交战所做的战备。

（5）元末的毁城。

4.2.2.3　部分城市的形态

虽然子城—罗城结构已形成一种制度，但是在不同的城市还是展现出不一样的平面形态，如图 4-2 所示。其中子城大致可分为三种规模，一种周回五里以上，一种为周回三至五里，城内有府治，或为院墙或为城墙，子城内除了公共建筑和行政机构，还有民居等。另一种为周回二里以下，子城仅环府治，即衙城。

4.3　地方治所的相关制度流变

4.3.1　古制

分封制时期，地方城市治所对应的等级是诸侯国治的等级，以创自先秦的平江府治所为例，"古之诸侯有三门，外曰皋门，中曰应门，内曰路门。因其门以为三朝，朝之后有三寝，曰路寝一，曰燕寝二。自罢侯置守，其名既殊，其制稍削，然犹存其概。今之子城门，古之所谓皋门也。今之戟门，古之所谓应门也。今之便厅门，古之所谓路门也。今之大厅，古之外朝。今之宅堂，古之路寝也。"[①]

刘敦桢先生从文献中辑出汉代县寺（即地方治所）的特点[②]：前为厅事，后为官舍；县寺前设桓表和植鼓，为今仪门之前身。前堂后寝的格局和内外朝制有相似之处，但不具有外、中、内三门的诸侯国制度。

---

① [宋] 朱长文. 吴郡图经续记. 卷上. 州宅. 南京：江苏古籍出版社，1999.

② 刘敦桢. 大壮室笔记 // 中国营造学社汇刊. 第三卷. 第三期. 知识产权出版：140."汉官寺自九卿郡守，迄于县治邮亭传舍，外为听事，内置官舍，一如古前堂后寝之状，体制或有繁简，区布之法固无异也。其县寺前夹植桓表二，后世二桓之间架木为门曰桓门，宋避钦宗讳，改曰仪门。门外有更衣所，又有建鼓，一名植鼓，所以召集号令为开闭之时，官寺发诏书，及驿传有军书急变亦鸣之。"

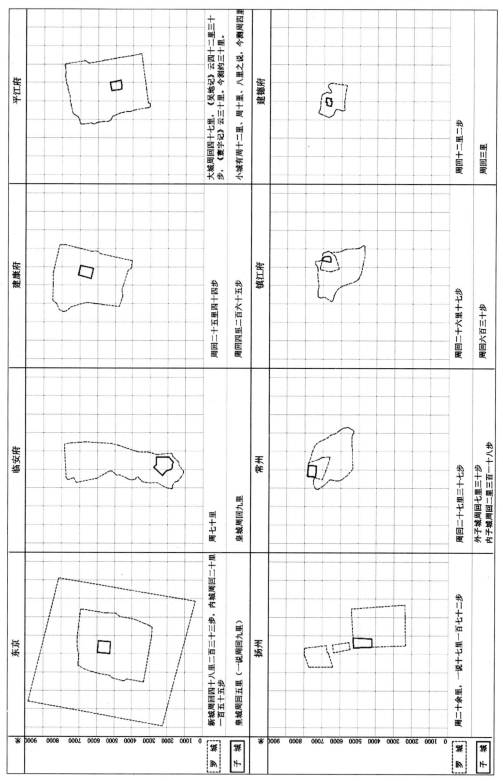

图 4-2　部分城市的平面形态

4.3.2　唐制

唐代地方治所以子城为依托，子城南门为谯楼，上有鼓角楼，府治内格局为"三扃 [1] 三厅、大寝小寝"。抚州府治和鄂州。

（1）抚州。危全讽为昭宗时抚州刺史，兼御史大夫，拥抚、信、袁、吉四州，自称镇南节度使，为唐末藩镇之一。因此他所创的抚州治所应该具有唐末藩镇所在府州治所的共同特点。

本府治在子城内，唐刺史危全讽中和五年乙巳（885 年）所徙，时廨宇草创。大顺元年庚戌（890 年），三扃三厅、大寝小寝始备。天祐元年甲子（904 年），复开拓基址重新之。[2]

《州衙宅堂记》：……中和五年春三月，全讽莅郡之始，制置之初，以其宅僻倚西隅，而甚欹侧，乃易其旧址，迁此新基。高而且平，雅当正位。于是芟去榛棘，草创公署。此际多以旧木权宜制之，于今十有四年，卒就摧朽。今则躬亲指画，再□基场。□□重堂，傍竖厨库。西廊东院，周回一百余间。才涉数旬，切扃俱毕。虽虹梁□□，不获饰焉。而铃阁郡斋，□□壮观。建□□续益称□城□叙其由故记壁。[3]

（2）鄂州。湖南观察使赵憬《鄂州新厅记》中，记述了鄂州"刺史厅"的营建过程，其原格局由大厅、小厅及府舍构成，而制度狭隘，因此以府舍之地建新厅，但公门仍为外入。

前代建置所理之处，其城不垣，今之州，即旧城于江夏……初，刺史有小大之厅，其度甚卑，或门屏迥近，或廊庑狭隘，将吏籴集，回旋偪侧，绵历年代，未遑革之。厅之左二曰府舍，摧坏空旷，公乃划阔其地作为新厅。大厦既立，长廊以二，则俭而规法，结构殊精。因士卒忘劳之力，出货财足用之羡，经营有成，井邑莫知。惟昔之公门，今为外入，一作人非而遂东。广开崇庸，北达于里。棨戟森列，戒徒俨卫，每飨士誓众，骈罗广庭，萧墙之阴，旗旐缤纷，威容克振，君子谓之智。憬将赴京师，目睹嘉谋，辄纪新厅之壁，庶允朝选之盛。时旧有厅，都团练观察使记，刺史无记，曩贤名氏，多所阙焉。是用求访遗者，得之必书，盖李公之志也。求哲继踵，冀增辉于此堂，时建中三年十有一月也。[4]

除了上述之三扃三厅、大寝小寝，唐时地方治所内具体还有州司、使院以及武备、仓库等功能的建筑和机构。如唐袁州"所建立郡斋使宅、堂宇轩廊、东序西厅、州司使院、备武厅、毬场、上供库、甲仗库、鼓角楼、宜春馆、衙堂职掌、

---

① 扃：从外关闭门户的门闩。祝鸿熹 主编.古代汉语词典.成都：四川辞书出版社，2000：954.
② 弘治抚州府志.卷七.公署.天一阁藏明代方志选刊续编47.上海书店，1990：421.
③ ［清］董诰.全唐文.卷八百六十八.中华书局，1983.
④ 赵憬.鄂州新厅记 //［宋］李昉.文苑英华.卷八百一.厅壁记五.北京：中华书局，1966.

三院诸司，总六百余间"。①

4.3.3 元制

元代格局的变化包括：宴席之所、郡圃的撤销，办公机构的变更。

爰自混一，崇朴汰奢，凡偃息游宴之所，壹皆撤去，漕所戎司，更治易局。②

《重建州治记》：……嘉定己卯，边备不戒，金虏遂犯梁洋，郡治悉遭焚毁……先是郡守皆瓦砾，寄治倅厅……先并立鼓楼，谯门甫立，即经营公宇……自季冬涓日命工营葺，至癸巳春，不逾月常衙厅已落成。继立宅堂，高下相称，檐瓦鳞次，薨栋翚飞，气象鼎新，顿还旧观。方欲建签舍、修吏房、三门四隅，以次而举……承直郎宜差洋州州学教授权兴道县事兼任签判通判九峰陈材记。③

元代对官署的房屋数量有一些规定："随处廨宇：尚书右三部呈奉到都堂钦旨送本部拟定，随路、府、州、司、县合设廨宇间座数目。总府廨宇：（一有廨宇，不须起盖，有损坏处计料修补）正厅一座，五间，七檩，四椽（并两耳房各一间）：司房东西各三间，三檩，两椽。县廨宇：厅无耳房，余同州。"④又如卫辉路总管府帅正堂："国朝中统，建元之明年升州为府……为楹三钜筵，东西六寻有奇，南北邃三十有七尺，高爽靖深公居俨称复作，左右翼厅各三楹。"⑤

4.3.4 明制

明代方志中出现的公署图有了很大的变化。宋、明在公署营建思路上有很大区别，最大不同是明制于公署内置廨舍，要求所有官员居住其中：

本府在昔建官设属，必各有所居，以出政令，又必各有廨舍为退食之处。宋元以前官既冗杂，事尚苟简，佐贰下僚多有僦居民间者，惟我太祖高皇帝法古建官繁简得宜，而公署之立，亦莫不备。洪武二年，诏天下各官廨舍各置于公署旁周垣之内，其制密矣。承平日久居官君子志向不同或未坏而厌其陋，惟事改作或已坏而惮其难，惟图苟安孰与于相时而动不伤财不劳民遇有损坏即加葺理者，之为得中乎。⑥

其次，明代从公廨形制、数量、公廨格局、规模等方面制定了严格的公廨制度："公廨正厅三间，耳房各二间，通计七间。府州县外墙高一丈五尺，用青灰泥。府治深七十五丈，阔五十丈。州治次之，县治又次之。公廨后起盖房屋，与守令

---

① [清]董诰.全唐文.卷八百七十六.袁州厅壁记.中华书局，1983.
② [元]俞希鲁.至顺镇江志.卷十三.公廨.治所 // 宋元方志丛刊（第三册）.北京：中华书局，1990.
③ [宋]陈材.统制李侯重建州治记碑.陕西洋县文化馆介.绍定六年(1233年)刻.
④ [元]佚名.大元圣政国朝典章.工部.公廨.北京：中国广播电视出版社，1998.
⑤ [元]王恽.秋涧集.卷第三十九.记.重建卫辉路總管府帅正堂记.台湾商务印书馆，1983.
⑥ [明]汪舜民.弘治徽州府志.卷五.公署.明弘治刻本.

正官居住，左右两旁，佐贰官首领官居之。公廨东另起盖分司一所，监察御史、按察分司官居之。公廨西起盖馆驿一所，使客居之。此洪武元年十二月钦定制度，大约如此。（见《温州府志》。）"①此条制度为陆容《菽园杂记》引自《温州府志》，另见清查继佐《罪惟录·志·卷之二十八》。此条制度颁布于洪武元年十二月，早于上一条"廨舍置于公署中"之制度。

但实际上这一制度在实际操作中未必能得到精准的实施，以明代江阴县治和嘉兴府的规模为例来验证：明代江阴县"弘治八年知县黄傅通加缮葺，于是制度大备……合县址计地东西五十二丈，南北六十六丈。"②其东西宽度五十二丈甚至大于规定府治的长度（阔五十丈）。明代嘉兴府"总管府衙在于城内旧府治也……子城比罗城内稍东南偏，亦名子墙，今曰府墙。围二里十步，高与厚俱一丈二尺。"③嘉兴府之府墙较制度略矮，围二里十步，合365丈，较规定之250丈（深七十五丈，阔五十丈）偏大。

综上，明代衙署的格局也有因袭宋制的地方，可以说是结合了宋代治所和幕府官厅的格局而形成的。其中中轴线的序列等基本因袭了宋代的府州治所，而四周环绕的治事之所，则和景定建康志《制司四幀官厅图》表现的幕府官厅非常类似。

4.4　本章小结

唐、五代时期在城市建设上可以说是浪漫的个人主义时代，上至帝、王（如南唐国主、吴越王、闽王、蜀王、南汉王等），下至藩镇（如危全讽、留从效等）和地方长吏，无论是有怀抱治天下的理想和野心，还是偏安一隅，或沉迷物质，或喜好文学，或注重佛教，他们对城市建设都有绝对的话语权，在城市治理方面有较为积极的行动和独到的个人趣味及想法，他们对地方城市的建设常有大手笔的动作。

宋代的地方官员相比之下则职权减少很多，文武官员的专业化导致了以下变化：

军队的职业化，城市在和平年代不需要城墙的军事功能；地方官员由文官担任；虽然在财政上失去了建设的主动权，但文官的才华和审美能力在城市治理方面得到了发挥——主要体现在城市水利设施的利用和改造、城市人文景观的创造两方面。前者例子有杭州西湖、赣州福寿沟等，后者多表现在郡圃、子城制高点的楼阁、山水间的亭台等方面。

相比于宋，明代官员的职能进一步细化，权力进一步受制于制度，个人对于

① ［明］陆容.菽园杂记.卷十三.中华书局，1985.
② ［明］张衮.嘉靖江阴县志.卷一.建置记第一.公署.明嘉靖刻本.
③ ［明］赵文华.嘉靖嘉兴府图记.卷二.明嘉靖刻本.

城市建设的理想和才能更少得到发挥。

从制度上来看，唐宋时期的制度多以诏令的形式颁发，有因事而设及具体、临时的特点，可见城市营造还是有相当的灵活度，北宋颁布了营造法式，从用料的角度对营造成本做了粗略控制，建筑的比例、造型也还有相当发挥的余地。到了明代，各项制度更加成熟，城市建设的成本被精确控制，地方城市的建设更加容易被远在帝都的皇帝所控制。

下篇　基址与格局

第5章　个案研究：临安府府治研究

现存的宋代方志以南宋为主，因此北宋杭州的情况相对于南宋临安要简略甚多。北宋府治因袭了五代吴越王宫，因此对北宋杭州州治的考察和了解主要源自五代吴越时期的营建情况。现结合今人的相关研究，探讨从国治到州治再到行都的城市格局和治所的变迁情况。

5.1　五代吴越国治、北宋州治之营建和格局

杭州建城可追溯至隋代，现南宋皇宫遗址上更早的官式建筑群的始建可追溯到唐时州治，"（府治）旧在凤凰山之右，自唐为治所，子城……吴越王钱氏造。国朝至和元年郡守孙沔重建……中兴驻跸，因以为行宫。"[①]它是从府州级地方行政机构转变为全国行政中心的典型案例，其规模、布局和唐、宋、五代时地方官署的规模、布局关系密切。

5.1.1　营建沿革

5.1.1.1　隋唐郡治：初营

隋唐之前杭州早有建城，隋朝开皇十一年（公元 591 年）杨素创建，依山筑城，移州治于柳浦西，此为吴越国治、南宋皇宫之始创之地。然而州治制度史料不详，根据唐代地方衙署营建的一般制度，或为子城之制[②]：

（1）唐昭宗景福二年（公元 893 年）钱镠筑罗城时，罗隐代写《杭州罗城记》称"郡之子城，岁月滋久，基址老烂，狭而且卑，每至点士马不足回转"。[③]可见此时杭州有子城久矣。

（2）谭其骧认为《太平寰宇记》所言隋城三十六里九十步不足信，隋唐时杭州仅为江南偏远地区三等小郡，无须如此广大的城墙："依山筑城，足证城区限

---

① [宋] 潜说友.咸淳临安志.卷五十二.志三十七.府治 // 宋元方志丛刊（第四册）.北京：中华书局，1990.
② 郭湖生.隋唐长安.建筑师 (57)，1994：79-82：所谓子城罗城制度即统治机构的衙署、邸宅、仓储实宾与游息、甲仗、监狱等部分均集中于城垣围绕的子城（内城）内，其外更环建范围宽阔的罗城（外城）以容纳居民坊市以及庙宇、学校等公共部分.控制全城作息生活节奏的报时中心——鼓角楼，即为子城门楼.这种方式及其变体曾是自两晋以后起 20 世纪初中国州府城市形制的基本模式.
③ [唐] 罗隐.罗昭谏集.台湾商务印书馆，1983.

于凤凰山东、柳浦之西一带[①]"，这与州治范围基本一致，因此推测《太平寰宇记》所言依山所筑之隋城为子城规模，即州治。

但此时的子城城墙、城门其具体形态需要进一步考证。至于郡治的具体形态，仅知郡圃和州宅是郡治重要组成部分。唐代史籍多有提及历任太守在州治内外修建园林景点和堂斋等，郡圃建筑如虚白堂、忘筌亭，州宅建筑如高斋、南亭等。姚合、白居易等郡守留下许多诗文，描绘的郡治充满山野情趣和人文气息，例如："更喜仙山近，庭前药自生[②]"、"翠巘公门对，朱轩野径连[③]"，"仙山"、"翠巘"指代郡治周围是个山林大环境；"朱轩"指代官舍，"野径连"可见郡治的布局较之于常规的官署建筑，有自由活泼、园林化的特征。可见郡治格局的总体特点是依山而建，布局自由。另外，州宅的制高点是立于城墙上的高斋："据城闉横，为屋五间，下瞰虚白堂，不甚高大，而最超出州宅及园圃之中，故为州者多居之，谓之高斋。"[④]

郡治的正衙不见诸史籍记载，似乎处于太守们较为喜爱在郡圃内的虚白堂内治事办公，由白居易的两首诗得见："平旦起视事，亭午卧掩关。除亲簿领外，多在琴书前。况有虚白堂，坐见海门山。潮来一凭槛，宾至一开筵。"[⑤]"虚白堂前衙退后，更无一事到中心。移床就日檐间卧，卧咏闲诗侧枕琴。"[⑥]虚白堂在五代时，沿袭其基址建有都会堂，也是个非常重要的建筑。

5.1.1.2 唐末五代国治：成形

作为唐末藩镇之一，吴越王国的政治体制有藩镇体制和王国体制混合的特征[⑦]，这种混合特征并非同时表现，在钱镠的创业时期，表现更多的是藩镇体制特质，随后逐渐向王国体制过渡。

吴越史上建立朝都有两次，第一次是后唐同光元年，钱镠以唐开元后制度建立朝都，"自称吴越国王，命所居曰宫殿，府署曰朝廷，其参佐称臣，僭大朝百僚之号[⑧]"，具备国家朝廷的规制。然而钱镠在建国之路上并非一直得到中原的支持，随着中原政权更迭，后唐政府对独立的藩国实行强硬政策，钱镠去世时，"以遗命去国仪，用藩镇法[⑨]"，是一种折中的体制，钱镠的儿子钱元瓘也一直没

① 谭其骧.杭州都市发展之经过//长水集.卷上.北京：人民出版社，1987：417
② [唐]姚合.杭州官舍即事//浙江通志.清文渊阁四库全书本.
③ [唐]白居易.白氏长庆集.卷第二十.上海书店，1989.
④ [宋]潜说友.咸淳临安志.卷五十二//宋元方志丛刊（第四册）.北京：中华书局，1990.
⑤ [唐]白居易.郡亭//咸淳临安志.卷五十二//宋元方志丛刊（第四册）.北京：中华书局，1990.
⑥ [唐]白居易.虚白堂//浙江通志.卷二百七十七.清文渊阁四库全书本.
⑦ 何勇强.钱氏吴越国史论稿.杭州：浙江大学出版社，2002：144：吴越国存在着两种政治体制，一为藩镇体制，一为王国体制。前者是吴越国最高统治者作为中原王朝的臣属、出任镇海镇东两镇节度而形成的一整套统治机构；后者是吴越国作为中原王朝的藩属之国、模仿汉代王国制度而建立起来的以丞相为首的一套官僚机构。前者带有武人政治的一些特点，后者则有文官政治的倾向。
⑧ [宋]薛居正.旧五代史.卷一百三十三.
⑨ [宋]司马光.资治通鉴.卷二七七.北京：中华书局，1956.

有得到吴越国王的称号，一直到长兴三年（932 年）文穆王重新建国，"建国之仪，一如同光故事"。此后的宫室营建虽然低调，但表现出更加完善的王国体制特征。

吴越国的城市和建筑营建，可分为军事性和制度性两方面的营建，在前期以军事性营建较多，后期以制度性营建较多，见表 5-1。

外修罗城，内建子城。五代军阀混战，藩镇势力彼此制衡削弱，出于很强的军事防御需求，城市营建主要表现在多次扩建和新建外城城墙，最终形成了非常富有特色的"腰鼓城"形态，此不多赘言，而子城的重建，也源自一次军事暴动。

营国之前，开府置官，其治所的规制介乎郡治和皇宫之间，只称镇海军使院，奉尊中原，不称帝，不立年号[①]，不设明堂，扩建城墙和营建子城名义上还是奉诏而为，并不称皇城。而建国之后，数次大修台馆，营建宫室。

然后，关注吴越国对子城及子城内使院宫室的营建。从表 5-1 中可以发现，有史料记载的营建时间集中在唐已灭亡、后梁取而代之成为中原正朔以后的头二十年内，略滞后于罗城的营建。其中，第一次营建是唐光化三年的镇海军使院，第二次是十年后，唐刚刚灭亡，钱镠便在梁太祖的支持下筑子城，三年后并"广之"。这两次营建时间间隔非常近，第二次筑子城未必有大的改动，但由使院到钱王宫，象征意义上却有质的飞跃。因此，可以这样认为：镇海军使院是在空间格局上完成了钱王宫的雏形，也是北宋州治、南宋皇宫最早的因袭原型，修建子城进一步提升了使院的等级制度。

吴越国初期营建活动表　　　　　　　　　　　　　　　　表 5-1

时间	军事相关的营建活动	宫室相关的营建活动
唐大顺元年（公元 890 年）	钱镠筑新夹城五十余里	
唐景福二年（公元 893 年）	钱镠筑罗城七十余里	
唐光化三年（公元 900 年）		"以唐州治扩而大之"，"名镇海军使院"[②]
后梁开平二年（公元 907 年）	唐灭，钱镠被梁太祖封为"吴越王"	
后梁开平四年（公元 910 年）	扩建罗城三十里。大修台馆，筑子城，南曰通越门，北曰双门[③]	王建亭于虚白堂之基，曰八会亭……又建阁于设厅之后，名曰蓬莱[④]
后梁乾化三年（公元 913 年）		"诏尊王尚父"，并"广牙城以大公府"[⑤]
后梁龙德三年 / 后唐同光元年（公元 923 年）	钱镠正式建立吴越国，成为吴越国王	
后唐同光二年（公元 924 年）	开慈云岭，建西关城	
后唐天成二年（公元 927 年）	疏浚西湖，能泊军舰	

---

① 有研究考证钱王亦私设有年号，但史料依据较少.
② [清]吴任臣.十国春秋.卷七十七.北京：中华书局，1983.
③ [清]吴任臣.十国春秋.卷七十八.北京：中华书局，1983.
④ [清]吴任臣.十国春秋.卷七十七.北京：中华书局，1983.
⑤ [清]吴任臣.十国春秋.卷八十二.北京：中华书局，1983.

时间	军事相关的营建活动	宫室相关的营建活动
长兴三年（公元932年）	钱镠去世，钱元瓘继位	
天福元年（公元936年）	钱元瓘"大阅艛舻于西湖"	
天福二年（公元937年）	钱元瓘（文穆王）被封为吴越国王，重新建国	
宋开宝九年（公元976年）	钱元瓘开涌金门，引湖水入城内运河，以便舟楫	
宋太平兴国二年（公元977年）	钱弘俶"凡御敌之制悉除之，境内诸城有白露屋及防城物亦令撤去"①	

（1）镇海军使院和设厅（公元900年）

钱镠在唐昭宗乾宁三年（公元896年）被任命为两军（镇海、威胜）节度使，之后唐朝中央同意钱镠关于将镇海军治所迁至杭州的请求，遂于光化三年（900年）在杭州建镇海军使院，即节度使治所。镇海军使院是按照行台的规制营造的："魏晋而降，则置行台。……唐制由行台而置采访使，殆今节制之始也。"②关于使院的格局，《浙江通史》总结③：使院前为节堂后为使宅，节堂的正衙后设厅做宴席之用。至北宋年间，苏轼《乞赐度牒修廨宇状》中仍提及使院、使宅尚在："臣自熙宁中通判本州……见使宅楼庑，欹仄罅缝，但用小木横斜撑住……今年六月内使院屋倒……"④

设厅居中的镇海军使院格局亦可在三年后的建八会亭的史籍记载中确认：天复三年（公元903年），"王建亭于虚白堂之基，曰八会亭以平吴定越讲武计议凡八会于此，已而更名都会。又建阁于设厅之后，名曰蓬莱，（按：直仪门曰设厅）"。⑤可见，使院的中轴线建筑为仪门—设厅—蓬莱阁的格局。但八会亭（都会亭、都会堂）和设厅的位置关系未知。钱镠起家八都兵，控制八都兵对控制局势有着至关重要的意义，都会堂其前身虚白堂，在唐时为郡圃，可是很好的观钱塘潮之处："坐见海门山。潮来一凭槛，宾至一开筵"，⑥《镇海军使院记》也称"地耸势峻，面约背敞"，"左界飞楼，右劘严城"，因此都会堂在使院中也应处于较为重要的位置。

罗隐的《镇海军使院记》主要篇幅描述了正衙的功能："疆场之事，则议之于斯。聘好之礼，则接之于斯。生民之疾痛，则启之于斯。军旅之赏罚，则参之

---

① [清]吴任臣.十国春秋.卷八十二.北京：中华书局，1983.

② [唐]罗隐.罗昭谏集.卷五.镇海军使院记.台湾商务印书馆，1983.

③ 桂栖鹏，楼毅生.浙江通史隋.唐五代卷.杭州：浙江人民出版社，2005：372.按照唐朝制度，节度使在其驻地的州城之内筑牙（衙）城一重，称作"使院"，作为治所。使院前为节堂，以安置所赐旌节；后设厅，兼设宴席之用。因节度使常兼观察使及本州刺史，一身而带三职，所以又分设节度厅、观察厅与刺史厅，分别治事，相当于后世的合署办公。"使院"的最后为节度使私第，称为使宅。

④ [宋]苏轼.经进东坡文集事略.卷三十六.奏议.上海书店，1989.

⑤ [清]吴任臣.十国春秋.卷七十七.北京：中华书局，1983.

⑥ [唐]白居易.白氏长庆集.卷八.郡亭.上海书店，1989.

于斯。"此无疑是节堂之设厅。又有"庚申年始辟大厅之西南隅，以为宾从晏息之所"，可见制度上应在节堂之后的宴席厅也由此厅兼任。

在大格局上，使院有两个较为显著的特点：其一，"拔起阶级"，[①]依山阜有高差；其二，"廓开闬闳"，[②]有独立的院墙或屏障。

（2）子城和双门（公元 910 年）

使院建成后十年，即开平四年（公元 910 年），钱镠再建子城，其原因可溯自八年前的一场吴越内部军事暴动。唐昭宗天复二年（公元 902 年），钱镠手下将领徐绾、许再思等人乘钱镠外出，发动叛乱。钱镠的儿子钱传瑛紧闭子城门拒敌，钱镠与胡进思闻变，急忙赶回，但无法进入子城，胡进思与徐绾等人血战，引走主力，钱镠才得以"微服乘小舟，夜抵牙城东北隅，踰城而入"。[③]

此时子城已有南门和北门，"（王）命都监使吴璋、三城指挥使马绰守北门，内城指挥使王荣、武安都指挥使杜建徽守南门"，[④]也有城墙、壕沟等，"頵伺夜复攻西北隅，梯橦毕集，城中矢石如雨，贼坠沟洫者不可胜计"，[⑤]规制基本完整。

徐绾叛变，双方斗争的焦点在北门附近。叛乱刚发生时，"北郭城门牙将潘长与徐绾遇，斩首二百余级，（绾）退营于龙兴寺。"守住北门，即稳住了最初形势，钱镠也深知牙城北门在军事上的重要意义，他从内城东北登城而入时，发现"北门直更卒冯皷而寐，王亲斩之。"[⑥]激战尾声，徐绾企图通过焚烧北门的方式强行攻城，"聚木将焚北门"，被武安都指挥使杜建徽识破，"悉焚之"。

钱镠再建子城实际上是对原有子城的修葺和改造，基本是针对这次叛变的，双门"置框木，锢金铁，用为敌备"，[⑦]并不建木楼阁，是为了防止被纵火，至北宋因袭为州治北门时，太守孙沔方以"门圮而地狭又非礼制"为由易以木石。另外，按傅熹年先生的总结，双门一般为唐制子城之正门，"建在子城内的衙署其正门即为城楼，称谯门……谯门下开二门洞，称双门"[⑧]，钱镠以子城北门名之为双门，且子城位于杭城南隅，向南为钱塘江，而北为西湖，钱氏曾建阅兵之亭（碧波亭），大阅艛舻之处，同时，子城鼓角楼在南门[⑨]，可见南门为礼制上的正门，而北门为军事要塞和实际上出入的正门。这两点也是五代吴越子城形制

---

① 闬闳：高大的巷门。华夫 主编.中国古代名物大典.上.济南：济南出版社，1993:892.

② 闬闳：高大的巷门。华夫 主编.中国古代名物大典.上.济南：济南出版社，1993:892.

③ [宋] 司马光.资治通鉴.卷二百六十三.北京：中华书局，1956.同一事件，《吴越备史》中的描述是"王遂沿江至内城东北，登城而入"，可见此时"内城"即"牙城"，指代相同。

④ [宋] 钱俨.吴越备史.卷一.北京：中华书局，1991.

⑤ 同上。

⑥ 同上。

⑦ [宋] 蔡襄.端明集.卷二十八.台湾商务印书馆，1983.

⑧ 傅熹年.中国古代城市规划、建筑群布局及建筑设计方法研究.北京：中国建筑工业出版社，2001:83.

⑨ 宋州治因袭子城，直至北宋苏轼任内，"鼓角楼摧"，见后文。子城北门无木构建筑，可见鼓角楼在南门。

异于一般唐代子城门的地方，此后历代因袭，可见南宋皇宫"倒骑龙"格局①是在钱镠此次建子城时形成的。

南宋皇宫并非完全因袭吴越子城城墙，而是有一些出入，史料有较明确的记载：

（吴越国治）南渡后改为行宫，而万松、八蟠岭、介亭皆列皇城之外，惟州治东南至江干皆属禁御。

凤凰山在凤山门外……为吴越国治内，附后为州治，迨南宋建都兹山，东麓环入禁苑。

圣果禅寺在凤凰山之右……高宗南渡废为禁苑，明永乐十五年重建，更名胜果，内有忠实亭。②

和南宋皇宫相比，吴越子城的东至变化最大：

北至：没有明确的依据，暂且认为和宁门因袭双门；

东至：凤凰山东麓为馒头山，南宋时环入禁苑，可见吴越子城东城墙在馒头山西侧；

西至：万松、八蟠岭、介亭南宋时列皇城外，可见吴越时在子城内；

南至：没有明确的依据，暂且认为行宫门因袭通越门。

（3）钱王宫和握发殿（923 年）

钱王宫、握发殿这两个称呼不见于《吴越备史》等正史，而出自南宋及以后的史籍，可见当时的史书是有所回避的。《资治通鉴》载：唐庄宗同光元年（923年）"镠始建国，仪卫名称多如天子之制，谓所居曰宫殿，府署曰朝廷……"③这里所称"宫殿"即钱王宫的官方记载。

史籍上也鲜有关于吴越王起居制度的记载，除却握发殿，其余出现的建筑均为堂，多数是其子孙所居之地。握发殿为吴越王钱镠"所居"，可以理解为起居之处，"取周公吐哺握发之意"，④绍兴四年之前的射殿沿用其基址，可见此殿位置较为重要。整理《吴越备史》中提到的建筑，形成表 5-2。

镇海军使院和钱王宫内宫室情况 表 5-2

武肃王 907–932 年在位	
天祐二年（905 年）十一月	王命建功臣堂于府门之西，树碑纪功，仍列宾僚将校赐功臣名氏于碑阴，凡五百人。
天成三年（928 年）	（忠献王）生于功臣堂
文穆王 932–941 年在位	

---

① 因为"前市后朝"，南宋皇宫南门丽正门为仪式上的正门，而北门和宁门面朝御街，成为常用的实际正门。俗称"倒骑龙"。

② [清]沈德潜. 西湖志纂. 卷六. 文海出版社，1971.

③ [宋]司马光. 资治通鉴. 卷二七二. 北京：中华书局，1956.

④ [清]吴任臣. 十国春秋. 卷七十八. 北京：中华书局，1983.

续表

天福四年（939 年）	建（弘僔，即孝献）世子府于城北。 孝献世子之居监抚也，文穆王治其府于城北，将俾居之。一日，孝献会王以采戏于青史楼……初鄜氏生孝献世子，后庭咸尊敬，有尼契云掌香火于丽春院之佛堂，颇有知人之鉴，视夫人曰：彼鄜氏者远不能及
天福五年（940 年）	世子弘僔薨……八月，以世子府为瑶台院
天福六年（941 年）秋七月	丽春院火，延于内城，（文穆）王迁居瑶台院……八月辛亥王薨于瑶台院之彩云堂。
忠献王 941–947 年在位	
天福六年（941 年）九月	（忠献）王即位于仙居堂……（是月）迁于思政堂
天福八年（943 年）春正月	重建功臣堂。……十一月辛巳，王驾迁于功臣堂
开运三年（946 年）八月	重建天宠堂
开运四年（947 年）二月	有雉集于玉华楼。六月乙卯，（忠献）王薨于咸宁院之西堂
忠逊王 947–978 年在位	
开运四年（947 年）六月	（忠逊王）即位于天册堂。……是月庚子，有雉升于天册堂之戟门……冬十二月，内衙统军使胡进思、指挥使诸温、钭滔等幽废王于义和后院
忠懿王 947–978 年在位	
乾祐元年（948 年）春正月	王即位于天宠堂……天宠堂，即忠献王重建，逮于废王，不克迁徙，至是而王临位焉
显德二年（955 年）秋七月	有虹入天长楼（楼在内城之东），王避寝于思政堂。九月，王复于天宠堂。 王驾复天宠堂，……丞相以下咸称大庆
显德四年（957 年）九月	王避正寝于功臣堂
显德五年（958 年）夏四月	城南火延于内城，王出居都城驿。诘旦，烟焰未息，将焚镇国仓，王亲率左右至瑞石山，命酒以祝之……乃命从官伐林木以绝其势，火遂灭
建隆元年（960 年）三月	大庆堂成，王旧邸也。堂宽高广大，凡一百间，命勒碑文以纪其事……（十二月）王迁于功臣堂

虽然起居制度无据可查，但从表中可以大致看出吴越王宫的主要殿堂情况：五王看似各有所居，武肃王钱镠居于握发殿，文穆王无考，生于忠臣堂，忠献王即位于仙居堂，但随后重建功臣堂和天宠堂，忠逊王即位于天册堂，忠懿王即位于天宠堂（即大庆堂）。然而矛盾是上文已分析考古发掘所得宫室营建之范围非常有限，并不能容纳多中心的正衙院落。再对此表进行分析不难看出，实际上吴越中后期，天宠堂是地位较高的正衙，天福六年（941 年）丽春院着火后，于开运三年（946 年）重建天宠堂，这期间，忠献王在仙居、思政、功臣堂之间多次迁驾，没有正衙，忠逊王开运四年（947 年）年即位时天宠堂可能尚未建好，忠懿王乾祐元年（948 年）即位于天宠堂，后来改名大庆堂，显德五年（958 年）内城再次遭遇火灾之后，建隆元年（960 年）新的大庆堂建成，“堂宽高广大，

凡一百间"[1]，明确是正衙的地位。因此，除了武肃王钱镠治握发殿，其余四王极可能是以天宠堂为正衙的。另外，主要的避寝之堂有功臣堂和思政堂，丽春院和世子府分别为后庭和王子们居所。

（4）设厅、握发殿、天宠堂的位置关系和时代关系

设厅是镇海军使院的正衙，握发殿是吴越前期钱王所居，天宠堂是吴越中后期的正衙。那么这三个主要的殿堂存在什么样的位置关系？设厅象征着藩镇体制下的统治中心，而握发殿和天宠堂象征着王国体制下的统治中心。吴越时期在制度上是个藩镇到王国的过渡时期，且握发殿和天宠堂均溯不到始建之源，因而这一殿两堂的位置关系难以找到制度和史料上的依据。从考古资料上看，南宋皇城内可营建的范围很有限，不可能同时存在多个核心宫殿和院落。

在当时的历史背景下，同光元年（公元 923 年）钱镠趁中原政权更迭建国，但随后建立的中原后唐政府并不满意藩镇建国，实施强硬政策，钱镠重新奉中朝正朔，另外一方面，《吴越备史》的作者钱俨为钱氏后人，钱元瓘幼子。钱俨写作《吴越备史》时已在北宋王朝为官。因此猜测所有关于钱王宫、握发殿的称呼，甚至是建国时可能有的营建活动等越礼行为，同钱王私设的年号一般，悄悄从史书中抹去了。这种假设可以解释为什么钱王宫、握发殿并不见当时正史，为什么钱镠所居曰殿，而其他国王所居则称堂，为什么《吴越备史》详细介绍了钱镠的孙辈三个国王即位的厅堂，却回避了钱镠（武肃王）、钱元瓘（文穆王）即位的地点。

因此天宠堂很可能因袭使院之设厅，而握发殿则有正衙或寝宫两种可能性，关于握发殿有一则扑朔迷离的史料：

绍兴四年，大飨明堂，更修飨殿，以为飨所。其基即钱氏时握发殿。吴人语讹乃云恶发殿，谓钱王怒即升此殿也。时殿柱大者每条二百四十千足，总木价六万五千余贯，则壮丽可见。言者屡及而不能止。[2]

从其功能来看为"吴王所居"，是为钱王另辟之寝宫，但钱王似乎亦在此治事，从其位置来看，南宋绍兴四年所修飨殿因袭握发殿基址，而南宋皇宫草创之时，飨殿亦用正衙兼，因此无法确定此处的飨殿是正衙抑或新建之飨殿；虽然提及殿柱之大，但尚无法定量分析。总之，虽然有若干线索，仍无法准确判断握发殿的位置、形制和性质。因此握发殿可能为正衙设厅之因袭、天宠堂（大庆堂）之前身，亦可能为寝宫。

（5）使院、子城、钱王宫的关系

对核心院落进行分析后，再对吴越王宫的整体结构进行探讨。虽然在史籍中，使院、子城、钱王宫、隋唐旧治都通过南宋皇宫成为同一指代，但种种迹象表明，使院是位于子城内的独立建筑群，并不等同于子城，使院和子城的关系，可以参

---

① [宋]钱俨.吴越备史.卷四.北京：中华书局，1991.

② [宋]庄绰.鸡肋编.卷下.清文渊阁四库全书本.北京：中华书局，1983.

考《严州图经》"子城图"中严州府治和子城的关系，见图 5-1，睦州（严州）
城是文穆王在公元 938 年所筑。

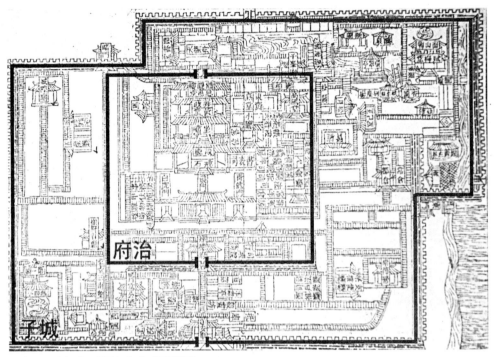

图 5-1 淳熙《严州图经》中"子城图"
（底图：《严州图经》.商务印书馆，1936: 2）

（1）前文已论述，《镇海军使院记》所描述的是一组建筑群，其界定范围
为府门、院墙，为节度使治所，而子城的界定范围为城门、城墙，以军事作用
为主。二者有明确不一样的建造年代，子城至少在唐昭宗景福二年（893 年）
钱镠筑罗城时已经存在，而使院为光化三年（900 年）建。

（2）世子府在使院外，子城内。天福四年（939 年，使院建成三十九年后），
文穆王"建（弘傅，即孝献）世子府于城北"，[1] 这里并没有明说是城外之北还
是城内之北，在徐绾之叛事件中，第一时间出来守卫牙城的是钱镠的儿子钱传瑛，
紧闭城门以拒敌，牙城之于藩镇的意义，正在于可以屯最忠实于自己的兵力，可
见将世子府放在子城内之北（使院和子城北门之间）是非常符合情理的。孝献世
子去世后，世子府改为瑶台院，内有青史楼、彩云堂等，规模可观，几乎没有可
能在使院内腾地改建，因此推测世子府在使院外、子城内，可能和子城北门双门
存在较密切的位置关系。

综上，吴越王时期，钱镠完成了罗城—子城的双重城制度，并且强化了子城、
罗城的军事化，在藩镇中立稳脚跟，并大胆建立起吴越王国，采用帝王之制，扩

---

① [宋] 钱俨.吴越备史.卷二.北京：中华书局，1991.

使院为宫，而其子文穆王钱元瓘则在父业的基础上，建立起完整的较为谦抑的王国体制，恢复藩镇之法，最终形成了罗城—子城—钱王宫的政治空间格局。

5.1.1.3　北宋州治：因袭

吴越王钱俶献地降宋，因此杭州州治并未遭受五代战乱的影响，主要变动是所谓"文轨大同"："凡百御敌之制，悉命除之，境内诸州城有白露屋及城防物，亦令撤去。"①至北宋至和三年（1056 年）前后，因为木构建筑使用寿命的周期性，出现了局部建筑的重建记录。知州孙沔、梅挚等在钱宫基础上先后重建了双门、中和堂、有美堂、清暑堂等厅堂建筑，此外便是南园巽亭、介亭、清风亭、曲水亭等亭阁散布在凤凰山麓。

总体上说来，北宋州治时期的营建非常少，究其原因，主要来自于修缮费用的压力。苏轼治杭州期间曾上书数次乞求拨款修缮官舍，在《乞赐度牒修廨宇状》②中陈述了修复廨宇的困难，奏折中提及对于修缮府廨，在财政上朝廷是不赞成的，"尤讳修造，自十千以上，不许擅支"，以杭州州治为例，史籍中所见营缮官府解决方案有两种：

一是冒着被指责"靡费"的风险向中央打报告拨款，如上文所述之苏轼；二是自行筹款，借富人之力助公帑造，有祖无择、孙沔等例子："知杭州郑獬亦上奏曰：……请射屋地给卖祠部及酒历，（祖无择）予富民钱出息以助公帑造介亭等事，此皆前后知杭州者常为之。"③可见这种方式是知州更常用的方法，事实上州治内包括介亭在内的大多数新添建筑都是通过这种方式建成的："……孙沔时人请地至多，或连山林以予之。造中和堂、双门，号为雄特。梅挚造有美堂，蔡襄造恺悌堂，沈遘率民造南塔。"④

---

① [宋]钱俨.吴越备史.补遗.北京：中华书局，1991.

② [宋]苏轼.经进东坡文集事略.卷三十六.奏议："元祐四年九月某日，龙图阁学士朝奉郎知杭州苏轼状奏。右臣伏见杭州地气蒸润，当钱氏有国日，皆为连楼复阁，以藏衣甲物帛。及其余官屋，皆珍材巨木，号称雄丽。自后百余年间，官司既无力修换，又不忍拆为小屋，风雨腐坏，日就颓毁。中间虽有心长吏，果于营造，如孙沔作中和堂，梅挚作有美堂，蔡襄作清暑堂之类，皆务创新，不肯修旧。其余率皆因循支撑，以苟岁月。而近年监司急于财用，尤讳修造，自十千以上，不许擅支。以故官舍日坏，使前人遗构，鞠为朽壤，深可叹惜。臣自熙宁中通判本州，已见在州屋宇，例皆倾邪，日有覆压之惧。今又十五六年，其坏可知。到任之日，见使宅楼庑，欹仄缝缝，但用小木横斜撑住，每过其下，栗然寒心，未尝敢安步徐行。及问得通判职官等，皆云每遇大风雨，不敢安寝正堂之上。至于军资甲仗库，尤为损坏。今年六月内使院屋倒，压伤手分书手二人；八月内鼓角楼摧，压死鼓角匠一家四口，内有孕妇一人。因此之后，不惟官吏家属，日负忧恐，至于吏卒往来，无不狼顾。臣以此不敢坐观，寻差官检计到官舍城门楼橹仓库二十七处，皆系大段隳坏，须至修完，共计使钱四万余贯，已具状闻奏，乞支赐度牒二百道，及且权依旧数支公使钱五百贯，以了明年一年监修官吏供给，及下诸州划刷兵匠应副去讫。臣非不知破用钱数浩大，朝廷未必信从，深欲减节，以就约省。而上件屋宇，皆钱氏所构，规摹高大，无由裁樽，使为小屋。若顿行毁拆，改造低小，则目前萧然，便成寒陋，非惟军民不悦，亦非太平美事。窃谓仁圣在上，忧爱臣子，存恤远方，必不忍使官吏胥徒，日以躯命，侥幸苟安于腐栋颓墙之下。兼恐弊陋之极，不即修完，三五年间，必遂大坏，至时改作，又非二百道度牒所能办集。伏望圣慈，特出宸断，尽赐允从。如蒙朝廷体访得不合如此修完，臣伏欺罔之罪。"

③ [明]黄淮.历代名臣奏议.上海古籍出版社，1989.

④ [明]黄淮.历代名臣奏议.卷二百八十六.上海古籍出版社，1989.

这两种方法都得不到中央的支持，苏轼三月内两度上书①乞求修缮官府，即便第二次上书时，题改为《乞降度牒召人入中斛敆出粜济饥等状》，不提修缮廨宇，有意将注意力转移到济饥上，可见苏大学士的无奈和苦心，然而朝廷一如既往反应冷淡，廨宇已经无法住人，苏轼不得不在州治外十三间楼②治事；而后者的做法有官商勾结的嫌疑，朝廷当然是禁止的，虽然建筑得到资助建成，但祖无择、孙沔在各自政治生涯中遭人攻击时，这些行为都成了被利用的把柄。可见，经历了五代的武人之弊后，矫枉过正的文治制度给城市建设带来效率低下、政治道德束缚过多等问题。另外，用这种方法所能筹得的资金有限，对府廨的修建不成规模。这也是北宋百余年间杭州州治建筑几乎无所更新的根本原因。

根据对史料的分析和整理，新建建筑主要集中在中轴线东路，北宋州治的整体格局并没有太大的变动。这也反证了吴越国治格局中东路院落的存在。

（1）中和堂和望海楼（东楼）、清风亭形成一组院落，东楼在中和堂北，清风亭在其侧，而中和堂的位置较为模糊，前身为钱王宫内阅礼堂。若按东楼的字面理解，可能在中轴线东侧。

中和堂在旧治，又有清风亭在堂之偏，望海楼在堂北③。

东楼（一名望海楼）在旧治，中和堂之北，太平寰宇记云高十八丈，唐武德七年置……始钱王镠于其宫作堂名曰阅礼，本朝至和中威敏孙公沔来守此土，更饬治之，易名中和，守居负凤凰山，堂跨山冯高。苏文忠公尝谓：下瞰海门洞……建炎初，高宗皇帝南巡，登斯堂，赋诗八十言……易名曰伟观。④

（2）清暑堂、高斋形成一组院落，在州治左、州宅之东：

清暑堂，治平三年郡守蔡公襄建，在州治左，撰堂记及书刻石堂上。⑤

清暑负州廨之左，直海门之冲，其风远来，洒然薄人。日以决事，佚而忘劳。至者莫不悦之。⑥

高斋在清暑堂之后：

（高斋）唐时郡斋名……钱塘州宅之东，清暑堂之后，旧据城笔，横为屋五间，下瞰虚白堂，不甚高大，而最超出州宅及园圃之中。故为州者多居之，谓之高斋。⑦

（3）南宋州治之有美堂，其前身在吴山最高处，并不在北宋州治内：

钱氏初建江湖亭于此，当在吴山最高处，左江右湖，故为登览之胜。而前贤题咏如此。东坡诗言自舟中望见堂上燕集，此必西湖舟中也。旧经言在郡城又可

① 第一次上书为元祐四年十二月，见苏轼《苏文忠公全集·杭州上执政书二首》，第二次上书为次年二月，见《苏文忠公全集·乞降度牒召人入中斛敆出粜济饥等状》。
② [宋]周淙.乾道临安志.卷二//宋元方志丛刊（第四册）.北京：中华书局，1990："十三间楼去钱塘门二里许，苏轼治杭日多治事于此。"
③ [宋]周淙.乾道临安志.卷二//宋元方志丛刊（第四册）.北京：中华书局，1990.
④ [宋]潜说友.咸淳临安志.卷五十二//宋元方志丛刊（第四册）.北京：中华书局，1990.
⑤ [宋]施谔.淳祐临安志.卷五//宋元方志丛刊（第四册）.北京：中华书局，1990.
⑥ [宋]潜说友.咸淳临安志.卷五十二//宋元方志丛刊（第四册）.北京：中华书局，1990.
⑦ [宋]潜说友.咸淳临安志.卷五十二//宋元方志丛刊（第四册）.北京：中华书局，1990.

以见古城界，于吴山矣。淳祐六年府尹赵公与篡获古刻小碑于山巅太岁殿之侧，即仁宗御赐梅公诗也。由是此堂故址益显着云。[①]

5.1.2 格局初探

从已有的历史资料来看，对南宋临安皇宫布局描述的文献庞杂，线索极多，同时也矛盾重重，许多重要指代不明确，例如子城、牙城、罗城、夹城等称谓模糊不清，对皇宫的描述详细而略于整体结构，文献对垂拱、崇政殿两处主要宫殿的位置记载又不清晰，这也成为目前研究的难点，目前对南宋皇宫的复原研究成果空间形态差异很大。

张劲在其博士论文《两宋开封临安皇城宫苑研究》中所做复原为：分别以垂拱殿、大庆殿和坤宁殿为主殿由北向南依次展开三个院子散布在和宁门、丽正门之间（图5-2）傅伯星在《南宋皇城探秘》中所做复原的布局为两者并列（图5-3），两殿之前共享南宫门和丽正门。以下两个复原方案，皇城内均有4-5路建筑，核心宫殿张图为一路，傅图为两路并列。两个方案均为皇城内即宫殿，无宫城。

从地理因素和考古资料来看，皇宫本身偏于城市一隅，又地处河网密集、山峦起伏的复杂地形中，在空间布局上势必会"奔着因地制宜原则而修正传统模式[②]"，南宋皇宫在南宋灭亡后，部分宫殿改为寺院，元代均毁，明清其址上又有新建，后期干扰较多，皇宫遗址目前地面建筑密集，无法整体挖掘，相关的考古工作始于1988年，目前出土有若干处遗址并不断更新中。最新的考古成果已

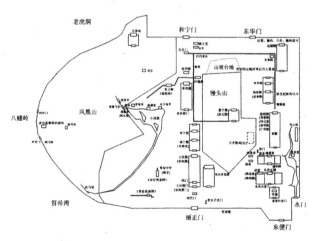

图5-2 临安皇城内部建筑布局示意图

（张劲.两宋开封临安皇城宫苑研究.齐鲁书社，2008）

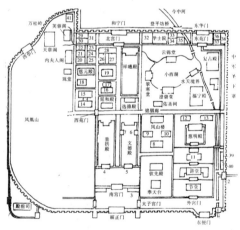

图5-3 南宋皇城内分布示意图

（傅伯星，胡安森.南宋皇城探秘.杭州出版社，2002）

---

① [宋] 施谔.淳祐临安志.卷五// 宋元方志丛刊（第四册）.北京：中华书局，1990.

② [日] 斯波义信.宋代江南经济史研究.方健，何忠礼 译.南京：江苏人民出版社，2000:372.

确定了南宋皇城的城墙四至 [①]，并且南、北门和中心区宫殿基址的位置也大致确定，除却山体，可以营建的地块有限，如图 5-4 所示，皇城范围内仅有一半左右面积（浅灰色区域）为较适宜和较可能的营建区域，其中馒头山区域较明显高出其余范围，和南宋中后期东宫建设关系密切，之前的营建活动不详。核心宫殿基址（深灰色块）目前看来是两路，东路较宽西路较窄，西路之西尚有零星建筑，而宫殿区和馒头山之间也尚有一路的空余，较为合理的可能是东路基址为中轴线，西侧或两侧为次的布局。

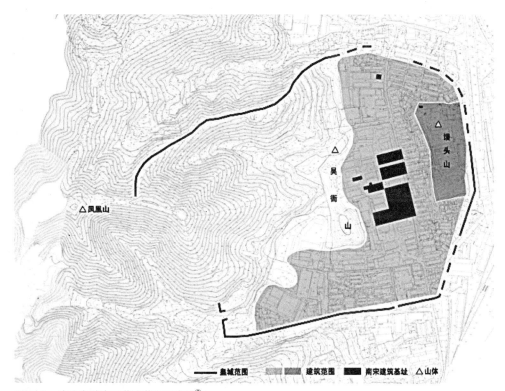

图 5-4　南宋皇城内可营建范围示意图 [②]

从历史和制度沿革的角度出发，南宋临安皇宫的格局、布局制度主要受北宋杭州地方官署原有格局和北宋汴梁皇宫原有制度两方面的影响。而无论是杭州还是汴梁，均经历了由唐地方治所升级为五代地方政权中心的过程，因此南宋临安皇宫的格局可溯源自唐地方官署制度，并且接受了五代地方割据时期制度上的创新。

宋廷南渡之前，杭州州治的营建有两个主要时间点：一是隋唐始建州治，二是吴越国钱氏兴建王宫。北宋州治因袭吴越国治，建设不多，多在北宋中后期。史料中对这一时期的描述不如南宋皇宫详尽，但收集史料中的零星记载，可以发

---

① 杭州市文物考古所. 南宋恭圣仁烈皇后宅遗址. 北京：文物出版社，2008：5. 目前，已探明南宋皇城的四至范围大致是：东起馒头山东麓，西至凤凰山，南临宋城路，北至万松岭路南。

② 底图由清华大学建筑设计研究院提供。

现个别建筑有跨朝的记录（表5-3），如虚白堂、高斋、握发殿基址等。

宋廷南渡前杭州州治建筑兴废沿革表　　　　　　表5-3

（时间轴忽略了部分没有营建事件的年代，灰色空代表已废）

唐-郡治时期	五代-钱宫时期	北宋州治时期							南宋行宫时期
		庆历年间 1041-1049	至和年间 1054-1056	治平年间 1064-1067	熙宁年间 1068-1078	元丰年间 1078-1086	元祐年间 1086-1094	政和年间 1111-1118年	
高斋									
	东楼/望海楼/望潮楼								
虚白堂	八会亭/都会堂								
唐治内诸亭楼①									
	蓬莱阁、仪门、设厅	未知							
	握髮殿	未知							射殿亭所
	阅礼堂	中和堂/伟观堂							
	江湖亭	有美堂							
	双门	双门（新建）							
	通越门	（未知）							
	钱宫诸堂②								
		南园巽亭				云涛观			
		望越亭				巽亭			
		燕思阁				石林轩			
		红梅阁							
		清暑堂							
		曲水亭							
		治内诸景③							
		清风亭（未知始建时期）							

---

① 包括清晖楼/清辉楼、忘筌亭、因岩亭、南亭、西园。
② 包括功臣堂府门、功臣堂、天宠堂、天册堂戟门、天册堂、思政堂、武功堂、天长楼、叠雪楼、青史楼。
③ 包括介亭、金星洞、月岩、中峰、排衙石、忠实亭。

基于以上各时代格局的推测，笔者尝试勾勒出五代钱王宫的基本格局（图5-5）：钱王宫外为子城，内为宫城（即原使院），宫城内主要院落有三路，中路前朝为正衙天宠堂（大庆堂），之后为蓬莱阁，之后为寝宅，西路有功臣堂，东路有阅礼堂。后宫为丽春院，子城北门为正门，门内为世子府。至于正衙和寝宫之间是否有门相隔，宫城（使院）和世子府的具体院落以何等具体方式和形态连接，子城南门通越门和南宋皇宫丽正门的位置关系是因袭还是有所移动，个院落内部的建筑布局如何等更加深入的形态复原，均留待深究。

建筑形制上，因为缺少形象的史料依据，也不做深究。从已发掘的南宋皇城考古图上来看，位于使宅位置的是两个相距很近的建筑基址，其形制可能是"工字厅"或者"王字厅"的格局。这种格局的建筑组合常见于宋代方志地图，见图5-6所示[①]。

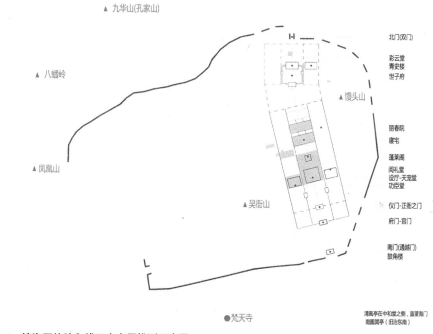

图 5-5　镇海军使院和钱王宫布局推测示意图

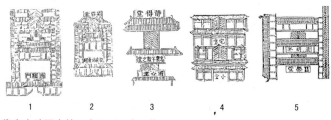

图 5-6　部分宋代方志地图中的工字厅、王字厅格局

---

① 图中，1 为《景定建康志》"府廨之图"中"西厅"院落，2 为"芙蓉堂"院落，3 为"清心堂－忠实不欺之堂"院落，4 为《平江府图碑》中"宅堂—小堂"院落，5 为《咸淳临安志》"府治图"中"简乐堂－清明平"院落。

5.2 南宋临安府治之营建和格局

建炎四年驻跸临安后,府治迁至清波门北,以净因寺故基改建,目前已有诵读书院部分遗址出土[①]并有考古简报,但《南宋临安府治与府学遗址》一书尚未出版。选取《咸淳临安志·府治图》的图像绘制的时间点做复原研究。

5.2.1 位置及规模

目前考古所揭露的范围是府治内诵读书院部分,呈点状,府治整体格局并没有整体揭露,且揭露点的位置目前尚不精确,且与南宋临安府学遗址的位置关系有出入。在左图中府学、府治遗址同在荷花池头旁的街区中,相距非常近,在中图中,府治遗址有两处,而府学遗址则在较远的北部,右图与左图类似,但两者位置较左、中图偏东,见图 5-7。

图 5-7 府治位置相关研究成果
图片来源:杭州市文物考古所.南宋恭圣仁烈皇后宅遗址.北京:文物出版社,2008.

根据已有考古成果,相关研究基本推论府治的四至为:"西面包括今荷花池头至西城边,东面临西河至凌家桥,南到今流福沟的宣化桥,北与州学相邻,方圆达三至四里。[②]"可惜凌家桥、宣化桥、流福沟在今日地图上已不见踪迹,参考杭州旧地图,发现民国时期相应位置尚有河流痕迹(图 5-8B、C 图),与《咸淳临安志》府治图(图 5-9)中"流福水路"、"流福沟"相对应,为府治之东、南界,另外府治西界为城墙,向北有东折趋势,与今地图呼应,故府治东、南、西三界均大致确定,唯独北界,因不知相邻州学之边界,根据西墙曲折之形状,推测为如图 E 所示,府治南北相距约为 280 米,东西相距约为 380 米,面积约为 106917 平方米,合 160 亩。平面格局复原图见图 5-10。

---

① 杜正贤,梁宝华.杭州发现南宋临安治遗址.中国文物报,2000.11.22,第 001 版.
② 徐吉军.南宋都城临安,杭州出版社,2008.

图 5-8　不同时期地图之府治范围①

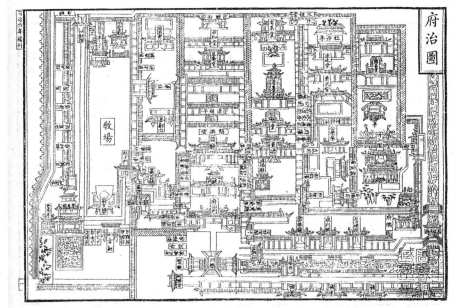

图 5-9　《咸淳临安志》
"府治图"

　　（图片来源：《咸淳
临安志》（宋元方志丛刊
本）：3514）

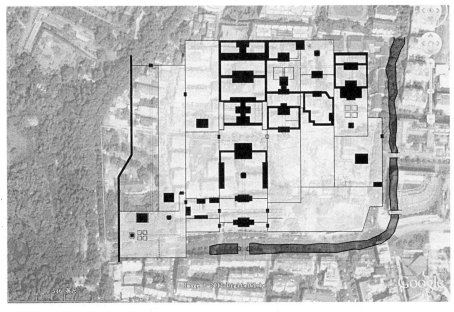

图 5-10　府治平面格局复
原和定位

---

① 地图来源：A 网络，搜狗地图；B 网络，《杭州老地图》C 民国初年杭州城区图，杭州市地方志编纂委员会编辑．杭州市志．
北京：中华书局，1995-2001；D：杭州老街巷示意图．杭州老街巷地图．杭州．浙江摄影出版社 2005：2；E 航拍图中府
治范围示意。

5.2.2 平面复原

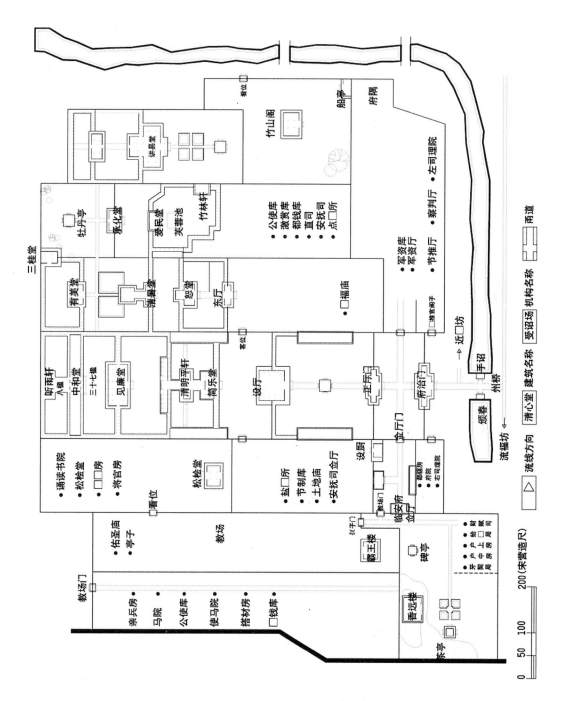

图 5-11 南宋临安府复原图

第6章 个案研究：建康府府治研究

本章以《景定建康志》中"府廨之图"为对象，对南宋建康府府治的平面形态做平面复原。"府廨之图"所表达的建筑形象较为丰富，因而在平面复原的基础上进一步对部分建筑单体做法式复原。

6.1 建康府建置及营建沿革

6.1.1 建置沿革

6.1.1.1 五代国治

五代为南唐国治，国治因旧衙署为之，没有增扩，是唐衙署的规模："金陵虽升都邑，但以旧衙署为之，唯加鸱尾栏槛而已。其余女伎、音乐、园苑、器玩之属，一无增加。"[①]

6.1.1.2 北宋府

北宋置为升（昇）州，天禧年间命皇太子行江宁尹，因而升为江宁府，为仁宗龙兴之地，仁宗朝则升为府，见表6-1。

北宋建康府建置变动（据《景定建康志·卷一·留都录一》）　　表6-1

开宝八年十二月	江南平，以李煜故府为升州治。
天禧二年二月	真宗皇帝诏以升州为江宁府，册命皇太子行江宁尹，充建康军节度使，进封升王。
嘉祐四年四月	翰林学士臣胡宿言于仁宗皇帝曰，陛下建国于升，宜晋升为大国，无得封。上从之。

6.1.1.3 南宋行都

建炎兵乱，宋廷南渡。建炎、绍兴两次驻跸，临安、建康成为南宋行都之选。绍兴初即府治修建行宫，衙署等地方机构迁至他处。绍兴八年定都临安，但建康行宫作为光复失地计划的理想都城，一直得以保留，见表6-2。

---

① [宋] 佚名. 五国故事. 卷上. 商务印书馆，1930.

南宋建康府建置变动①   表 6-2

建炎二年五月	上至江宁府，驻跸神霄宫，诏改江宁府为建康府
建炎三年闰七月	上发建康，如浙西
绍兴二年	上命江南东路安抚大使臣李光即府旧治修为行宫，臣光乞增创后殿，上许之。六月以图进呈，上曰但令如州治足矣……由是制度简俭，不雕不斲，得夏禹卑宫室之意
绍兴七年	上至建康……行宫皆因张俊所修之旧，不免葺数间小屋为寝处之地，当与卿观之。初不施丹腹，盖不欲劳人费财也
绍兴八年	上发建康，戊寅，上至临安府，遂定都焉
绍兴三十二年正月	上复至建康，二月还临安，初上谓辅臣曰：将来幸浙西，建康宫宇令有司照管，它时复幸，免令营造，以伤民力。赵鼎奏曰：即令建康府拘收。是年中书门下省言建康府已除行宫留守，诏应合行事件并依西京留守司体例施行。自是江南东路安抚司常兼留守，每岁四季月准令入宫点视，留守司属官一员从之

6.1.2 营建及职官

"府廨之图"所描绘的府治建于绍兴三年，前身为转运廨，府治周围为绍兴初留守相关机构：

绍兴三年以府治建为行宫，以转运廨改为府治，在行宫之东南隅，秦淮水之北……凡留守知府事制置使、安抚使、宣抚使、兵马都督皆治于此。②

其中，建炎元年始置制置使，和安抚使或分或合："初以安抚制置合为一，后析为二，或以制置兼安抚，或以安抚兼制置，或省制置并其事于安抚司。"③ 绍兴元年始置宣抚使，"令江南东路安抚大使吕颐浩兼充寿春府、滁、庐、和州、无为军宣抚使"。④

6.2 位置及规模

6.2.1 基址定位

根据《景定建康志》的图文相互印证，基本得出府治、府治内主要建筑的位置关系，并且经过与"府廨之图"的印证和对比，可以定位大部分建筑，从而还原建筑群平面。

首先，在《景定建康志》中的"历代城郭互见之图"与至正《金陵新志》中的"建康府城之图"中，"大宋宫城"和"建康府治"的位置是完全吻合的；"建康府城之图"中出现的"君子堂"、"忠勤楼"又在"府廨之图"中出现并且位置关系完全吻合。这三幅图基本能定位府廨在府城中的位置，如图 6-1 所示。

① [宋]周应合.景定建康志.卷一.留都录一//宋元方志丛刊（第二册）.北京：中华书局，1990.
② [宋]周应合.景定建康志.卷二十四.官守志一//宋元方志丛刊（第二册）.北京：中华书局，1990.
③ 同上。
④ 同上。

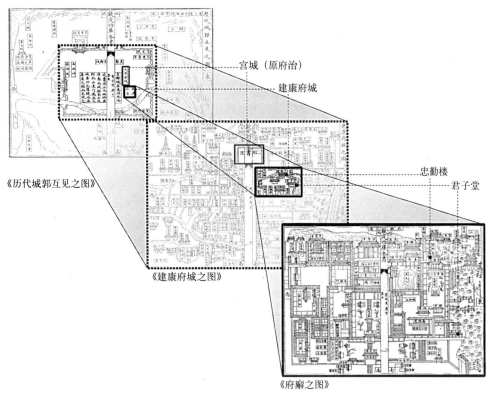

图 6-1　《景定建康志》中三幅平面图的互相定位

　　参考胡邦波的研究，建康府周围可以定位的地点见表 6-3[①]，再参照嘉庆本《建康志》"府城之图"（局部加摹及简化见图 6-2，此张图没有画出秦淮河的位置）以及《景定建康志》中相关文字[②]，可以确定府治的大致位置，在宋行宫东南方向，御街东侧，招贤坊、经武坊、武胜坊等坊厢之间。

古今地名对照表 表 6-3

古地名[③]	今地名	考证
建康府城	南京城	南宋建康府城主要在今南京城南半部，即北门桥以南，中华门以北，大中桥以西，汉西门以东
南门	中华门	今中华门是元至正二十六年至明洪武十九年（1366～1386 年）在南宋建康府城南门的基础上扩建而成的
北门	北门桥	北门现已不存，北门桥为南宋建康府城北门之所在，桥基本上为南宋原物，桥栏为后来修建
西门	汉西门	古今同点，残门尚存

----

① 该表引自胡邦波《景定〈建康志〉中的地图研究》中 "古今地名地物对照表"。该表所用依据主要有：《宋史·地理志》、谭其骧主编：《中国历史地图集》第六册、蒋赞初《南京地名与文物古迹》；南京市地名委员会《南京市地名录》；蒋赞初：《南京地名探源》等。
② [宋] 周应合.景定建康志.卷十六.疆域志二.镇市："招贤坊在府治南，经武坊在府治左，武胜坊在府治东北⋯⋯青溪坊九曲坊并在府治东⋯⋯东虹桥在行宫之左府治之北。"
③ 《景定建康志》和《至正金陵新志》两幅府城之图中所出现的地名.

续表

古地名	今地名	考证
武定桥	武定桥	古今同名同点
御街	中华路	为南宋建康府城和今南京城的中轴线，自南唐至今一千多年来没有改变
东虹桥	升平桥	古今同点
西虹桥	羊市桥	古今同点
景定桥	鸽子桥	古今同点。景定桥南宋时俗称闪驾桥，景定二年重建，故改称景定桥，后又改称鸽子桥
秦淮河	秦淮河	南宋时，秦淮河自九龙桥迤西一分为二，城外的通称"外秦淮"，城内的通称"内秦淮"。内秦淮自东水关入城，入城后分南北两支，南支经武定桥、镇淮桥、新桥，从西水关出城；北支经内桥、鼎新桥、仓巷桥，从涵洞口出城
行宫		南至内桥，北至羊皮巷和户部街，东至升平桥，西至羊市桥
东锦绣坊	锦绣坊	古今同点
武胜坊	广艺街	古今同点

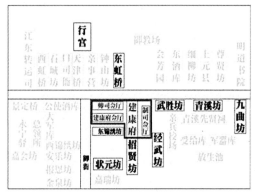

图6-2 根据《景定建康志》"府城之图"府治定位

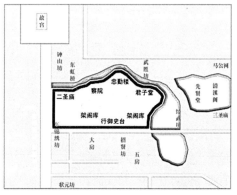

图6-3 根据《金陵新志》"集庆府城之图"推测的府治定位

元刻本《金陵新志》的"集庆府城之图"更加详细地绘制了府治和周围环境主要是街道和秦淮河的关系。局部加摹及简化如图6-3所示。

府治北部和东部边界即秦淮河内河（青溪）；南部边界较为模糊，仅能确定与锦绣坊相隔；西部边界为御街，由"看窗二所，一在西花园东南，临御街"[1]可知临御街的建筑为图中的西花园和三圣庙。秦淮河、御街均能在图6-3中找到今之对应地点。而南部横向街道位置待定，结合"府廨之图"，府治的入口应该开在这条道路上。

根据2007年在南京内桥北侧王府园小区考古工地上的发现，"现场的考古队员对宋代地层出土的砖路进行了考古分析……经过判断，他们认为这里是一

---

① [宋]周应合.景定建康志.卷二十四.官守志一.府治∥宋元方志丛刊（第二册）.北京:中华书局，1990.

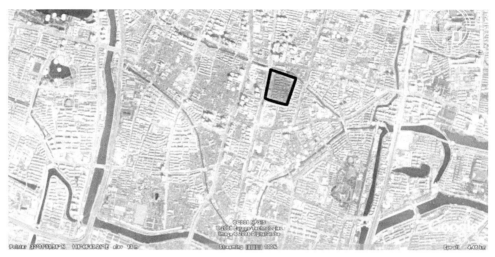

图 6-4　府治基址在 google earth 中的范围定位

处宋代建筑物，根据史料判断，这处宋代遗址很有可能是宋代南京最高政权机构——建康府治的核心区域。"[1] 根据《南京建置志》的文字描述："南宋新府治位于旧府治建康行宫的东南、西临南唐御街。北沿青溪。即今内桥东南，中华路以东，东锦绣坊巷、慧园街以北，王府园小区一带。"[2] 按照以上的两个说法，现今的锦绣坊巷、慧园街所在道路即府治南界限定线。因此得到府治现今的大致范围，如图 6-4 所示。

6.2.2　基址面积

因为方志中的府治地图本身并没有反映出正确的比例关系，用不带比例尺的地图反推府治基址面积是极其不准确的，仅能从上文得到的府治定位和范围描述，参考古今同名的地点，参考现代带有比例尺的地图和 GoogleEarth 软件，府廨的基址是一块略方的四边形，东西向约为 80 丈（约 267 米），南北向约为 100 丈（约 333 米），由此可以得到府治的粗略面积。

以"明应天府城图"[3] 为底图，得到的府治的推测基址面积为 91655 平方米约合 160 亩[4]；根据"清江宁省城图[5]"得到府治的推测基址面积为 82135 平方米，约合 144 亩（清尺按 34.3cm 换算）；根据"南京民国地图"[6] 得到府治的推测基址面积为 92098 平方米，约合 160 亩。综上，府治的基址面积大约在 140~160 亩左右，见图 6-5。

---

① 南京晨报 . 2007 年 3 月 31 日 .
② 南京市地方志编纂委员会编纂 . 南京建置志 . 深圳：海天出版社， 1994: 110.
③ 加摹自《南京建置志》附录。该地图没有比例尺，笔者按照城墙外轮廓与今地图对比缩放后得到大致比例。
④ 宋亩，下同。
⑤ 《南京建置志》附录。该图比例尺单位为清工部尺。
⑥ 该图比例尺单位为公里。

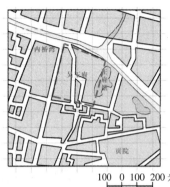

100 0 100 200 米　　█ 建筑基址线　　河湖　　▪▪▪ 府治基址范围

图 6-5　府治基址范围及面积
（底图分别为："明应天府城图"、"清江宁省城图"、"南京民国地图"）

6.3　院落布局

6.3.1　南宋时期格局

"府廨之图"中所标注名称的单体建筑，尤其是主要建筑，基本能与《景定建康志》"官守志 府治一"中的文字描述相符，因此，"府廨之图"所表达的建筑平面拓扑关系，基本是准确的。在此基础上得到图 6-6。有一些图文不能互相照应的地方多为文中提及，但图中未有画出，或者图中有标明但文中未提及的，多为次要、不重要的建筑，一并标注在图中。

设厅居中，左右修廊；戒石亭在设厅之前；仪门在戒石亭之南；府门在仪门之南；鼓角楼在府门之旁；清心堂在设厅之后；忠实不欺之堂在清心堂之后……前有斋，左曰云瑞，右曰日思。静得堂在忠实不欺之堂后，玉麟堂在忠实不欺之堂之左，后瞰青溪，前临芙蓉池。喜雨轩在前，恕斋在后。有竹轩在旁，静斋在右，学斋在左。锦绣堂在玉麟堂之左，上为忠勤楼，堂名楼名皆宸翰所赐。庭中左右植金华二石，屋之其前为木犀台，又其前为碑亭，有堂在左右曰水乡。（原文阙）在忠实不欺之堂之右，安抚司金厅在西厅之西（详见安抚司），制置司金厅在仪门之东。（详见制置司）府都金厅在仪门之西。院木犀亭，曰小山菊亭，曰晚香牡丹亭，曰锦堆芍药亭，曰驻春，皆在堂之左，迭石成山，上为亭，曰一丘一壑，下为金鱼池亭，曰真爱，其南为曲水池亭，曰觞咏，又其西为杏花村桃李蹊亭，曰种春竹亭，曰深净梅亭，曰雪香海棠亭，曰嫁梅，皆在堂之右。清溪一曲环其前，左有桥通水乡，名小垂虹，右有桥通锦绣堂，榜曰：藕花多处，皆郡圃也，其堂之奥，榜曰缃书。景定修志其中故名。堂之东便门通清溪道中。西花园在安抚司金厅右，马光祖改为惠民药局。看窗二所，一在西花园东南，临御街，榜曰 [缺]，马公光祖改为军装局，其一在嫁梅亭后，临东虹。[①]

---

① ［宋］周应合.景定建康志.卷二十四.官守志一.府治 // 宋元方志丛刊（第二册）.北京：中华书局，1990.

在对原图进行初步整理后，总结如下问题：

（1）原图院落和建筑比例失衡，建筑大而院落小，尤其是院落进深方向距离明显不够，最失衡者为核心院落设厅、清心堂和忠实不欺之堂，这三个单体几乎完全叠在一起。另外位于图面四角的院落失真严重，尤其以东北角的衙署花园、西北角的三圣庙、西花园缩小尤甚，类似使用放大镜后的效果。原图的长宽比约

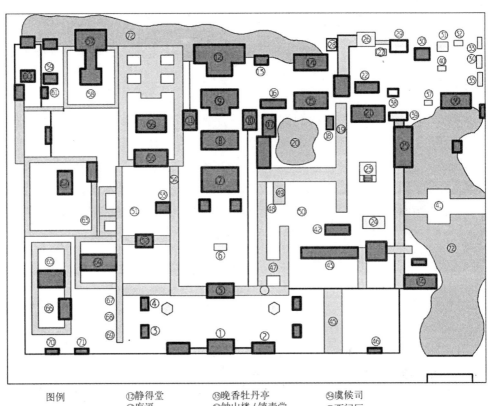

图例

▨ 回廊 / 廊屋
■ 主要单体建筑
▨ 亭台
▨ 水面

北

① 府门、鼓角楼
② 教头房
③ 将佐房
④ 杖直房
⑤ 仪门
⑥ 戒石亭
⑦ 设厅
　（侧有夏税务宝场）
⑧ 清心堂
⑨ 忠实不欺之堂
⑩ 云瑞斋
⑪ 日思斋

⑫ 静得堂
⑬ 庖湢
⑭ 玉麟堂
⑮ 喜雨轩
⑯ 有竹轩
⑰ 静斋
⑱ 学斋
⑲ 客位
　　茶酒司
　　鞍辔库
⑳ 莲池
㉑ 锦绣堂
㉒ 忠勤楼
㉓ 木犀台
㉔ 碑亭
㉕ 水乡堂
㉖ 嫁梅亭
㉗ 种春亭
㉘ 竹亭
㉙ 雪香亭
㉚ 清溪道院
㉛ 真爱亭
㉜ 小山菊亭
㉝ 驻春亭
㉞ 锦堆芍药亭

㉟ 晚香牡丹亭
㊱ 钟山楼 / 镇青堂
㊲ 舾咏亭
㊳ 杏花村亭
㊴ 桃李蹊亭
㊵ 一丘一壑亭
㊶ 小垂虹
㊷ 公明楼
㊸ 筹胜楼
㊹ 君子堂
㊺ 通判东厅
　　金判厅
　　察推厅
㊻ 司户厅
㊼ 提振房
　　提举员舍
　　总？？舍
㊽ 客将司
　　总辖房
㊾ 书奏库
㊿ 制置司金厅
㉑ 府都金厅
　　（直司在门里）
㉒ 茶酒司
㉓ 挑军房

㉔ 虞候司
㉕ 西门厅
㉖ 西厅（含礼尚部）
㉗ 芙蓉堂
㉘ 安抚司金厅
㉙ 三圣庙
㉚ 西花园（后改为惠民药局）
㉛ 看窗（后改为军装局）
㉜ 都钱库
　（常平库、军资库、节制库、修造库、
　节用军经总制库、公使库、制司库皆附）
　（侧亦有军需库，即安抚司库、桩备库）
㉝ 六局
㉞ 建康府吏舍
㉟ 右院
㊱ 左院
㊲ 通判西厅（后有左司理院）
㊳ 节推厅
㊴ 知银厅
㊵ ？计司
㊶ 鬼门关
㊷ 青溪

图 6-6　《景定建康志》"府廨之图"建筑名称对照图

为 1.36，而由上文得出府治实际范围的长宽比约为 0.74，应是原图为页面及图版所限之故。

（2）从平面还原图中辨识出若干院落，如加上三圣庙等府廨周围的院落，大大小小共有五路，24 个院落，以及衙署花园。中路为府门 - 仪门 - 中堂（即清心堂）- 静得堂，这组空间序列最为清晰。左右各有若干小院落，布局和之间的关系较为复杂，可能是由转运使司衙改建导致，将于下文详细说明。

（3）"府廨之图"所绘制的范围并不仅限于"府廨"。府廨周围与之紧邻的标识性建筑均有示意，比如紧邻御街的西花园、三圣庙，与明道书院相接的衙署花园等。

（4）关于西花园、看窗的位置。由"看窗二所，一在西花园东南，临御街"，[①] 若看窗临御街，则西花园将在御街西侧，与图所绘不符（图中三圣庙与西花园紧挨，中间并不存在道路），故推测西花园仍在御街东侧，看窗虽临御街，但应存在一条垂直御街的小巷通往看窗。图中西花园东南角、三圣庙南侧一东西向坐落的二开间（疑为三开间，被南侧廊庑遮挡一间）小屋可能即为看窗。

（5）图中出现多处"穿堂"。"宋代凡重要建筑多采用工字殿型制"，[②] 静得堂、忠实不欺之堂、芙蓉堂以及西厅后的屋舍中均出现龟头殿形式的穿堂。有的类似廊屋把两组主要厅堂从中间穿连起来，有的形式上更接近檐屋。甚至有穿堂将多组主要厅堂穿连起来的形式，形成"王"字形平面。

（6）"学斋"的位置。按文字说明，"静斋在右，学斋在左"，图中学斋的位置出现在设厅旁，没有对应单体建筑，疑为图示字条贴错。学斋应在莲池东侧。

（7）青溪和府廨的关系。文中出现"青溪"、"青溪道中"、"青溪道院"等地名或建筑名，青溪为秦淮河内河，"青溪道院"的名字仅出现在图中，在至正《金陵新志》中有说明"在旧子城东偏，其地古青溪所经。" [③]。青溪道中则是东便门所通，但不知为地名还是道路名。又有"镇青堂……其后为青溪道院，青溪一曲环其（镇青堂）前"。猜测府廨北临青溪，另有镇青堂前的池水（即民国时的王府塘）与青溪相连，即镇青堂前的"青溪一曲"。

6.3.2　元至正年间格局

至正《金陵新志》"行台察院公署图"的图文多有不能对应之处。"行台察院公署图"中建筑疏朗，图注遗漏甚多，和《景定建康志》"府廨之图"差别很大；而"行台察院公署图考"的大多文字基本来自《景定建康志》官守志："盖自乾道至景定数十年间更易多矣。今集庆旧规大抵皆马制置光祖所记"。推测，至正年间

① ［宋］周应合.景定建康志.卷二十四.官守志一.府治//宋元方志丛刊（第二册）.北京：中华书局，1990.
② 郭黛姮.中国古代建筑史.第三卷宋、辽、金、西夏建筑.第三章.北京：中国建筑工业出版社，2003：101.
③ ［元］张铉.至正金陵新志.卷十一上.祠祀志.宋元方志丛刊第四册.北京：中华书局，1990.

行台察院公署的布局和景定年间的府廨大致是一致的，建筑所归属的政治机构变更更大。

"府廨之图"和"行台察院公署图"具体差异罗列如下：

（1）忠勤楼、镇青堂后的青溪道院、西花园不再出现，镇青堂由一面临水变为三面环水，这两处应为绘制省略。

（2）西厅之西的芙蓉堂、安抚司金厅、三圣庙、左院、右院、都钱库等院落也消失。

（3）入口空间格局改变，鼓角楼消失，原较为封闭的合院变为三合院。

（4）原建康府都厅、吏舍分别变为察院、架阁库。

（5）原西厅所在院落与中路院落合并，"在台右即宋制置司西厅，后至元二年重建正厅，仍用忠实不欺旧扁"。

另外，在《金陵新志》中还有"集庆路治图"（图6-7）。可以看到和唐宋相比，元代官署规模明显变小。

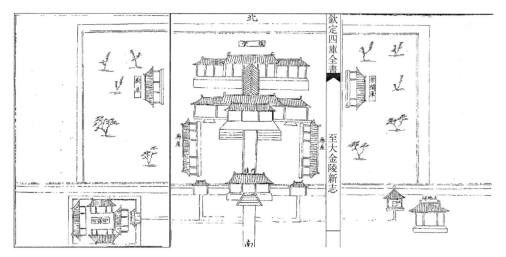

图6-7　四库本"集庆路治图"

6.3.3　宋元变迁

根据《景定建康志》和至正《金陵新志》的相关记载，整理得到表6-4。府廨的最初创建规模和时间已经不可考，从转运使司衙升级为府治及相关公署后，先后经历过的大规模扩建或重修主要有叶梦得、吴渊、马光祖、姚希得这四任领导，时间段分别分布在公元1141-1170、1245-1265这两段内，中间相差100年左右，这也基本和木构建筑的使用周期一致，这一史料基本可以将本书的研究从基址规模的粗略推测深化到对院落布局和单体建筑层面。

建康府主要建筑沿革 表 6-4

时间		事件
开宝八年	975 年	以李煜故府为升州治
元禧二年	1018 年	诏改为江宁府置建康军节度
建炎三年	1129 年	诏改为建康府,节镇旧号如故
绍兴三年	1133 年	以府治建为行宫,以转运衙改为府治,在行宫之东南隅,秦淮水之北
绍兴十一年	1141 年	淮西江东军马钱粮总领所移置建康
绍兴十一年	1141 年	叶梦得建芙蓉堂
绍兴十二年	1142 年	叶公梦得建清心堂(经武堂旧基)
绍兴十五年	1145 年	晁谦之建玉麟堂,吴说书扁
绍兴三十年	1160 年	枢密使王纶知府事建锦绣堂,初名昼锦,后改今名上为忠勤楼,扁皆理宗御书
乾道六年	1170 年	潘恕建思政堂
淳祐五年	1245 年	吴渊建锦绣堂,皇帝御书堂名
淳祐十年	1250 年	吴渊建镇青堂
宝祐二年	1254 年	马光祖建仁本堂
宝祐五年	1257 年	马光祖建忠实不欺之堂、静得堂
景定元年	1260 年	马光祖建筹胜堂
景定元年	1260 年	马光祖建君子堂,重修芙蓉堂
景定四年	1263 年	姚希得创置府幕官廨宇,买民宅改为添差节度推官厅
至元二年	1265 年	重建正厅,仍用忠实不欺旧扁。建察院及仪门两廊,锦绣堂忠勤楼及制置金厅皆为台,官廨宇左司理院为司狱司,右司理院为永丰库,余皆废易。
至元十二年	1275 年	即建康府治玉麟堂开省,设建康宣抚司、江东建康道提刑按察司,又设江东道宣慰司、江淮等
至元十四年	1277 年	设江东道宣慰司,改宣抚司为建康路总管府。府治就金厅君子堂内署事

6.4 南宋时期府治院落平面复原

在确定整个府廨的大致范围及规模的基础上,本章展开对院落的逐一复原设计。选取"府廨之图"绘制的时间点,即景定年间的布局,按照院落大致关系,府廨沿东西方向基本有五路,按照使用功能的不同,将府廨划分为中、东路的府衙,西路的制置司西厅、建康府都厅、安抚司厅,东路的沿江制置司及其他规模较小的院落。

图 6-8 和图 6-9 是基于《景定建康志》"府廨之图"的整个府廨的平面复原设计图和屋顶平面图。建康府的面积,根据复原设计完成后的反推,约为 750 尺见方,面积为 124 亩,和上文府治基址 140-160 亩的推测基本一致,略有差距。

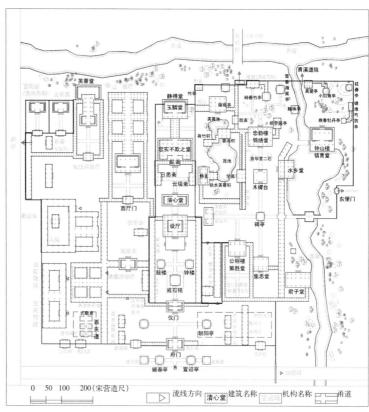

图 6-8　府廨平面复原图（自绘）

0　50　100　200（宋营造尺）

流线方向　清心堂 建筑名称　机构名称　甬道

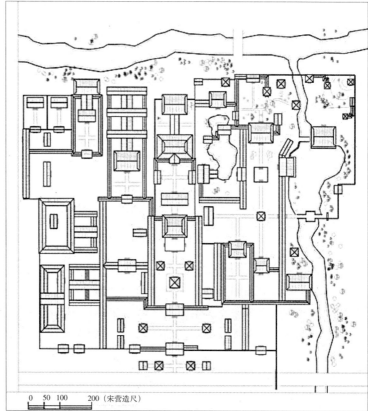

图 6-9　府廨屋顶平面复原图（自绘）

0　50　100　200（宋营造尺）

6.4.1 府衙

府衙包括中轴线及东路北侧相关院落，如图 6-10 所示。府治中轴线的建筑群有比较规整的分布和序列，从南往北依次为鼓角楼、仪门、戒石铭、设厅、清心堂、忠实不欺之堂、静得堂。其中府门至忠实不欺之堂为府衙的"治事之所"，静得堂为后堂，和其东侧的两进院子组成两路院，根据《景定建康志》的介绍顺序"设厅居中左右修廊，戒石亭在设厅之前"可知设厅是中轴线上最重要的单体建筑，设厅、清心堂、忠实不欺之堂构成"工"字格局。中轴线东侧的两路建筑群，北侧院落均为府宅，府廨东北角为郡圃，即衙署花园。中轴线总剖面复原设计图见图 6-11。

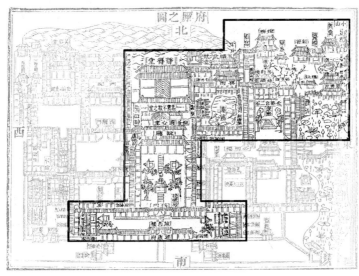

图 6-10 "府廨之图"局部之中轴线建筑群

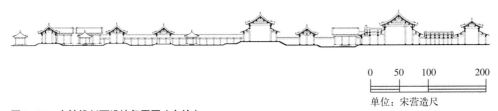

0   50   100   200

单位：宋营造尺

图 6-11 中轴线剖面设计复原图（自绘）

6.4.1.1 鼓角楼及府门

府廨之图的中轴线上第一个建筑标为"鼓角楼"，但形制并不像"楼"。一般说来，建在子城内的衙署其正门即子城城楼，称谯楼或鼓角楼，鼓角楼和子城的城墙结合而建，有一定的军事功能，诗云："警昏戒晓复司更，矢棘翚飞结构成。角韵唤醒晨过客，鼓声催动夜巡兵。"[①] 其建筑形象可参考清明上河图中的城门

---

① [清]御选元诗.卷五十四.七言律诗十二.何景福.鼓角楼.世界书局，1988.

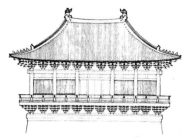

图 6-12　北宋东京皇城城门楼宣德楼

图 6-13　《清明上河图》中的城门门楼

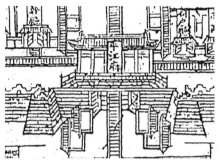

图 6-14　平江府图碑中的子城正门

图 6-15　宋建康行宫之图局部

（图片来源：《景定建康志》）

门楼[①]、北宋东京皇城城门楼宣德楼[②]以及宋平江府子城正门门楼，见图 6-12、图 6-13、图 6-14。这三者均为下开门洞，上置五开间带栏杆的高台建筑。

作为整个官府建筑的礼仪序列里的第一道门，从谯门到仪门是具有一定规模的，对于周回四里左右的子城，谯楼和仪门之间的距离为数十百步，即一两百米，从其他地方志中可以找到一些描述："由军门而西百二十三步，折而北曰谯门，直谯门曰仪门，直仪门曰设厅"[③]。"外罗城周四里二步，高一丈二尺，子城周一里四十二步，高一丈八尺，广一丈三尺五寸……于仪门外，直南数十百步，为谯楼，面势雄，正其外为宣诏班春之亭。先是谯楼在东，故常穿州治之东厢以出……"[④]。

但是上述制度显然和图中建康府衙署的"鼓角楼"不同。建康府前的鼓角楼"时避行宫不建谯门"[⑤]，真正具有鼓角楼功能和形制的，应该是行宫（原府治）的行宫门，从图上看形制为谯门为双门，谯楼为三开间小殿，如图 6-15 所示。

没有行宫的城墙作为依托，鼓角楼的位置、形制很可能发生了变化。从图上来看，鼓角楼在仪门南，仪门和府门形成的院落是东西向的矩形，南北向非常局

① 傅熹年. 中国美术全集. 绘画编. 两宋绘画. 北京：文物出版社，2006.

② 郭黛姮. 中国古代建筑史. 第三卷. 第三章. 北京：中国建筑工业出版社，2003：102.

③ [宋]沈作宾，施宿. 嘉泰会稽志. 卷一. 府廨 // 宋元方志丛刊（第七册）. 北京：中华书局，1990.

④ [宋]赵不悔，罗愿纂. 淳熙新安志. 卷一. 州郡沿革 // 宋元方志丛刊（第八册）. 北京：中华书局，1990.

⑤ [元]张铉. 至正金陵新志. 卷一. 行台察院公署图考. 宋元方志丛刊第四册. 北京：中华书局，1990.

促，像是受地块空间限制所致，但这个空间序列也不可能长达百米以上。因此推测有一种可能性：鼓角楼和府门以及整个入口空间都是原转运司衙所没有的，为"升级"之后新加入的礼仪空间。府门内还有职官厅[①]、金书建康军节度判官厅、节度推官、观察推官、推官厅、南节度推官厅、司理厅、录事参军厅、左金判廨舍、通判官厅等办事机构。可见主体建筑两旁的廊庑都应有使用功能，并非敞廊。

鼓角楼和府门的位置关系，两本方志描写略有差异："府门在仪门之南，鼓角楼在府门之旁，清心堂在设厅之后，忠实不欺之堂在清心堂之后"[②]；"府门在仪门南，鼓角楼在府门左，时避行宫不建谯门。"[③] 而图中"鼓角楼"三字明明标于中轴线"建康府"之上，府门则没有文字标示。可见比较合理的解释是：鼓角楼偏于中轴线，图中仅表明位置没有画出具体形象，府门为中轴线第一进门。鼓角楼前四座四角攒尖顶的建筑散布，分别是颁春、宣诏亭，拨务、拨骎房。

6.4.1.2 仪门、设厅及钟鼓楼、戒石铭

仪门一般为官府的第二道正门，是为礼仪之门，即衙门、戟门。"仪门即戟门，在戒石亭南，左右列戟，惟郡守出入则开。"[④]

作为府治的大堂，设厅是中轴线上最重要的建筑，从图上看，仪门到设厅的甬道比较长，在原图中占了一半的总进深，可见这一组空间序列是非常隆重的。设厅前左右各有一未标名称的建筑，可能为钟鼓楼，设厅前两侧的廊庑，《宋元方志丛刊》版西侧画了十间，似敞廊，东侧七间，似廊屋。四库版西侧画了七间，东侧被版心遮挡，和仪门两旁所画廊庑相比，开间比例明显不一致，这样的开间数显然有问题，若按照十间敞廊、7.5尺一开间计算，院落纵深为75尺，若按七间廊屋、14尺为一开间的极限计算，院落纵深也不超过100尺，院内还有钟鼓楼、戒石铭，若都按照通檐二柱的最小尺寸，也应有开间16尺的规模，再加上仪门、设厅本身的进深，这样的院落纵深是偏小的，所以猜测原图应是示意性画法，院落尺寸应根据原图中院落和建筑单体比例来定。原图中仪门 – 设厅院落的开间与进深比约为3：4，一方面考虑到处于画面最中心，其比例应该最接近真实情况；另一方面根据本书第三章的推断，原图的长宽比偏小，所以院落的进深需要酌情增加。设厅为五开间殿堂，长约七八十尺，加上两侧廊子，院落的开间定为150尺是较为合适的，仪门台基南侧到设厅台基南侧的进深设为250尺。

设厅前有三座礼仪性质的亭台建筑，分别为两侧的钟鼓楼、中间甬道上的戒石铭。两宋时期地方官署均立"戒石铭"于仪门之后、正堂（即设厅）之前的甬

---

① [宋] 周应合 . 景定建康志 . 卷二十四官守志一："职官三员，一曰签书建康军节度判官厅公事，廨舍在府门内之左，通判东厅之南，二曰节度推官，廨舍在府门内之右，通判西厅之南，三曰观察推官，廨舍在府门内之左，判廨舍之南各有题名。"

② [宋] 周应合 . 景定建康志 . 卷二十四 . 官守志一 // 宋元方志丛刊（第二册）. 北京：中华书局，1990.

③ [元] 张铉 . 至正金陵新志 . 卷一 . 行台察院公署图考 . 宋元方志丛刊第四册 . 北京：中华书局，1990.

④ [元] 张铉 . 至正金陵新志 . 卷一 . 行台察院公署图考 . 宋元方志丛刊第四册 . 北京：中华书局，1990.

道上，并覆以碑亭。南宋更是"颁黄庭坚所书太宗御制戒石铭于郡县，命长吏刻之庭石置之坐右[①]"，文中未表戒石铭的建筑形式，似为穿过式的碑亭。因穿行不便，碑亭在明清时期多以牌坊的形式出现。

设厅两侧的廊屋为夏税物实场，《景定建康志》卷二十三·城阙志四·务场条中有："夏税物实场在府治设厅侧[②]"。另有虞候司，也标在设厅一侧。

6.4.1.3　清心堂、忠实不欺之堂、日思斋、云瑞斋、静得堂

设厅后的清心堂、忠实不欺之堂及两旁的云瑞斋和日思斋和之后的静得堂一起构成一个紧凑的院落。忠实不欺之堂和静得堂为马光祖在宝祐五年一批建成的建筑，前者为府治中堂，后者为府治后堂，也是府宅。从图中可以看出，忠实不欺之堂前有檐屋，后有穿堂，另两侧有接廊连接左右的斋轩，这些建筑通过廊子全部串联起来，这是非常典型的宋代庭院内建筑的布局方式。

6.4.1.4　玉麟堂及相关院落

在静得堂、忠实不欺之堂东侧的一路院落分为南北两进，由南往北，第一进以莲池为中心，主要建筑有喜雨轩、有竹轩、秋水芙蓉轩，第二进以芙蓉池为中心，有玉麟堂、恕斋、静斋、学斋等。其中恕斋、学斋在图中没有名字标识，仅能根据文字描述推测大致位置在喜雨轩东北，学斋为三开间小室，《景定建康志》中有记[③]。玉麟堂后为青溪，旁边还有对外使用的改为惠民药局的看窗，因此推测玉麟堂应该是府治的最后一进院落，有院墙包围和通向青溪的后门。

另外图中一单独小屋出现在静得堂和玉麟堂后，图名"默堂"（四库版"府廨之图"中出现在静得堂东侧，另有"庖湢"出现在默堂的位置）。默堂在佛教用语中一般指禅刹的浴室、僧堂及西净（厕堂）三处，在此三堂中须严守缄默，故名。而"庖湢"中"庖"意为厨房，"湢"为浴室，可知静得堂侧后方应有厨房、浴室、厕所等居住性质的功能用房。这两个院落的平面布局和中轴线相比，随意性更大，尺度比较小，是知府起居的宴息之所。

6.4.1.5　郡圃

玉麟堂东侧是以忠勤楼和钟山楼为主要单体建筑的衙署花园，"府廨之图"对建筑的方位绘制得非常不清晰，比例失衡，文字却又极为简单。文中和图中共出现十五个亭子的名字：木犀，小山菊，晚香牡丹，锦堆芍药，驻，一丘一壑（金鱼池亭），真爱，曲水池，觞咏，杏花村，桃李蹊，种春竹，深净梅，雪香海棠，嫁梅。这些亭子一部分在锦绣堂左，一部分在锦绣堂右，然而图文不能全然互相

---

① [元]宋史全文.卷十八.上.宋高宗五.哈尔滨：黑龙江人民出版社，2005.
② [宋]周应合.景定建康志.卷二十三.城阙志四.务场//宋元方志丛刊（第二册）.北京：中华书局，1990.
③ [宋]周应合.景定建康志.卷二十四官寺志一："杜公杲记学斋云：……阃金陵军民事伙坐废读书，闲得少休，凝神默坐，温故知新，不敢以老而怠府治便坐率，高堂敞楹，以侈燕饮，以合优乐非藏修肄习之处，东偏有室三楹，介于内外，颇为安便，止留北窗，余悉窒塞，殊失良背之义，矍久地润，非昏暝重着之所宜，于是辟南以得明栈，地以离湿，其南正面堵墙，一物无所见，寸步不可行，子曰人而不为周南召南其犹正墙，面而立周官，日不学墙面，遂名曰学斋。读书于此，延客于此间，亦治事于此，仰而思之，夜以继日……"

印证，青溪由此通过，而图中没有表达溪水在花园中与建筑的位置关系。因此平面复原过程中，更注重平面的合理性，以及游览路线的趣味性。

6.4.2 沿江大幕府（制置司金厅）

沿江大幕府在仪门东侧，在"府廨之图"上的位置如图6-16。主要单体建筑有筹胜堂（公明楼）、君子堂，另书中还提及图上没有的集思堂和便厅，但未提及具体位置。该机构由三个东西并排的院落构成，居中的是筹胜堂（公明楼）及围廊，中心院落和中轴线设厅院落之间形成狭长的地段，为

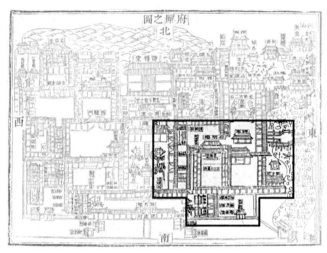

图6-16 "府廨之图"之沿江大幕府

吏舍，沿南北方向坐东向西摆开，南侧还有单独的一个小屋。筹胜堂东侧有相同大小的院落，中心的单体建筑没有标名字。

《景定建康志》中提到制置司金厅的修建"……规抚度越旧制矣，惟门迫吏舍，萦折旁出。"[1] 因此"葺筹胜虚以治事增辟堂二，移其额揭中堂后，扁"集思堂"，翼以阁，阁东缭以庑，横贯依缘而南出于君子堂。堂与亭皆因旧而加涂塈。循堂右转中，为便厅，左庑右门，公书沿江幕府榜其上。门外迤广三丈许，前为大门，以旧榜揭之。"修建时间是景定癸亥四月至八月，费用是二十五万余缗，米八百石。文字和图对照，并不能一一对应，图中未表名字的建筑可能为集思堂所翼的阁，或者是集思堂本身。《景定建康志》"制置司金厅记"[2] 记载了沿江制置司的沿革。

---

[1] [宋]周应合.景定建康志.卷二十四.官守志一 // 宋元方志丛刊（第二册）.北京：中华书局，1990.

[2] [宋]周应合.景定建康志.卷二十五.官守志二.诸司寓治："宝庆三年春，二月，先生自京口易镇开藩。问俗之余，首询诸司幕府所在答之者，曰：某所为帅，某所为府；制司则前是所，无节制司则附庸制司，虽官吏亦未尝有也。先生喟然叹，曰：安有名为专阃而下行一郡江防之事职任兵机而曾无婉画奠居之地耶？手疏其事亟闻于朝。别为节制一司专官兼金议之职，庙谟可之。一日，见败屋数十楹，介于设厅之东偏。问之，则曰："公使酒库也。"因集寮属而命之曰："糟丘靡密之务何得遂居于此？盖为我徙之丽谯之外，以其地为制司议舍俾节制司附焉。"咸曰诺。于是空其瓶罍，一撤而新之。东序西向，大门宏启，旁接府治，所以便咨询也。东南向危楼中峙，名曰议事，所以谐众谋也。楼之下厚基博础，户庭四辟，拾级而升者制幕之厅事也。厅之阴，朱门亚壁，明窗而曲槛者，制幕之燕坐也。厅之左，循除而下，檐牙高啄，杰出于修廊之上者节幕之厅事也。深入十余步，上为复屋，辟室如厅事之数，东面而虚旷者节幕之燕坐也。极目连甍之表，有亭翼翼，奇葩怪石粲错于前，修竹拂墙，清流闯户者，两幕之圃也。回廊曲庑，区别庐分周环于左右前后者，两司之吏舍也。东廊之外列屋二十余，穹瓦层楼，鳞次而角出者，诸司之架阁库也。以至皂候伺之所，庖湢猥？之地，洪纤小大，莫不各适其宜而咸备其次焉。视帅司若府，凡金舍之素具者，大有径庭矣。合而计之为屋一百四十楹。作兴于宝庆丁亥十月二十八日，竣事于绍定戊子三月初二日，工以庸计，凡二万四千钱，以缗计，凡一万一千米，以斛计凡九百五十。"

沿江制置之名始建于开禧二年之七月，但一直并没有诸司幕府办公所在，直到宝庆三年才将公使酒库改为制置司，"东序西嚮，大门宏启，旁接府治"，稍成规模。但在"府廨之图"中，上述图文还不能完全一一对应。

6.4.3　制置司西厅

对西厅仅有"西厅在忠实不欺堂之右"之描述，宋"西厅"的功能未见诸史料。据《至正金陵新志》"行台察院公署图考"，元江南诸道行御史台即沿用宋制置司西厅："维是役撤旧起废，构材庀工，为堂于中，复屋前连，宏敞清窦，为厅于后，一如堂制，高朗靖深，恢拓有加，

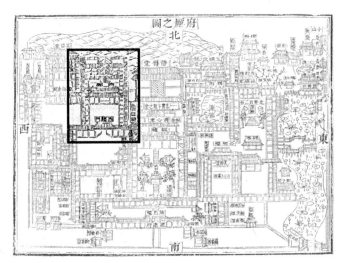

图 6-17　"府廨之图"之西厅

旁翼以室，以为厅事之所。爽密异致，暑寒攸宜，中为长廊，接栋旅楹，子午贯达，为经歴司于堂之左，为燕息之斋于堂之右。"[1] 府廨之图中，西厅是非常规整的院落，见图 6-17，西厅后是三重如堂制的厅，两旁用"室"相连，中间用"长廊"相连，长廊两边功能各一。形成"王"形平面，特点鲜明。

6.4.4　安抚司金厅

安抚司金厅为一组小而精致的院落，在西厅之西。三开间门厅，左右接廊。芙蓉堂为工字厅形制的建筑，前厅为重檐九脊顶三开间小厅，后厅不太清晰，可能为五开间单檐九脊顶。

6.4.5　建康府都金厅

建康府都金厅是一个布局较为少见的院落，在西厅之南。《景定建康志》卷二十五《制使姚公希得任内创修建康府都金厅记》[2] 载有航斋和此奇堂，但图上没有显示。从图上看，其院落方向性不太明确，按照至正《金陵新志》的

---

① [元] 张铉. 至正金陵新志. 宋元方志丛刊第四册. 北京：中华书局，1990.
② [宋] 周应合. 景定建康志. 卷二十五. 官守志二. 诸司寓治："因故地撤而新之。厅为间五，堂为间七，航斋设其中，宾序环其列，吏舍翼其旁，总百有四楹。堂榜曰此奇，取坡公"贤哉，江东守收此幕中奇"之句也，高其闲阁，敞其轩楔，周阿峻严，列楹齐同，坚涂腜丹，内外华好，可以俯仰，可以谈笑……"

表述："建康府都金厅在南门西，西厅之前。"[1] 也是模棱两可的说法。笔者作两种可能的推测：其一，假设入口是从中轴线通过偏门"排军房"或西侧的廊屋进入西厅门以南的空间，这个空间同时也是西厅和建康府都金厅共用的入口空间，整个院落坐南朝北，没有主要的单体建筑；其二，假设入口是从入仪门西侧的廊庑，思政厅（图中未标识）是该院落的主要建筑。值得注意的是，"建康府都金厅"的标识文字是倒着贴的，这在全图中是唯一的特例，这一点使得前者的推测更有说服力。

6.4.6　西路其他院落

府廨之图中还剩西路的若干院落，一一简述：

（1）通判厅。据两本志书的描述，府廨内通判东厅和西厅，但具体位置在图中不详。其中通判西厅内有思政堂。西路"左院"、"右院"东侧有空地，推测为未画出的通判西厅。

思政堂在通判西厅，乾道六年潘恕建，好溪章谦为记。[2]

西厅之前通判有三厅，东厅在仪门左，有朝阳亭，西厅在仪门右，有思政堂，南厅在府门西南。[3]

（2）六局。在府廨的西侧中部，有回形院，内有一单独小屋，为都钱库。根据文字描述，都钱库、常平库、军资库、节制库、修造库、节用军经总制库、公使库、制司库、军需库、安抚司库、桩备库等各种库房都在这里。

（3）左右院。左右院为左司理院和右司理院的简称。《景定建康志》卷二十三载："左司理院在府治大门里之右，通叛（判）西厅之后，右司理院在府治大门里之右，知录厅之后，直司在府治都金厅门里。"而图中知录厅却在左司理院前，且有"存爱轩在知录厅"，因此可见该处图上应省略去不少建筑。因图文简略，无法细究，且通判西厅的位置未知，仅能对这几个建筑大致定位。

6.4.7　府廨周围建筑

府廨之图也对紧邻府廨的一些建筑或地方做了绘制，不一一详述。

（1）走马桥。图中并没有标出走马桥的名字，但至正《金陵新志》卷四下"桥梁"有记载："府治东有阓桥即是走马桥"[4] 推测经武坊过青溪（即后来的王府塘）之桥即走马桥。

（2）西花园（惠民药局）。西花园在安抚司金厅右，马光祖改为惠民药局。[5]

---

① ［元］张铉.至正金陵新志.卷一.行台察院公署图考.宋元方志丛刊第四册.北京：中华书局，1990.
② ［宋］周应合.景定建康志.卷二十一.城阙志二.堂馆//宋元方志丛刊（第二册）.北京：中华书局，1990.
③ ［元］张铉.至正金陵新志.卷一.行台察院公署图考.宋元方志丛刊第四册.北京：中华书局，1990.
④ ［元］张铉.至正金陵新志.卷四下.桥梁.宋元方志丛刊第四册.北京：中华书局，1990.
⑤ ［宋］周应合.《景定建康志》.卷二十四.《官守志一·府治》//《宋元方志丛刊》（第二册）.北京：中华书局，1990.

宋神宗时创设了出售成药的官营惠民局，并且颁布了作为处方标准的方书，大观年间编成《校正太平惠民和剂局方》五卷。惠民局按方剂制成丸、散、膏、丹等成药出售。

6.5 单体建筑复原设计

6.5.1 设计依据及参考

以《(景定)建康志》和《(至正)金陵新志》为主要参考资料，首先收集图中出现的主要单体建筑的文字记载或者相关描述，然后推测出其规模和建筑形式。确定建筑形式的基础上，参考《营造法式》进行复原设计。"从南宋定都临安不久即于绍兴十五年（1145 年）重刊《营造法式》的情况来看，北宋的建筑制度对南宋宫殿坛庙和官署等建筑当有一定的影响，并和江南地方传统结合，出现新风。"[1] 因此《营造法式》可以作为对单体建筑复原的主要依据。

对于整体院落开间进深及主要院落的尺寸，主要根据上文所推测的府廨基址面积来分布和估算。鉴于两本方志基本没有提及任何单体建筑的尺寸，设计时参考了一些宋代遗构的尺寸。对于连图像信息也不甚完整或者形象较为少见的单体，则参考部分宋元时期绘画中的相关建筑形象。另外，在设计过程中，以推敲建筑的比例为重点工作，而忽略了具体构件如门、窗、脊兽等的形象和形制。具体设计要素及顺序如下。

（1）建筑类别。《营造法式》提出了殿堂、厅堂、亭榭三类房屋的名称，并按照这样的分类方法制定材分标准。《〈营造法式〉解读》中将其总结为：殿阁[2]、厅堂[3]、余屋[4]。但是这三者的差异基本只是体现在等级和结构上，尤其是前两者在功能上并没有非常分明的界限。根据《景定建康志·卷二十一·城阙志》，主要单体建筑均为"馆阁"，因此都按照厅堂设计，廊屋、常行散屋、营房等按照余屋设计。宋代厅堂没有遗构实例，基本以《营造法式》为依据设计。

（2）屋顶样式。主要根据府廨之图所绘的屋顶式样，结合文字说明推测实际形制。方志舆图中屋顶样式并不清晰。除了方志舆图，可参考的资料还有现存的宋代绘画和现存元、明清衙署正堂。对于屋顶之举折，《营造法式》有明确对厅堂屋架举折的规定："如甋瓦厅堂，即四分中举起一分，又通以四分所得丈尺，每一尺加八分。若筒瓦廊屋及瓪瓦厅堂，每一尺加五分。或瓪瓦廊屋之数，每一

① 傅熹年.中国古代城市规划建筑群布局及建筑设计方法研究.上册.北京：中国建筑工业出版社. 2001.9：111.
② 包括殿宇、楼阁、殿阁挟屋、殿门、城门楼台、亭榭等。这类建筑是宫廷、宫府、庙宇中最隆重的房屋，要求气魄宏伟、富丽堂皇。
③ 包括堂、厅、门楼等，等级低于殿阁，但仍是一组官式建筑群中的重要建筑物。
④ 上述二类之外的次要房屋，包括殿阁和官府的廊屋、常行散屋、营房等。其中廊屋为与主屋相配，质量标准随主屋而高低。其余几种，规格较低，做法相应从简。

尺加三分（若两椽屋不加，其副阶或缠腰，并二分中举一分）。"[1] 殿堂屋顶坡度为 1：1.5，厅堂屋顶坡度更缓，在 1：2 的基础上有所增加（每一尺加八分），针对 6 架（进深 36 尺）和 4 架（进深 24 尺）的厅堂分析，前者"每一尺加八分"所得为 2.88 尺，后者为 1.92 尺，简化计算得屋顶坡度均为 2：3，即 1：1.67。

（3）材等。材等由房屋类别和房屋正面间数决定，级别高、间数多则用材大。根据"法式用材等级"表[2]（表 6–5），厅堂七间为三等材，五间为四等材，三间五等材，小厅堂六等材。

法式用材等级　　　　　　　　　　　　　　　　　　　表 6–5

用材等级	断面尺寸	适用于何种建筑物
第一等	9 寸 ×6 寸	殿身九至十一间者用之。副阶及殿挟屋比殿身减一等，廊屋（两庑）又减一等
第二等	8.25 寸 ×5.5 寸	殿身五至七间者用之。副阶、挟屋、廊屋同上减一等
第三等	7.5 寸 ×5 寸	殿身三间、殿五间、堂七间用之
第四等	7.2 寸 ×4.8 寸	殿三间、厅堂五间用之
第五等	6.6 寸 ×4.4 寸	殿小三间、厅堂大三间用之
第六等	6 寸 ×4 寸	亭榭、小厅堂用之
第七等	5.25 寸 ×3.5 寸	小殿、亭榭等用之
（未入等）	5 寸 ×3.3 寸	营房屋用之
第八等	4.5 寸 ×3 寸	殿内藻井、小亭榭施铺作多者用之
（未入等）	1.8 寸 ×1.2 寸	殿内藻井用之

（4）正面间数。正面间数的信息量在图和文字中都非常少。复原设计所参考的依据有：

A. 根据"府廨之图"所绘建筑立面推测，有绘完整立面的，按其所绘立面间数，没有绘出完整立面的，根据立面大小及比例推测，并参考相邻其他建筑的等级关系，相互印证。

B. 满足基本规律："殿堂三间至十三间，厅堂三间至七间，余屋、廊屋的间数根据需要决定。"[3] "府廨之图"中最高等级的开间数不应超过七间。

C. 用同类型建筑实例或文字描述印证。

（5）间广及屋深。"府廨之图"及其相关文字中基本没有间广与屋架的数据信息。《法式》亦未对间广和屋架作丈尺或材分的规定[4]。一般认为间广并非固定常量或者是完全由其他因素决定的被动变量，其本质是一个主动设计变量。进

---

[1] [宋] 李诫. 营造法式. 上海：商务印书馆，1933(民国 22 年).
[2] 潘谷西，何建中.《营造法式》解读. 第二章. 木构架. 东南大学出版社，2005：45.
[3] 潘谷西，何建中.《营造法式》解读. 第二章. 木构架. 东南大学出版社，2005：58.
[4] 潘谷西，何建中.《营造法式》解读. 第二章. 木构架. 东南大学出版社，2005：60.

深则为变化余地较小的变量。为设计方便，对于间广均匀的厅堂，间广取 14 尺，间广不匀的厅堂在此基础上增减，廊子开间取 7.5 尺。① 《法式》对架深的规定较为灵活宽松，取厅堂架深 6 尺，余屋架深 5 尺。

屋深即屋架之和。参考《〈营造法式〉解读》，七架及以下的屋深和屋架的情况列表如下。

屋深和屋架对应表　　　　　　　　　　　　　　　　　表 6-6

屋架	形式	屋架水平距离（尺）	屋深尺寸（尺）
重檐厅堂	身内八架椽通檐，副阶二架椽	12+48+12	60
十架椽屋	分心用三柱	30+30	60
	前后三椽栿用四柱	18+24+18	
	分心前后乳栿用五柱	12+18+18+12	
	前后乳栿用六柱	12+12+12+12+12	
	前后各劄牵乳栿用六柱	6+12+24+12+6	
八架椽屋	分心用三柱	24+24	48
	乳栿对六椽栿用三柱	12+36	
	前后三椽栿用四柱	18+12+18	
	前后乳栿用四柱	12+24+12	
	分心乳栿用五柱	12+12+12+12	
	前后劄牵乳栿用六柱	6+12+12+12+6	
六架椽屋	分心用三柱	18+18	36
	乳栿对四椽栿用三柱	24+12	
	前后乳栿劄牵用四柱	12+12+12	
四架椽屋	分心用三柱	12+12	24
	劄牵三椽栿用三柱	6+18	
	前后劄牵用四柱	6+12+6	
	通檐用两柱	24	

（6）檐柱高度及屋架高度。《法式》未对此作规定，按照经验，"殿阁柱高为 294-450 分，厅堂柱高为 252-360 分。"② 则厅堂的柱高在 12.096 尺到 17.28 尺，余屋、廊屋的柱高在 11.088 尺到 15.84 尺，实际的复原设计按"柱高不越间广"及取整方便的原则，厅堂取柱高 14 尺，余屋取柱高 12 尺。

（7）铺作及其他构件。铺作基本能由建筑类别和房屋大小等变量直接决定其布置方式、出跳数等，因此，按照规律布置即可，"……厅堂用斗口跳到 6 铺作，用昂获不用昂，昂尾露明于室内时作必要的形象处理，用材稍小；余屋用柱梁作、单斗只替及斗口跳等简单的斗栱。"③

① 郭黛姮.中国古代建筑史.第三卷 宋、辽、金、西夏建筑.第三章.北京：中国建筑工业出版社，2003：114.
② 潘谷西，何建中.《营造法式》解读.第二章.木构架.东南大学出版社，2005：58.
③ 潘谷西，何建中.《营造法式》解读.第二章.木构架.东南大学出版社，2005：59.

根据《营造法式》，厅堂柱径按 36 分柱设计，即四等材 1.728 尺，五等材 1.584 尺，为方便设计为 1.8 和 1.6 尺。椽径 8 分，约 4 寸。

台基高度："基层高于材五倍"，即四等材对应 3.6 尺，五等材对应 3.3 尺。

鸱吻：根据"诸州正牙门及城门，并施鸱尾，不得施拒鹊"，州府级别的衙门应用鸱尾。凡公宇，栋施瓦兽，门设梐枑[①]。六品以上宅舍，许作乌头门等。

更多构件及小木作等，在此不作更深入的复原和设计研究。

（8）余屋、廊庑的处理。根据谭刚毅对《清明上河图》的研究[②]，总结出宋代在合院落四周，为了增加居住面积，多以廊屋代廊，因此廊屋的开间和进深和廊子相比，进行了适当的增加。

综上，在还原建康府单体建筑时采用的统一数据如表 6-7，长度和面积单位换算数据如表 6-8。

设计参数表　　　　　　　　　　　　　　表 6-7

	厅堂	余屋
屋顶样式	重檐九脊顶＞九脊顶＞厦两头造	九脊顶＞厦两头造
正面间数	三间至七间	余屋、廊屋的间数根据需要决定
间广	14 尺左右	11 尺左右
屋架深	5.5 尺左右	5 尺，廊子开间 7.5 尺
檐柱高	柱高不越间广	
材等	四等材	五等材
铺作	斗口跳至六铺作	柱梁作、单斗只替、斗口跳

长度及面积单位换算表　　　　　　　　　表 6-8

时代	尺长（米）	一里步数	一步尺数	一里尺数	里长（米）	一亩方步数	亩积（平方米）
宋	0.3091	360	5	1800	556.38	240	573.26
元	0.315	240		1200	378		595.35

6.5.2　设计参数和图纸

6.5.2.1　府门

参考《咸淳临安志》的"宋临安府府衙图"[③]（图 6-18），设府门为三开间单檐九脊顶，而旁门设为三开间厦两头造的门头。

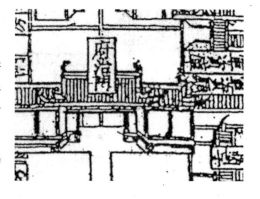

图 6-18 《咸淳临安志》的"宋临安府府衙图"局部之府治门

---

① 梐枑（bì hù）：古代官署前拦挡行人的栅栏，用木条交叉制成。

② 谭刚毅. 宋画《清明上河图》中的民居和商业建筑研究. 古建园林技术，2003（4）：40-43、49.

③ 转引自傅熹年. 中国古代城市规划、建筑布局及建筑设计方法研究. 北京：中国建筑工业出版社，2001.

府门设计参数表　　　　　　　　　　　　　　　　　表 6-9

开间	三开间，总长 46 尺，心间广 16 尺，次间 14 尺。左右接廊
材分	五等材
屋顶	单檐九脊
进深	四架椽屋，前后剳牵用四柱共 24 尺
立面	次间开窗

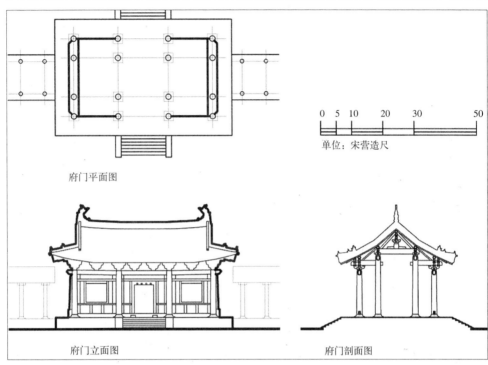

图 6-19　府门设计复原图

6.5.2.2　仪门

宋平江府城图中，设厅前的平江军为七间九脊，《咸淳临安志》的"宋临安府府衙图"（图 6-20）为单檐九脊，左右有挟屋。府廨之图中，仪门为三开间左右接廊，体量和鼓角楼相仿，唯两次间不开窗，和鼓角楼不一样。因此推测仪门为三开间单檐九脊顶之建筑。另外仪门为礼仪性质的建筑，和庙宇中的山门性质类似，因此平面上可能是分心槽用三柱的做法。

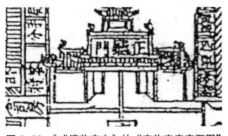

图 6-20　《咸淳临安志》的"宋临安府府衙图"局部之正厅门

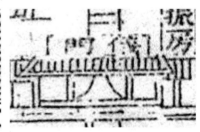

图 6-21　中华书局版"府廨之图"局部之仪门

仪门设计参数表　　　　　　　　　　　表 6-10

开间	三开间，总长 46 尺，心间广 16 尺，次稍间 14 尺。左右接廊
材分	五等材
屋顶	单檐九脊
进深	四架橼屋，分心用三柱共 24 尺
立面	立面次间不开窗

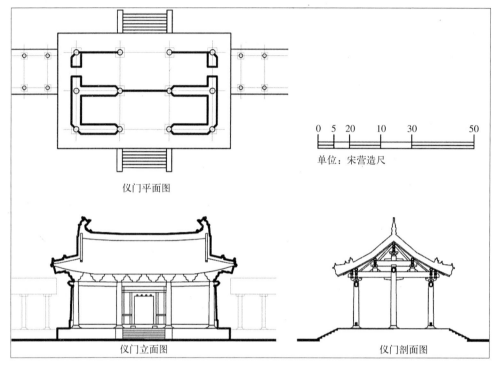

仪门平面图

0　5　20　　10　　30　　　50

单位：宋营造尺

仪门立面图　　　　　　　　　　仪门剖面图

图 6-22　仪门设计复原图

6.5.2.3　设厅

　　图中设厅为五开间九脊顶建筑，左右不接廊，有可能是重檐或副阶周匝。从文献寻找同时期、同等级的府州治的设厅大堂进行比较：《宝庆四明志》中的郡治设厅"与仪门相直，前有庭，后有穿堂屋"[1]；《咸淳临安志》的"宋临安府府衙图"（见图 6-24）之设厅为三开间重檐九脊，周匝，左右接廊；临安皇宫内的崇政、垂拱殿在尺度上和郡治设厅也具备一定的可比性："崇政、垂拱二殿，其修广仅如大郡之设厅……每殿为屋五间，十二架，修六丈，广八丈四尺。"[2]建昌军知军厅规模较小，"厅之筑土方五丈，架梁三十有五尺"[3]，综上，设厅的大小在五开间、宽八十四尺、深六十尺的规模。

---

①　[宋]罗浚.宝庆四明志.卷三.郡志三.宋元方志丛刊第五册.北京：中华书局，1990.
②　[宋]王应麟.玉海.卷一百六十.宫室.南京：江苏古籍出版社 上海书店，1987.
③　[宋]李觏.直讲李先生文集.卷二十三.建昌知军厅记.台湾商务印书馆，2011.

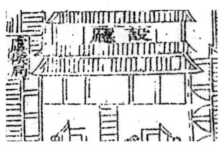

图 6-23 中华书局版"府廨之图"局部之设厅

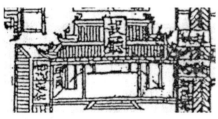

图 6-24 《咸淳临安志》的"宋临安府府衙图"
局部之设厅

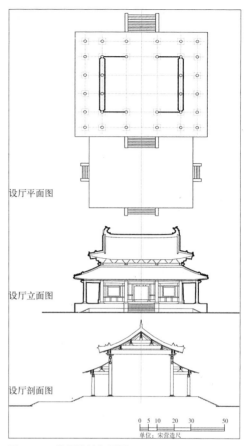

设厅平面图

设厅立面图

设厅剖面图

0 5 10 20 30   50
单位：宋营造尺

图 6-25 设厅设计复原图

设厅设计参数   表 6-11

开间	五开间，总长 66 尺，心间广 16 尺，次间 14 尺，稍间 10 尺，副阶周匝
材分	身内四等材，副阶五等材
屋顶	九脊重檐
进深	十架椽屋，56 尺。身内六架 36 尺，副阶二架 10 尺
立面	次间开窗

6.5.2.4 忠实不欺之堂、清心堂及静得堂

忠实不欺之堂应该是为重檐建筑，前有檐屋或穿堂（为航斋），左右接廊，从宽度上看，可能为七间。至于"后是者五"，可能指忠实不欺之堂后的静得堂为五开间。清心堂比设厅稍小，设为五开间单檐悬山建筑（参考龙门寺西配殿），两侧不接廊。推测静得堂为五间重檐九脊顶建筑，前有穿堂，左右不接廊。

静得堂后改名三至堂。在"行台察院公署图"中为五开间并和之前的忠实不欺之堂共同组成工字厅。复原图见图 6-26、图 6-27、图 6-28。

清心堂设计参数表 　　　　　　　表 6-12

开间	五开间，总长 42 尺，心间、次间广 14 尺
材分	五等材
屋顶	厦两头
进深	四架椽屋，分心用三柱共 24 尺
立面	次间开窗

忠实不欺之堂设计参数 　　　　　　　表 6-13

开间	七开间，总长 100 尺，心间 16 尺、次、稍、尽间广 14 尺
材分	身内三等材，副阶四等材
屋顶	重檐九脊
进深	六十尺。十二架椽屋，身内八架椽通檐，副阶二架椽
立面	次、稍间开窗，尽间不开窗

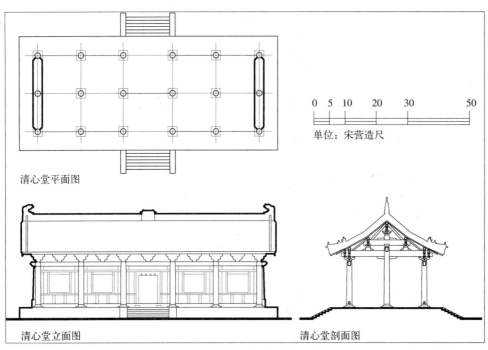

清心堂平面图

0　5　10　　20　　30　　　　50

单位：宋营造尺

清心堂立面图　　　　　　　　　　清心堂剖面图

图 6-26　清心堂设计复原图

静得堂设计参数表 　　　　　　　表 6-14

开间	五开间，总长 58 尺，心间 16 尺，次间 14 尺，尽间 12 尺
材分	四等材
屋顶	重檐九脊
进深	四十八尺。八架椽屋，身内四架，前后乳栿用四柱
立面	次、稍间开窗，尽间不开窗

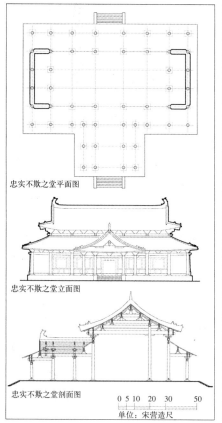

忠实不欺之堂平面图

忠实不欺之堂立面图

忠实不欺之堂剖面图

0 5 10　20　30　　　　50
单位：宋营造尺

图 6-27　忠实不欺之堂设计复原图

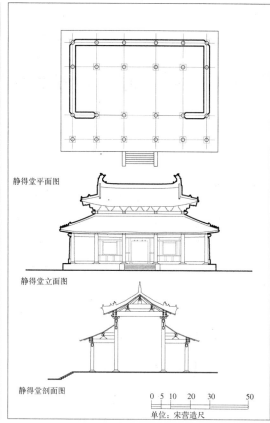

静得堂平面图

静得堂立面图

静得堂剖面图

0 5 10　20　30　　　　50
单位：宋营造尺

图 6-28　静得堂设计复原图

第7章 两宋地方治所整体研究

本章对两宋地方治所资料（主要是宋代方志）较详的城市进行整体比较研究，包括以下城市：扬州、江宁府（建康府）、镇江府、常州、徽州、抚州、杭州（临安府）、平江府、越州（绍兴府）、建德府、湖州、庆元府、台州、嘉兴府、福州、泉州、汀州、广州等。在地域上，这些城市是五代时分属南唐、吴越、闽殷、南汉等地方政权，两宋时归属两浙路、淮南东路、江南东路、江南西路、福建路、广南东路等，政权特征、营建时间、政治局势都有一定的相似性。也具有类似的地域特征，便于比较研究和得出地域共性。

7.1 分述：各府州治所营建及格局复原

7.1.1 平江府府治

平江府自先秦即为重城格局，历代因循。考察子城的营建历史，整理见表 7-1，苏州城至少经历过隋杨素徙城、建炎兵燹、元末张士诚兵败毁城等城市破坏或荒废，因此，子城和治所的营建至少可分为唐以前、唐末北宋、南宋元、明、清的五个时

平江府子城及治所营建分期　　　　　　　表 7-1

分期	事件性质	时间点	营建内容
唐以前	始建	春秋	伍子胥筑小城
			春申君造太守舍
	毁	秦	始皇时守宫吏烛燕窟失火烧宫，而门楼尚存
		隋	隋杨素徙城横山东
唐末、北宋		武德末	复还旧城
		乾符三年	重筑大城
	始建	乾宁元年	刺史成及建大厅
	因袭增创	宋初	为节度使治所
		庆历八年	郡守梅挚建介庵
		皇祐间	皇祐中，修大厅
		嘉祐间	重修大厅、子城门，闳甲诸郡
		元丰六年	重建甲仗、架阁库，修戟门，栋宇称度整莫加矣
	毁	建炎	兵燹

续表

分期	事件性质	时间点	营建内容
南宋、元	重建	绍兴初	绍兴二年、三年，重建谯楼、戟门、设厅
	因袭增创	绍兴三年	高宗将驻跸平江，先命漕臣于府治营造宫室，三年，行宫成，四年移幸，七年三月，诏赐守臣复为府治
		绍兴间	建通判东厅、池光亭、双瑞堂、平易堂、思政堂、思贤堂、瞻仪堂、齐云楼、西楼、四照亭、坐啸斋、秀野亭、观德堂、颁春、宣诏二亭
		乾道四年	郡守姚宪建东、西二井亭
		元初	旧宋厅署堂宇亭榭楼馆凡三十余所，后多颓圮
		大德五年	暴风毁齐云楼、谯楼、戟门、厅署堂庑，时真定董章为守，复葺谯楼、仪门、设厅并两庑吏舍
	毁	元末	张士诚据为太尉府，及败，纵火焚之，惟存子城南门耳
明	重建	明初	明太祖吴元年就建今府治
	重建		洪武二年奉部省符加辟何质建舍宇三年陈宓成之
	毁	清	顺治二年，堂以外悉毁于兵
清	重建		顺治三年到同治十年间屡有创建和修葺

间段。北宋平江府治的格局主要因袭了唐末重建时的格局，《吴郡图经续记》载相关文字可反映这一阶段的格局；南宋的格局主要在绍兴间重建奠定，绍定二年刊平江府图碑（以下简称《平江图》）和《吴郡志》载相关文字[1]可反映这一阶段的格局。

苏州大小城的城墙自创建后历代因袭，在今日城市肌理中仍有所体现。关于其周回，历代文献均有记载，且说法各异，有大城四十七里、四十二里、四十五里、三十七里、三十余里，小城十二里、周十里、八里之说，且有大致随文献年代推移而变小之趋势（详见附录各类文献所载），但目前没有明确的宋城考古依据能够说明宋城之范围，在上述情况下，重点参考《平江图》，对南宋到元的府治格局做初步推测。

（1）子城四至。目前大多研究认定的子城四至为：西到锦帆路，南到十梓街，东为公园路，北到言桥下塘[2]，见图7-1。但均没有给出考古依据。此四至在航拍图中测量，约为周回四里，与文献之十里、十二里、八里均不符。杜瑜先生从南宋《平江图》中的古地名出发，考证判断《平江图》中大城三十里，小城四里[3]，文献之数不可信。而此周回四里之小城又是形成于何时，是建炎兵燹后，绍兴年间所形成，还是唐末形成，却有待相关考古证据的支持。

---

① 平江图和《绍定吴郡志》所记录之年代同为绍定年间，且"事类相通，同存府学"。见张维明.宋《平江图》碑年代考.东南文化，1987（3）.
② 彭卿云.中国历史文化名城词典.上海：辞书出版社，1997：253。杜瑜先生认为子城北界当微调至今前梗子巷西段为妥。
③ 详见 杜瑜.从宋《平江图》看平江府城的规模和布局.自然科学史研究.1989（2）.

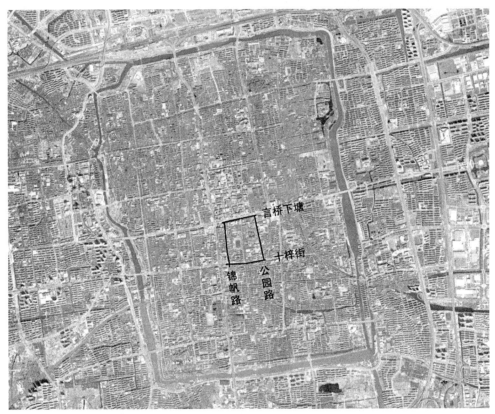

图 7-1　平江府宋子城四至

（2）子城中轴线。经杜瑜先生考证，基本认定子城中轴线，即子城内谯楼、设厅、齐云楼一线，在今五卅路一带："苏州市文物工作者告悉笔者：前几年在五卅路南段铺设地下管道时，挖至地下二米深处，发现了用条石所铺的宋代街道，出土很多巨大石柱础，宋代街道位置在今五卅路南段路面正中部位，这正是当年子城正门外大道。平桥位于今五卅路与十梓街口南侧二米之下。"[①] 对照子城东西各至公园路、锦帆路，则发现五卅路正好位于正中心，这与《平江图》中中轴线东偏的情况不符，见图 7-2。

《平江图》府治东西两侧都有其他机构和建筑，但明显西侧建筑群数量多于东侧，且子城西墙下的作院、北省局院、府判西厅、城隍庙的形象明显在东西方向上被压缩。而今城肌理中，五卅路到公园路距离约为 250 米，到锦帆路距离约为 200 米，东侧甚至比西侧略宽，见图。因此笔者认为：若五卅路为府治中轴线，那么，子城的东、西至（锦帆路、公园路）至少有一方是有待商榷的。

（3）府治院界。《平江图》画出了清晰明确的城墙、较为清晰的河流、道路，但没有完整画出府治之院界。按中国古代传统建筑群的布置规律，院墙是建筑群

---

① 杜瑜．从宋《平江图》看平江府城的规模和布局．自然科学史研究．1989（2）.

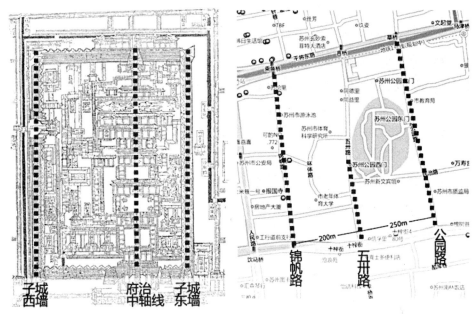

图 7-2　《平江图》和今地轴线异同

的基本要素，不论府治，还是周边如作院、通判西厅之类较小的机构，都应该有院墙限定。对《平江图》中院墙要素进行辨别，并对府治院墙部分加以修补，则发现府治依附了子城的东墙和北墙，整体位于子城东北。府治南至应为戟门（府门），在戟门和子城南门（谯门）之间应存在一定进深的礼仪空间，两侧为司户院、司理院等机构，见图 7-3。

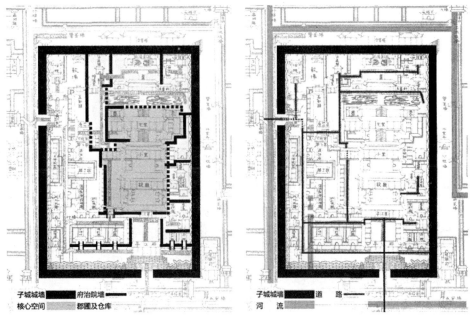

图 7-3　府治院墙及周边道路

（4）南宋—元府治格局复原。虽然由上文的推论，子城东、西至目前还不能得到可靠的定位和距离数据，但子城南、北至的位置基本可以确定，即子城北墙、齐云楼一带应在言桥下塘以南，子城南门外平桥位于今五卅路与十梓街口南侧①，这两处南北进深约为 630 米。这个长度包含了子城南门至戟门、戟门至宅堂以及宅堂之后郡圃到齐云楼这三大部分的总进深，其中，戟门至宅堂这一段在《平江图》中是重点强调的部分，在图中占了子城内约一半以上的面积，而之后的郡圃明显在进深上被压缩。经必要的修正，得到府治格局简单的复原图，见图 7-4。

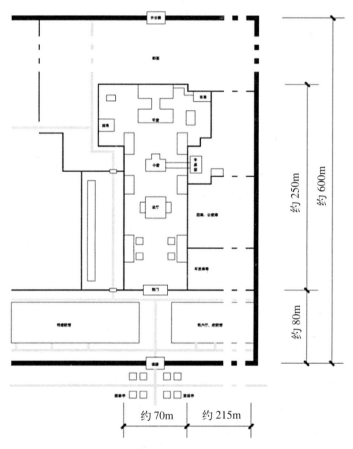

图 7-4　南宋平江府府治格局复原简图（自绘）

（5）唐—北宋府治格局。中轴线由南至北依次为：子城门楼，戟门，大厅，大厅前有甲仗、架阁二库，各为八楹楼阁的形式（见附录，"平江府"条，《吴郡图经续记》相关文字记载）。可见南宋之格局继承了唐格局。子城内，唐治较南宋治区别最大在于：唐子城内园林面积较宋子城大。唐西园占据了子城西北角，宋为教场等机构占据，且兵火后未能恢复原有景观。

---

① 杜瑜. 从宋《平江图》看平江府城的规模和布局. 自然科学史研究，1989（2）.

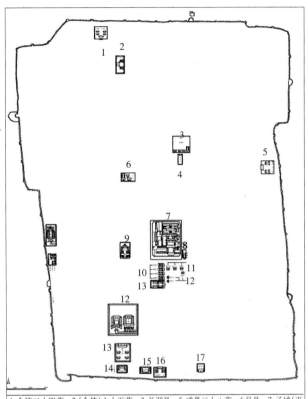

图 7-5　宋代官署建筑于城中位置
（图片来源：梅静《明清苏州园林基址规模变化及其与城市变迁之关系研究》）

1.全捷二十四营　2.(全捷)六十五营　3.长洲县　4.威果二十八营　6吴县　7.子城(平江府、平江军)　8.提举司　9.府仓　10.司法司、察按厅、四酒厅、提辖厅　11.惠民厅、提干厅、钤辖厅　12.监酒厅、提干厅、按法厅　13.平江军　14.社坛　15.局养院　16.威果四十一营　17.重升院

（6）其他官署机构分布。功能上，其他官署机构包括"司法机构提刑司、检法厅、提干厅，军事机构钤辖厅，财政机构提举司、四酒务、都税务、监盐厅等。另外还有一些公益建筑和仓储建筑，往往和公署机构并存在一处，如惠民局、军资库、公使库、架阁库等。"[1] 梅静的在其硕士论文中对其位置和基址展开了详尽的研究 [2]（图 7-5）。

7.1.2　建德府府治

建德府位于今建德市梅城镇，在两宋节镇甚重，为太宗、高宗、度宗三朝龙兴之地，其地位由国初的州升为节度军，在南宋则为畿辅之地，"严州在国初仍唐旧为睦州，隶吴越。建隆元年，太宗皇帝以皇弟领防御使，车书混一州，隶两浙西路。政和中，升建德军节度，宣和三年改州为严州，军为遂安军，十二月高宗皇帝以皇子领遂安庆源军节度使，诏敕悉载前志。翠华驻跸，钱唐郡为畿辅地望日雄。宝祐五年十一月，诏以皇子忠王特授镇南遂安军节度使，景定元年六月

① 郭黛姮.中国古代建筑史.第三卷宋、辽、金、西夏建筑.第二章.第五节.北京:中国建筑工业出版社,2003.
② 梅静.明清苏州园林基址规模变化及其与城市变迁之关系研究 [硕士学位论文].清华大学建筑学院,2009.

御笔立为皇太子，而此邦节镇至是愈增重云。"①

建德府府治在子城内正北。《淳熙严州图经》有《建德府内外城图》和《子城图》，分别绘制了罗城内和子城内的城市地图，如图7-6。但根据曹婉如的研究②，《严州图经》的文字和地图缺乏紧密的对应关系，"可以认为经文不是地图的文字说明。"《严州图经》虽有宋钞本，但作者认为书中的图尚不能断定其年代，卷一关于严州的记述"半数以上与地图所绘内容无关，……不像是地图的说明"，并举例如经记中"回易库"、"醋库"等没有出现在图中，而"图上许多内容不见于文字记述"，举例如环翠亭、面山阁、正己堂、湛碧亭、第一阁等。从《建德府内外城图》外城八门来看，该图反映的是明外城改为五门以前的情形；从《子城图》北部出现的若干建筑名称如木兰舟、读书堂、潺湲阁、环翠亭来看，该图更像是和《景定严州续志》相关文字相匹配（见附录A相关条目文字）。综上，选取南宋景定年间为府治格局复原的时间点，以《景定严州续志》相关文字和《咸淳严州图经》所载子城图为复原的主要参考依据。

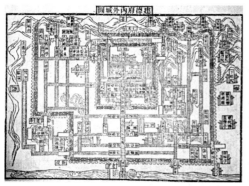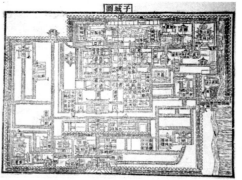

图7-6 《淳熙严州图经》中建德府内外城图和子城图
（图片来源：宋元方志丛刊本《淳熙严州图经》）

（1）南宋景定间罗城和子城周回和四至的推测。严州罗城自唐始建后，经历了宋明三次较大的变动，其规模分别为：唐十九里；宋宣和间，十二里二步，门八；宋嘉定间，东西八百二十二丈南北三百四十四丈，门八；明洪武间，八里二十三步六分，门五。子城的规模在淳熙、景定年间志书中记载均为周回三里，但在明方志舆图中已不见踪迹，如图7-7。

严州（今建德市梅城镇）城墙尚没有考古发掘的相关报告和研究。子城四至依据民国时期计里画方之舆图《建德县城图》③（图7-8）中所标"建德县公署"之大致位置，以及宋时周回、今航拍图之城市肌理，综合推测得

① ［宋］方仁荣.景定严州续志.卷一// 宋元方志丛刊（第五册）.北京：中华书局，1990.
② 曹婉如.现存最早的一部尚有地图的图经——《严州图经》.自然科学史研究.1994（4）.
③ 夏曰璈，张良楷，王韧.建德县志.金华朱集成堂.民国8年（1919）.

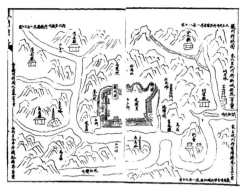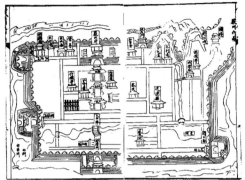

图 7-7 万历《严州府志》中建德县图和严州府图
（图片来源：万历《续修严州府志》①）

图 7-8 建德县城图（《建德县志》）

之。外城墙至今部分尚存，从航拍图上看，街道走向、山水关系等尚有迹可循，参考明方志舆图，可大致得出明城之范围，然后参考明代缩城时的文字记载②（参考资料均见附录相关条目文字），反推得宋城四至，如图 7-9。

（2）府治格局之复原如图 7-10、图 7-11。值得注意的是建德府府门所在轴线上，有城墙的形象；北部千峰榭"凭子城为之"，但其下有松关，穿过松关向北还有荷池等，从图上也直观地看出千峰榭不在子城北墙上，而在北墙南部，说明子城北部城墙恐也有双道墙。因此，子城内似乎还残存着牙城的痕迹，该牙城至少包含了府治和州宅，这或许也是宋代城市中唯一保留有牙城的案例。

---

① （万历）续修严州府志.日本藏中国罕见地方志丛刊.书目文献出版社，1990：8.
② [清]嵆曾筠.雍正浙江通志.卷二十四.严州府："西北移入正东三百五十步，正北移入正南八十五步，正东移出一百六十步，周八里二十三步六分，高二丈四尺，阔二丈五尺，门有五。"

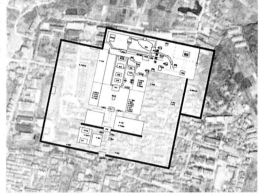

图 7-9　南宋严州罗城、子城城墙四至推测图　　图 7-10　建德府子城定位

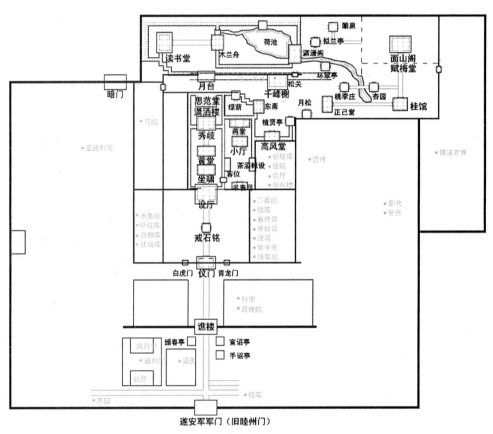

图 7-11　景定间建德府府治复原图

7.1.3　常州府府治

宋代常州城市结构基本因循唐代，为内子城（郡治）—外子城—罗城三重，其中内子城建于唐末，早于外子城、罗城，并作为历代治所为宋、元、明、清所因袭，常州历代城垣的变迁关系如图 7-12。根据三本不同时期方志提供的图文（图 7-13、图 7-14、图 7-15），常州州治（府治）的营建，从五代始建

图 7-12　常州城垣变迁及城厢图
（来源：《江苏省常州市地名录》[①]）

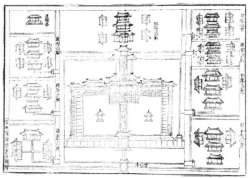

图 7-13　常州府治官吏公廨图（《咸淳毗陵志》）[②]

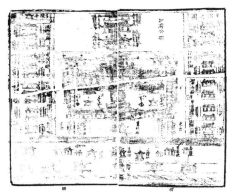

图 7-14　知府公廨图（《重修毗陵志》[③]）

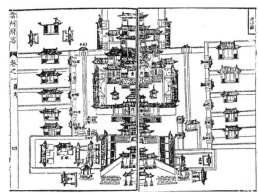

图 7-15　府治图（《康熙常州府志》[④]）

到清末，共有五个兴建周期，按照格局的变动，可分为五代 – 南宋、元、明清三个时间段。最重要的是五代南唐的初创和明初的依制重创，见表 7-2。

　　需要注意的是，较多证据证明《咸淳毗陵志》中"常州府治官吏公廨图"不是宋版原图。

　　（1）图中出现了宋代以后的官职、建置和建筑。图中"照磨"作为官职名始于元代，"经历"则始于金代，均为明清因袭；常州宋代为州，元升为常州路，明改为常州府，清因袭。三本方志图中均称为"府治"图，因此三图年代应均为元代以后；明正统三年的营建中，在府治前加建"中吴要辅"牌坊，此形象反映在了明成化《志》图中，而咸淳《志》图中尚没有，说明咸淳《志》图的绘制时间早于明正统三年。

①　常州市地名委员会编 . 江苏省常州市地名录 . 1983.
②　[宋] 史能之 . 咸淳毗陵志 . 图为宋元方志丛刊本，即清嘉庆二十五年(1820)赵怀玉刻李兆洛校影印本。
③　朱昱 撰 . 重修毗陵志 . 成文出版社有限公司，1983: 67–68.《重修毗陵志》即《咸淳毗陵志》基础上的增修本，初修于明成化五年；完稿于成化十九年。
④　于琨修 . 康熙常州府志 . 卷之一 . 图考 . 中国地方志集成 . 江苏府县志辑 . 南京：江苏古籍出版社，1991: 38–39。

常州州治营建沿革表　　　　　　　　　表 7-2

时间段	事件	时间点	营建内容	对应图文史料
五代－南宋时期	始建	景福元年（892 年）	建谯楼、仪门、正厅、西厅、廊庑堂宇、甲仗军资等库余六百楹，城隍祠、天王祠、鼓角楼、白露屋	—
	因袭增葺	北宋	郡归我朝，因旧增葺	—
	重建	建炎年间（1127–1130 年）	建炎中毁，俞守俟兴复，无创增之侈	—
	因袭增葺	乾道初（1165 年）	乾道初叶守衡创两挟楼	—
		嘉定间（1208–1225 年）	嘉定间史守弥念制更鼓	咸淳《志》中文字描述
	毁	德祐（1275 年）	德祐乙亥毁	—
元时期	重建	至元间（1264–1294 年）	至元间稍复之	—
		大德间（1297–1308 年）	大德壬寅判官袁德麟重建，增创推官、幕官厅、架阁库，其官僚吏属皆蹴屋以居	—
明清	重建	洪武四年（1371 年）	改常州府，依制创置知府宅于治厅后。佐贰幕官宅于两旁，而吏舍附焉	咸淳《志》中图可能反映了这一阶段的格局
	重建	正统三年（1438 年）	创建其外，为中吴要辅牌坊；重建正厅、中堂、后堂、仪门、廊庑，规制宏廓，视昔有加，为江南诸郡甲观	—
	因袭增葺	成化十六年	知府孙仁重修正厅，廊庑及丰积库、架阁库	成化《志》中图、文
		弘治十一年	知府会望宏重修	—
		顺治九年	知府祖重光重建大堂	—
		顺治十一年	知府宋之普重建高明楼，未竣	—
		顺治十三年	知府崔祖进朝重建后堂	—
		康熙十一年	知府纪尧典于府前建保釐师帅牌坊	—
		康熙三十一年	知府于公重修多稼亭	—
		康熙三十三年	重修燕厅三楹	康熙《志》中图、文

（2）从咸淳《志》版本来看，现存三个本子[1]：传世宋刻本（存卷 7 至 19，24），现藏日本静嘉堂文库，一般舆图会集中放置在卷首，从所存卷次来看，此本应该无存图；明初刻本存卷（1 至 10，21 至 30，另配清抄本 11 至 19）藏国家图书馆，无图；通行本清嘉庆二十五年赵怀玉刻李兆洛校本，本书引之图来自此本。

咸淳《志》的嘉庆重刊本赵怀玉《序》提到该书在咸淳创志后还经历了元

---

[1]　见黄燕生《〈永乐大典〉征引方志考述》一文，转引自崔伟.《永乐大典》本江苏佚志研究［博士学位论文］. 安徽大学，2010：7

重刻和明续修和增修："志修于咸淳四年太守史能之，元延祐四年丁巳重刻，凡
三十卷，藏书家鲜着于录者。明洪武初郡人谢应芳成续志十卷，成化中郡士朱昱
增修，王文肃（与）寔订定之。[①]"因此，此图应该是明洪武初谢应芳续志图，
反映的应是洪武四年的府治格局。

因此，只能根据咸淳《志》中比较详细的文字描述来推测宋代州治的格局并
与明、清格局做比较（图 7-16）。

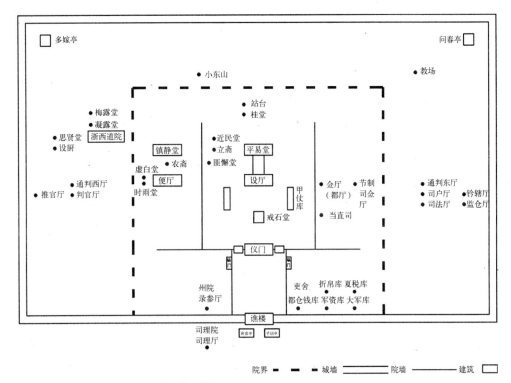

图 7-16　南宋嘉定间常州州治格局推测简图

太平兴国诏撤御敌之制，常州仅撤敌楼、白露屋，而鼓角楼及整个内子城均
得以因袭。因此，南宋州治至少在南墙段是依附于子城城墙的，并且谯楼和鼓角
楼应为同一所指。州治的院墙在文中没有明确表述，各类官署机构和仓库也散布
在州治、子城内外。中轴线上，谯楼、仪门、戒石亭、设厅的格局很清晰，且和
明清舆图所表达的格局相同。且明、清图中可见，不少建筑单体还保存了古制，
如设厅（正堂）的工字厅、旁有挟屋格局，鼓角楼也保存城楼的形制。

7.1.4　扬州州治

扬州城可溯源自南北朝时期，根据考古成果，唐城为子城之制，且罗城内存

---

① ［宋］史能之.咸淳毗陵志 // 宋元方志丛刊（第三册）.北京：中华书局，1990.

在里坊。在晚唐、五代、北宋、南宋、元初历史时期内，扬州城墙的损毁、因袭、变更、增修次数很多，城墙的沿革变化较为复杂，如晚唐历经六年的高骈、秦、毕、孙、杨混战，南宋初年和南宋末年之修葺和增创，不一一展开。将已有的考古图叠加到航拍地图上，对照宋三城图①，可知宋扬州城（大城）的基本结构。宋堡城和夹城是扬州成为南宋初宋金、南宋末宋蒙战线前沿之后，出于紧张的军事形势而设置，内有少量军事性官署机构。五代后周所建"周小城"因袭了唐罗城的东南隅，也为两宋因袭，即宋"大城"，是两宋扬州城的主要部分，也是官署建筑集中所在，也是笔者主要关注的区域（图7-17）。

宋大城内的子城并没有相关考古痕迹。但两宋扬州也有若干子城的文字记载，且至少在北宋熙宁年间便存在，很可能为五代后周时期所建：

宋扬州治，在大城西北隅，即子城。之南以为谯门，建楼其上……设厅之下，中为门二，一由东循郡圃之西出子城便门……③

宋熙宁间陈升之判扬州创阁于子城上，曰云山。④

但子城的存在既无考古证据支持，也不能和方志地图相对应，无论是《宋三城图》还是《宋大城图》，相应区域都没有子城的形象，但文字记载中，子城南门的谯楼、城墙上的云山阁是必须要有子城城墙依托的。结合大城的位置，推测子城北、西墙即借用大城城墙，而南城墙至少在谯楼处是存在的。但子城的城墙形象可能已经混杂在街巷中，并不清晰，形态也未必完整，形制可能趋于院墙，所以没有反映在图像资料中。

结合图文，子城四至推测为：北墙、西墙分别为宋大城北墙、西墙；南墙在迎恩桥、开明桥的维度之间；东墙可能和迎恩门有关，在迎恩桥之西（图7-18）。

子城内为州治，即《嘉靖惟扬志》

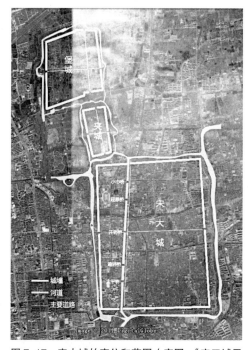

图7-17 宋大城的定位和范围（底图：《宋三城平面图②》和 google earth 航拍图）

---

① 潘晟.明代方志地图编绘意向的初步考察.下.中国历史地理论丛，2005(04)：《嘉靖惟扬志》卷一《郡邑古今图》共载有图二十一幅，其中"宋江都县图，宋城成图，宋大城图，宋真州图"即应是宋代旧志图，表现了宋代扬州城的面貌。"

② 俞永炳，李久海.江苏扬州宋三城的勘探与试掘考古，1990（07）.

③ [明]盛仪.嘉靖惟扬志.卷七//天一阁藏明代方志选刊（12）.上海古籍书店，1981.

④ [宋]郑兴裔.郑忠肃奏议遗集.卷下.台湾商务印书馆，1983.关于平山观，有宋张槃《相公新创云山观于州治之东诗以颂之》一诗可知是在州治之东。

中记载之"宋扬州治"，可以通过方
志图文，推测扬州州治和子城之关
系，以及州治内的基本格局。方志
对中轴线两侧的官署记载表述较混
乱，无法精确推测方位。从表述上
看州治规模应至少为五路建筑群（图
7-19）。

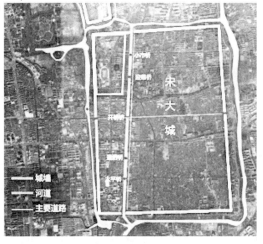

图 7-18　子城四至推测

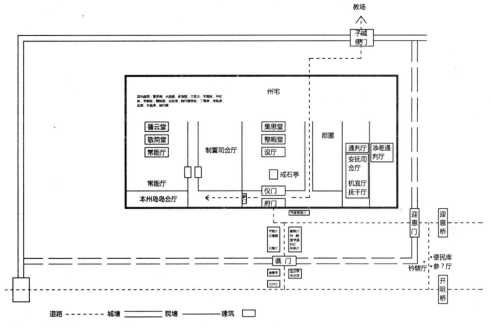

图 7-19　扬州州治格局推测图

7.1.5　镇江府府治

　　镇江罗城—夹城—子城三城相嵌套的格局至少在唐末形成。子城营建时间早
于罗城，为历代治所和官署建筑所在地，号铁瓮城，开三门，南唐时改四门，元时废。
子城外又有夹城，为唐所加，目前尚无考古成果能准确确定夹城的位置。宋嘉定
以前夹城已不存，元时子城亦不存，但元代方志中仍以子城作为地标来指示定位，
"在《至顺镇江志》里，作者往往又将东、西夹城称之为子城[①]"，说明子城的形

① 刘建国. 古城三部曲——镇江城市考古. 南京：江苏古籍出版社，1995：118.

态在城市空间中仍有所反映，也说明宋元时，子城的城市意向应为铁瓮城和夹城共同形成的区域。以附录A相关条目所列图、文资料为参考，推测出宋代镇江府城市结构，如图7-20。其中，子城（铁瓮城）的范围较为清楚，夹城、罗城均为唐城，且部分位置为推测。

图7-20　宋代镇江府城市结构推测

镇江府治（北宋初为州治）和其他官署的位置关系：以州治（府治）为中心。除了州治外，还有十二处主要官舍散布在州治之外，包括通判、推官、州院、司理院、兵马监押、监清酒、同监清酒、监茶税、同监税、监织罗、监堰、回车院等等。此外，治所内外还有总领所、供军堂、郡官厅、铃辖厅、府教场、签判厅、节推厅、察推厅、知录厅、通判南厅、司理厅、司户厅、司法厅、都会厅、寄椿监库厅等大大小小的机构。这些官舍有些因院落较小而置于一院形成两厅相向的格局。如节推厅、察推厅在府治之西形成两厅相向的格局，都会厅和郡庠也形成门相对的格局。

治所内格局无考。晚唐、五代节度使治所时期，治所因山为基，高于子城。治所之门和谯门间有数百级的台阶，阶城崇峻。两宋期间，郡守重建治所，隳高培庳，逐渐降低了府治和子城的高差。

《至顺镇江志》也记载了许多元代官署机构的设置和变迁情况。元、明代的官署机构多因袭宋代旧基。如元、明府治均因袭宋旧基，元镇抚所因袭旧南山亭，元录事司因袭宋通判北厅旧基等。但因袭的过程往往较曲折，宋代散布在治所周围的机构，或疏于修葺，湫隘腐败，或和民居相杂，甚至为富民所侵削，规模、规制都受到了破坏。到了元代，官署的设置往往面临无地可建的窘状。例如录事司先治于郡治的狮子门，后有"大者"据之，徙至鹰房总管，如是三番，最终落到俯首傀民居的地步，于是才相地新建。再如元镇抚所自设置后，疏于修葺，岁久颓圮，到至治元年武略将军欲撤而重建时，和周围民居引发用地纠纷，民讼诸宪府，而官府将用地收回。可推测，无地可建的窘状真是明代重建公廨制度的原因之一。

7.1.6　小结

其他城市的图文资料罗列于附录，对城市、治所格局的分析和考略过程不再一一展开，而将此十九个府州治所的中轴线上的建筑序列做简化，对比如右图。

中轴线上的序列规制：大体布局原则为坐北朝南，前衙后邸。中轴线最南为

礼仪宣教之所：颁春宣昭亭 – 鼓角楼 – 仪门 – 戒石铭；次
而为治事之所：设厅（大堂）–（中堂）等；再次为晏息
之所即州宅。建康府和临安府府治的主要府宅部分另有两
路以上的院落，及相当规模的衙署花园，其他治所于设厅
左右也多设有便厅及前后院落。另外在治所周围，有吏攒
办事之所，如安抚司、转运司、吏舍、左右局、通判厅等，
或在治所内，或在治所外。从表中看，礼仪宣教之所对应
的建筑往往是固定的、礼仪性质的，而治事之所和宴席之
所则稍有变通，数量上无严格的规定。

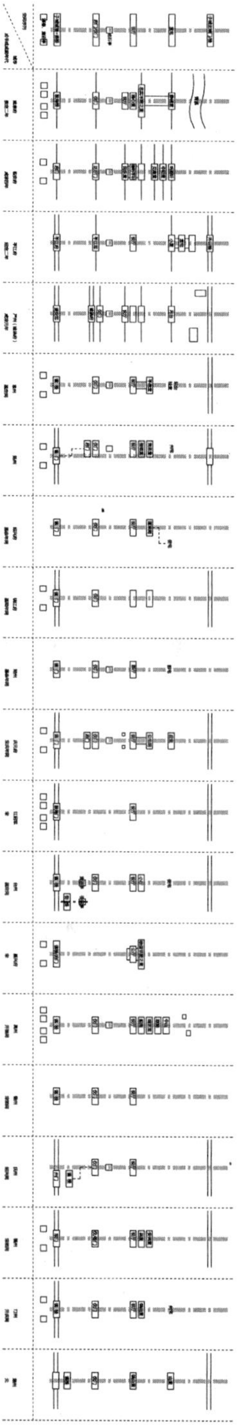

7.2　两宋地方治所核心空间要素考略

7.2.1　子城南门

7.2.1.1　谯门之形制

子城之正门称谯门，多为双门或双门阙。在宋代子城
中，有将唐双阙改为双门的记载，如南昌和广州：

唐代南昌（宋隆兴府）子城的城门为双阙，"汉晋豫章
郡署在城南，有子城，东西双阙门，唐洪州为都督观察节
度使治所，宋仍州置镇南军，后升为隆兴府。太平兴国中，
郡守张继则重修，施元长书名，揭于中门之楣，杨杰有记。
元仍宋旧基，改为行中书省。"[①] 此双阙门在另一段材料中
被称为双门，建造时间为吴五凤二年（255 年），"今之城
门阙，是观察使李巽所建。仪门是观察使杨凭所修。第二
重城，是乾道中江西贼徐唐营寨基。外罗城是钟令公景福
二年所筑。郡墙东南有双门，吴五凤二年太守淮阳张俊子
彦所造。二阙相去十二丈。"[②]

广州子城城门也是阙的形式，宋皇祐间改为门。其治
所自隋到明清各代相因袭，未有易地。宋皇祐年间将双阙
改为双门，"布政使司署在双门大街。隋为广州刺史署；唐
为岭南道署，号曰都府……咸通中为岭东道节度使府（懿
宗咸通中分岭南为东西二道，乾宁初为清海军节度使司，
昭宗乾宁门升清海军，刘隐凿平番禺二山之交，叠石建双
阙具，上为谯楼，匾曰清海军节度司，及袭僭号，王定保

图 7-21　各级府州治所
中轴线序列

---

① [清]谢旻.康熙江西通志.卷十九.公署.清文渊阁四库全书本.
② 豫章记//刘纬毅著.汉唐方志辑佚.北京:北京图书馆出版社,1997:437.

谓曰吾人南门清海军额犹存，四方其不取笑乎，隐乃去之）。南汉僭窃多所变易（名节度使府，曰乾和殿，其西改构，景福思元定圣龙应等宫，铸铁柱十有二）。宋为经略安抚使司（皇祐中为清海军大都督府）。皇祐四年，诏知广州军州事兼兵马钤辖带经略安抚使，择秘阁以上官充之，名为广帅。改双阙为双门，匾"清海军大都督府"。仪门列戟一十有四，前为设厅，中为治事厅，元符二年经略使柯述拓而正之，求南汉铁柱，尚存其四，因寘前楹，而别建经略安抚厅于其西。其属通判、司理参军、司法参军、司户参军，皆列署于内。"①

7.2.1.2　门楼之称谓

谯门多设楼。城门楼象征一州之威严，城门楼也是布政宣令之场所，为一州之耳喉：

"州有楼，一州之观听在焉，所以严等威也。有门阙然后壮朝廷，有两观然后重侯国。"②

诸侯之皋门必有观，所以布宣政令，察天地祲祥，考民言物俗之美恶，民于是观法象听政教之所出。凡国之治乱，政刑之失得，莫不由此，而后及乎四方。③

"故凡郡邑之府门，必为崇埤伉石，凡朝廷之诏令典章，郡国之鼓，旗鬻槊至于下，漏考时，昕严夜；凡作众之鼓，政皆典藏于是。异日有司简忽，故常文弛不纲，于是天子赫然诏州郡牙门得设鸱极，法亚宫室，使守臣司之以虔天子之命，令以宣耀朝廷政教之威重，非徒有以尊郡国之势，为一方羡？而已。"④

门楼的称谓有谯楼、鼓角楼、节楼、敕书楼、鼓楼等。

（1）谯楼。谯楼本义即门上之高楼，"门上为高楼以望曰谯，广韵，谯楼之别称。古者为楼以望敌阵，兵列于其间，下为门，上为楼，或曰谯门，或曰谯楼也。"⑤谯楼之名出现很早，"始见于秦汉史籍，魏晋已普设，甚早于始于南北朝之鼓楼。"⑥三国时，郡县城郭建谯楼形成制度：（赤乌三年，240 年）"夏四月，大赦，诏诸郡县治城郭起谯楼，穿堑发渠以备盗贼。"⑦可见，谯楼为出于军防而建在城门上的高楼，和隋唐子城的军事性相符。

（2）鼓角楼。鼓角楼、节楼之称始于唐，是迎节度使入境的礼节，"唐时节度使入境，州县立节楼迎以鼓角，称鼓角楼。"⑧

鼓角即战鼓和号角，其作用有报时、传令、扬威，"方镇之置鼓角之设，

---

① ［清］阮元.道光广东通志.卷一百二十九.建置略五.广州府.上.清道光二年刻本.
② ［宋］林表民.赤城集.卷三.台州重建衙楼记.张布.台湾商务印书馆，1983.
③ ［宋］沈括.长兴集.卷二十四.池州新作鼓角门记.台湾商务印书馆，1983.
④ ［宋］沈括.长兴集.卷二十四.池州新作鼓角门记.台湾商务印书馆，1983.
⑤ ［明］周祈.名义考.卷三.地部.谯楼.台湾商务印书馆，1983.
⑥ 萧红颜.谯楼考.亚洲民族建筑保护与发展学术研讨会论文集，2004.
⑦ ［晋］陈寿.三国志.吴.孙权传.卷四十七.吴书二.北京：中华书局，1959.
⑧ ［明］李日华.六研斋二笔.卷二.四库全书本.

用肃军旅于严城，戒警夜于众庶，以此名之鼓角楼是也。"① 《抚州重建鼓角楼记》：鼓声壮，角声悲，悲则感慨，壮则激烈，所以肃邦侯之号令，而作三军之忠勇。故凡郡治必崇鼓角于丽谯……②

唐宋还形成一套吹角、挝鼓的更鼓之节。北宋的更鼓之节为，"凡日之晡则吹角一迭挝鼓十数声，谓之小引。申时换牌楼，上立两旗指外，春曰青阳，夏曰朱明，秋曰白藏，冬曰玄冥，各如方色。黄昏吹角，五人为三迭，挝鼓者六人，每角止挝鼓数千为三遍，遍三挝六擂，凡三角三鼓而止。四更则奏角而不鼓，亦谓之小引。三点乃再发，五更止，谓之大角动。"③ 到南宋，则为"建炎二年……昏时，吹角八人，各二十六声为三叠；挝鼓八人，角声止，乃各挝鼓千，为三通。凡三角、三鼓而毕。四更三点及申刻，各吹角三叠为小引。"④ 人数较北宋多，而形制略同。需要注意的是，更鼓之节不同于同时期的禁鼓昏晓之制。前者设鼓角楼，设在子城南门上，后者设小楼，设在街衙中，"京师街衙，置鼓于小楼之上，以警昏晓。太宗时，命张公泊制坊名，列牌于楼上，按唐马周始建议，置冬冬鼓，惟两京有之。后北都亦有冬冬鼓，是则京都之制也。二纪以来，不闻街鼓之声，金吾之职废矣。"⑤

唐制还于城门楼上置刻漏。江西府、宣城、池州等处城门均有刻漏，杜牧《池州造刻漏记》有记载⑥。祥符中改为滴漏之制，"威武军门，本唐元和十年观察使元锡所建州门……建州门之岁置，推昼夜刻。……至熙宁二年，程大卿师孟始作滴漏，推测昼夜。盖祥符中刘承珪之制也。"⑦

（3）敕书楼。鼓角楼亦可用作藏书，称敕书楼，唐时多用于县门楼名。宋因袭，宋以后俱改为更鼓楼，"《绀珠闲录》：县治门楼唐制为敕书楼。淳化二年六月癸未，诏曰：近降制敕决遣颇多，或有厘革刑名，申明制度，多所散失，无以讲求，论报逾期，有伤和气。自今州县所受诏敕，并藏敕书楼，着于籍受代者，以籍稽查。今俱改为更鼓楼，殊失先代之制。"⑧ 宋初，御书楼由县门楼扩展至府州军监县所有级别的门楼："太宗淳化三年六月诏：……今诸道州府军监县等，

① [明]张琏．嘉靖耀州志．卷上．明嘉靖刻本．
② [宋]黄震．黄氏日钞．卷八十七．台北：台湾商务印书馆，1986.
③ [明]李日华．六研斋二笔．卷二．四库全书本．
④ [宋]梁克家．淳熙三山志．卷七公廨类一//宋元方志丛刊（第八册）．北京：中华书局，1990.
⑤ [宋]宋敏求．春明退朝录（从熙宁三年十一月至熙宁七年执笔）．卷上．北京：中华书局，1985.
⑥ [唐]杜牧．池州造刻漏记//杜牧．樊川集．樊川文集．第十："百刻短长，取于口不取于数，天下多是也。某大和三年，佐沈吏部江西府。暇日，公与宾吏环城见铜壶银箭，律如古法，曰建中时嗣曹王皋命处士王易简为之。公曰："湖南府亦曹王命处士所为也。"后二年，公移镇宣城，王处士尚存，因命工就京师授其术，创置于城府。其为童时，王处士年七十，常来某家，精大演数与杂机巧，识地有泉，凿必涌起，韩文公多与之游。大和四年，某自宣城使于京师，处士年余九十，精神不衰。某拜于床下，言及刻漏，因图授之。会昌五年岁次乙丑夏四月，始造于城南门楼。京兆杜某记。"
⑦ [宋]梁克家．淳熙三山志．卷七．公廨类一//宋元方志丛刊（第八册）．北京：中华书局，1990.
⑧ [清]周城．宋东京考．卷九．北京：中华书局，1988.

应前后所受诏敕并藏于敕书楼，咸着于籍，受代日交以相付。"① 方志文献中，敕书楼之称谓多出现在南方，如宋明州、湖州之子城城门楼均称敕书楼。

（4）鼓楼。到明代，上述谯楼、鼓角楼等名称逐渐演变为鼓楼，而且失去了子城城墙的依托，在城市中变成了独栋的楼阁，如广平府鼓楼、南康府谯楼、琼山县等。如广平府，"府治在城北隅，元末兵燹。洪武八年知府史昭重建，嗣后屡修。中有正厅……厅前则东西吏曹，仪门、鼓楼、戒石亭，亭下立石……"② 并且鼓楼有时和钟楼形成了城市双楼格局的景观，如琼山县，"谯楼即鼓楼，在卫前元元帅府南门，谯楼旧基。国朝洪武间卫使王友创，楼三级……钟楼在谯楼左，今兵备府前洪武间指挥桑昭建，铸钟……"③

7.2.1.3 门楼之形制

唐时城门楼的形制多为高楼阁道，楼可达百尺。如魏晋洛阳城："金墉城东北角有楼，高百尺，魏文帝造。"④ 再如唐益州："少城有九门，南面三门。最东曰阳城门，次西曰宣明门。蜀时，张仪楼即宣明门楼也。重阁复道，跨阳城门。故左赋云："结阳城之延阁，飞观榭乎云中。"⑤

到宋时，规制下降。如耀州之鼓角楼："天圣丙寅（1026）年，有节度使薛中大新修鼓角楼，不起高台，虚植柱，虽规模壮丽，轮焉奂焉，亦非古之制度也。及属大朝天会六年戊申，一百三年，其基构已无遗矣……"⑥

谯楼多有挟楼，如常州："谯楼在内子城南……熙宁、崇宁、嘉定已三应矣。乾道初叶守衡创两挟楼。"⑦ 如平江府谯楼："（平江府）谯楼。绍兴二年，郡守席益鸠工。三年，郡守李擢成之。二十年，郡守徐兢篆平江府额，然止能立正门之楼，两旁挟楼至今未复，遗基岿然。"⑧ 如中山府："子城门亦雄伟，曰中山，门两旁亦有挟楼。"⑨ 如湖州子城谯楼："城门立湖州牌，绍兴十六年，知州事王铁以郡陋拱行都增崇基宇，挟以朵观，规模宏丽，乾道初，火延燔，靡遗。知州事王时升重建，颇不逮昔。"⑩

谯门前有时有仪桥："今遂宁府谯门之外有桥曰仪桥，不知何时所刱，上加栏楯，道分为三，尚仿佛古人之意，谓之仪者，犹仪门也。"⑪ 又如徽州："（绍兴二十年）迁州桥及鼓角于迎和楼，而虚南向谯楼不用。"⑫

① [清]徐松 编.宋会要辑稿.方域.四.北京：中华书局，1957.
② [明]陈棐.嘉靖广平府志.卷四.明嘉靖刻本.
③ [明]唐胄.正德琼台志.卷二十四.明正德刻本.
④ 洛阳地记//刘纬毅著.汉唐方志辑佚.北京：北京图书馆出版社，1997:337.
⑤ 益州记//刘纬毅著.汉唐方志辑佚.北京：北京图书馆出版社，1997:306.
⑥ [明]张琏.嘉靖耀州志.卷上.明嘉靖刻本.
⑦ [宋]史能之.咸淳毗陵志.卷五.官寺一//宋元方志丛刊（第三册）.北京：中华书局，1990.
⑧ [宋]范成大.吴郡志.卷七.官宇.南京：江苏古籍出版社，1986:76.
⑨ [宋]楼钥.攻媿集.卷一百十一.台湾商务印书馆，2011.
⑩ [宋]谈钥.嘉泰吴兴志.卷二.城池.//宋元方志丛刊（第五册）.北京：中华书局，1990.
⑪ [宋]赵与时.宾退录.卷九.台湾商务印书馆，1983.
⑫ [宋]罗愿.淳熙新安志.卷一//宋元方志丛刊（第八册）.北京：中华书局，1990.

明代以后谯楼失去子城城墙的依附，形成墩台上起楼阁的形制，仍出现在城市中。如邠州："州城唐始建，宋金继修，元末李思齐令部将何近仁重修。明嘉靖二十三年知州孙礼建三门。……周五里，高三丈，池深二丈，谯楼建于城内州治前。"

7.2.2 牙城、衙署

7.2.2.1 牙城之沿革

牙门最初为古代军旅营门的别称："《诗》曰：'王之爪牙。'故军将皆建旗于前，曰'大牙'，凡部曲受约束，禀进退，悉趋其下。近世重武，通谓刺史治所曰牙。缘是从卒为牙中兵，武吏为牙前将。俚语误转为衙。《珩璜论》云：'突厥畏李靖，徙牙于碛中。牙者，旗也。'《东京赋》'竿上以牙饰之，所以自识也。太守出有门旗，其遗法也。'后人道以牙为衙，早晚衙，亦太守出则建旗之义。或以衙为廨舍，儿子为衙内。《唐韵》注：'衙，府也。'亦讹。"①

建牙于城门则始于魏晋："晋安帝元兴元年正月丙子，司马元显将西讨桓玄，建牙扬州南门，其东者难立，良久乃正。近沴妖也。寻为桓玄所禽。"② 进而谓之牙城："古者军行有牙，尊者所在，后人因以所治为衙，曰牙城者，即衙城也。"③

治所以城制多出现在五代藩镇时期，其实例有唐之郓州（宋东平府）、云州（宋之云中府），五代、宋之蔡州，五代之魏州（宋大名府）、澶州（宋开德府）镇州（宋真定府），宋之相州、忻州、婺州、江陵府、岳州、潭州、宝庆府、阆州、隆庆府。见附录相关条目。

7.2.2.2 衙城之规模

此处所提衙城，乃特指仅环衙署之衙城。衙城之规模，或有南雄州一例可做推测。《嘉靖南雄府志》载宋皇祐四年侬智高叛乱后的对府城的重建，提到了府治（即衙城）的规模，相关文字摘录如下：

府城仅环府治。宋皇祐壬辰知州萧渤辟之，为门三……（《记》：……皇祐四年夏五月，蛮人陷邕……南雄守殿中丞萧侯渤议乘众力治旧城而大之……广袤六千八百六十尺，下厚四十五尺，上杀二之一，崇二十五尺，加女墙六尺，用人之力一百八十万。直南立正门，冠以丽谯，卫以瓮城，东西二门如之，环城纵出楼橹相望。凡为屋大小五十四区，二百六十楹，其他守械称是。）④

由本书第五、六章，南宋建康府、临安府的府治（子城外）的规模约为100-200亩，上述引文为笔者提供了一个探讨两宋子城内府治规模的可能性。南雄州地处偏远，城市规模较一般中原、江南地区的府州要小，子城即府治，其规模为广袤六千八百六十尺，约两千米。

① [宋]周密.齐东野语.卷十一.北京：中华书局，1983.
② [南北朝]沈约.宋书.卷三十.志第二十.五行一.中国华侨出版社，1999.
③ [宋]史炤.资治通鉴释文.卷二十五.上海书店，1989.
④ [明]谭大初.嘉靖南雄府志.下卷.营缮.城池.明嘉靖刻本.

　　宋以后的南雄州城池营建以修为主，新创仅有"顾城创于（元至正）乙巳"[1]，此后历代因袭。从清道光年间的《州城街道图》（图7-23）中可见宋城与元城。此图与1998年版的《南雄市城区图》[2]（图7-24）中不少地名、街道名相同，如子城内之钟楼巷、塔俚巷等，且街道肌理极为相似。粗略推算出子城四至如图7-25。参考上述二图及googleearth软件所得之比例，粗略得出子城之周长，约为2700米，大于"六千八百六十尺"之宋城周长，面积约为600亩，将此数据按周长的误差略微修正，其面积可估计在500亩，大于南宋建康府、临安府府治面积。至少可见两宋牙城（衙署）的面积应是相当可观的。

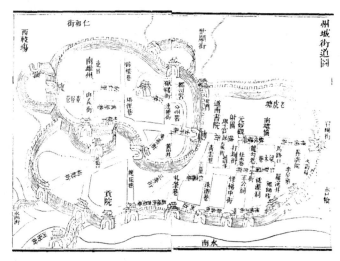

图7-23　州城街道图
（来源：《直隶南雄州志》）

图7-24　南雄市城区图
（来源：《南雄年鉴》）

① ［清］戴锡纶等.直隶南雄州志（全）.清道光四年刊本.成文出版社，1967:192.
② 南雄市地方志编纂委员会.南雄年鉴.1993-1997: 5.

图 7-25　宋子城之大致范围

7.2.3　颁春、宣诏亭

颁春、宣诏亭是接诏布政的场所，又名班春、手诏、宣召等。颁春、宣诏亭不仅存在在地方治所前，也存在于别的公宇前，如贡院等，如宁国府，"弘治以前有公馆在西门内……宋时有贡院，有敕书楼，建隆中建有宣诏亭，有颁春亭，俱绍兴中郡守沈悔建"。①

笔者对十九个城市作统计，十二个城市治所中存在颁春、宣诏亭，其中十一个城市的颁春宣诏亭位于子城门（谯门）前，仅有台州之形制较为特殊，宣诏、手诏亭并不在子城南门前，而是其一位于仪门之前，其一位于仪门东庑，和衙楼相对。说明宋时地方治所的礼仪空间，应从子城谯门始，也说明了子城和治所之紧密的空间联系。

7.2.4　仪门、戟门

治所正门多称仪门，亦称戟门（两宋地方治所仅有平江府一例），亦称衙门（两宋地方治所仅有福州一例）。

仪门本名桓门。起源于汉。"（汉）县寺前夹植桓表二，后世二桓之间架木为门曰桓门，宋避钦宗讳，改曰仪门。"② 是秦汉郡县制度下的门制。

戟门为府州治所之正门，因门外列戟而得名。戟门之称源自棘，"古代帝王外出，在止宿处插戟为门，故称。戟、棘，古字通。"③ 同构于宫门，是为分封制度下的门制。到唐代："自庙社、宫殿门至府州各得于正门列戟，其数有差。与谯

---

① 　[明]李默．嘉靖宁国府志．卷四．明嘉靖刻本．
② 　刘敦桢．大壮室笔记 // 中国营造学社汇刊．第三卷．第三期．北京：知识产权出版社，2004：140.
③ 　华夫 主编．中国古代名物大典．上．济南：济南出版社，1993：850.

楼并具牌额。"① "节镇外门列戟，故谓之戟门。"② 戟的数目"依官阶各有等差"③，唐制列戟之数目，皇帝为二十四戟（宋因袭），太次十八戟，郡王十二戟，最低十戟。宋时，地方治所门前列戟数目多为十二（常州、台州、湖州、庆元府），亦有十四（福州、广州）。仪门也存在于别的公宇前，如秘书省、学宫、文庙等。④

7.2.5 设厅、便厅及设厨

7.2.5.1 设厅

设厅又叫大厅，与便厅、便阁相对。是郡守群僚列坐听政的地方，"郡守古诸侯也，凡其所守之郡，必为堂，皇合群僚列坐其间以听政，在昔有是制焉。"⑤

设厅之名起源于唐代设宴观剧之厅，如成都和青州：

及封至蜀，置设。弄参军后，长吹《麦秀两歧》，于殿前施芟麦之具，引数十辈贫儿，褴缕衣裳，携男抱女，挈筐筥而拾麦，仍合歌唱，其词凄楚。⑥

官僚将吏士女看人喧阗满庭，即见无比设厅、戏场、局筵、队仗、音乐、百戏、楼台、车棚，无不精审。⑦

唐代州衙有设宴之习，长庆元年（821年）沈亚之撰《华州新葺设厅记》，在记文中，认为宴设影响公务，有失官署仪容，是历届郡守不能长守的原因。因而将二者区分，在正寝西南隅新建设厅。或许为设厅作为正堂名称之来源。⑧

设厅还有黄堂之称谓，见于平江府、建德府⑨，出处有三："黄堂在鸡陂之侧，春申君子假君之殿也。后太守居之以，数失火涂以雌黄，遂名黄堂，即太守正厅也。今天下郡治皆名黄堂昉此，或谓以黄歇之姓名堂，或谓二说皆非，古者太守所居黄堂犹三公之黄阁也。缃素杂记天子曰，黄闼三公曰黄阁。给事舍人曰，黄扉太守曰黄堂。"⑩ 其中，第三种说法是可信度较高的。刘敦桢："丞相听事之

---

① [宋] 王溥.唐会要.卷三二.舆服.下.
② [宋] 司马光.资治通鉴.卷二三〇.北京：中华书局，1956.
③ 施丁，沈志华 主编.资治通鉴大辞典.上编.长春：吉林人民出版社，1994：385.
④ 南宋馆阁录 // （金）孔元措.孔氏祖庭广记.卷九.济南：山东友谊出版社，1989.
⑤ [明] 冯惟讷.嘉靖青州府志.卷八.明嘉靖刻本.
⑥ [宋] 太平广记.卷二五七.王氏见闻录.北京：中华书局，1961.
⑦ [宋] 太平广记.卷七十四.仙传拾遗.北京：中华书局，1961.
⑧ [唐] 沈亚之.《沈下贤集》.卷五.记上.华州新葺设厅记："今天下邦郡之望，莫与太华等。然而公堂燕无别位，顾几砚与饮乐之具，日更废置于其间。……陇西公为守未满岁，郡中既治。因窥其庶屋可攻者，乃先问其吏曰：政之为困何始？吏曰：累更其守耳。公曰：吏知其病哉，夫几砚者，公事之重器也。以宴而迁，以宴而复，则居不得常。屡更其所，政之为困，不由此耶？且吏入公门，望其居则必庄，是几砚之庐处，宜其严也。今朝彻而暮置，事之者既劳，固以慢矣。而况酒行乐作，妇女列坐，优者与诸隆诙谩摇笑，讥左右侍立，或衔哂坏容，不可罪也。夫狎火则不敬，岂吾之独患，其吏亦丑之。明日解冗宇一构于正寝西南隅，埶其外数步，土基之。饰故材以辇用，垢者磨其淄，弱者承其轻，决流于其所，以便涂者。补栋续楹，不涉旬而功就。沼沚之湄，随而比矣。嗟乎！转疲为安，不费而功，吾知其由人。长庆元年（821）四月甲子，吴兴沈亚之仰公之迹，因请张文其下，纪其功焉。"
⑨ 实际上建德府的黄堂位于设厅之后。
⑩ [明] 王鏊.正德姑苏志.卷二十二.官署.中 // 天一阁藏明代方志选刊续编（11-14）.上海书店，1990.

门，以黄涂之，曰黄阁（汉旧仪曰：丞相听事门曰黄阁，不敢洞开朱门，以别于
人主，故以黄涂之，谓之黄阁。）"①

大厅之名多见于唐代，如敦煌文书所反映的唐代归义军府衙以大厅为正厅，
文书有："大厅设使客付设司柽刺拾束"②。宋平江府、湖州、建德府、泰州、隆兴府、
福州的治所正厅也称大厅。

一般府州的设厅多为五间，小州或县为三间。如常州设厅为屋五楹③，建德
府设厅则为三开间，南宋临安皇宫垂拱殿五开间，如一般州郡设厅大小。

设厅后或东侧还有便厅、便阁，也是治事之所，因为正厅之规格高，用材大，
使用寿命长，而维修也不易，往往破旧不堪，并不适合郡守日常办公，使用频率
较低，如平江府设厅，"凡受署迄，便临便阁……其余厅事，或旬日不一至。"④
又如台州设厅，"郡虽例有设厅，非大聘贺大燕飨不处，而便厅常处焉。"⑤另外
还有设厅避不敢居的情况。如福州设厅为五代伪宫之明威殿："通文、永隆之间，
宫有宝皇、大明、长春、紫薇、东华、跃龙；殿有文明、文德、九龙、大酺、明
威；门有紫宸、启圣、应天、东清、安泰、全德。钱氏内附，废撤无留者，独
面衙门一殿故址犹在，至今呼为明威。国初，守臣避不敢居，以为设厅。凡敕设、
宴集，乃就焉。而即其西建大厅以为视事之所。"⑥

7.2.5.2　便厅

便厅之意义便在于郡守常处。唐时形制多为楼阁，如唐池州萧丞相楼："萧
丞相（萧复）为刺史时，树楼于大厅西北隅，上藏九经书，下为刺史便厅事。"
可见便厅有藏书和"便厅事"之功能。此楼建于大历十年，"会昌四年甲子摧"，
摧后再建，"皆仍旧制，以会昌五年五月毕。"⑦文中还给出具体尺寸："南北溜
相距五十六尺，东西四十五尺，十六柱，三百七十六椽，上下凡十二间，上有其
三焉。"⑧又如兴化判官厅平一楼："逾年而立重屋于厅事之后，以为公余读书之
地，榜曰平一。"⑨

7.2.5.3　设厨

设厨即公厨，从设厅名。"相传谓旧为燕犒将吏之所谓之旬设，故公厨亦曰
设厨。"⑩"今人谓公库酒为兵厨酒，言公库之酒因犒军而酝也，太守正厅为设厅，

① 刘敦桢．大壮室笔记 // 营造学社汇刊第三卷第三期．北京：知识产权出版社，2004：137-138．
② 乙卯年（955）二至三月押衙知柴场官安祐成状并判凭五件之五，转引自：牛来颖．唐宋州县公廨及
　营修诸问题 // 荣新江．唐研究（第 14 卷）．北京：北京大学出版社，2008．
③ ［宋］史能之．咸淳毗陵志．卷五．官寺一 // 宋元方志丛刊（第三册）．北京：中华书局，1990．
④ ［宋］范成大．吴郡志．南京：江苏古籍出版社，1986．
⑤ ［宋］林表民．赤城集．卷二．台州重建便厅记．姜容．台湾商务印书馆，1983．
⑥ ［宋］梁克家．淳熙三山志．卷七公廨．类一 // 宋元方志丛刊（第八册）．北京：中华书局，1990．
⑦ 池州重起萧丞相楼记 // ［唐］杜牧．樊川文集．第十．巴蜀社，2007．
⑧ 池州重起萧丞相楼记 // ［唐］杜牧．樊川文集．第十．巴蜀社，2007．
⑨ ［宋］陈宓．龙图陈公文集．卷九．兴化判官厅平一楼记．上海：上海古籍出版社，1995．
⑩ ［宋］史能之．咸淳毗陵志．卷五．官寺一 // 宋元方志丛刊（第三册）．北京：中华书局，1990．

公厨为说厨，皆以此也。汉有步兵校尉，掌上林苑屯兵，晋阮籍闻步兵厨营人善酿，有贮酒三百斛，乃求为之，则亦兵厨之祖也。"①

两宋以前，郡治内有食堂之设。唐崔元翰《判曹食堂壁记》载古制及唐制之流变：

"古之上贤，必有禄秩之给，有烹饪之养，所以优之也……有唐太宗文皇帝克定天下，方勤于治，命庶官日出而视事，日中而退朝。既而晏归，则宜朝食，于是朝者食之廊庑下。遂命其余官司，泊诸郡邑，咸因材赋，而兴利事。取其奇美之积，以具庖厨，谓为本钱，杂有遗法。列曹掾史之于郡上丞诸曹郎，推本其位，又诸侯大夫之比，其有食也，于古义最为近之。凡联事者，因于会食，遂以议政，比其同异，齐其疾徐，会斯有堂矣。则堂之作，不专在饮食，亦有政教之大端焉。"②

官员不分等级均集中就食于食堂，则始于唐。蔡词立在咸通十三年《虔州孔目院食堂记》中云："京百司至于天下郡府有曹署者则有公厨，亦非惟食为谋，所以因食而集，评议公事者也。繇是凡在厥位，得不遵礼法，举职司事，有疑狱有冤化未洽弊未去，有善未彰有恶未除，皆得以议之，然后可以闻于太守矣。冀乎小庇生灵以酬寸禄，岂可食饱而退，群居偶语而已。"③ 再如河南府，"司录、判官、文学参军，皆同官环处以食，精粗宜当一，不合别二。"④ 可见，"食堂"也成为地方官员就食及评议公事的公共空间。食堂的形制也颇为可观，如越州⑤、鳌屋县食堂⑥。

到了两宋，文献不再有官员聚食于食堂的记载，食堂也没有出现在舆图中，仅有茶酒司、公使酒库、客位等和饮食略相关的场所，但设厨尚存，因此推测至少居住于官署内的知府（州）等官员尚在治所内就餐，而公厨主要还是为公款招待服务的。

两宋设厨多位于治所内，设厅两侧院落内。一般治所内均要设置庖厨、浴室，并且有左庖右湢的习惯。两宋的地方治所设厨在治所内没有非常固定的位置，一

---

① ［宋］程大昌．续演繁露．卷六兵厨．商务印书馆，1938.
② ［宋］孔延之．会稽掇英总集．卷十八．判曹食堂壁记．崔元翰．台湾商务印书馆，1983.
③ ［唐］蔡词立．虔州孔目院食堂记∥［清］董诰．全唐文．卷八百六．中华书局，1983.
④ ［唐］李翱．故河南府司录参军卢君墓志铭∥［清］董诰．全唐文．卷六百三十九．卢君为卢士琼．中华书局，1983.
⑤ ［唐］崔元翰．判曹食堂壁记宋∥［宋］孔延之．会稽掇英总集．卷十八："（食堂）居丽谯之西偏，背崇墉以南向。而其栋梁柏桷，则皆松柏梗楠。纵施五筵，衡容八几。洞以二门，挟以四窗。有爽垲之美，无湿燠之患。颐神宁体，君子攸处……由饮食以观礼，由礼以观祸福，由议事以观政，由政以观黜陟，则书其善恶而记其事，宜在此堂。"
⑥ ［唐］柳宗元．河东先生集．卷二十六．记．官署．屋县新食堂记："贞元十八年五月某日，新作食堂于县内之右，始会食也……廪库既成，学校既修，取其余财以构斯堂。其上栋自南而北者，二十有二尺。周阿峻列楹齐同。其饰之文质。阶之高下。视邑之大小与群吏之秩。不陋不盈、高山在前。流水在下。可以俯仰。可以宴乐、既成。得羡财。可以为食本、月权其赢。羞膳以充、乃合群吏于兹新堂。升降坐起。以班先后。始正位秩之叙。礼仪笑语。讲议往复、始会政事之要。筵席肃庄。樽俎静嘉燔炮烹饪。益以酒礼，始获僚友之乐。卒事而退，举欣欣焉……"

般离设厅不远。如绍兴府和临安府治的设厨位于仪门之西南："仪门之西南向列署五，为安抚司签厅、为设厨，为省马院，为甲仗库，为公使钱库。"① 又如镇江府治，"公厨在东庑之外。"② 而建康府府治中，庖厨则似位于后宅静得堂附近。

7.2.6 戒石铭

戒石铭其文源自五代蜀主孟昶，宋太宗时期设为戒石亭制度，即设立石碑，上刻"尔俸尔禄，民膏民脂，下民易虐，上天难欺"十六字，碑则立于厅事前的戒石亭内。南宋绍兴二年（一说绍兴五年），又改立于厅事座右③：

"戒石铭，蜀主孟昶所作。宋太宗摘其四句，令天下郡县皆刻石真公署之前，覆以小亭，长吏坐则正对之。宋高宗绍兴六年六月，覆颁黄庭坚书摹本于郡，县命长吏刻石置座右，至今，郡县有之。"④

而戒石亭的形象仍保留在治所的仪门到设厅之间的甬道上。戒石亭之形制：外有三丈见方的沙墀，中立亭，亭内为戒石，碑高三尺。如湖州州治："沙墀在厅事前方，广约三丈，周以栏楯，中实沙土，立戒石亭于上。"⑤ 又如楼钥《彭子复临海县斋》诗："乾道癸巳冬，此邦我经行。郁修气未殄，千家真赤城。来访临海令，瓦砾纷纵横。翘然三尺高，问是戒石铭。"⑥

7.2.7 州宅和郡圃

州宅和郡圃多位于治事厅之后、北可抵子城，子城墙上往往起楼阁，作为制高点以观景之用。郡圃之营建被写入宋初诏令，一为君子必有游息之物，二为郡人公共活动之场所：

昔者艺祖皇帝之开国，立考课之制，凡州县廨宇之修废成毁，皆书之，以行殿最赏罚。今课历犹有存者，则莅官临政之余，退休之所亦在不废，固圣祖神宗之属望而金科玉条之所许也。昔柳子厚作零陵县三亭记，以为气烦则虑乱、视壅则志滞，故君子必有游息之物，高明之具于以涤其烦而宣其壅，宜不可废于一邑，况郡乎，此郡圃之所以作也。⑦

都有苑圃，所以为郡侯燕衎邦人游息之地也。士大夫从官自公鞅掌之，余亦

① [宋]沈作宾，施宿.嘉泰会稽志.卷一.//宋元方志丛刊（第七册）.北京：中华书局，1990.
② [元]俞希鲁.至顺镇江志.卷十三.公廨.治所//宋元方志丛刊（第三册）.北京：中华书局，1990.
③ [宋]汪应辰.文定集.卷十记.戒石铭："绍兴五年有诏曰：近得黄庭坚所书太宗皇帝御制戒石铭，恭味旨意，是使民于今不忘宋德也。因思朕异时所过郡县，其戒石多置栏槛，饰以花木，为守与令鲜有知戒石之所谓者，可令颁示天下摹勒庭坚所书，非独置之坐隅，亦以为晨夕之念，岂曰小补之哉。呜呼勤恤民隐谆谆戒谕圣意至深远也。愚恐岁月寖久而莫详戒石铭之所自者，故书昶所著，全文而识其事云。"
④ [明]曹安.谰言长语.卷下.北京：中华书局，1991.
⑤ [宋]谈钥.嘉泰吴兴志.卷八.公廨.州治.//宋元方志丛刊（第五册）.北京：中华书局，1990.
⑥ [宋]楼钥.攻媿集.卷一.台湾商务印书馆，2011.
⑦ [宋]陈起.江湖小集.卷七十一.太平郡圃记.台湾商务印书馆，1983.

欲舒豫，乃人之至情。方春百卉敷腴，居人士女竞出游赏，亦四方风土所同也。故郡必有苑囿，与民同乐。囿为亭观，又欲使燕者款行者憩也。故亭堂楼台之在园囿者，宜附见焉。①

（宣和四年）异时，乐圃作门咸武军西南。每岁二月，府开西园，与民游玩至三月。提刑司亦开乐圃，各一月。"顷三十年，乐圃始罢开矣。②

在两宋方志文献中，郡囿是最易改造和增创的，也是格局最为丰富活泼的，同时也是最难用平面线条表述的，两宋方志所遗存的府治地图中，郡囿部分的表达都有图不达意的遗憾。

7.2.8　仓场库务

"君子将营宫室，宗庙为先，厩库为次，居室为后。"③仓库是历代中央和地方官府不可或缺的功能建筑。所谓仓场务库，"储米曰仓，贮钱曰库，茶盐曰场，酒税曰务，皆取诸民而资公家之用者也。"④，其设置和财政制度有一定的关系。又"仓库，财用之所藏也。场务以下，财用之所出也。"⑤

两宋仓场库务的分类较前朝仓库更加详细，并且设置仓场库务之官以削藩镇："自唐末，大抵节镇之患深，如人之病，外强中干……故太祖皇帝知其病而梳理之，于是削其支郡，以断其臂指之势……立仓场库务之官，以夺其财。向之所患，今皆无忧矣"⑥

在《天圣令》中有仓库相关（主要针对仓）的营造制度⑦，大抵为仓库选址原则、内部装修原则、管理规定等。但没有涉及仓库的格局、规模、建筑形制。在方志文献中也发现，仓场务库的形式与制度并不一定相符合。如湖州都酒务有屋一百一十八间规模，而醋库则仅有三间，为古烟雨亭改建。⑧

至于仓库的格局，在两宋方志舆图中大多没有详细描绘，在《开庆四明

---

① ［宋］谈钥．嘉泰吴兴志．卷十三．苑囿．//宋元方志丛刊（第五册）．北京：中华书局，1990．

② ［宋］梁克家．淳熙三山志．卷七．公廨类一//宋元方志丛刊（第八册）．北京：中华书局，1990．

③ ［宋］王与之．周礼订义．卷七十八．世界书局，1986．

④ ［宋］谈钥．嘉泰吴兴志．卷八．公廨．州治．//宋元方志丛刊（第五册）．北京：中华书局，1990．

⑤ ［宋］陈耆卿．嘉定赤城志．卷七．公廨门四//宋元方志丛刊（第七册）．北京：中华书局，1990．

⑥ 朱熹．朱子语类．卷一一〇．论兵．中华书局，1986．

⑦ 天一阁藏明钞本天圣令校证附唐令复原研究．下册．中华书局．《仓库令．卷第二十三》共有三条，罗列如下：

　　［宋1］诸仓窖，皆于城内高燥处置之，于仓侧开渠泄水，兼种榆柳，使得成阴。若地下湿，不可为窖者，造屋贮之，皆布砖为地，仓内仍为砖场，以拟输户量覆税物。

　　［宋3］诸窖底皆铺稾，厚五尺。次铺大稈，两重，又周回着稈。凡用大稈，皆以小稈捃缝。着稈讫，并加苫覆，然后贮粟。凿砖铭，记斛数、年月及同受官吏姓名，置之粟上，以苫覆之。加稾五尺，大稈两重。筑土高七尺，并竖木牌，长三尺，方四寸，书记如砖铭。仓屋户上，以版题榜如牌式。其麦窖用稾及籧篨。

　　［宋24］诸仓库门，皆令监当官司封锁署记。开闭，知其锁钥，监门守当之处，监门掌；非监门守当者，当处长官掌。

⑧ ［宋］谈钥．嘉泰吴兴志．卷八．公廨．州治："都酒务在骆驼桥东，庆元闲知州事李景和重建，屋百十八闲，及筑周围墙……醋库在子城西南隅，有旧厅三闲，即古烟雨亭也。"

续志》中有庆元府常平仓的例子："常平仓，奉国门内之东，二仓皆宝庆三年守胡矩撤旧而新仓。各十一区，区各五闲栈阁，以藉米麦，各有厅事、后舍、前庭，庭前虚地各方十余丈，缭以步廊。"[1] 可见，常平仓除了仓库，还设有厅事、吏舍以及相关管理功能的院落。常平仓设置和普及于宋初，是两宋时期重要的国家粮仓之一，此条所记载的常平仓之格局或许是两宋重要仓场务库的基本格局。

"场"和"务"的选址则遵循便利原则，并不聚集在府治周围。如湖州和苏州之部分场、务选址：

都税务在雪溪南，淳化中潘金庭记云，宋朝平一六合泉货委积，思所以息末崇本，始命州县城市悉置商税务以为定式，盖欲随其俗以便民也。[2]

税务旧在驿前，范文正公迁于西河之上，官私舟楫往来输税者，不必迁路，至今以为便。[3]

以下对两宋方志舆图中出现次数较多的"库"做简要考略。

7.2.8.1　甲仗库考略

唐、五代藩镇割据时期，牙城内设厅两侧设甲仗库，多为楼阁的形式[4]。甲仗库位于牙城之核心位置，也是与当时武备之重要性相匹配的，甲仗库也是牙将内讧或巷战时首要争夺之处：

后汉天福十二年（947 年），（王）晏与壮士数人，夜踰牙城入府，出库兵以给众。[5]

初，（张）建封卒，判官郑通诚权知留后事。通诚惧军士谋乱，适遇浙西兵迁镇，通诚欲引入州城为援。事泄，三军怒，五六千人斫甲仗库取戈甲，执带环绕衙城，请愔为留后。[6]

刘郐……于大竹内藏兵仗入，监门皆不留意，既而迎晓突入州，据其甲仗库，时兖州节度使姓张统师伐河北，郐既入据子城，甲兵精锐，城内人皆束手，莫敢旅拒。[7]

两宋沿袭了于设厅两庑设甲仗库的格局和功能，但其作为武备的重要性在削藩政策下大大减弱。两宋朝朝甲仗库虽有重建，仍有武备日懈之势。重建甲仗库时，往往因治所内用地紧张，而将甲仗库迁出治所，规模相应增加，如相州[8]、

---

① [宋]梅应发、刘锡. 开庆四明续志. 卷六. 武藏.// 宋元方志丛刊（第六册）. 北京：中华书局，1990.

② [宋]谈钥. 嘉泰吴兴志. 卷八. 公廨. 州治.// 宋元方志丛刊（第五册）. 北京：中华书局，1990.

③ [宋]朱长文撰. 吴郡图经续记. 卷上. 南京：江苏古籍出版社，1999.

④ 如《南部新书》癸："李绾，咸通中作越察。于甲仗库创楼，名曰'威武'。"

⑤ [宋]司马光. 资治通鉴. 卷二八六. 北京：中华书局，1956.

⑥ 张建封传附愔传 //[五代]刘昀. 旧唐书. 卷一四〇. 北京：中华书局，1975.

⑦ [五代]刘崇远. 金华子杂编. 卷下. 商务印书馆，1927.

⑧ [宋]韩琦. 安阳集. 卷二十一记. 相州新修园池记："相州之武备日懈，不严至五：兵不设库，散处于廨事之廊，庑间败坏堆积，莫可详阅，郡署有后园，北逼牙城，东西几四十丈，而南北不及百尺……于是辟牙城而北之三分蔬圃之地，其一居新城之南，西为甲仗库，凡五十六间，由是兵械百万计始区而别焉……至和三年三月十五日记。"

庆元府①、天台县②、荆门军甲仗库③。

7.2.8.2　公使库考略

宋初，州军设立公使库，"营运赢利，补助支遣。"④："国初命诸州置公使库，过客必馆寓下，逮吏卒亦给口券，此古者使食诸侯之义也。"⑤公使库一般和甲仗库并列位于设厅前两庑内。

7.2.8.3　军资库考略

军资库是"州、军置军资库、省仓，分别收贮中央规定由本地留用的钱帛与粮草。"⑥其本质为国家设于地方之钱库：

一州税赋民财出纳之所独曰军资库者，盖税赋本以赡军，着其实于一州官吏与帑库者，使知一州以兵为本，咸知所先也。⑦

诸州军资库者，岁用省计也。⑧

军资库由通判、录事参军负责，重要的府州，岁计出纳烦多，则由朝廷专遣监军资库官员：

诸州军资库由通判提举，录事参军监领。⑨

庆历三年（1043 年）十二月十六日，"置陕州监军资库京朝官一员"⑩

元祐元年（1086 年）四月十四日，泗州以"军资库出入钱物浩瀚，比之他郡事体不同"，依真州体例，添差监军资库官一员，而以录事参军专管州院公事。⑪

军资库一般在仪门两侧的院落内，也有在设厅左右的。军贮一郡经费钱物，一般都颇具规模，如以下例子：

庆元府。"军资库，设厅前，东庑之后，宝庆二年守胡矩重建，凡三十九闲，

---

① [宋]梅应发、刘锡.开庆四明续志.卷六.武藏：先是置于设厅前二庑之阁，上下视为丈具，历三十年无一器一甲之增，暇日阅之，矢无镞、枪无铋，舃穴虫蠹积尘几尺，盖作院之政不修，悠悠泪泪狙于宴，安其号为修治者，又不过困于科敛兵食，诿其事于水军而已。大使丞相九开藩阃，所至缮甲治兵，其来郢也，日讨而申儆之，未几所积既富，日赡月衍，遂度地酒库之北教场之南，东阻郡圃，西抵子城，为楼屋二十四间，大门七间，随廊十间，并栈之以阁，棂窗疎明半板半箄，风日迥透，而蒸醱不侵，分为六库，库各有目，榜之曰武藏，藏之为言藏也。

② [宋]林表民.赤城集.台州兴修记.张奕："至和元年也，夏秋之交，大雨壑呕，而川泄汹涌……遂按阅官府之沮漏庳毁者，用羡货市材新廪屋二区，凡三十楹，以储军食，又易甲仗库，重厅事之西庑，为楼五楹，以藏兵械……"

③ 荆门军为军治，其甲仗库规模较大，形制较为完备。[宋]楼钥.攻媿集.卷五十九.荆门军义勇甲仗库记："乃度基于郡之西北，虚旷几百余丈，缭以周墙，阻以深沟，计工与材以闻于朝，有旨下总司干金穀以济其须，淳熙十五年八月庀役不阅月告成。为屋若干楹，厅事居中，置楼于门两庑，翼如也，使君为政抑可谓知所先后文事武备无有不及者，足以为保障矣。"

④ 包伟民.宋代地方财政史研究.上海古籍出版社.2001：59-60.

⑤ [宋]史能之.咸淳毗陵志.卷六.官寺二//宋元方志丛刊（第三册）.北京：中华书局，1990.

⑥ 包伟民.宋代地方财政史研究.上海古籍出版社.2001：61.

⑦ [宋]王明清.挥麈录.余话卷一.四部丛刊景宋钞本.

⑧ [宋]李心传.朝野杂记.甲集.卷一七.诸州军资库.北京：中华书局，2000.

⑨ [宋]谢深甫.条法事类.卷三七.给纳.清钞本.

⑩ [宋]李焘.续资治通鉴长编.卷一四五.北京：中华书局，2004.

⑪ [宋]李焘.续资治通鉴长编.卷三七五.北京：中华书局，2004.

公厅吏舍之外，库地皆栈以板。"①

常州。"军资库总十有七楹，在谯门内东偏。"②

汀州。"军资库在州衙西庑后，内子库十一所：夏税库、常平库、免役库、盐钱库、大礼库、物料库、免丁库、赃罚库、犒赏库、衣赐库、以上并在库内。"③

7.2.8.4 架阁库

架阁库为档案保管机构，为两宋熙宁间始设。"仁宗朝周湛为江西转运使，以江西民喜讼，多窃去案牍，而州县不能制，湛为立千丈架阁，法以数月为次，严其遗失之罪，朝廷颁诸路为法"④

架阁库也常设在设厅之两庑，多为楼阁形制，如庆元府之架阁库楼："楼在设厅之东西庑……开庆元年七月更而新之，总二十有六间。其择材巨，其用工精书皮上，分吏奋下列，自今插架整整，图籍之储得其所矣。凡费钱三万一百一十一贯三百文，米七十硕一斗。"⑤

7.2.9 教场

教场又称校场，为比武操演之地。是子城内除了郡圃以外，面积较大的空地。有三条关于教场面积的记载，分别是庆元府和常州，形状、面积没有规律：

教场（子城西北，总为地四十亩一角四十步，西东一百步，南北九十七步，官厅射亭坐其北，宝庆三年守胡矩重修。）⑥

教场东西相距五十五丈，墙高一丈九尺，视旧观开广明敞矣。时帐前多江淮将校，步骤其中，意若矜壮焉。⑦

教场在郡治东北隅，广十有四丈，袤八十丈，轩厅各三楹，翼屋七楹，东西庑同，又小教场在郡圃，有阅武亭，今废。⑧

另外在《咸淳临安志》府治图中，中轴线左侧有一路院落内有教场的形象。其规制大约是四周有围墙，在一侧有半敞的轩或射亭，教场面积、形状因地制宜，没有定制。

7.3 两宋特有官署机构考略

按本书第 2 章对地方官署机构之分类，除了府州治所，两宋的地方城市中还

---

① [宋]梅应发、刘锡.开庆四明续志.卷六.武藏.//宋元方志丛刊（第六册）.北京：中华书局，1990.
② [宋]史能之.咸淳毗陵志.卷十二.武备.教场//宋元方志丛刊（第三册）.北京：中华书局，1990.
③ [宋]胡太初.临汀志.仓场库务.福建人民出版社.1990.
④ [宋]吴曾.能改斋漫录.卷一.事始."千丈架阁"条.清文渊阁四库全书本.
⑤ [宋]梅应发、刘锡.开庆四明续志.卷四.架阁库楼.//宋元方志丛刊（第六册）.北京：中华书局，1990.
⑥ [宋]罗濬.宝庆四明志.卷第三.制府两司仓场库务并局院坊园等//宋元方志丛刊（第五册）.北京：中华书局，1990.
⑦ [宋]梅应发、刘锡.开庆四明续志.卷六.小教场.//宋元方志丛刊（第六册）.北京：中华书局，1990.
⑧ [宋]史能之.咸淳毗陵志.卷十二.武备.教场//宋元方志丛刊（第三册）.北京：中华书局，1990.

有以下官署机构：路级机构、通判厅、幕职官厅、诸曹官厅。在实际情况中，其他各类官厅不分等级，散布在治所周围，以府治居中，路级机构如转运司等规模较大，而幕职官厅、诸曹官厅规模较小。在子城内形成分布集中、布局有机的建筑院落群。如杜范《东倅厅题名记》所描述："余始至见子城之内，环府治为官舍者三。问之，其北于郡门者为州钤厅，又北为通判北厅，直西南为南厅。问添差东厅，则旧税务，直子城之北，杂于民廛者是也。"①

7.3.1 金厅

金厅即签厅，旧称都厅②，为幕职官合治、会集的办公场所③④。对应的建筑形式多为单独的建筑，位于府治内，和设厅较近。其他机构如转运司、安抚司等，往往也有独立的金厅。

7.3.2 通判厅

宋初设通判，各州一员到二员，南宋屡次增加⑤，因此，在南宋方志中，通判厅常有二至三处，如通判南厅、通判北厅、通判西厅等，并且散布各处，既有位于府治内的，也有位于子城外的，差异较大，而通判官员的住所也或有廨舍，或僦居。

7.3.3 司户厅、司理厅、司法厅、司户厅等

多在谯楼之外，或谯楼和仪门之间的甬道两侧，往往对称布置，形成具有一定序列的礼仪空间，或为唐制。在扬州、常州、平江府等府治地图中都有所反映。

司理厅治司理院，为一州之监狱系统。一般每州设州院狱和司理院狱两处监狱。司理院或又分为左右或东西两院，共有三狱，如洪适《盘洲文集》提到广州"三院空虚⑥"，有的偏远小州只设一狱。

监狱也为院落式格局，《景定建康志·府廨之图》中有左、右院形象，位于府治之西南角，临街开门曰鬼门关。院内有庭，有廊，如民居：

旬日必出于狱庭之下，一一点姓名，且令系于狱之两廊，一则病瘠可见，二则有不应禁者即释之，三则令狱吏洁其牢匣，然后复入。⑦

① [宋]杜范.清献集.卷十六序记.台湾商务印书馆，1983.
② [宋]史能之.咸淳毗陵志.卷五.官寺一："金厅在设厅东，旧名都厅。"
③ [元]俞希鲁.至顺镇江志.卷十三.公廨.治所："签厅，官会集之所也。"
④ [宋]沈作宾,施宿.嘉泰会稽志.卷一："签厅，旧名都厅，在仪门东南。都厅，盖幕职官联事合治之地，帅藩则通判亦在焉。"
⑤ [宋]周应合.景定建康志.卷二十四.官守志一：《国朝会要》置诸州通判各一员，西京、南京、天雄、成德等州各二员，江宁府初置一员，嘉祐中，审官院言西京、北京、荆南、江宁府等并是京府……其后视西京等例增一员，分东西二厅，其后又添差一员，以朝士充，是为南厅，今东厅在府子城内之左，西厅在子城内之右，南厅在子城外之西，南各有题名。
⑥ [宋]洪适.盘洲集.卷七〇.广州狱空道场疏.四部丛刊景宋刊本.
⑦ [宋]陈襄.州县提纲.卷三.遇旬点囚.清函海本.

（庆元府）宝祐四年九月大使丞相吴公始至，恻然矜之，委僚吏即醋库旧址创建厢院，为屋凡□□楹，外植垣墙内列户牖，男女异室，如民居然，且择老成吏卒廪以粟，俾几其出入云。①

司户厅，唐沈亚之《谪掾江斋记》，载其营建郢州司户厅官廨事②；宋谢雩有《台州司户厅壁记》，载台州司户厅之沿革③。

检纳厅为收民租之机构，"乾德四年（丙寅，966 年），秋七月丁亥，令诸州就州廨作检纳厅，以受民租。"④

总领所为收军费之机构："南宋时期中央与州军所具体经管国家军政开支项目的范围，于北宋时期的不同，就在于南宋置总领所，专职应办御前大军的钱粮，使中央军的军费从地方岁计经费中分离出来，直属中央。"⑤镇江府有总领所。

节推厅、察推厅、录事厅、钤衙等，都是两宋独有之机构，不一一考证。

7.4 第 5、6、7 章小结

关于两宋地方治所的文献在地域、时间上分布不均，因此，本书的下篇在现有文献资料的基础上，根据史料的详细程度，展开不同深度的研究。

（1）关于研究方法。基本的研究方法即考古和文献相结合，步骤：首先疏爬城市的建置、建城沿革，重点考察其子城周回、规模、形态、选址、和治所的位置关系；其次对现存相关文献尤其是舆图的时间做相关考证，选取合适的时间点，最后在静态的时间点上展开复原，复原的深度根据资料深度而定。本书第 5、6、7 章所涉及的地方城市，除了镇江府，研究深度均达到对治所核心院落的建筑布局复原，其中对建康府的复原则尝试到建筑单体复原的深度。

（2）个案的选择。选取建康府和临安府为个案，是因为这两个城市尤其是治所的资料相对翔实、形态较为特殊、时间跨度较长。其中，临安府的相关资料覆盖了五代至元期间，南宋因袭北宋州治为皇宫，而府治择地重建，因此选取了五代和南宋（咸淳）两个时间点，研究对象也分成五代国治和南宋重建之府治两部分。南宋建康府府治情况与临安府相似，并为元代行台察院公署所因袭，因此选

---

① [宋]梅应发、刘锡.开庆四明续志.卷四.厢院.// 宋元方志丛刊（第六册）.北京：中华书局，1990.
② [唐]沈亚之.沈下贤集.卷六.谪掾江斋记："谪掾沈亚之，廨居负江，方茅为墙，止于堤防之下。堂序四辟，異隔道门……一日，谋廨其西厢，将面水以敞之……遂召工人庸人茅涂之者与计之，磨淄洗故，得充用者十五。太守闻之，与其薪十四。其余则搜剪补辅，然后配材就构。虽细短不委，各辐辏以任。一栋七柱，助柢楣二桷，覆厦狭庑，重左而单右，若翅之将翔然……时太和五年五月十九日也。"
③ 谢雩.台州司户厅壁记 // [宋]林表民.赤城集.卷三："台州司户参军，唐至德间著作郎郑虔尝以谪官居之。今州城东偏，犹以户曹名巷。杜工部诗所谓'老作台州掾'是也……今廨舍为屋三十楹，而扁榜者曰户曹厅，皆滕君遗迹也。"
④ [宋]李焘.续资治通鉴长编.北京：中华书局，2004.
⑤ 包伟民.宋代地方财政史研究.上海古籍出版社.2001：83.

取南宋（景定）时间点展开，并对其进行建筑单体深度的复原设计。

南宋建康府治和南宋临安府治均不在子城内，在北宋，仅有开封府治一例，北宋四京情况不明，南宋初，宋廷南渡，驻跸南方多个城市，多次以当地治所为行宫，除了建康府和临安府，其余如平江府、绍兴府、明州，驻跸时间较短，宋廷离开后诏令还赐行宫为府治，仅有建康府，整个南宋朝都是重要的军事战略要地，是宋廷北伐复兴的重要据点，因此建康行宫设置留守，终宋保留。通过对考古文献的疏爬和复原设计的反推，这两个府治的规模均为150亩左右。失去了子城的依托，临安府府治以州桥为中轴线序列之始，内部格局与一般府州治所相同，有6-7路院落组成；建康府治则在府门处设鼓角楼，格局也是6-7路院落组成，但因为建康府重要的军事地位，院落中还有包含了若干较重要的路级机构，如沿江制置司、安抚司等。

（3）对于类型相似的城市治所进行整体研究。对子城内重要的空间要素之特点进行归纳。两宋继承了唐子城内治所的中轴线序列，自南而北，包括：宣诏颁春二亭，谯门、谯楼，仪门（戟门），戒石铭，设厅，州宅，子城北墙。此外，还有便厅位于设厅后或两侧，郡圃位于子城内，一般为北部，还有仓场务库、教场等。两宋特有的官署机构：路级机构，通判厅，幕职官厅、诸曹官厅。路级设置在部分（一般为较重要的）府州城市，如转运司衙、安抚使司等，其余官厅较小，分散位于府治内的前方和府治外子城内的各处。对于特定功能的机构，如税务、仓库等，则因地择址。

第8章　结　论

8.1　两宋地方官署的空间形态特征

两宋地方治所是地方官署的核心建筑群。在本书所能统计并展开研究的南宋城市群里，地方治所表现出一定的官署建筑共性。如占地规模，核心空间序列，功能分布。

从本书第 4 章所统计的城市平面形态来看，城市的罗城形态受山水地势等影响，面积、形状差别较大；子城的位置选择，或择中而居，如平江府、建康府，或选地势高坦、易守难攻之处，如镇江府、建德府等。其规模分三等：最大者为都城之皇城，因袭前朝之子城，并扩展为皇城，例子有北宋汴梁皇城和南宋临安皇城，周回约九里；次大者为周回三至五里，治所往往位于子城的北部，而治所正门（府门）和子城正门（谯门）之间形成一个礼仪性质的甬道，较小的机构往往分布在这一甬道两侧，子城内除治所外，还有一定数量的居民生活区和相应的商业、手工业区，治所通过设立碑界来明确其官地形制，大部分城市子城规模为这一等级；规模最小者为周回三里以下，如常州府、镇江府、建德府和南雄州，子城仅容治所，或即唐之牙城。若以此牙城规模为两宋治所之一般规模，根据本书对南雄州子城规模的推测，为 500 亩左右，远大于明清地方治所。根据对现有南宋方志舆图的复原和分析，一般少则五路，多则七路，中间一路为仪门、设厅等核心建筑院落，两侧院落有金厅等幕职官厅、司理院等诸曹官厅、仓场务库等功能性机构，州（府）宅则往往占据治所中后方 2-3 路院落，并往往和郡圃有机结合，一并占据较大面积。根据对建康府、临安府府治的复原研究，推测其面积在 160 亩左右。两宋地方治所的核心空间序列基本因袭唐制，事实上历代地方治所的核心空间序列并没有很大差别，正如明制归纳的衙署之功能分区：治事之所、宴息之所、吏攒办事之所以及礼仪空间，同样适用于两宋地方治所。

8.2　两宋官署建筑的时代特征

宋代处于中国历史上第二次筑城周期中的"不筑城"时期。隋唐是这一时期的筑城高峰期，延续至五代藩镇时期，奠定了地方城市的罗城—子城—牙（衙）城（或治所）的重城格局，两宋因袭了这一城市格局，在地方上实行削藩政策，在非边防地区减弱城墙的军事功能。根据本书对部分城市城墙营建的数据统计和分析，虽然在北宋皇祐、两宋交接时期也因农民起义、金兵入侵等战争原因有过较集中的城墙修复和城市兴建，但总体上，两宋时期的地方城墙建设以修补为主，较少大手笔的新建。无论是城市规模，还是廨宇之等级，均是不如唐代的。顾炎武评论："予见天下州之为唐旧治者，其城郭必皆宽广，街道必皆正直。廨舍之为唐旧创者，其基址必皆宏敞。宋以下所置，时弥近者制弥陋。"[①] 唐代地方城市城郭宽广、街道正直、廨舍基址宏敞，是建立在地方长官（主要指节度使）长期拥有充分财政独立权的基础上的。伴随着宋初及中期的历次制度改革，除了军权，地方长吏的司法、财权也逐渐被收回、控制和制约，这也是从唐宋到明清之总趋势。从建筑制度上来看，在唐、宋，制度多以诏令的形式颁发，因事而设，城市营造有相当的灵活度，北宋在诏令的基础上形成法式，从用料的角度对营造成本做了粗略控制，建筑的比例、造型也还有相当发挥的余地，至明代，各项制度更加成熟，城市建设的成本、规模、等级被精确控制。制度上的由松到紧也许是造成唐代到明代建筑风格和城市尺度变化的原因之一。

两宋的中央官署上承唐制，下启元、明、清。北宋中央官署机构在皇宫内外均有，大致上，皇宫内的中央官署机构（如三省、枢密院、都堂）是高级官员集会之场所，皇宫外的机构是各级官员办事、办公之场所；到南宋，一方面因为南宋临安皇宫用地局促，一方面得益于文书交流技术（造纸、印刷技术的成熟），皇帝与官员的交流可以更多依靠文书，因而皇宫内更无官员集会议政之场所，皇宫外御街两侧林立中央办公机构的格局便由此形成，是明清皇宫外用千步廊将中央官署有序组织的格局之滥觞。

相比于格局特征之承上启下，两宋时期的中央官署的功能悄然发生了本质变化。逐渐从朝堂、政事堂演变为办事、办公机构，不再是象征相权的权力中心。皇帝与官员的议政方式不再是集聚会议的模式，而是皇帝以各种对的方式约见随意组合的官员，从而实现皇权的极大化。

两宋地方治所继承了唐子城内治所的中轴线序列，重要的空间要素有：谯门（包括谯楼），仪门（戟门），设厅（大厅、黄堂）。上述称谓折射出历代地方官制——分封制和郡县制对地方城市的影响，例如仪门源自郡县制下的汉代县寺桓门，而戟门则源自古代帝王外出所居之门，从等级制度上说属分封制下的宫门。虽然两宋继承了唐地方治所之空间格局，但摈弃了其中带有藩镇性质的称谓，如两宋多称仪门而少见戟门，再如谯楼由唐之鼓角楼改称为宋之敕书楼，再如两宋戒石铭之设置，都反映了中央对地方官员的提醒和警示。

此外，两宋在唐制基础上，应其官制发展出若干套特有官署机构，如各类路级机构，通判厅、幕职官厅、诸曹官厅。这些机构从不同方面（财、军、民政）分散了长吏的权力。两宋地方官署内是这样的场景：在两宋地方官制下，出身士

---

① 顾炎武.日知录.卷一二.馆舍.上海：商务印书馆，1929:16.

大夫的京官带着眷属走马灯般上任于各府州，而或为知州，或为通判，或为路级的漕、帅长官，虽俸禄丰厚，衣食无忧，但在军、财、民政权上处处受到同僚的互相牵制，职权减少，地方官署已不再是地方长官的个人权力空间。另一方面，官员的职能细化，形成了文官治国、军队职业化的文、武分工，地方官员的审美能力和才华在城市治理方面得到了发挥——主要体现在城市水利设施的利用和改造、城市人文景观的创造两方面。相比之下，到明代，官员的职能进一步细化，进一步沦落为严格制度下的"办事员"。可以说两宋时代是城墙的消停和建筑的繁盛时代，也是城市自发生长的时代。

附　录　两宋地方城市历史资料汇编

资料汇编内容:（1）城市建设沿革的简述和简要资料;（2）唐、宋、元时期的营建沿革的详细资料汇编;（3）两宋时期某一时间点的衙署、子城、罗城营建的详细图文资料汇编。其中,大部分城市只有满足（1）、（2）的城市建设方面的资料,少部分城市有更详细的子城及官署建设方面的资料,其中只有个别城市有具体的官署图像资料。

京畿路

（1）开封府:相关史料和考证见正文。

京东东路

（2）青州（宋制不详）

北齐废东阳,迁筑于阳水南,为南阳城,即今城也,唐宋金元因之。国朝洪武三年……增崇数尺,垒石甃礱。[1]

（3）密州（重城之制）

（汉魏）:以诸城为治所,州理有中外二城,外城汉东武城也,其中城后魏筑,以置胶州,隋改密州,并理此城。[2]

（五代）《五代史·梁书》曰……王檀,字众美,为密州刺史,郡接淮戎,旧无壁垒,乃率丁夫修筑罗城,六旬而毕,居民赖之。[3]

（4）济南府（宋制不详）

即战国之历下,自西汉建国,治东平陵,至南宋孝建中移为郡城。宋曾巩北水门有《记》。沿至明初,内外甃以砖石,周围十二里四十八丈……[4]

（5）沂州（宋制不详）

忻州城,后汉末始筑。跨九原岗,谓之九原城。[5]

---

① [明]冯惟讷 等.嘉靖青州府志.卷十一.明嘉靖刻本.
② 于钦 等.至元齐乘.卷三.密州下 // 宋元方志丛刊（第一册）.北京:中华书局, 1990.
③ 李昉 等.太平御览.卷第二百五十八.职官部五十六.上海:上海古籍出版社, 2008.
④ [明]成瓘 等.道光南府志.卷八.明嘉靖刻本.
⑤ [明]胡谧 等.成化山西通志.卷三.民国二十二年景钞明成化十一年刻本.

（6）登州（五代改为重城之制）

天祐三年奏授登州刺史，下车称理。登州旧无罗城，及（邓）季筠至郡，率丁壮以筑之，民甚安。因相与立碑以颂其绩。①

（7）莱州（明以前制度不详）

莱州府城，砖城。国朝洪武三年筑。周围五里有奇，高三丈，池深一丈五尺，门四。②

（8）潍州（宋制不详）

初为土城，明崇祯九年改建为石城。③

（9）本路其他府州：淮阳军（资料不详）

京东西路

（10）应天府（宋制不详）

归德府城，相传微子故国，汉梁孝王增筑，广一十七里。宋元寖废，明初改为州，设归德卫守之……正德间，知州杨泰、周冕、刘信、相继建筑，周围七里三百一十步……④

（11）袭庆府（五代为重城之制）

（五代）梁太祖西攻凤翔，（王）师范乘梁虚，阴遣人分袭梁诸州县……使人负油鬻城中，悉视城中虚实出入之所。油者得罗城下水窦可入，掞乃以步兵五百从水窦袭破之。⑤

殿中少监袁继谦，为兖州推官。东邻即牢城都校吕君之第。吕以其第卑湫，命卒削子城下土以培之。削之既多，遂及城身，稍薄矣。袁忽梦乘马，自子城东门楼上。有人达意，请推官登楼，自称子城使也……⑥

刘鄩本事贩鬻，王氏既承昭皇密诏，会诸道将伐朱氏，乃遣鄩偷取兖州。鄩乃诈为回图军将，于兖州置邸院，日雇佣夫数百诣青州，潜遣健卒伪白衣，逐晨就役，夜即留匿于密室，如是数月间得敢死之士千余人。又于大竹内藏兵仗入，监门皆不留意，既而迎晓突入州，据其甲仗库，时兖州节度使姓张，统师伐河北，鄩既入据子城，甲兵精锐，城内人皆束手，莫敢旅拒……⑦

兖州府城，砖城，周围一十四里余……旧规狭隘，国朝洪武初封建鲁府，朝

---

① ［宋］欧阳修 等.五代史记.卷二十三.北京：中华书局，1974.
② ［明］陆釴 等.嘉靖山东通志.卷十二.明嘉靖刻本.
③ ［明］陆釴 等.嘉靖山东通志.卷十二.明嘉靖刻本.
④ ［清］王士俊 等.雍正河南通志.卷九.城池.归德府.清文渊阁四库全书本.
⑤ ［宋］欧阳修 等.新五代史.卷二十二.刘掞.中华书局，2011.
⑥ 李昉 等.太平广记.卷二百八十一.梦六袁继谦.北京：中华书局，1961.
⑦ 刘崇远 等.金华子杂编.卷下.商务印书馆，1927.

廷命武定侯郭英经营开拓，外有带郭，郭亦有门。[①]

（12）徐州（重城之制）

（营城简史）徐州城建于六朝，宋时王元谟尝称城隍峻整，宋苏轼、金完颜仲德俱增筑。明洪武初垒石甃甓，周九里有奇，高三丈三尺，广亦如之。[②] 徐州有罗城、子城。其外城南门曰南白门……宋熙宁中郡守苏轼增筑各门、子城，金哀宗正大初徐帅完颜仲德叠石为基，增城之半，复浚隍，引水为固……元改置武安州于东南二里许，即今广运仓地，明洪武初复治旧城，垒石甃甓，周九里有奇，高三丈三尺，址广如之颠，仅三之一……[③]

（唐、五代）咸通九年（868年）庞勋引兵北渡濉水，逾山趣彭城……至城下，众六七千人，鼓噪动地，民居在城外者，贼皆慰抚，无所侵扰，由是人争归之，不移时，克罗城。彦（崔彦）曾退保子城，民助贼攻之，推草车塞门而焚之，城陷。[④]

咸通十年（869年）八月壬子，康承训焚外寨，张儒等入保罗城，官军攻之，死者数千人，不能克，承训患之，遣辩士于城下招谕之。张玄稔尝戍边有功，虽胁从于贼，心尝忧愤，时将所部兵守子城，夜，召所亲数十人谋归国，因稍令布谕，协同者众，乃遣腹心张皋夜出，以状白承训，约期杀贼将，举城降……[⑤]

（两宋）熙宁丁巳，河决白马，东注齐、宋之野。彭城南控吕梁，水汇城下，深二丈七尺。太守眉山苏公轼先诏调禁旅，发公廪，完城堞，具舟楫，拯溺疗饥，民不告病。增筑子城之东门，楼冠其上，名之曰黄，取土胜水之义……[⑥] 尝闻苏东坡跋云：子城之东，当水之冲，府库在焉，而湫狭不可以为瓮城，乃大筑其门，护以砖石……[⑦] 彭祖庙，魏神龟二年刺史延明移于子城东北楼下。[⑧]

（13）兴仁府（唐有子城）

曹州表云：三月二十九日，舍利于子城上赤光现。[⑨]

（14）东平府（唐、五代为三重城制）

（唐）元和十四年（819年）李师道闻官军侵逼，发民治郓州城堑，修守备，役及妇人，民益惧且怨……（刘悟）乃令士卒曰："入郓，人赏钱百缗，惟不得近军帑。其使宅及逆党家财，任自掠取，有仇者报之。"使士卒皆饱食执兵，夜半听鼓三声绝即行，人衔枚，马缚口，遇行人，执留之，人无知者。距城数里，天未明，悟驻军，使听城上柝声绝，使十人前行，宣言"刘都头奉帖追入城"。

① ［明］陆釴 等．嘉靖山东通志．卷十二．明嘉靖刻本．
② ［清］赵宏恩 等．乾隆江南通志．卷二十．舆地志．城池．徐州府．清文渊阁四库全书本．
③ ［清］刘庠 等．同治徐州府志．卷十六．建置考．清同治十三年刻本．
④ ［宋］司马光 等．资治通鉴．卷第二百五十一．唐纪六十七．北京：中华书局，1956.
⑤ ［宋］司马光 等．资治通鉴．卷第二百五十一．唐纪六十七．北京：中华书局，1956.
⑥ ［宋］贺铸等．庆湖遗老集．卷第一歌行三十九首黄楼歌．民国宋人集本
⑦ 吕祖谦 等．观澜集注．甲集卷四．赋黄楼赋并序苏子由．浙江古籍出版社，2008.
⑧ 乐史 等．太平寰宇记．卷十五．河南道十五．中华书局，1985.
⑨ 释道宣．广弘明集．卷第十七．台湾商务印书馆，1983.

门者请俟写简白使，十人拔刃拟之，皆窜匿。悟引大军继至，城中噪哗动地。比至，子城已洞开，惟牙城拒守。寻纵火，斧其门而入。牙中兵不过数百，始犹有发弓矢者，俄知力不支，皆投于地。悟勒兵升听事，使捕索师道。师道与二子伏厕床下，索得之，悟命置牙门外隙地……皆斩之。自卯至午，悟乃命两都虞候巡坊市，禁掠者，即时皆定。大集兵民于球场，亲乘马巡绕，慰安之。①

（五代）梁牛存节镇郓州，于子城西南角大兴一第。因板筑穿地，得蛇一穴，大小无数。存节命杀之，载于野外，十数车载之方尽。时有人云："此蛇薮也。"是岁，存节疽背而薨。（公以梁太祖乾化五年夏六月十九旦薨于郓）②

同光元年（923年），顺密言于帝曰："郓州守兵不满千人，遂严、颙皆失众心，可袭取也。"……壬寅，遣嗣源将所部精兵五千自德胜趣郓州……夜，渡河至城下，郓人不知，李从珂先登，杀守卒，启关纳外兵，进攻牙城，城中大扰。癸卯旦，嗣源兵尽入，遂拔牙城，刘遂严、燕颙奔大梁。③

（15）拱州：宋宁宗四年建。明洪武元年增筑。设睢阳卫守之。④

（16-19）本路其他府州：济州、单州、濮州、广济军（资料不详）。

京西南路

（20）襄阳府（唐、五代、宋为重城之制）

（五代）杨师厚，颍州斤沟人也……先是，汉南（襄州）无罗城，师厚始兴板筑，周十余里，郛郭完壮。⑤

（宋）转运使衙在罗城内东门。中兴以来三司并于漕司并治襄阳，提点刑狱司旧在罗城东南，废为府学……都统司衙在罗城内东门，副都统制在罗城西南……碑记：《樊公遗爱碑》，李绛撰，元和八年立在子城中；《唐闻喜亭记》，赵璘撰记，在子城上。⑥

（明）前代建置无考，明初邓愈筑城……⑦

（21）邓州（宋制不详）

邓州有内外二城，内城国朝洪武二年金吾卫镇抚知邓州事孔显筑。周肆里叁拾柒步，高三丈……今城曰子城，南服承平，子城曰圯，元末有寇王权处是城，杀戮甚酷，遗民荡析，及元兵至，寇葺外城以抗敌，粮尽自溃，元将失剌把都恐复处而不能尅，毁其城，火其庐，无居守者贰拾年，鞠为茂丛区矣……外城则弘

① [宋]司马光 等.资治通鉴.卷第二百五十一.唐纪六十七.北京：中华书局，1956.
② 李昉 等.太平广记.卷四百五十九蛇四牛存节.北京：中华书局，1961.
③ [宋]司马光 等.资治通鉴.卷第二百七十二.后唐纪一.北京：中华书局，1956.
④ [清]王士俊 等.雍正河南通志.卷九.城池.睢阳城.清文渊阁四库全书本.
⑤ [宋]欧阳修等.五代史记.卷二十三.梁臣传第十一.北京：中华书局，1974.
⑥ [宋]王象之 等.舆地纪胜.卷第八十三.四川大学出版社，2005.
⑦ 恩联 修，王万芳 纂.湖北省襄阳府志.中国方志丛书.华中地方.台北：成文出版社，2007.

治拾贰年，知州吴大有筑。周壹拾伍里柒分，高壹丈，广伍尺。①

（22）随州（宋有子城）

瑞云亭在州城上，即太祖紫云之瑞也；清暑阁在子城里西南；餐霞阁，旧与谯门对峙，今移于郡治之西；季大夫梁庙……在子城之外，罗城之内。②

（23）金州（宋有子城）

金州景物上：金泉，子城东之井也。③

（24）郧州（宋有子城）

子城三面墉基皆天造，正西绝壁，下临汉江，白雪楼冠其上，石城之名本此，今在郡治。④

（25-27）本路其他府州：房州、均州、光化军（资料不详）

京西北路

（28）河南府（宋为重城）

河南府城在涧水东，瀍水西，即周公营洛地也，至秦复增广之，东汉三国魏西晋元魏皆城于此，隋炀帝末大营东京曰新都，唐长庆间增置十门，唐末摧圮殆尽。周世宗命武行德葺之。宋景祐间王曾判府事复加修缮，视成周减五之四，金元皆仍其旧……⑤

（29）颍昌府（宋有子城）

许昌西湖，与子城密相缘附而下，可策杖往来，不涉城市，云是曲环作镇时，取土筑坡，因以其地导潩水潴之，略广百余亩，中为横堤……⑥治所因袭：许州治，即汉唐以来旧址。⑦

（30）郑州（宋制不详）

郑州城，唐武德四年置管州始建。明宣德八年知州林厚修筑，周围九里三十步，高三丈，广半之，池深二丈，阔倍之，门五。⑧

（31）滑州（五代、宋为重城）

（五代）天福二年……一日，彦饶（符彦饶，滑州节度使）与奉进因事忿争于牙署……帐下介士大噪，擒奉进杀之。奉进从骑散走，传呼于外。时步军都校马万、次校卢顺密闻奉进被害，即率其部众攻滑之子城，执彦饶以出……⑨

---

① [明]潘庭楠 等.嘉靖邓州志.卷九.明嘉靖刻本.

② [宋]王象之 等.舆地纪胜.卷第八十三.四川大学出版社，2005.

③ [宋]王象之 等.舆地纪胜.卷第一百八十九.金州.四川大学出版社，2005.

④ [宋]王象之 等.舆地纪胜.卷第八十四.郧州.四川大学出版社，2005.

⑤ [清]王士俊 等.雍正河南通志.卷九.城池.河南府.清文渊阁四库全书本.

⑥ 胡仔 等.苕溪渔隐丛话前集.卷二十六.中华书局，1912.

⑦ [明]张良知 等.嘉靖许州志.卷二.建置志.城池.明嘉靖刻本.

⑧ [清]王士俊 等.雍正河南通志.卷九.城池.郑州.清文渊阁四库全书本.

⑨ [宋]欧阳修等.五代史记.卷二十五.北京：中华书局，1974.

（宋）八角井在州子城外北濠下，即唐贞观元年节度使贾耽所凿……仁风楼在州子城北，即晋东郡太守袁宏奉扬仁风之所也。[①]

（32）蔡州（唐为三重城，宋有牙城）

（唐）元和十二年（817年）（李愬入蔡州取吴元济）：……壬申四鼓，愬至城下，无一人知者……及里城，亦然，城中皆不之觉。鸡鸣雪止，愬入……元济始惧，曰："何等常侍，能至于此！"乃帅左右登牙城拒战。愬遣李进诚攻牙城，毁其外门，得甲库，取其器械。癸酉，复攻之，烧其南门，民争负薪刍助之，城上矢如猬毛。[②]

（宋）政和七年春，蔡州作临芳观于牙城之上……[③]

（明）汝宁府城，即汉汝南郡旧城，唐宋因之，后兵毁，明洪武六年重建……周围五里三十步，高二丈八尺，广如之，池深一丈二尺，阔二丈。[④]

（33）淮宁府（唐有子城）

大业十二年（616年），淮阳郡驱人入子城，凿断罗郎郭，至女垣之下，有穴其中，得鲤鱼长七尺余……[⑤]

（34）顺昌府（唐为重城）

开平元年（907年），淮南右都押牙米志诚等将兵渡淮，袭颍州，克其外郭。刺史张实据子城拒守。[⑥]

（35）汝州（宋制不详）

汝州城，始筑未详。明洪武初重建，周围九里有奇。[⑦]

（36）信阳军（唐为重城，宋有子城）

（唐）元和十二年（817年），道古攻申州，克其罗城，乃进围逼其中城……[⑧]

（宋）白云楼在子城东北……伏羲庙在子城放生池东。[⑨]

（37）本路其他府州：孟州（资料不详）

河北东路

（38）大名府（唐、五代为重城，宋有子城）

① 乐史 等. 太平寰宇记. 卷九. 河南道九. 中华书局, 1985.
② [宋] 司马光 等. 资治通鉴. 卷第二百四十. 唐纪五十六. 北京：中华书局, 1956.
③ 程俱 等. 北山小集. 卷十二. 上海书店, 1985.
④ [清] 王士俊 等. 雍正河南通志. 卷九. 城池. 汝宁府. 清文渊阁四库全书本.
⑤ 魏征 等. 隋书. 卷二十三. 志第十八. 北京：中华书局, 1973.
⑥ [宋] 司马光 等. 资治通鉴. 卷第二百六十六. 后梁纪一. 北京：中华书局, 1956.
⑦ [清] 王士俊 等. 雍正河南通志. 卷九. 城池. 汝州. 清文渊阁四库全书本.
⑧ [五代] 刘昫 等. 旧唐书. 卷一百三十一. 列传第八十一. 北京：中华书局, 1975. 在另一则史料中，中城被称为子城：甲寅，攻申州，克其外郭，进攻子城。城中守将夜出兵击之，道古之众惊乱，死者甚众。（[宋] 司马光. 资治通鉴. 卷第二百四十唐纪五十六）
⑨ [宋] 王象之 等. 舆地纪胜. 卷第八十. 信阳军. 四川大学出版社, 2005.

（唐之前）大象二年（580年）于县置魏州，武德八年移县入罗城内。

（唐）开元二十八年（740年）刺史卢晖移于罗城西百步……① 文德元年（888年）魏博节度使乐彦祯骄泰不法，发六州民筑罗城，方八十里，人苦其役。②

（五代）同光元年（923年）三月筑坛于魏州牙城之南。③ 天福元年（936年）捧圣都虞候张令昭因众心怨怒，谋以魏博应河东。五月癸丑未明，帅众攻（魏州）牙城，克之；延皓（天雄节度使刘延皓）脱身走，乱兵大掠。④ 天祐三年（906年）正月十四日夜，率厮养百十辈，与嗣勋（长直军校马嗣勋）合攻之。时宿于牙城者千人，迟明杀之殆尽；凡八千家，皆破其族……⑤ 贞明元年（915年），魏州杨师厚卒，末帝以魏兵素骄难制，乃……分魏牙兵之半入昭德……迟明，魏兵攻牙城，杀五百余人，执德伦致之楼上，纵兵大掠。⑥

（宋）真宗咸平二年（999年）十一月……上登大名之子城南门楼……⑦

（39）开德府（五代有牙城）

天福十二年（947年）琼……得千余人，沿河而上，中夜窃发，自南城杀守将，绝浮航，入北城，朗鄂（契丹以族人朗鄂为澶州节度使）据牙城以拒之……⑧

（40）沧州（唐有罗城）大和三年二月戊辰，李载义奏攻沧州，破其罗城。⑨

（41）河间府（唐、宋为重城）

（唐）武德四年……黑闼之乱，士叡（瀛州刺史卢士叡）勒兵拒守，黑闼遣轻骑袭之，破其罗城，士叡据子城拒战……⑩

（宋筑新城）土城周回十六里，宋熙宁中安抚使李肃之城。此城之上为敌楼战屋凡四千六百间岁久倾圮，城壁犹存，今城高二丈五尺……（宋曾巩撰《瀛州兴造记》）熙宁元年七月甲申，河北地大震，坏城郭屋室，瀛州为甚……乃筑新城，方十五里，广平坚壮，率加于旧。凡圮坏之屋，莫不缮理，复其故常，又以其余力为南北甬道若干里，人去汙淖即夷涂。自七月庚子始事至十月己丑，落成事闻

① ［五代］刘昫 等.旧唐书.卷三十九志第十九.北京：中华书局，1975.
② ［宋］司马光 等.资治通鉴.卷第二百五十七.唐纪七十三.北京：中华书局，1956.
③ 马总 等.通纪.卷十三.北京：中华书局，2006.
④ ［宋］欧阳修等.五代史记.卷十六.北京：中华书局，1974.
⑤ ［五代］刘昫 等.旧唐书.卷一百八十二.列传第一百三十二.北京：中华书局，1975.
⑥ ［宋］欧阳修 等.五代史记.卷四十四.北京：中华书局，1974.
⑦ ［宋］李焘.续资治通鉴长编.卷四十五.北京：中华书局，2004.
⑧ ［宋］欧阳修等.五代史记.卷十上.北京：中华书局，1974.
⑨ ［宋］司马光 等.资治通鉴.卷第二百四十四.唐纪六十.北京：中华书局，1956.
⑩ 王钦若 等.册府元龟.卷四百二十五.将帅部.北京：中华书局，1960.

有诏嘉奖。[①] 清河公既作经武堂……于是即堂背尽城筑亭，以为游集棲息之所……名之曰旌麾园。而子城北楼门适园门也。[②]

《瀛州经武堂记》：崇宁四年春，诏以集贤殿修撰张公帅高阳……于是可以有营矣。乃论于朝……此经武堂之所从作也……六年五月始事，为堂七楹十二架，左右置挟，因二库为东西序，南直射棚作门以便出入，北尽城筑亭，疏池种所宜草木以为游集息之所。堂之中极空地丈衡，从俱倍之广庭修庑，显豁严靓，九月工告成。[③]

（42）博州（宋制不详）

东昌府城，旧有土城，宋淳化间徙博州于此所筑。国朝洪武五年守御指挥陈镛始甃砖石。周围七里，高三丈五尺，阔二丈，池深二丈，阔三丈，门四。[④]

（43）棣州（宋制不详）

旧城历有徙置，今城初惟阳信之乔氏莊。宋大中祥符八年徙，崇宁元年始诏工部尚书牛保甃治砖表，周十二里……[⑤]

州治在城中之北，宋大中祥符时立。明永乐中册封汉王高煦于乐安州遂并为藩府，乃移州治于废三皇庙。庙在西门街，宣德初，王府除，仍复中……[⑥]

（44）雄州（宋有罗城）

雄城……东汉献帝时瓒迁今治……【宋】庆历知州何承矩景德间复续北城，共九里三十步，及筑外郭【即外罗城】，濬濠引水谓之雄河，其宽广皆倍旧制，国朝洪武初尝治之……[⑦]

宋熙宁七年春三月……神宗面谕：……雄州外罗城今修已十三年，即非创筑，又非近事……[⑧]

（45）霸州（宋制不详）

旧传燕昭王筑城，宋将杨延朗尝葺之，以御契丹。周惟土墉，历金元皆因之，国朝弘治辛亥，知州徐以贞建东北城楼二座，已未知州刘珩以甓包城，北面建南楼……[⑨]

（46–55）本路其他府州：滨州、恩州、永静军、清州、信安军、保顺军、冀州、莫州、德州、保定军（资料不详）

---

① ［明］樊深 等．嘉靖河间府志．卷二．建置志．城池．明嘉靖刻本．
② 王安中 等．初寮集．卷六．河间旌麾园记．台湾商务印书馆，1983.
③ 王安中 等．初寮集．卷六．台湾商务印书馆，1983.
④ ［明］陆釴 等．嘉靖山东通志．卷十二．明嘉靖刻本．
⑤ ［明］刘继先 等．嘉靖武定州志．上帙．城池志．第四．明嘉靖刻本．
⑥ ［明］刘继先 等．嘉靖武定州志．上帙．公署志．第五．明嘉靖刻本．
⑦ ［明］王齐 等．嘉靖雄乘．卷上．建置第五．上海古籍书店，1962.
⑧ ［宋］叶隆礼．契丹国志．卷之九．上海古籍出版社，1985.
⑨ ［明］唐交 等．嘉靖霸州志．卷一．舆地志．城池．明嘉靖刻本．

河北西路

（56）真定府（唐、五代有子城）

（唐）景福中，幽州帅李匡威……泊于陆泽镇州赵王，王以匡威救难失国，因请税驾于常山府郭以中离变……忌王既造之，逼以兵仗，同诣理所，乃入自子城东门，门内有镕亲骑营中之卒，忽掩其外关，复于阙垣中有一人识是王，遽挟于马上，肩之而去。匡威格斗移时，与贞抱俱死……①

（五代）天佑八年（911年）……是夜，亲事军十余人自子城西门逾垣而入，镕方焚香受箓，军士二人突入，断其首，袖之而出，遂焚其府第，烟焰亘天，兵士大乱。② 天福六年（941年）（安）重荣以吐浑数百骑守（镇州）牙城，重威使人擒之，斩首以献高祖。③

曹汛先生考证正定的阳和楼是镇州府子城的南门阳和门："……梁先生所见之阳和楼，正是元代拆除宋代镇州州城和子城之后，保留着元代州镇子城南门，初称阳和门，后称阳和楼"。④

（57）相州（宋为重城）

后魏天兴元年筑，宋景德三年增筑。围十九里，今才得其半。⑤

《相州新修园池记》：……相州之武备日懈，不严至五：兵不设库，散处于厅事之廊，庑间败坏堆积，莫可详阅，郡署有后园，北逼牙城，东西几四十丈，而南北不及百尺……牙城之北乃有官蔬之圃……以抱螺名之……于是辟牙城而北之三分蔬圃之地，其一居新城之南，西为甲仗库，凡五十六间，由是兵械百万计始区而别焉。以库东之余地通于后园，由是园之南北始与东西均焉，又于其东前直太守之居，建大堂，曰昼锦堂，之东南建射亭曰求已堂，之西北建小亭曰广春，其二居新城之北，为园曰康乐……至和三年三月十五日记。⑥

（58）中山府（南北朝时有子城，宋为重城）

（北朝）孝昌初……定州危急，（加散骑常侍杨津）遂回师南赴。始至城下……贼攻州城东面，已入罗城，刺史闭小城东门，城中骚扰，不敢出战……津开门出战，斩贼帅一人，杀贼数百……津以城内北人虽是恶党，然掌握中物，未忍便杀，但收内子城防禁而已。⑦

（宋）二十二日癸卯……后魏为安州，唐改定州，城门曰昭化，瓮城三里，甚壮。城濠有流水。过信利、鲜虞、高阳三坊，坊各有小楼，又有明月楼。道旁多重车，

---

① [宋]欧阳修等.五代史记.卷三十九.北京：中华书局，1974.
② [宋]欧阳修等.五代史记.卷三十九.北京：中华书局，1974.
③ [宋]欧阳修等.五代史记.卷五十一.北京：中华书局，1974.
④ 曹汛.伤悼郭湖生先生.建筑师，总第130期，2008（3）：107.
⑤ [明]崔铣等.嘉靖彰德府志.卷一.明嘉靖刻本.
⑥ 韩琦等.安阳集.卷二十一.记相州新修园池记.台湾商务印书馆，1983.
⑦ [南北朝]魏收.魏书.卷五十八.列传第四十六.北京：中华书局，1974.

有先牌云辅国新授西京同知留守。子城门亦雄伟，曰"中山"，门两旁亦有挟楼，入门东行百余步入驿。子城西门曰"夕阳楼"，即望长安词所作之地。①

（59）怀州（宋制不详）

元至正二十二年始建，明洪武元年重筑。②

（60）卫州（宋制不详）

卫辉府城，东魏始建，明初增筑，置千户所守之。③

（61）保州（宋制不详）

国朝洪武三十五年守御都督孟善重修，甃以砖石。④

（62-72）本路其他府州：安肃军、永宁军、广信军、信德府、濬州、洺州、深州、磁州、祁州、庆源府、顺安军（资料不详）

河东路

（73）太原府（宋筑新城，为重城之制）

（唐）并州子城东育王寺者，今见尼住，为净明寺。⑤

（宋）罗城周一十里二百七十步，宋太平兴国七年建，四门……子城周五里一百五十七步，宋太平兴国七年筑。四门，南门有"河东军"额，因唐旧也，鼓角漏刻在焉。⑥

（明）国朝洪武九年永平侯谢成因旧城展筑，东南北三面周围四十四里。⑦

（74）隆德府（五代有子城）

（五代）……未几诏继俦赴阙……继达怒……服缞麻，引数百骑坐于戟门，呼曰："为我反乎！"即令人斩继俦首，投于戟门之内。副使李继珂闻其乱也，募市人千余攻于城门。继达登城楼，知事不济，启子城东门，至其第，尽杀其孥，得百余骑，出潞城门，将奔契丹。⑧同光二年四月，有诏以潞兵三万人戍涿州，将发……（杨立）因聚徒百余辈，攻子城东门，城中大扰。⑨

（明）潞州城，潞州卫守，洪武三年指挥佥事张怀因旧土城加筑，外包以砖，周围十九里五十八步，高三丈五尺，壕深三丈二尺，门四。⑩

① ［宋］楼钥.攻媿集.卷一百十一.台湾商务印书馆，2011.
② ［清］王士俊 等.雍正河南通志.卷九.城池.怀庆府.清文渊阁四库全书本.
③ ［清］王士俊 等.雍正河南通志.卷九.城池.卫辉府城.清文渊阁四库全书本.
④ ［明］李廷寶 等.嘉靖清苑县志.卷二.城池.附市集.明嘉靖刻本.
⑤ 释道宣.广弘明集.卷第十五.台湾商务印书馆，1983.
⑥ 杨淮 点校.永乐太原府志.卷三∥安捷.太原府志集全.太原：山西人民出版社，2005.
⑦ ［明］胡谧 等.成化山西通志.卷之三.城池堡附.民国二十二年景钞明成化十一年刻本.
⑧ ［宋］欧阳修等.五代史记.卷三十六.北京：中华书局，1974.
⑨ ［宋］欧阳修 等.五代史记.卷五下.北京：中华书局，1974.
⑩ ［明］胡谧 等.成化山西通志.卷三.民国二十二年景钞明成化十一年刻本.

（75）平阳府（宋制不详）

平阳府城，平阳卫守，洪武初因旧城重筑。[1]

（76）绛州（宋制不详）

隋开皇三年徙州治于玉璧，始筑。国朝洪武元年指挥郑过春重修。周围九里十三步……[2]

（77）泽州（宋制不详）

隋开皇三年创筑，国朝洪武初泽州守御所千户吴才修……周围七里，高二丈，东西南三门……[3]

（78）代州（宋制不详）

本后魏文帝所筑，广武军东上馆城，隋开皇六年改为代州城，国朝洪武六年吉安侯陆亨、都指挥王臻修……[4]

（79）忻州（唐、五代为重城之制）

后汉末始筑跨九原岗，谓之九原城。其三面俱临平地，周围九里十一步，高二丈二尺，东南北三门，上各建楼角楼三座，窝铺五十四座。[5]

（唐）光启三年（887年）曹翔引兵救忻州，沙陀攻岢岚军，陷其罗城，败官军于洪谷，晋阳闭门城守。[6]

（五代）天福元年（936年），帝（后晋高祖石敬瑭）以晋安已降，遣使谕诸州……（刺史）审琦悔之，闭牙城不从。[7]

（80）汾州（宋制不详）

旧传曹操所筑。元至正十二年知州朱赟重筑，周围九里十三步……景泰二年修。[8]

（81）石州（宋制不详）

秦丁巳三年赵武灵王破林胡楼烦始筑。元至正二十年，河南行枢密院同金八元凯、郡守尹炳文再筑，国朝景泰元年知州范寅修。周围九里三十步。[9]

（82）隰州（宋制不详）

唐武德元年筑。周围七里十三步……景泰二年同知李亨等修。[10]

---

① [明]胡谧 等.成化山西通志.卷三.民国二十二年景钞明成化十一年刻本.

② 同上.

③ 同上.

④ [明]胡谧 等.成化山西通志.卷三.民国二十二年景钞明成化十一年刻本.

⑤ 同上.

⑥ [宋]司马光 等.资治通鉴.卷第二百五十三唐纪六十九.北京：中华书局，1956.

⑦ [宋]司马光 等.资治通鉴.卷第二百五十三唐纪六十九.北京：中华书局，1956.

⑧ [明]胡谧 等.成化山西通志.卷三.民国二十二年景钞明成化十一年刻本.

⑨ 同上.

⑩ 同上.

（83）慈州（宋制不详）

晋公子夷吾所筑。国朝景泰初知县王亨修。[①]

（84）麟州（宋有罗城）

宝元二年（1039 年），知麟州供备库使朱观请筑外罗城以护井泉，从之。[②]

（85）威胜军（宋制不详）

元末修筑，洪武十一年千户吴材增修，周围六里三十步。[③]

（86）平定军（宋制不详）

肇自汉韩信驻兵，因高阜为寨，以榆塞门，因名榆关，今谓上城。宋太平兴国四年增筑东北隅，今谓下城。元初总帅聂珪修。周围九里二十六步，高一丈五尺，壕坍淤深浅不等。东西南三门。[④]

（87）晋宁军（宋为重城之制）

州城宋熙宁中葭芦寨，据山为固，因河为池，至今称铁葭州。云金元以来屡经缮修，明洪武初守御千尸王纲改建，自北而南截三分之一增筑。垣墉分内城……外城周三里五分，高三丈，石甃。[⑤]

（88-96）本路其他府州: 宪州、岚州、府州、辽州、丰州、岢岚军、宁化军、火山军、保德军（资料不详）

陕西路

（97）京兆府（重城之制）

（北朝）武帝大同四年，东魏都督赵青雀、雍州民于伏德等遂反，据长安子城……[⑥]

（唐都城）府城即隋唐京城……唐永徽五年筑罗城，天祐元年匡国军节度使韩建改筑，约其制谓之新城。宋金元皆因之。明洪武初都督濮英增修，周四十里，高三丈，门四……[⑦]唐城内外凡三重：《六典》唐都城三重，外一重名京城，内一重名皇城，又内一重名宫城，亦名子城。[⑧]

（98）河中府（五代为重城）

（乾祐二年秋），枢密使郭威奏收复河府罗城，李守贞退保子城。[⑨]

即虞都故城。历代相因，五代汉李守贞叛，据河中，尝截半为内城以守。今

---

① ［明］胡谧 等．成化山西通志．卷三．民国二十二年景钞明成化十一年刻本．
② ［宋］李焘．续资治通鉴长编．卷一百二十三．北京：中华书局，2004.
③ ［明］胡谧 等．成化山西通志．卷三．民国二十二年景钞明成化十一年刻本．
④ 同上。
⑤ ［清］沈青峰 等．雍正陕西通志．卷十四．城池．葭州．清文渊阁四库全书本．
⑥ ［宋］司马光 等．资治通鉴．卷一百五十八．北京：中华书局，1956.
⑦ ［清］沈青峰 等．雍正陕西通志．卷十四．城池．西安府．清文渊阁四库全书本．
⑧ 程大昌 等．雍录 // 宋元方志丛刊（第一册）．北京：中华书局，1990.
⑨ ［宋］欧阳修等．五代史记．卷十下．北京：中华书局，1974.

治城是也。元至正十八年增修，国朝洪武四年重修，周围八里三百四十九步。①

（99）陕州（宋制不详）

西汉始建。明洪武二年增筑。②

（100）商州（宋制不详）

州城秦孝公十一年城商塞，晋兴宁末王靡之改筑故城。宋令狐厉建楼城上，邵康节有诗。元安西路判官寡骨里拓修，周五里高二丈五尺……本朝顺治二年商洛道袁生芝重修建谯楼于州治前。③

（101）同州（宋有子城）

《四川记》同州以二月二日与八日为市……郡守就子城之东北隅，龙兴寺前立山棚设幄幕乐，以宴劳将吏，累日而罢。④

（102）华州（宋有罗城）

唐永泰元年节度使周智光建，元至正中平章公驴拓古城西北隅修筑，周七里一百五十步，高二丈五尺，池深一丈五尺，明嘉靖乙卯地震，城圮，知州朱茹重建。门四……本朝康熙中知州冯昌奕葺四门楼及钟鼓楼。⑤

（熙宁三年）本州虽系陕西路，即不系近边州军，其州城从来并不曾有敌楼战棚……外罗城面上只有更屋二十三座……⑥

（103）耀州（宋制不详）

州城本华原县，元末兵燹，城尽圮。明景泰初重建。⑦

（104）延安府（宋制不详）

唐天宝初建，一云赫连勃勃筑。宋范仲淹庞籍经略时继修，明弘治初知府崔升复修，周九里三分……⑧

（105）鄜州（重城之制）

州城西阻龟（龜）山，东带洛水，有内外二城。内城相传为元吴知院所筑，周二里一百三十步，外城周十里，洛水为患，成化以来时加修筑……⑨

（106）保安军（重城之制）

（大中祥符五年）鄜延部署曹利用等言保安军蕃部请筑子城，望谕首领，俾竣农隙，从之。⑩ （天圣元年）改保安军子城为德靖寨。⑪

---

① ［明］胡谧 等.成化山西通志.卷三.民国二十二年景钞明成化十一年刻本.

② ［清］王士俊 等.雍正河南通志.卷九.城池.陕州.清文渊阁四库全书本.

③ ［清］沈青峰 等.雍正陕西通志.卷十四.城池.商州.清文渊阁四库全书本.

④ 陈元靓 等.岁时广记.卷一.售农用.中华书局，1985.

⑤ ［清］沈青峰 等.雍正陕西通志.卷十四.城池华州.清文渊阁四库全书本.

⑥ ［宋］司马光 等.温国文正公文集.卷第四十三.乞罢修腹内城壁楼橹及器械状.上海书店，1989.

⑦ ［清］沈青峰 等.雍正陕西通志.卷十四.城池.耀州.清文渊阁四库全书本.

⑧ ［清］沈青峰 等.雍正陕西通志.卷十四.城池.延安府.清文渊阁四库全书本.

⑨ ［清］沈青峰 等.雍正陕西通志.卷十四.城池.鄜州.清文渊阁四库全书本.

⑩ ［宋］李焘.续资治通鉴长编.卷七十九.北京：中华书局，2004.

⑪ ［宋］李焘.续资治通鉴长编.卷一百.北京：中华书局，2004.

（107）绥德军（制度不详）

州城环水抱山，宋鄜延宣抚使郭逵所筑。金元以来因旧修葺。明洪武中指挥严渊增修，周八里二百八十步。①

（108）庆阳府（制度不详）

城因原阜之势，其形如凤，谓之凤凰城。周七里十三步，明成化初修。②

《庆州新修帅府记》踰月，而公堂成，明年春，仪门成，夏，视事之堂成……又明年春，乃以其余力筑东北隅作堂以燕休。③

（109）邠州（宋制不详）

唐始建，宋金继修，元末李思齐令部将何近仁重修。明嘉靖二十三年知州孙礼建三门……周五里。④

（110）宁州（宋制不详）

州城五代梁隆德二年刺史牛知业建，东倚山，南西北俱阻河为池。周三里四十步，高四丈，门三。⑤

（111）醴州（唐为重城之制）

唐建中元年德宗用桑道茂言，诏京兆尹严郢发众数千及神策兵城之。子城周五里，罗城周十里有奇……后子城圮。今城即罗城也……五代汉乾祐中重修……本朝知州杨引昌重修谯楼，在城内州治东，悉新之。⑥

（112-119）本路其他府州：永兴军、解州、虢州、清平军、坊州、银州、环州、定边军（资料不详）

秦凤路

（120）秦州（宋为重城）

王仁裕尝从事于汉中，家于公署……其公廨子城缭绕，并是榆槐杂树。⑦唐天宝五载节度使王忠嗣筑雄武城，宋知州罗拯增筑东西二城。明洪武六年千户鲍成约西城旧址筑大城，周四里一百二步，高三丈五尺。⑧

（121）凤翔府（宋制不详）

唐末节度使李茂贞建……周一十二里三分，高二丈五尺。明景泰元年知府扈暹重修……⑨知府署在府城十字东街，明洪武四年移元肃政廉访司故址，

① [清]沈青峰 等．雍正陕西通志．卷十四．城池．绥德．清文渊阁四库全书本．
② [清]许容 等．乾隆甘肃通志．卷七．城池．庆阳府．清文渊阁四库全书本．
③ 晁补之 等．鸡肋集．卷第二十九．商务印书馆，1983.
④ [清]沈青峰 等．雍正陕西通志．卷十四．城池．邠州．清文渊阁四库全书本．
⑤ [清]许容 等．乾隆甘肃通志．卷七．城池宁州．清文渊阁四库全书本．
⑥ [清]沈青峰 等．雍正陕西通志．卷十四．城池．干州．清文渊阁四库全书本．
⑦ 李昉 等．太平广记．卷四百四十六．畜兽十三．北京：中华书局，1961.
⑧ [清]许容 等．乾隆甘肃通志．卷七．清文渊阁四库全书本．
⑨ [清]沈青峰 等．雍正陕西通志．卷十四．城池．鳳翔府．清文渊阁四库全书本．

即宋府治也，苏轼喜雨亭在焉。宣德四年郑王出封凤翔改为王府，复徙城西南隅。①

（122）阶州（宋制不详）

旧城在陇坻冈上，明洪武五年知州简原辅始建砖城。周二里高二丈四尺。②

（123）渭州（宋制不详）

自唐德宗令刘昌增筑，元末李思齐部将袁亨分为南北二城，明洪武六年总兵官平凉侯费聚修复如旧，周九里三十步……③

（124）泾州（宋制不详）

土筑，古建泾阳，元至正十九年院判张庸筑，明洪武三年同知李彦恭改筑，周三里……④

（125）德顺军（宋制不详）

县古羊牧隆城，宋庆历初改为隆德寨，金升县，明洪武二年修建……今城周三里许，有东南北三门。⑤

（126）镇戎军（宋制不详）

州城土筑，宋咸平三年曹玮所筑镇戎军城也。金兴定四年重筑。元末废。明景泰三年修复，成化五年增修，周九里三分……⑥

（127）熙州（宋有罗城）

（元丰元年）诏熙州增筑西南外罗城，渐置楼橹，凡役兵夫四十四万。⑦

自宋熙宁五年王韶大破羌人，城武胜军。金元因之，增修洮河上，故曰洮城。明洪武三年指挥孙德增筑，周围九里三分……⑧

（128）河州（宋制不详）

州城秦苻坚建。元时逼近北塬，明洪武十二年指挥使徐景改筑。⑨

（129）巩州（宋制不详）

元中统二年都总帅汪世显即通远军拓其故址，甃以石。明洪武十二年指挥刘显重修，周九里一百二十步……⑩

（130）岷州（宋制不详）

旧城筑于西魏，明洪武十一年指挥马华始筑新城，周九里三分。⑪

① [清]沈青峰 等.雍正陕西通志.卷十五.公署.凤翔府.清文渊阁四库全书本.
② [清]许容 等.乾隆甘肃通志.卷七.清文渊阁四库全书本.
③ [清]许容 等.乾隆甘肃通志.卷七.城池.平凉府.清文渊阁四库全书本.
④ [清]许容 等.乾隆甘肃通志.卷七.城池.泾州.清文渊阁四库全书本.
⑤ [清]许容 等.乾隆甘肃通志.卷七.城池.隆德县.清文渊阁四库全书本.
⑥ [清]许容 等.乾隆甘肃通志.卷七.城池.固原州.清文渊阁四库全书本.
⑦ [宋]李焘.续资治通鉴长编.卷二百九十.北京：中华书局，2004.
⑧ [清]许容 等.乾隆甘肃通志.卷七.城池.临洮府.清文渊阁四库全书本.
⑨ [清]许容 等.乾隆甘肃通志.卷七.城池.河州.清文渊阁四库全书本.
⑩ [清]许容 等.乾隆甘肃通志.卷七.城池.巩昌府.清文渊阁四库全书本.
⑪ [清]许容 等.乾隆甘肃通志.卷七.城池.岷州.清文渊阁四库全书本.

（131）兰州（宋制不详）

隋开皇初徙西古城，筑皋兰山北，少西滨河。明洪武十年指挥同知王得增筑……周六里二百步。①

（132）西宁州（宋制不详）

旧城元末久废。明洪武……因旧改筑，周八里五十六丈。②

（133-144）本路其他府州：震武军、陇州、成州、凤州、原州、会州、怀德军、西安州、洮州、廓州、乐州、积石军（资料不详）

两浙路

（145）临安府（宋为重城，南宋行都）

（营城简史）隋杨素创，周回三十六里九十步……唐昭宗景福二年，钱镠发民夫二十万及十三都军士筑罗城，周七十里……绍兴二十八年增筑城东南之外城……绍兴三十一年五月增筑禁城、东便门……元既取宋，禁天下修城，以示一统，而内外城日为居民所平。至正十六年，张氏陷姑苏，据浙西五郡，十九年，发松江、嘉兴、湖州、杭州民夫复筑焉。③

（五代至北宋府治沿革）旧在凤凰山之右，自唐为治所。（……旧志不载凤山治所起自何年，自陈始建郡。据《隋志》：开皇中，移州居钱塘城，复移州于柳浦，西依山筑城，即今郡是也……）子城南曰通越门，北曰双门，吴越钱氏旧造。国朝至和元年郡守资政殿学士给事中孙公沔重建，枢密直学士蔡公襄撰记，并书刻石于门之右。（记曰：……至和元年，资政殿学士给事中孙公沔枢密副使来抚是邦……秋八月语其僚曰："……昔钱氏依山阜以为治所，而双门木铜金铁用为敌备……门坯而也狭，又非礼制……吾将易而新之。"即以其说谋之转运使，资以羡钱，又询之于民，良家大姓愿以力助。于是商其用而裁取之，凡金植竹木之材，必可其直，暨陶盖梓之工，必当其庸。十一月甲戌兴作，明年五月讫工……按：子城二门，即今大内丽正和宁门所增筑者，府治旧基当在今殿司衙等处，以白公诸诗及南渡前诸诗可见矣。）④苏公之治杭也，亟请于朝缮修官舍楼橹仓库，凡二十七所。⑤

（郡治内亭台楼阁）虚白堂，唐长庆中刺史白文公有诗刻石堂上。因岩亭，见白文公诗。忘筌亭，见白文公诗。碧波亭，宴元献公；《舆地志》云，在子城北门外；《五代史》载钱氏大阅兵于碧波亭，亭临水面，阔数丈，元丰中郡守张

---

① [清]许容 等.乾隆甘肃通志.卷七.城池.兰州.清文渊阁四库全书本.
② [清]许容 等.乾隆甘肃通志.卷七.城池.西宁府.清文渊阁四库全书本.
③ [清]嵇曾筠 等.雍正浙江通志.卷二十三.城池上.清文渊阁四库全书本.
④ [宋]施谔.淳祐临安志.卷五.城府官宇府治//宋元方志丛刊（第四册）.北京：中华书局，1990.
⑤ [宋]潜说友.咸淳临安志.卷五十二.官寺一//宋元方志丛刊（第四册）.北京：中华书局，1990.

铣重建。南园巽亭，庆历三年郡守蒋堂建。望越亭，庆历中，守蒋堂建，政和初，守张阁迁巽亭于此。曲水亭，治平中守沈文通建。高斋，唐时郡斋名；严维《九日登高》有"迟客高斋瞰浙江"之句，又叶梦得《录话》云：钱塘州宅之东，清暑堂之后，旧据城闉，横为屋五间，下瞰虚白堂，不甚高大，而最超出州宅及园囿之中，故为州者多居之，谓之高斋。东楼，一名望海楼，在中和堂之北，《太平寰宇记》名望潮楼，高一十丈，唐武德七年置。清辉楼，唐郡守严郎中建，见白文公诗。云涛观，政和元年守张阁既徙巽亭，以旧址更造。石林轩，至和中守张沔建，号燕思阁，又取临安县净土寺，立石七株置之阁前，苍然奇怪号七贤石，元祐中守蒲宗孟改名石林轩。红梅阁，在石林轩侧。清风亭，在中和堂之侧，直望海门。右（以上）皆在凤凰山旧治，今姑存其名。[1] 凤皇亭，《祥符旧经》云：在通判旧治，废。[2]

（南宋换地续建）建炎四年翠华驻驿，徙治于清波门北，以奉国尼寺（即净因寺故基）创建。[3] 中兴驻跸，因（治所）以为行宫，而徙建州治于清波门北，净因寺故基……中和堂，钱武肃王阅礼堂旧址，至和三年郡守孙沔建堂其上，更名中和。建炎三年，高宗皇帝车驾临幸，有御笔并诗，后改为伟观堂，盖取御笔中语，此据旧志，岁月未详，既改创府治，仍以名堂，嘉定六年赵安抚时侃再创于旧七间堂（今名见廉堂）后之东偏，李左史为记，咸淳六年安抚潜说友徙令二堂相直，正视之门牖洞然，撤去老屋，焕乎一新。有美堂，嘉祐二年，梅龙学挚出守，仁宗皇帝赐诗，见御制门，挚乃作堂，取赐诗首句，名之曰有美，欧阳公修为记，蔡端明襄书。清暑堂，治平三年，郡守蔡襄建，自为记及书，今重建于恕堂后。右（以上）皆旧治内堂名，移建于今治。简乐堂，在设厅后，光宗皇帝以青宫领尹奏疏有"讼简刑清，百姓和乐"之语，后二年郡守胡与可乃为"堂摭"二字，匾曰简乐，且丐御画国子司业薛元鼎为记铭，咸淳二年洪安抚焘重建。清明平轩，在简乐堂后……见廉堂，在中和堂前，旧为七间堂，岁久桡腐且庳狭，弗与前宇称；咸淳五年十二月安抚潜说友撤而新之，楼其上，最为高耸，凭槛四望，百万人家森然画图中，面南诸峯若拱若挹，前是郡堂或增或易，非出一时，以故离立错峙于观不整，至是由内达外，直若引绳，无少枉蔽……听雨轩，在中和堂后，景定五年刘安抚良贵建，为屋八楹，取东坡中和堂后石楠树"与君对床听夜雨"之句为匾，咸淳六年安抚潜说友增高之，以为堂后屏蔽。恕堂，在东厅，清暑堂前，绍定间余安抚天锡建。爱民堂，在清暑堂东，淳祐九年赵安抚与篡建，明年四月理宗皇帝宣引赐御书"爱民"篇，因以名堂，仍丐御画为匾；[4]

---

① ［宋］潜说友．咸淳临安志．卷五十二．官寺一 // 宋元方志丛刊（第四册）．北京：中华书局，1990.

② ［宋］周淙．乾道临安志．卷二．廨舍 // 宋元方志丛刊（第四册）．北京：中华书局，1990.

③ ［宋］施谔．淳祐临安志．卷五．城府官宇府治 // 宋元方志丛刊（第四册）．北京：中华书局，1990.

④ ［宋］潜说友．咸淳临安志．卷五十二．官寺一 // 宋元方志丛刊（第四册）．北京：中华书局，1990.

前临芙蓉池，为议政谳狱之所。① 讲易堂，在爱民堂东，绍兴十六年，张安抚澄
建……绍定壬辰，余安抚天锡即故址重建，教授应繇记；咸淳五年，安抚潜说友
徙七间堂置其后。②《记》曰：郡治东偏旧有堂名讲易……绍定辛卯冬，四明余
公天锡以小司徒领尹事……暇日讯老吏：讲易故基安在？吏具白今为武库，及隶
人之垣，其屋亦老且败将压焉。乃悉撤去，徙库于衙教场西庑，谨谓宜多捐缗钱
买旁地，地故有废池，水泉冽清，池之外峙小山，石脚挿水下划如天成，乔木数
十章，左右环映，扶疏交阴，天籁互答。公出意匠使浚池疏泉，辇石增山，杂植
松桧篁竹佳葩名蘤以益其胜，遂作堂焉。牖户绸缪，宏敞深靓，前为轩乡南，南
风之薰，冬日可受，晨花夕月，春丽秋晖，时至景换揽挹无尽。出簷得支径，蛇
行斗折，一亭负山，居然有林壑意。少西为书室三间，亦爽垲明洁，皆堂之附庸
也。于湖犹子即之在醴幕公命作三大字，揭诸楣，又取葛碑立前荣于是，堂之旧
观尽复矣。……③ 竹山阁，旧在玉莲堂西竹园山，淳祐九年赵安抚与悆建阁其上，
理宗皇帝御书竹山阁扁以赐，景定三年，魏安抚克愚移置讲易堂之东南。承化堂，
在爱民堂后，嘉定间袁安抚韶建。三桂堂，在承化堂侧。景苏堂，在府治简乐堂
西，景定三年魏安抚克愚建。松桧堂，在中和堂西，淳祐间赵安抚与悆建。咸淳
六年安抚潜说友移面势而葺治之。④ 玉莲堂。在府治，教场之西，淳祐九年府尹
大资赵公与悆建，规制高壮，挹山瞰池，为寮属会聚之胜。十一年上御书"玉莲堂"
匾题以赐。⑤ 香远楼，旧为玉莲堂，魏安抚克愚牵于阴阳家白虎之说，撤屋而徙，
其匾于西湖之滨。咸淳七年，安抚潜说友即茀址为大堂六楹，楼其上，山翠横陈，
芙蕖可俯，取濂溪香远益清之语名之，遂为郡治最佳处。少东为茶亭四楹，前凿
方池，循除而上，则竹山阁之故基，平眺湖山水光林影，密疎隐见，如在图障中，
今惟环植以竹稍存竹山之旧云。(互见竹山阁及西湖玉莲堂)。

中和堂记：……乃撤废屋，疏污坏，筑垣八十四堵，为堂三十七楹，僝工于
孟秋之壬子，断手于季秋之丁未，复采旧名，榜曰中和……

见廉堂记：……咸淳六年户部侍郎潜君守京兆尹，至是二年矣……役于五年
十一月，迄工于今年正月，基旧为七间堂，增而愈崇，为屋三十二楹，上为楼，
取简乐堂，内外洞直……⑥

(其他官署机构) 通判南厅在府衙南。通判北厅在府衙东。安抚司参议官
主管机宜文字、干办公事廨舍在府治之左右。金判、察判、节推、察推、司户、
司法、教授廨舍并在府治之左右，府院在府衙门之西 (录事参军廨舍附之)。

---

① [宋]施谔.淳祐临安志.卷五.城府官宇府治 // 宋元方志丛刊 (第四册). 北京：中华书局，1990.
② [宋]潜说友.咸淳临安志.卷五十二.官寺一 // 宋元方志丛刊 (第四册). 北京：中华书局，1990.
③ [宋]施谔.淳祐临安志.卷五.城府官宇府治 // 宋元方志丛刊 (第四册). 北京：中华书局，1990.
④ [宋]潜说友.咸淳临安志.卷五十二.官寺 // 宋元方志丛刊 (第四册). 北京：中华书局，1990.
⑤ [宋]施谔.淳祐临安志.卷五.城府官宇府治 // 宋元方志丛刊 (第四册). 北京：中华书局，1990.
⑥ [宋]潜说友.咸淳临安志.卷五十二.官寺一 // 宋元方志丛刊 (第四册). 北京：中华书局，1990.

左司理院在府衙之东（司理参军廨舍附之）。右司理院在府衙之西（司理参军廨舍附之）。军资库在府衙门之左。常平库在府衙门之左。公使库在府衙之东。甲仗库在府衙之东。架阁库在府衙之北。公使酒库在府衙之西。只备库在府衙之西。什物库在府衙之西。轿担库在府衙之西。①

（以下官署机构略：两浙转运衙②③、提举市舶衙④、浙江安抚司、鲇检所提管厅、鲇检所提干厅、鲇检所都钱库官厅、鲇检所金厅、⑤点检行、金厅、通判北厅、通判东厅、都厅、当直司、金书判官厅、观察判官厅、节度推官厅、观察推官厅、府院、左司理院、右司理院、司户参军厅、司法参军厅、城南廊厅、城北廊厅⑥）

（《梦粱录·卷十》相关文字描述）临安府治在流福坊桥右。州桥左首亭匾曰"拜诏亭"，右首亭匾曰"迎春"。左入近民坊巷，节推、察判二厅。次则左司理院，出街右首则右司理院、府院及都总辖院。入府治，大门左首军资库与监官衙，右首帐前统制司。次则客将客司房，转南入签厅。都门系临安府及安抚司金厅，有设厅在内。金厅外两侧是节度库、盐事所、给关局、财赋司、牙契局、户房、将官房、提举房。投南教场门侧曰"香远阁"。阁后会茶亭，阁之左是见钱库、分使库、搭材亲兵使马等房。再出金厅都门外，投而正衙门俱廊，俱是两司鲇检所、都吏职级平分鲇检等房。正厅例，帅臣不曾坐，盖因皇太子出判于此，臣下不敢正衙坐。正厅后有堂者三，匾曰"简乐"、"清平"、"见廉"，堂后曰"听雨亭"。左首诵读书院，正衙门外左首曰"东厅"，每日早晚帅臣坐衙在此治事。厅后有堂者四，匾曰"恕堂"、"清暑"、"有美""三桂"。东厅侧曰常直司，曰鲇检所，曰安抚司，曰竹山阁、曰都钱、激赏、公使三库。库后有轩，匾曰"竹林"。轩之后堂匾以"爱民"、"承化"、"讲易"三堂，堂后曰牡丹亭。东厅右首曰客位，左首曰六局房，祗候、书表司、亲事官、虞候、授事等房而已。府治外流福井，对及仁美坊，三通判、安抚司官属衙居焉。府治前市井亦盈，铺席甚多。盖经讼之人往来骈集买卖要闹处也。运司衙、馆驿、本州仓场库务、鲇检所酒库、安抚司酒库（略）⑦

（146）绍兴府（宋为重城）

罗城：隋开皇中杨素所筑，唐乾宁中，钱镠重修。皇祐中，守王逵复修且浚治池壕。嘉定十三年，守吴格虽重修，后多摧圮，十六年汪纲又加缮治，并修诸门。城之东曰五云门。⑧罗城周回一十四里步二百五十。熙宁中，郡守沈立为《会稽图》，其叙如此……宣和初，刘忠显治城御方寇，尝稍缩其西隅然，则今所损步，

① ［宋］周淙.乾道临安志.卷二.廨舍// 宋元方志丛刊（第四册）.北京：中华书局，1990.
② ［宋］施谔.淳祐临安志.卷五.城府// 宋元方志丛刊（第四册）.北京：中华书局，1990.
③ ［宋］周淙.乾道临安志.卷二.廨舍// 宋元方志丛刊（第四册）.北京：中华书局，1990.
④ ［宋］周淙.乾道临安志.卷二.廨舍// 宋元方志丛刊（第四册）.北京：中华书局，1990.
⑤ ［宋］周淙.乾道临安志.卷五.城府浙江安抚司// 宋元方志丛刊（第四册）.北京：中华书局，1990.
⑥ ［宋］潜说友.咸淳临安志.卷五十三.官寺二幕属官厅// 宋元方志丛刊（第四册）.北京：中华书局，1990.
⑦ ［宋］吴自牧.梦粱录.卷十.台湾商务印书馆.1983.
⑧ ［宋］张淏.宝庆会稽续志.卷一// 宋元方志丛刊（第七册）.北京：中华书局，1990.

或者自是时也……城之四面高厚之数，则旧经大略如之，旧经城东面高二丈四尺，其厚三丈西面，高一丈六尺，其厚八尺。南面高二丈一尺，其厚一丈八尺，北面高二丈二尺，其厚二丈六尺……①

子城：旧经云：子城周十里，东面高二丈二尺，厚四丈一尺，南面高二丈五尺，厚三丈九尺，西北二面皆因重山以为城，不为壕堑。嘉祐中，刁约守越奏修子城……按：今子城陵门亦四，曰镇东军门，曰秦望门，曰常喜子城门，曰酒务桥门。水门亦一，即酒务桥北水门是也。其南秦望门，去湖亦仅百步，虽未必尽与古同，然其大略不相远矣。②……子城嘉祐初刁约奏修之，至八年始克成，岁久复坏，嘉定癸未，守汪纲既治罗城，因并葺其缺坏谯楼，并镇东军门、秦望门亦加藻饰而补葺之，为一郡壮观。③

嘉泰年间府廨格局：

府治据卧龙山之东麓，是为镇东军节度。即子城之东，以为军门，榜曰镇东军。桥曰府桥，桥之北曰惠风亭（今为公库酒肆）。直惠风亭北曰东亭，今曰蓬莱馆。由军门而西百二十三步，折而北曰谯门。（榜赐大都督……）直谯门曰仪门。直仪门曰设厅（绍兴元年九月高宗驻跸，会稽以州治为行宫……即以设厅为明堂……），设厅之后曰蓬莱阁，设厅之东为便厅，便厅之后曰使宅（建炎四年车驾再幸越州，以州宅充行宫。绍兴元年移跸临安，赐行宫充本府治所）。使宅之前曰清思堂，便厅之东曰青隐轩（政和间王公仲岩作）。直青隐轩之北曰招山阁，阁之下曰棣萼堂。阁之东为复道，以陟山麓曰采菊，少北有亭曰晚对。便厅之东少下为府签厅。仪门之外两廊为吏舍，仪门之西南向列署五，为安抚司签厅（唐吴蜕《镇东军监军使院记》曰……重门列楹，显敞丰博，东厢西序。窈窕深邃，越城之中称为一绝。时天复元年辛酉），为设厨，为省马院，为甲仗库，为公使钱库。公使钱库之西北为公使酒库，厅之两廊为复屋，曰走马阁，东廊为使宅之便门，西廊曰架阁库，西廊之西曰军资库，直军资库北曰清白堂。清白堂之西曰贤牧堂，贤牧堂之西北曰极览亭。极览亭西南曰白凉馆，白凉馆西南曰城隍庙，由蓬莱阁而北，少西焉，经井仪堂故址。登卧龙山绝顶曰望海亭。由蓬莱阁而西曰崇善王庙。直使宅之北曰望仙亭。使宅之东北曰观风堂。由观风堂而北，少东焉曰观德亭。由观德亭而西，历桃蹊梅坞出，使宅之北，南走城隍庙，下为西园便门……签厅旧名都厅，在仪门东南，都厅盖幕职官联事合治之地，帅藩则通判亦在焉。④

（其他官署机构）由秦望门而入直北，曰莲花桥，又北走即府治所也。秦望门街之东……曰酒务坊，曰夏麦仓，曰都酒务，街之西……曰提举司干办公事厅……（龙喷池）北曰金判厅……北街之东曰司理院……府治之南，左曰提刑司

---

① [宋] 沈作宾，施宿. 嘉泰会稽志. 卷一. 府廨 // 宋元方志丛刊（第七册）. 北京：中华书局，1990.
② [宋] 沈作宾，施宿. 嘉泰会稽志. 卷一. 府廨 // 宋元方志丛刊（第七册）. 北京：中华书局，1990.
③ [宋] 张淏. 宝庆会稽续志. 卷一 // 宋元方志丛刊（第七册）. 北京：中华书局，1990.
④ [宋] 沈作宾，施宿. 嘉泰会稽志. 卷一. 府廨 // 宋元方志丛刊（第七册）. 北京：中华书局，1990.

干办公事厅，曰作院，右曰通判南厅（旧为判官厅……其后至淳熙间，以旧通判南厅为武提刑，治所故南厅，遂徙于此）。由府治而右，手诏亭下，少西曰府院，曰下马院。由府治而左，颁春亭下东走，即镇东军门，街之北曰签厅，少东曰通判北厅，街南曰通判东厅（此即旧所谓通判南厅，今为添差通判厅）。^①

嘉定十六年营建府廨的格局：

唐元微之云：州宅居山之阳，凡所谓台榭之胜，皆因高为之，以极登览……当唐盛时州宅之胜可想而知也。乾宁中董昌叛，即厅堂为宫殿，昭宗命钱镠讨平之，以镠为节度，镠恶昌之伪迹，乃撤而新之。故元微之与李绅诸公所登临吟赏之处，一皆不存，若满桂楼、海榴亭、杜鹃楼，其迹已不复可考，而名传于世者，盖以诸公之诗也。建炎以后又复颓毁，而本朝诸公登临之处，亦不可复考，如逍遥堂、井仪堂、五云亭、披云、望云二楼者，殆不可胜数，凡州宅之堂舍亭馆，见于今者悉着录之，庶来者有所考云。州宅后枕卧龙而面直秦望，自钱镠再建，坏而复修，不知其几。嘉定十五年，守汪纲以谓其敝已极弗治，则不可枝矣，于是外自谯楼，以至设厅旁，由廊庑吏舍，内自寝堂燕坐庖湢之所，悉治新之。鸠工于嘉定十五年春，落成于十六年冬……

常衙厅在仪门之东，旧颇迫窄，守汪纲至是始辟其址而增广之，廊庑毕备，上为秦望阁，不知作于何时，赵抃尝有诗，则熙宁之前已有之矣（自此至棣萼堂皆汪纲重修）。清思堂在常衙厅之后，不知作于何时，张伯玉、赵抃皆有诗，今刻石于堂上。青隐轩在常衙厅之东，政和间王仲嶷作。延桂阁在清思堂之侧，前有岩桂甚古，守赵彦俶建，王补之摘杜子美赏月延秋桂之句以名，楼之下为寝处燕坐之所，便房夹室悉备，盖馆士所寓之地也，汪纲更新之，且添创他屋及庖湢之所居者，颇以为便。招山阁在棣萼堂之下，不知作于何时，旧名清凉阁，守洪迈改今名。云近在招山阁之右，宅堂之廊庑也，赵彦俶建，盖取杜子美云"近蓬莱常五色"之句以名。棣萼堂在云近之下，绍熙元年洪迈领郡，以其兄丞相适乾道中尝出守，迈取纶告中语有"矧伯氏棠阴之旧，增一门棣萼之华"，故名。燕春在清思堂后，守汪纲创建，摘张伯玉"燕寝长居紫府春"之句以名。云根在州宅后，守汪纲创建，摘张伯玉"州宅近云根"之句故名。四面屏障在州宅后，守汪纲创建，摘元微之"四面常时对屏障"之句以名。步鳌在州宅之后，守汪纲创建，取沈绅云"随步武鳌头稳"之句以名。拂云在州宅后子城之下，守汪纲创建，摘元微之"州城萦绕拂云堆"之句故名。晚对在州宅之后，洪迈所建，取杜甫"翠屏宜晚对"之句以名，覆之以茅，已颓毁不存，守汪纲即旧址再建。无尘在州宅之上，拂云之左，守汪纲创建，摘张伯玉"疏竹间花阴，了无尘境侵"之句以名。蓬莱阁在设厅之后，卧龙之下，章粢作《蓬莱阁诗序》云不知谁氏创始，按：阁乃吴越钱镠所建……不知其凡几坏几修矣。迩年

---

① ［宋］沈作宾，施宿.嘉泰会稽志.卷一.府廨//宋元方志丛刊（第七册）.北京：中华书局，1990.

其坏尤甚而修之。于嘉定十五年岁次壬午十一月己巳朔十五日己未者，郡守新安汪纲仲举也。镇越堂，汪纲创建，纲自纪于柱，云：由蓬莱阁而下，凡三级始达厅事，承平时皆有堂宇，废圮已久，后来者乃由中凿磴道，以便往来而飨军，延见吏民之所，遂为通行之路。非独失帅府之观瞻，而于阴阳家之说尤为妨忌，郡寖不如昔、民亦多艰，未必不由于此。嘉定辛巳，予自宪移帅，即有意稍复旧观，顾力未赡弗暇，明年秋，公帑稍有铢积，于是补苴罅漏，芟夷草莱，筑一堂于上。以镇越名之……又创行廊四十间于两翼，联属蓬莱并与阁一新之，山川朝拱气象环合，而斯堂之胜遂独擅于越中矣！工既毕，功姑记岁月于此，是岁九月辛未，新安汪纲书堂之匾榜，三大字大丞相史鲁公之笔也。月台在镇越堂之前，汪纲创建，旧尝有望月台，坏已久，其址亦不知在何所。唯王十朋一诗尚传云：明珠遥吐卧龙头，渐觉清光万里浮，人望使君如望月，更须如镜莫如钩。纲盖寓旧名于此也。云壑在卧龙之东，汪纲创建。前有乔松甚古，纲自记于柱云，嘉定壬午五月郡守新安汪纲作。云壑于卧龙之东峰，盖百花亭之旧址也……清旷轩在云壑之侧……观风堂，绍兴中曹泳所建……堂废，吴格再建，汪纲又葺之。秋风亭在观风堂之侧，其废已久。嘉定十五年汪纲即旧址再建……望海亭在卧龙之西，不知始于何时，元微之李绅尝赋诗，则自唐已有之矣。昔范蠡作飞翼楼以压强吴，此亭即其址也。祥符中高绅植五桂于亭之前，易其名曰五桂，岁久亭既废，桂亦不存。嘉祐中刁约增广旧址再建，复名望海，自作记以志。嘉定十五年汪纲重修。多稼亭在望海亭之下，嘉定十年王补之修，改今名。嘉定十五年汪纲重修。越王台，按祥符图经云在种山东北。种山盖卧龙之旧名也，今台乃在卧龙之西，旧有小茅亭名近民，久已废坏。嘉定十五年，汪纲即其遗址创造，而移越王台之名于此。气象开豁，目极千里，为一郡登临之胜。且俾曾者年篆三大字，立石而刻之，别为亭以覆之，亭在台之左。清白堂在蓬莱阁之西，卧龙山之足。康定中范仲淹所作……堂废不存久矣，嘉定十五年汪纲命访其所云都厅，即其处也。乃别创都厅重加整葺，而复范之旧扁。贤牧堂在清白之侧，旧以祠范文正公……[1]

　　（其他官署略）提举司[2]、提刑司、安抚司签厅、参议机宜抚干、通判北厅、通判南厅[3]。

　　（147）平江府（宋为重城）

　　大城：府城即阖闾故城，自太伯城梅里，平墟诸樊，徙都于此，迨阖闾时，子胥谋国，始相土尝水象天法地，以筑大城，周回四十七里，《吴地记》云四十二里三十步，《寰宇记》云三十里……今从《吴地记》自后历代皆仍其旧。至隋杨素徙城横山东，今所谓新郭也。唐武德末复还旧城，乾符三年王郢之乱，

---

①　[宋]张淏. 宝庆会稽续志. 卷一 // 宋元方志丛刊（第七册）. 北京：中华书局，1990.
②　[宋]张淏. 宝庆会稽续志. 卷二 // 宋元方志丛刊（第七册）. 北京：中华书局，1990.
③　[宋]张淏. 宝庆会稽续志. 卷三 // 宋元方志丛刊（第七册）. 北京：中华书局，1990.

刺史张搏重筑之。梁龙德二年始以砖甃高二丈四尺、厚二丈五尺，里外有濠。宋政和中复修治之，其故门废塞者皆刻石为识。宣和五年，诏加重甃。经建炎兵燹，淳熙中，知府谢师稷又缮完之。至开禧间，隳圮殆半，而池隍亦多为菱荡稻畦侵啮。时史弥远为常平，图复之。嘉定十六年弥远在相位，遂奏请得赐钱粟，知府赵汝述沈皞相继修治，为一路城池之最。宝祐二年，赵汝历增置女墙补建莳娄齐三门楼。开庆元年，诏复增筑。景定末，风坏娄、齐二楼。咸淳初重建。元既定江南，凡城池悉命夷烟，虽设五门，荡无防蔽。至正十一年兵起，复诏天下缮完城郭，监郡六十。太守高履，筑垒开濠，还辟胥门，掘土姑苏驿，下得石镌胥门二字，乃重辟之。至张士诚入，据增置月城。国朝平吴，更加修筑，高广坚致，度越畴昔。今城为亚字形，周三十四里五十三步九分……①

子城（小城）：子城在大城内东偏，相传亦子胥所筑。周十二里，高二丈五尺五寸，厚二丈三尺。历汉唐宋皆以为郡治（今樵楼西小石桥是子城泄水沟石，上所刻隶书有唐乾符二年七月十四日建，并勾当料匠等姓名）。张士诚僭窃时为太尉府，继经败毁城，夷圮略尽，今独存南门，颓垣上置官鼓司更，覆以小舍及列十二辰牌按时易之，郡人呼为鼓楼。城四面旧有水道，所谓锦帆泾也，今亦多淤，其东尚存故迹称为濠股。②

一说小城周八里："小城八里二百六十步。"③一说周十里："……筑小城，周十里。"④

郡治营建简史：

吴郡旧治，按《越绝书》云，今太守舍者，春申君所造。后殿屋以为桃夏宫，今宫者春申君子假君殿也。太守府大殿者，秦始皇刻石所起，至更始元年，太守许时烧。六年十二月，凿官池，东西十五丈七尺，南北三十丈。吴宫至秦犹存，守宫吏以火视燕窟，遂火焉。朱买臣载故妻到太守舍犹即此地。⑤自唐乾宁元年，刺史成及建大厅。宋初为节度使治所，嘉祐间郡守王琪复新旧厅，闳甲诸郡。陈经继之，作子城门楼，观甚伟。元丰六年，郡守章岵易以修廊，覆以重屋，又修戟门，由是自台门至于府廷，栋宇称度，整莫加矣。且吴之黄堂在昔著称，实为郡国事始，自唐以来又多胜概，建炎兵燹靡有孑遗。绍兴初，高宗将驻跸平江先命，漕臣于府治营造宫室，三年，行宫成，四年移幸，七年三月，诏赐守臣复为府治。承平时，每岁首饰诸亭纵民游玩以示同乐。⑥

《吴郡图经续记》嘉祐—元丰间的营造和格局：

今郡廨，承有唐五代之后。昔韦苏州诗云："海上风雨至，逍遥池阁凉。"白乐

① [明]王鏊.正德姑苏志.卷十六.城池//天一阁藏明代方志选刊续编（11–14）.上海书店，1990.
② [明]王鏊.正德姑苏志.卷十六.城池//天一阁藏明代方志选刊续编（11–14）.上海书店，1990.
③ 陆广微.吴地记.南京：江苏古籍出版社，1999.
④ [宋]范成大.吴郡志.卷三.南京：江苏古籍出版社，1986.
⑤ [明]王鏊.正德姑苏志.卷二十二.官署.中//天一阁藏明代方志选刊续编（11–14）.上海书店，1990.
⑥ [明]王鏊.正德姑苏志.卷二十二.官署.中//天一阁藏明代方志选刊续编（11–14）.上海书店，1990.

天于西楼命宴，齐云楼晚望，皆有篇什。所谓池阁者，盖今之后池是也。西楼者，盖今之观风楼也。齐云楼者，盖今之飞云阁也。白公诗云："欲辞南国去，重上北城看。"木兰堂之名亦久矣，皮陆唱和诗有"木兰后池"，即此也。池中有老桧，婆娑尚存，父老云白公手植，已二百余载矣……苏为东南大州，地望优重，府廷宜有以称。自唐乾宁元年刺史成及建大厅，更五代，至于圣朝嘉祐间，年祀浸远，栋宇既敝，紫微王公君玉乃新作是厅，选材鸠工，闳敞甲诸郡。陈祠部天常新作子城门，楼观甚伟，而大厅之前，戟门之后，廊庑庳陋不称。且甲仗、架阁二库在焉，海瀕卑湿，暑气蒸润，戎器簿籍，或材弊文朽不可用。又高丽人来朝，过郡，郡有燕劳，其从者皆坐于廊。此而不葺，非所以革弊示远也。元丰六年，太守朝议大夫章公，以是说谋于转运使，得羡钱二百万，又以公使助之。于是，易以修廊，覆以重屋，二楼对立，楼各八楹，木章必精，陶埴以良，吏无容奸，工各献巧，故费省而功速，明年春，落成。又修戟门，荐之高于旧三尺。由是，自台门至于府廷，栋宇相副，轮焉奂焉，不陋不奢，后无以加也。① 南仓在子城西，北仓在阊门侧……税务旧在驿前……② 两浙转运使治所初在吴郡……平江节度推官廨舍，昔甚隘陋，天圣中武宁章岷伯镇居幕府，始广而新之……③

《吴郡志》载绍定年间的营造和格局④：

谯楼。绍兴二年，郡守席益鸠工。三年，郡守李擢成之。二十年，郡守徐兢篆平江府额，然止能立正门之楼，两傍挟楼至今未复，遗基岿然。戟门。绍兴元年，郡守胡松年建。榜以平江军额，徐琛书。设厅。皇祐中，李晋卿以兵部员外郎守郡，尝修大厅。蒋堂为《记》，叙厅之所始甚详……后嘉祐中，王琪以知制诰守郡，始大修设厅，规模宏壮……兵火之后，绍兴三年，郡守宋伯友更建今厅。高宗皇帝巡幸，尝以为正衙，制度差雄。⑤ 蒋堂《重修大厅记》：姑苏受署厅新成……见梁间有题识，乃有唐乾宁元年刺史成及所建。乾宁距圣宋一百六十有余年矣，刺是郡者接迹不绝，凡受署讫，即临便阁，烦辔沉迷，其于厅事，或旬日不一至，以至年祀寖远，栋将挠焉……皇祐六年三月日记。⑥ 黄堂。《郡国志》在鸡陂之侧，春申君子假君之殿也。后太守居之，以数失火，涂以雌黄，遂名黄堂，昉此。郡圃。在州宅北，前临池光亭、大池，后抵齐云楼城下，甚广袤。按 唐有西园，旧木兰堂，正在郡圃之西。其前隙地，今为教场，俗呼后设场，疑为古西园之地。郡治旧有齐云、初阳及东、西四楼、木兰堂、东、西二亭、北轩、

① 朱长文.吴郡图经续记.卷上：13.
② 朱长文.吴郡图经续记.卷上：16.
③ 朱长文.吴郡图经续记.卷下：79.
④ 张维明.宋《平江图》碑年代考.东南文化.1987年03期："《吴郡志》南宋范成大撰，书止绍熙三年（1129年），理宗时，平江知府李寿朋命校官汪泰亨等补订，时止绍定二年冬，故又称绍定《吴郡志》。通行本卷十一牧守题名记事至宝祐三年（1244年），则为后人所续补。因此，《吴郡志》中所描述的郡治格局为绍定二年。"
⑤ ［宋］范成大.吴郡志.卷七.官宇.南京：江苏古籍出版社，1986：76.
⑥ ［宋］蒋堂.春卿遗稿.苏州府重修大厅记.上海：上海书店出版社，1994.

东斋等处。今复立者，惟齐云、西楼、东斋尔。余皆兵火后一时创立，非复能如旧闻。东楼，唐有之，今废……初阳楼，在郡中池上，既曰初阳，宜占东城，今废。东亭，唐有之，今更它名。西亭，唐有之，今西斋是其处。西园，在郡圃之西隙地，直子城，甚衰。唐谓之西园，今以作教场。北轩，在郡宅之后。北池，又名后池。唐在木兰堂后……今池乃在正堂之后，而木兰堂基正在其西，后无池迹。岂所谓木兰堂基者，非唐旧耶？或旧池更大，连木兰堂耶？本朝皇祐间，蒋堂守郡，乃增葺池馆……后十二年复守郡……池中有危桥、虚阁，今池皆不能容，则知承平时，池更大也矣……双莲堂，在郡治木兰堂东，旧芙蓉堂也。至和初，吕济叔大卿守郡，以双莲花开，易此名。池光亭，在郡宅后池北。绍兴十七年，郡守郑滋重建。池傍有小山二：东曰芳坻，郡守蒋粲建，飞白书其额；西有桧，郡守洪遵访故事植焉。唐有白公桧，已不存。淳熙六年，郡守司马伋以亭名犯曾祖及祖讳，暂以木兰堂榜之。木兰堂，在军之后。《岚斋录》云：唐张搏自湖州刺史移苏州，于堂前大植木兰花……案旧堂基在今观德堂后，古木犹森列。郡守数有欲兴废者，而卒未就。承平时，堂近有治平二年郡守陈经所刻御书飞白字碑，揭于木兰堂之新阘（阁）上，今不复存。[①]《木兰堂诗》：木兰堂，多为太守燕游之地，范文正公作守时尝赋诗云：堂上列歌钟，多惭不如古。却羡木兰花，曾见霓裳舞。白乐天在苏尝教倡人为此舞也。堂之前后皆植木兰干，极高大，兵火后不存。[②]双瑞堂，旧名西斋。绍兴十四年郡守王晚建。前有花石小圃，便坐之佳处。绍熙元年，长洲有瑞麦四歧，及后池出双莲。郡守袁说友葺西斋，以双瑞名堂，以识嘉祥。平易堂：在小厅东挟。绍兴间，郡守蒋璨立，自书匾榜。淳熙五年郡守单夔易以隶书。思政堂，旧名东斋。绍兴三十年郡守朱翌建。隆兴间，郡守沈度更名复斋。绍熙三年郡守沈揆更今名，自书匾榜。思贤堂，旧名思贤亭，以祠韦应物、白居易、刘禹锡，后改曰三贤堂。绍兴二十八年郡守蒋璨建。三十二年郡守洪遵又益以王仲舒及范文正公二像，更名思贤（仲并撰《三贤堂记》：绍兴二十八年春，敷文阁待制阳羡蒋公之镇吴门也……访其遗基得于郡治故木兰堂之左……三月辛酉，堂成。制度古雅，不陋不奢，称三贤之居焉，塑其像，以次位置于堂，南向东上……）瞻仪堂，旧在厅事之东，绍兴三十一年，郡守洪遵建。吴俗贵重太守，来者必绘其像。春秋则陈于齐云楼之两挟，令吏民瞻礼。至是，洪公恐为风日所侵，故作此堂藏之。绍熙三年，郡守沈揆始迁诸像于后圃旧凝香堂中，并其名迁焉。齐云楼，在郡治后子城上，绍兴十四年郡守王晚重建。两挟循城，为屋数间，有二小楼翼之。轮奂雄特，不惟甲于二淛，虽蜀之西楼，鄂之南楼、岳阳楼、庾楼皆在下风。父老谓兵火之后，官寺草创，惟此楼胜承平时。楼前同时建文武二亭。淳熙十二年，郡守丘崈又于文武亭前建二井亭（唐白居易《齐云拙晚望偶题十韵兼

① ［宋］范成大.吴郡志.卷六.官宇.南京：江苏古籍出版社，1986：50.
② 龚明之.中吴纪闻.卷一.上海古籍出版社：21.

呈冯侍御周殷二协律》）西楼,在郡治子城西门之上。唐旧名西楼,后更为观风楼,今复旧。绍兴十五年郡守王晚重建。二十年,郡守徐琛篆额。下临市桥曰金母桥,亦取西向之义。晚初落成,郡人竞献诗,以进士耿元鼎所赋为最（白居易《西楼雪宴》）[1] 观风楼:子城之西,旧建楼其上,名"观风"。范文正公作守时尝赋诗云:高压郡西城,观风不浪名,山川千里色,语笑万家声。碧寺烟中静,红桥柳际明。登临岂刘白,满目是诗情。在唐但谓之西楼,白乐天有西楼命宴诗。后改为观风,今复名西楼矣。[2] 四照亭,在郡圃之东北,绍兴十四年郡守王晚为屋四合,各植花石,随岁时之宜:春海棠,夏湖石,秋芙蓉,冬梅。凝香堂,在思贤堂西,面临池。绍熙三年迁太守画像于此堂,更名瞻仪。逍遥阁,在旧凝香堂后。盖取韦应物"逍遥池阁凉"之句。此阁旧观复堂也。逍遥额,郡守蒋璨书。后守韩彦古欲更名,乃除去旧额,而迄不果更名。云章亭,在旧凝香堂西南,故有此亭。绍兴三十一年郡守洪遵始命名。亭有仁宗皇帝赐陈经御书飞白"端敏宝文阁"佛字石刻及奖谕陈经敕。赐丁谓诗,并太上皇帝御书千字文。坐啸斋,在四照亭南。绍兴二十七年郡守蒋璨建,并书额。秀野亭,在坐啸斋西,绍兴三十一年郡守洪遵建。凉渚,本流杯名。旧在凝香堂后,今徙于池光亭后。观德堂,在教场,唐西园地也,绍兴二十一年郡守徐琛建,西又有射亭。扶春,池光亭后酴醿洞也。绍兴二年郡守沈揆名之,且书其榜。颁春、宣诏二亭,绍兴十四年,郡守王晚建,知信州吴说书额。亭之侧,东、西二井亭,乾道四年,郡守姚宪建。介庵,庆历八年,郡守梅挚建。在木兰堂南凌云台下挚作铭刻石。后庵入通判东厅,久亦废,而铭石尚在。盖兵火更张,官廨多失其旧也（《介庵铭并序》:表署西北,有堂曰木兰堂,之南有台曰凌云。灌木骈生其上,台下有故园废洞址在焉。予因访陈迹,通其塞而庵之。惜乎子立一隅,中无长物……庆历八年九月二十五日,尚书户部员外郎、知苏州军州事梅挚立）。通判东厅,在郡治之西,绍兴九年通判白彦惇建。介庵旧在郡圃后,入通判厅,今庵亦废。厅西有琵琶泉,小丘嵌岩曰西施洞,皆传为往迹,泉清冽可酿酒。淳熙十一年,通判魏仲恭葺。洞门作捧心亭,今更名舞雪。通判西厅,在城隍庙后,依子城东南角,城上有小楼见西山,名涌翠。签判厅,在仪门西;教授厅,在府学之东;节推厅,在通判东厅之西;察推厅,在平桥南;府院在谯楼东;司理院,在谯楼西;司户厅,并府院西;司法厅,在平桥南;路钤衙,在子城内,府西楼下东偏;州钤厅,在状元坊内;路分厅,在路钤衙南;转运衙,旧在郡治西偏,后徙余杭（初钱氏国除,田重税尚仍,旧亩税三斗,太宗命王赟为转运使,来均杂税。赟悉令亩税一斗,至今便之）。府仓,在饮马桥西;常平仓,在府仓内;户部百万仓,在阊门里。开禧三年创,以府职曹官兼。嘉定二年,始命官专掌,以都司提领宪司措置;归仁仓、报功仓,淳熙

---

① ［宋］范成大.吴郡志.卷六.官宇.南京:江苏古籍出版社,1986:50.
② 龚明之.中吴纪闻.卷三.上海古籍出版社:53.

元年郡守韩彦古创建。专储年计，并在府仓内；甲仗库，在设厅西廊；军资库，在仪门东；公使库、公使酒库，并在设厅东；架阁库，在设厅西廊；作院，在教场西。乾道四年，郡守姚宪建；监仓厅，在姑苏馆前；粮料厅，在谯楼西；四酒务，在平桥南，初，郡有酒务四，合而为一，故名曰四酒务；激赏西库，在景德寺东；激赏南库，在盘门里。[①] 提点刑狱司在乌鹊桥西北，绍兴元年建。厅事后曰明清堂，堂后小圃种竹，有亭曰留客，曾逮建。逮父文清公几命名，且作诗，徐葳隶额。乾道九年，诸路添置武提刑一员。遂于旧司之东，撤去干官廨宇，以其地作东厅。比年省罢，使者来，从其便而居焉。检法官厅在提刑司东；干办公事厅，在东厅后；提举常平茶盐司，在子城之东。厅事东有小池，上有假山，旁曰"壶中林壑"，米友仁书。池南北有亭：南曰扬清，北曰草堂。厅事之西，有宝翰阁，亦友仁书额。厅东北曰宣惠堂，厅后曰皇华堂，厅之东侧曰颐斋，斋后圃中曰望云堂。绍兴三十年，杨和王子倓持节时作，为思亲也。池旁曰绣春堂，淳熙十五年史弥正建。茶盐司干办公事厅二：一在醋库巷，一在郡楼之东；常平司干办公事厅二：一在检法厅之北，一在郡楼之西……[②]

同时期的碑刻图像资料见附图1。

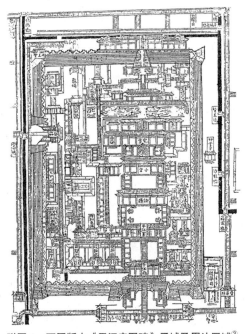
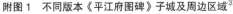
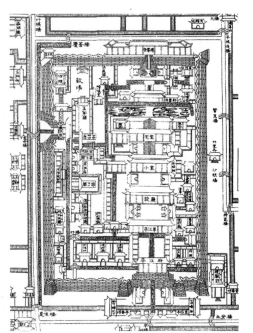

附图1 不同版本《平江府图碑》子城及周边区域[③]

① [宋]范成大.吴郡志.卷六.官宇.南京：江苏古籍出版社，1986：50.
② [宋]范成大.吴郡志.卷六.官宇.南京：江苏古籍出版社，1986：76.
③ 左图：转引自傅熹年中国古代城市规划、建筑群布局及建筑设计方法研究北京：中国建筑工业出版社，2001：97；右图转引自梅静.明清苏州园林基址规模变化及其与城市变迁之关系研究［硕士论文］北京：清华大学，2009：199.

元及以后郡治沿革及格局：

元初，江南置浙西军民宣抚司，后改为平江路总管府。府官皆居外私宅，听讼决遣则完会治所有。旧宋厅署堂宇亭榭楼馆凡三十余所，后多颓圮，惟黄堂、木兰堂、齐云楼、宣诏、颁春二亭存焉。至元二十年，立浙西道提刑按察司，就府置司，遂迁府治于旧茶盐提举司，未几罢按察司，府治复旧。大德五年暴风作，齐云楼、谯楼、戟门厅、署堂庑皆摧毁，仅存黄堂、木兰堂、颁春、宣诏亭。时真定董章为守，复葺谯楼、仪门、设厅并两庑吏舍。至正末张氏据此为太尉府，及败，纵火焚之，惟存子城南门耳。（门今称鼓楼，上，置十二辰牌，按时易之。嘉靖间，巡按御史丘道隆令毁之）。①

（148）镇江府（宋为重城）

营城简史：镇江古有京城，吴有铁瓮城，又有东西夹城建于唐，俱详古迹。唐乾符中润帅周宝更筑罗城二十余里，宋元因之，明初元帅耿再成因遗址重建，指挥宋礼奉敕甃以砖石，周九里十三步，高二丈六尺，门四。②

镇江以长江为天堑，诸山环列，阻其三方，自古形胜之地，虽不设备，险过金汤矣。惟吴大帝筑铁瓮城，孙歆缮京城，与唐王璠、周宝事略可考。自兹以降，刺史、太守勋烈在人耳目者，不可胜数。然皆不载其修浚城池……元混一海宇，凡诸郡之有城郭，皆撤而去之，以示天下马公之义。洋洋圣谟，诚所谓在德不在险也。③

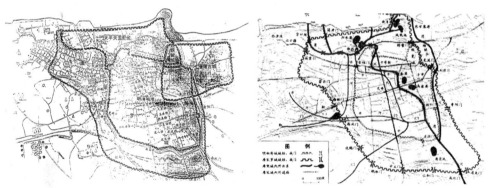

附图2　镇江市城池变迁图
（左图来源：《镇江市城市建设档案志》；右图来源：京江晚报《我市发现唐宋罗城西垣遗迹》，2009年8月20日）

（罗城）唐太和中，王璠为浙西观察使，凿润州外隍……又《通鉴》：乾符中，周宝为镇海节度筑罗城二十余里，然则缮城浚隍其来久矣。④宋嘉定甲戌，郡守史弥坚作新门七……咸淳中已废其五……今所存者仍有十二……惟登云、通吴、鹤林、还京旧有楼，今皆废……郡城周回二十六里十七步，高九尺六寸。（旧志

① ［明］王鏊.正德姑苏志.卷二十二.官署.中//天一阁藏明代方志选刊续编（11-14）.上海书店，1990.
② ［清］赵宏恩 等.乾隆江南通志.卷二十.舆地志.城池.镇江府.清文渊阁四库全书本.
③ ［元］俞希鲁.至顺镇江志.卷二.地理城池//宋元方志丛刊（第三册）.北京：中华书局，1990.
④ ［宋］卢宪.嘉定镇江志.卷二.城池.南京：江苏古籍出版社，1988.

不著何时所筑，不可考。）①

（罗城四至）罗城，以北固山南峰的子城为基点，东侧应包括花山湾古城的范围……循此向气象台—东门广场方向，经过古青阳门继续向南延伸。罗城的南垣东段，大致位于覆釜山、虎头山北侧，而南垣西段从鹤林寺（今镇江陶瓷厂内）北侧折向西北，北城垣亦从北固山南峰的子城向西，沿长江岸边，越京口闸。西城垣即由京口闸外侧，向南经山巷一带过登云门（位于宝盖山北侧，至今地名依旧）、阳彭山、东岳庙巷，斜向东南，与鹤林门抱合。②

（子城）子城并东西夹城，共长十二里七十步，高三丈一尺，子城吴大帝所筑，周回六百三十步，内外固以砖，号铁瓮城。晋都鉴尝修，王恭更大改创，南唐刺史林仁肇复修，东西夹城则唐时所筑也。子城门四，东曰望春，南曰鼓角，西曰钦贤（门有二石狮，邦人遂以狮子门呼之。库隘圮弛，循袭不治。宋嘉定癸未郡守赵善湘乃补筑旧城，甃以固之。上创谯门，下严关钥，晨昏启闭，与昔大异。见《嘉定续编》）北门名未详（北城门在府治后，即古子城，岁久不修，颓垣毁堞，漫无防禁。宋嘉定癸未，郡守赵善湘始板筑而甃之，设门施钥，又于其上创飞桥以通万象亭、闻风阁，往来殊得其便。见《嘉定续编》），东夹城二门……今诸门皆废，惟鼓角钦贤尚存故址耳。③

子城四至。2010 年发表了孙吴时期的铁瓮城考古报告（附图 3），但不知宋子城情况。测量此考古图中周回约为 1300 米，和记载之周回六里三十步（约1千米）相比，

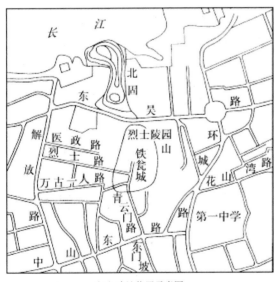

（1）遗址位置示意图　　　　　　　（2）发掘区分布图

附图 3　铁瓮城遗址位置示意图、发掘分布图
　　（图片来源：《江苏镇江市铁瓮城遗址发掘简报》）

① ［元］俞希鲁.至顺镇江志.卷二.地理城池 // 宋元方志丛刊（第三册）.北京：中华书局，1990.
② 刘建国.古城三部曲——镇江城市考古.南京：江苏古籍出版社，1995：117–118.
③ ［元］俞希鲁.至顺镇江志.卷二.地理城池 // 宋元方志丛刊（第三册）.北京：中华书局，1990.

略大：

铁瓮城位于北固山前峰，经考古工作确认城垣平面略近椭圆形，西南角稍向外凸出，与六朝时期的万岁楼遗址连接。南北长约480，东西最宽处近300米。[1]

今人研究对夹城的定位推测：

两城（夹城）的方位，大致在今解放路以东，花山湾以西，寿邱山—乌凤岭一线以北的范围之内。东夹城……从铁瓮城向南扩大至乌凤岭，寿邱山一线。西夹城，则是铁瓮城向西侧扩大，包括高桥（即渌水桥）一带至中市。[2]

历代官署基址相因袭，宋代官署：

……北固之上，郡治据焉。六朝迄五代，规模制度皆莫可详（惟唐《周宝传》载：宝与僚属宴后楼，及刘浩作乱，宝惊起，徒跣叩芙蓉门呼后楼兵一事，余无可考）。始者因山为基，自谯门而升逾数百级，宋皇佑中，郡守张升周视公庭阶城崇峻，比按民牒，语不相闻，乃命重建，隳高培庳，维以近民（时至和二年，升命幕掾吴默、董役去其峻者，为三尺，增其下者，称是。后升召为监察御史，中执法继者孙夷甫有记焉）。后七十余载，虞奕守是邦又拓而大之（时宣和辛丑，郡掾胡唐老有记）。建炎兵火，一夕埃荡，未草创，绍兴帅臣胡世将经理缔构，相继增葺，端平军闉，荐罹焚毁，吴渊来守，实鼎新之，视旧益宏壮矣（朝散郎直宝谟阁刘宰记曰：……宣诏、颁春终乎丽谯仪门，营翼俨如，廊庑肃如，厅事雄屹，檼桷蝉嫣，前后有堂，东西有厅，轩曰近民，阁曰高闲，左揭仁寿之名，右标道院之目，书塾诸室，前后区别，吏坐曹廨，次序环植，版筑刚栗，铁石犀寿，自下而高，廉级益峻，由左而右，碱所孔朊，合所建置，咸无阙焉。郡践山作郛，治所故傅城翼山，公因其毁削嵥嶭坏培塿而寓绳墨焉……以程计者，凡六百二十五泉粟，以缗考者，总十五万八千有奇……嘉熙元年十月丁酉上浣）。

总领所，在府治西南月观之下；供军堂，隆兴二年总领洪适建；花信亭，洪适建；得江楼，洪适建。记曰：……官寺占铁瓮之西，登堞以望，巨浸横前，境与心远，有地数亩，窊阙高下，吏卒散处犹蜂房。然会羽书不驰，官事少闲，徙茅茨，去芜秽，立屋其颠以得，江扁之右为供军之堂，左为花信之亭堂，言职亭言景也……仁亭，乾道元年总领曹逮建；爱山堂，淳熙二年总领文惠钱良臣建；紬书堂，淳熙八年总领宇文子震建；小蓬莱宇，文子震建，帅幕邓谏从上梁文；山春亭、杏亭，并宇文子震建；右供军堂、花信亭、得江楼、爱山堂、杏亭，钱仲彪重修；一笑亭，嘉泰三年总领梁季秘建，取黄鲁直诗"坐对真成被花恼，出门一笑大江横"。[3]

其他官署略：《祥符图经》载：官舍除州治外，凡十二处：通判、推官、州院、司理院、兵马监押、监清酒、同监清酒、监茶税、同监税、监织罗务、监堰、

① 铁瓮城考古队.江苏镇江市铁瓮城遗址发掘简报.考古.2010(5)：36-53.
② 刘建国.古城三部曲——镇江城市考古.南京：江苏古籍出版社，1995：118.
③ ［宋］卢宪.嘉定镇江志.卷十二.郡治.南京：江苏古籍出版社，1988.

回车院①；郡官厅、钤辖厅、签判厅、节推、察推厅、知录厅、司理厅、司户厅、司法厅、都会厅、寄椿监库厅②；通判北厅、察推厅、江□税官厅、节推厅、节干厅、粮料院厅、主管文字厅、干办公事厅、添差辟阙厅、大军仓官厅、都督府、宣抚司、枢密行府、转运司、提刑司、南外宗司、总领所、都统司③。

元代官署：

总管府治在北固山，屋凡百二十五楹，府门南向，次为仪门，中为承宣堂，至大辛亥达鲁花赤阔里吉思暨僚佐重建，即旧设厅基也。推官厅在堂之西，经历司在堂之东，东西两庑为吏舍，旁植井亭，二中立戒石亭。高闲阁在堂之后，延祐戊午总管李汝楫重建，丹阳县税务提领金坛韦升为记。近民轩在堂之东，架阁库二，一在高闲阁之东，一在仪门之西。公厨在东庑之外，旧谯楼在府门南子城上，宋端平丙申郡守吴渊鼎建。宣诏颁春二亭在谯门外，签厅在便厅东南隅（签厅，官会集之所也），万象亭在锦绣谷之西北。通判南厅在谯门外之西，堂曰存心（林中建），斋二，曰玉笈（乾道中陆游建），曰微之显（宝祐二年杨公燮建）。亭六，曰输香，曰凌云（并陆游建），曰紫烟（开禧中潘友文建），曰繁阴（嘉定中李涣建，温陵陈谟记），曰山意，曰四时佳兴（并杨公燮建），今废，因其基为三皇殿。其他官署略。

明代官署：知府署在城内东北，明洪武初郡守杨遵即宋元旧址建。④

（149）湖州（唐为重城）

（罗城）武德四年，赵郡王李孝恭为扬州大都督，以子城湫隘创罗城，周二十四里，东西一十里，南北一十四里，外沿城凿濠。⑤景福二年刺史李师悦重加版干之功……绍兴三十一年，知州事陈之茂修，有记在墨妙亭：城上旧有白露舍，太平兴国三年，奉敕同子城皆拆毁。⑥绍兴三十五年知州陈之茂重修罗城……至顺十七年潘原明以郡旧城广而不固，复筑而小之，以城东西二门退入数百武，周一十三里一百三十八步，高二丈二尺厚二丈，即今城也。⑦

（子城）（秦）二世二年，项梁起兵吴中，乃有吴地郎，乌程县治建子城，周一里三百六十七步，东西二百三十七步，南北一百三十六步，为项王城。⑧乌程县治即古郡治……吴以前已在今处，既以县为郡，则必即县治为郡治，而县治为他徙矣。⑨

城门立湖州牌，绍兴十六年，知州事王铁以郡密拱行都，增崇基宇，挟以朵观，规模宏丽，乾道初，火延燔，靡遗。知州事王时升重建，颇不逮昔……《统

① ［宋］卢宪.嘉定镇江志.卷十二.治所.南京：江苏古籍出版社，1988.
② ［宋］卢宪.嘉定镇江志.附录.南京：江苏古籍出版社，1988.
③ ［元］俞希鲁.至顺镇江志.卷十三.公廨治所//宋元方志丛刊（第三册）.北京：中华书局，1990.
④ ［清］赵宏恩 等.乾隆江南通志.卷二十三.舆地志.公署二.镇江府.清文渊阁四库全书本.
⑤ ［明］栗祁 等.万历湖州府志.卷一.明万历刻本.
⑥ ［宋］谈钥.嘉泰吴兴志.卷二.城池//宋元方志丛刊（第五册）.北京：中华书局，1990.
⑦ ［明］栗祁 等.万历湖州府志.卷一.明万历刻本.
⑧ ［明］栗祁 等.万历湖州府志.卷一.郡建.明万历刻本.
⑨ ［明］董斯张 等.崇祯吴兴备志.卷十四.清文渊阁四库全书本.

记》云，子城上有石楼清风之类，附见郡治下。子城濠分雪溪支流，自两平桥入桥之西隅，有柱石存，旧可通舟楫，市鱼虾菱藕者集焉，谯门前覆以长石……芙蓉池在湖州府，有千叶莲，即杨汉公开浚苹洲二池之一也。今废。①

（治所格局②）州治在子城内正北。唐武德七年，李孝恭筑罗城时所迁也……厅事，梁乾化二年检校少保钱传璟……奉吴越王命建……仪门准制，列戟十二……沙墀在厅事前方，广约三丈，周以栏楯，中实沙土，立戒石亭于上。架阁楼在谯门内，仪门外之东西偏。元祐七年知州事张询建，凡三十闲。上为八库，下为八司，局房签判朱振为记。乾道初火，今不存。西北为添差通判厅事，据旧图云，有敕书楼在州衙内西偏，今亦不存。浙西道院在郡厅西，即旧吏隐堂也。知州事徐仲谋记曰：词讼清简，称吏隐堂之号。宣和中，知州事葛胜仲易今名。昼锦堂在郡宅东，《颜鲁公干禄字碑》跋云，大历九年正月七日，于湖州刺史宅东厅书，院即其所也。后改为燕堂，乾道九年，知州事赵师夔改今名。讼稀斋在西厅之西廊，旧名静胜。庆元六年，知州事李景和易今名。无倦斋在郡厅侧，旧号山斋，后易。以秀知州事陈之茂易今名，有记刻石。通判军州事厅在子城内州治西偏，治平三年张太宁重建，记载作新廨门，联属回廊十有六闲，又建丽泽爱山一亭，清心三小轩……

其他官署：添差通判厅在谯门内西偏，旧司法之廨也。绍兴七年始为今厅，题名有记。金判东厅，载旧编云在州大厅前，今在衙门内，天圣中章优作厅壁记，治平中状元许将建亭城上，知州事徐仲谋名之曰桂香……甲仗库在仪门内之东北隅，嘉佑中知州事张田建，有唐纪功碑，述元和中辛秘击李锜功，二石在焉（统记云有库楼）。公使库在甲仗库北。

（在州治外的官署建筑略）：……添差金判西厅、节度掌书记厅、录事参军厅、司理参军厅、司法参军厅、司户参军厅、兵马钤辖厅、路分都监厅、兵马司；永宁仓（省仓）、军资库、户部赡军酒库、常平库、都税务、都酒务、回易库附税务、抽解库附都税务、西仓、合同茶场、醋库、造船场、铁作院、义仓。

（150）婺州（宋为重城）

宋宣和四年知州范之才重筑。周十里，基三丈面广三之一，高倍之，元至正间诏天下堕城防，于是罗城尽堕。至正十二年，廉访副使拜扎纳等仍其故址重筑……③（淳熙六年）婺之牙城东南隅有亭，才数椽……④

（151）庆元府（宋为重城）

（罗城）周回二千五百二十七丈，计一十八里。奉化江自南来，限其东，慈溪江自西来，限其北，西与南皆它山之水环之，唐末刺史黄晟所筑。皇朝宝庆二

---

① ［宋］谈钥.嘉泰吴兴志.卷二.城池.//宋元方志丛刊（第五册）.北京：中华书局，1990.
② ［宋］谈钥.嘉泰吴兴志.卷八.公廨州治.//宋元方志丛刊（第五册）.北京：中华书局，1990.
③ ［清］嵇曾筠 等.雍正浙江通志.卷二十四.清文渊阁四库全书本.
④ 韩元吉 等.南涧甲乙稿.卷十四.极目亭诗集序.台湾商务印书馆，1983.

年，守胡矩重修。回城门凡十……①

（子城）（周回四百二十丈，环以水，唐长庆元年刺史韩察所筑，岁久民居跨濠，造浮棚，直抵城址，不惟塞水道，碍舟楫，有缓急亦无路可以运水邦，人病之。淳祐癸卯春，制守陈垲给钱酒付造棚人，听自除拆，环城遂有路可通，立子城东水衕坊牌一，子城西城街坊牌二，重修子城，限隔内外）奉国军门（即子城门也，门额守潘良贵书，谯楼上有刻漏。皇朝庆历中太守王周重修，久益圮，绍兴三十一年，守韩仲通访得吴人祝岷冶铜为莲华，漏艺精制古，签判许克昌记之。庆元闲守郑兴裔、嘉定闲摄守程覃重修，嘉熙三年又圮于风，守赵以夫重建，特进观文殿大学士郑清之作记）。宣诏亭（奉国门外之左,亭之右又有晓示亭）。颁春亭（奉国门外之右,亭之左又有晓示亭,二亭皆宝庆三年守胡矩重修）。子城东门（奉国门内，常平仓之后，宝庆三年守胡矩重建，费楮券一千一百二十一缗有奇）。子城西门（奉国门内，苗米仓之后）。庆元府门（有楼。直奉国门之后，旧揭明州之额，守潘良贵书，州升庆元府守何澹书额，尝因火投烈焰以厌之。今额丞相史鲁公书，守赵师岩所立也。嘉熙二年为风所圮，守赵以夫重建，郑丞相作奉国军门记并述）。②西子城门楼。郡自谯楼入子城，其重门曰庆元府，楼前有街横出，是为府东西门，其上两楼对峙，巍巍翼翼，西楼久不葺，且坏。宝祐五年四月，大使丞相丞命船场赵与陛易新之，盖级之故阙者赤白之，漫漶者治之，则已无忝前人无废后观。③

南宋宝庆、开庆年间治所格局：

仪门（直府门之后，二子门翼之，列戟其中。宝庆三年守胡矩重修，淳祐六年春制帅集撰颜公颐仲重修）。设厅（与仪门相直，前有庭，后有穿堂屋，宝庆二年皆圮于风，守胡矩重建，经始于八月八日，落成于十二月二十九日，用楮券一万二千六百三十八缗有奇）。戒石亭（设厅前）。茶酒亭（分峙设厅前之东西，绍定元年火，守胡矩重建）。制置司签厅（由设厅西庑以入，面东，直设厅之西）。庆元府签厅（由制置司签厅前入，面南，直设厅之西北）。横舟（原在设厅后，淳祐六年制帅集撰颜公颐仲移就平易堂后）。进思堂（绍兴四年守郭仲荀建，淳祐六年冬制帅集撰颜公颐仲以旧规湫隘卑下，岁老不支，于是增高故址，改造一新，七年春赐御书堂匾，从公请也）。平易堂（进思堂之后，绍兴二十年守曹泳建，淳祐六年冬制帅集撰颜公颐仲重建）。羔羊斋（平易堂之后）。狮子门（设厅之左，由此以入治事厅）。治事厅（建炎末守张汝舟建,淳祐五年冬制帅集撰颜公颐仲重修，规模视前宏敞）。锦堂（治事厅后，正寝也，岁久倾圮，淳祐元年守余天锡新之……）。公生明（正堂之后，后堂之前为穿堂，三闲八窗玲珑，盖便坐阅文书之所，旧湫隘特甚，守余天锡一新，未及名，陈垲继其后，摹司马文正公所书公生明三字揭

① [宋]罗濬.宝庆四明志.卷第三.城郭//宋元方志丛刊（第五册）.北京：中华书局，1990.
② [宋]罗濬.宝庆四明志.卷第三.公宇//宋元方志丛刊（第五册）.北京：中华书局，1990.
③ [宋]梅应发、刘锡.开庆四明续志.卷一.城郭.//宋元方志丛刊（第六册）.北京：中华书局，1990.

廪）。清暑堂（府堂西偏一堂，淳熙初魏王建，中圮于风，守余天锡新之，廪仍旧楼，参政钥所书，向南有小轩可坐，尤宜冬）。镇海楼（府堂之东偏，宝庆二年守胡矩始建，新武冈倅李刘记）。勾章道院（镇海楼之下）。仁斋（宝庆二年守胡矩撤新之，更名在治事厅之东，旧曰东斋）。友山亭（仁斋前之南，偏在修竹闲绍兴壬戌守梁汝嘉建，郡人楼钥更名友山）。鄮山堂（在镇海楼之北，政和丙申守周邦彦因旧基建，建炎兵烬，岿然独存，堂下双桧最古，方池前后各一百余年，屋老且圮，淳祐壬寅冬制守陈垲一新，廪用旧名，资政殿大学士郑清之书，刻制置司准遣郑侃所作上梁文于屏板）。九经堂（太宗皇帝淳化元年诏颁国子监九经，二年，守陈充作堂以藏，久而堂圮，书散。元祐五年守李闶凿池畚土，增旧址，别求九经藏之，火于建炎。绍兴十八年，守徐琛又新之，跨池为石桥，通鄮山堂翼以步廊。淳熙七年范成大守明，诏赐魏王所藏书四千九十二册十五轴，乃葺斯堂奉其书西偏已，乃藏所赐书于府学之御书阁，筑堂及奉安赐书皆有碑记，而陈之碑逸矣，淳祐五年冬制帅集撰颜公颐仲重修之）。梅庄占春亭（春风堂之南，淳祐六年制帅集撰颜公颐仲建）。射亭（九经堂后，留春亭前之西偏面，其西为垛，而栖鹄焉。军士时习射于此，号小教场，乾道元年守赵伯圭用旧址新之）。桃源洞（出射亭少西而北，穴子城以出北，东西缭以墙，盖郡圃总名也）。更恭亭（入洞门北折而西，嘉定十六年守章良朋建,前有古桧二，取东坡先生双童老更恭之义名之）。传觞亭（更恭亭北行折西，嘉定七年摄守程覃建，凿石轧水为曲池于亭内）。春风堂（传觞亭之西，程覃建叠石为山，峙其后石山之下有小池）。双瑞楼（春风堂之南，程覃建因田夫以骈干之粟来献而名，盖子城后门也）。芙蓉堂（春风堂之西，程覃建凿池植莲于后）。清心堂（芙蓉堂之西，隆兴癸未守赵子潚建）。明秀楼（清心堂之西，程覃建，其下曰方壶。宝庆二年圮于风）甬东道院（清心堂之南，赵子潚建）。茅亭（甬东道院南穴子城以入折而东，旧有二亭，今存者一尔）。熙春亭（茅亭之东，迤于北，绍兴癸酉守韩琚建）。真瑞堂（熙春亭之东，迤于南，前有木樨）。夹芳亭（真瑞堂之东，迤于北，程覃建）。步廊（自鄮山堂九经堂之西，入八亭之南，西折而入夹芳亭，经射亭前入桃源洞，西折北行，转西至传觞亭，而行至明秀楼，传觞亭之东北，出后门，虽雨雪不妨步履。宝庆三年守胡矩重修）。百花台（太守曹泳建今废）。佳趣亭、集春亭、容与亭（今废）……[1] 小教场，旧志书射亭，在九经堂后，而限桃源洞于北，每习射无以遏。憧憧往来，开庆改元春，庶政咸理，乃迁旧圃于府堂后，而取苍云堂之北为小教场，然后自府堂而郡圃，自郡圃而教场，各适其便。教场门不易旧而取径以达，则大人堂门在径之东，新桃源门在径之西，自大人堂接阅武厅为屋十三间，以处士卒而前为廊庑，名类箭所教场之内，东为阅武厅三间，轩峙其下，后居以室，屏刻师卦西为霸王台，前栖鹄焉。武藏之门实居其南，教场东西相距五十五丈，墙高一丈九尺，视旧观开广明敞

① ［宋］罗濬.宝庆四明志.卷第三.公宇//宋元方志丛刊（第五册）.北京：中华书局，1990.

矣。时帐前多江淮校，步骤其中，意若矜壮焉。① 甲仗库（设厅前二庑之间，宝庆三年守胡矩重修，且修军器）。军资库（设厅前，东庑之后，宝庆二年守胡矩重建，凡三十九间，公厅吏舍之外，库地皆栈以板）……常平库（附军资）。公使库（设厅前，西庑之后。乾道中守张津以签判旧廨益之，屋久而圮，守胡矩重建，凡一百六十六间，磨有院，碓有坊，酒有栈，钱米什物等有库，公厅吏舍以及神宇莫不整厘。自宝庆三年二月十五日经始十一月三十日告成，役工一万五百二十六，用楮券一万二千六百二十七缗有奇）……架阁库楼。楼在设厅之东西庑……开庆元年七月更而新之，总二十有六间，其择材巨，其用工精，书皮上分，吏舍下列，自今插架，整整图籍之储得其所矣。凡费钱三万一百一十一贯三百文，米七十硕一斗。② 武藏即甲仗库也，先是置于设厅前二庑之阁，上下视为丈具，历三十年无一器一甲之增，暇日阅之……遂度地酒库之北、教场之南，东阻郡圃，西抵子城，为楼屋二十四间，大门七间，随廊十间，并栈之以阁，楞窗疏明，半板半簟，风日响透，而蒸酿不侵，分为六库。库各有目，榜之曰武藏。藏之为言藏也。③

（其他官署略）：通判东厅、通判西厅、节度判官、节度推官、节度掌书记、观察判官、观察推官、观察支使、录事参军、司户参军、司理参军、司法参军④；两狱⑤厢院⑥、兵马司⑦；府都仓、常平仓、糯米仓、支盐仓、制置使司平籴仓、制置使司平籴本钱库、制置使司犒赏库、激赏解库、制置使司平籴南仓、醋酒库、东醋库、西醋库、都税务、市舶务、都酒务、比较务、赡军务、香泉库、教场、物料场、合同场、作院、省马院⑧；

（郡圃）新桃源。郡圃旧总名桃源洞，求其义桃源鄞乡名也。凿子城通隙地，故以洞名之耳。今既合郡圃于堂后，又不欲尽捐旧额，遂以新桃源榜之。（具体建筑及格局略）：老香堂、苍云堂、生明轩、占春亭、四明窗、双桧泉、自远台、翕芳亭、清莹亭、春华亭、净凉。⑨

（152）常州（宋为重城）

（罗城）常于江南为望郡。郡之有城，创自晋太康初，逮后唐天祐间始筑，所谓罗城者。⑩ 罗城周回二十七里三十七步，高一丈，厚称之，伪吴天祚二年刺史徐景迈筑……太平兴国初，诏撤御敌楼、白露屋，惟留城隍、天王二祠、鼓角

---

① ［宋］梅应发、刘锡.开庆四明续志.卷六.小教场.//宋元方志丛刊（第六册）.北京：中华书局，1990.
② ［宋］梅应发、刘锡.开庆四明续志.卷四.架阁库楼.//宋元方志丛刊（第六册）.北京：中华书局，1990.
③ ［宋］梅应发、刘锡.开庆四明续志.卷六.武藏.//宋元方志丛刊（第六册）.北京：中华书局，1990.
④ ［宋］罗濬.宝庆四明志.卷第三.官僚//宋元方志丛刊（第五册）.北京：中华书局，1990.
⑤ ［宋］梅应发、刘锡.开庆四明续志.卷四.两狱.//宋元方志丛刊（第六册）.北京：中华书局，1990.
⑥ ［宋］梅应发、刘锡.开庆四明续志.卷四.厢院.//宋元方志丛刊（第六册）.北京：中华书局，1990.
⑦ ［宋］梅应发、刘锡.开庆四明续志.卷四.兵马司.//宋元方志丛刊（第六册）.北京：中华书局，1990.
⑧ ［宋］罗濬.宝庆四明志.卷第三.制府两司仓场库务并局院坊园等//宋元方志丛刊（第五册）.北京：中华书局，1990.
⑨ ［宋］梅应发、刘锡.开庆四明续志.卷二.兵马司.//宋元方志丛刊（第六册）.北京：中华书局，1990.
⑩ ［清］赵宏恩 等.乾隆江南通志.卷二十.舆地志.城池.常州府.清文渊阁四库全书本.

楼……①（明代）高皇帝初平江南，命御史大夫中山侯汤公和以重兵镇其地，乃改筑新城，周十里有奇，视罗城损五之三，今城是也。②周围十里二百八十四步，高二丈五尺，广二丈，甃以砖石，门七……成化十八年，巡抚王恕奉朝命，檄知府孙仁修其倾圮，以巨石重甃之，加高三尺，壮丽增于旧观。③

（外子城）周回七里三十步，高二丈八尺，厚二丈，中外甃之，上有御敌楼、白露屋，伪吴顺义中刺史张伯悰增筑，号金斗城……门有四：东行春，西迎秋，南金斗，北北极，外缭以池，公廨民廛错处于内。国朝仍其旧制。建炎中毁。绍兴二年俞守俟复兴缮，胡苍梧珵为记，谓：州治寓晋陵县，县寓佛庐，大金斗以北郁为榛莽。不再岁，俞侯市民旧屋，辇材以用之，无远求之扰。规宫旧地，畚壤以筑之，无创增之侈。工倍佣直，役徒番休，吏不缘奸，民受其惠迄今，着"甘棠之思"。④

（内子城）周回囗（二）里三百一十八步，高二丈一尺，中外甃之。唐景福元年（892年），淮南节度使杨行密遣押衙检校兵部尚书唐彦随榷领州事重修，彦立城隍祠、天王祠、鼓角楼、白露屋，今为郡治。

（州治格局）州治在内子城，唐末郡属淮南杨氏，权刺史唐彦随经始于景福元年建谯楼、仪门、正厅、西厅、廊庑堂宇、甲仗军资等库余六百楹，至南唐，郡归我朝，因旧增葺。建炎中毁，俞守俟兴复，后浸以备，谯楼在内子城南，"常州"二大字徐铉所篆，占相者谓笔势雄伟如金钟，覆群龙，乃伦魁接踵之谶。熙宁、崇宁、嘉定已三应矣。乾道初，叶守衡创两挟楼。嘉定间，史守弥忞制更鼓，十有四铭，曰晨昏、汝司、勤政、汝儆，相与保之，期于有永。仪门在谯楼后列，戟十有二，左右有便门，门之外东西各屋十余楹，手诏亭在谯楼前左。班春亭在谯楼前右。放生亭旧在行春桥之西北，后徙郡圃，净远亭后又徙荆溪馆之西。淳祐间王守圭徙行春桥之东南。正厅亦谓设厅（相传谓旧为燕犒将吏之所，谓之旬设，故公厨亦曰设厨）。屋五楹，中榻真宗文臣十条，前列戒石铭，东西两庑各十余楹，客位在西庑，入辕门而南为吏舍。便厅在正厅西，亦曰西厅，其左有挟屋为上客位。金厅在设厅东，旧名都厅。宣和间以怀安军奏，今尚书省公相厅称都厅，乞将本军都厅以金厅为名，诏从之，令诸路仿此。其南为当直司，颓废弗治。咸淳三年史守能之重葺。节制司金厅附金厅。平易堂在正厅后。嘉泰间李守珏建。桂堂，史守能之所名，以堂之南古桂森列也。站台在桂堂后。问春亭在内子城东北隅……立斋在平易堂西。咸淳二年家守铉翁建，取易恒卦立不易方之义。匪懈堂在立斋前西偏，旧与平易堂相直，史守能之移建于此堂，匾乃淳熙间光宗在东宫时书，以赐吴守璟者。静镇在便厅后，家守铉翁建。小东山在便厅后东偏，以唐刺史韦夏卿东山在罗城东南隅，且旧观废革，

①　[宋]史能之.咸淳毗陵志.卷三.城郭.州//宋元方志丛刊（第三册）.北京：中华书局，1990.
②　常州府修城碑/邵宝 等.容春堂集.前集卷十六.上海古籍出版社，1991.
③　[清]赵宏恩 等.乾隆江南通志.卷二十.舆地志.城池.常州府.清文渊阁四库全书本.
④　[宋]史能之.咸淳毗陵志.卷三.城郭.州//宋元方志丛刊（第三册）.北京：中华书局，1990.

故名之以存古。时雨堂在便厅后西偏。浙西道院在便厅西北，嘉熙间陈守采所名。凝露堂在道院后，绍兴间郑守作肃建，以唐独孤及守是邦，尝有甘露之瑞，故名独。梅露堂在凝露堂后。绍兴末，莫守伯虚以郡宅梅着异花，且有甘露之瑞，故名。孙鸿庆为记。多稼亭在子城西北隅，建炎中毁，乾道间晁守子健重建，胡苍梧题匾，张南轩为记。爱梅亭在郡圃，淳祐间李守迪建。极高明在外子城上。乾道初叶守衡建，名净远，杨诚斋有"犯雪来登"之句。嘉定间史守弥忞更名高爽，淳祐八年李守迪又更曰景邹，以尝为广陵校官，实踵道乡故武，尤切仰止，暇日登城北望，或指似道乡松楸，故名。咸淳二年，家守铉翁又更曰极高明。近民堂在平易堂西（以下亭堂凡十，今废）。虚白堂旧在便厅西，绍圣间廖守正一建。静治堂旧名惠爱，绍兴间陈守正同建。卧治堂杨诚斋有诗。农斋旧在便厅后，乾道间钱守建所建，取政如农功之意。思贤堂在道院西，嘉泰间赵守善防建。燕喜堂在郡圃，淳熙间张守孝贲建。怀古堂在郡圃，淳熙间陈守庸建，下临大池，虽旱不涸，旧传郭璞所凿，故名。闻乡亭在郡圃，淳熙间张守孝贲建。三山阁在郡圃，杨诚斋有望三山诗。

（其他机构）通判东厅在州治东。风月堂在厅后；双桧堂在风月堂东；省轩在风月堂东，今废；宿鸾堂在双桧堂北。通判西厅旧在州治西，后废，其地并入判官厅，今即天禧桥东馆为治。钤辖厅旧在司户厅东，今废……节干厅无定所；判官厅在州治西；推官厅在判官厅西；录参厅在州治谯楼内西偏，治州院；司理厅在谯楼外西偏，治司理院；司户厅在州治东；司法厅在州治东，今废；监仓厅在司户厅西；厢官监酒税厅无定所。[①]

（仓场务库）籴纳仓在州桥南街东，绍兴四年俞守俟始创，三廒多寄纳于寺观，八年王守缙复增八廒，又于仓后濬河，以便漕运，岁久埋废，今为廒十有一，厅屋三楹，为受给之所。常平仓附籴纳仓廒有三。大军资库总十有七楹，在谯门内东偏，绍兴诏录参专监通判、提举簿书并同金署。大军库在军资库东；常平库在军资库西；江防库在军资库东；籴本库在军资库西；牙免库在军资库西；都仓钱库在军资库西；折帛库在军资库北；夏税库在军资库东；物库附军资库；经总库在通判厅东庑，宣和三年置经制司，建炎五年置总制司，旧以守贰通掌而隶提刑司，后因版曹有请，专属通判主管焉；惠民药局在金斗门里，宝祐间奉旨创建；甲仗库在设厅东庑。至道中诏诸路教阅军士官，给弓矢，知通提举都监同主管，其正监官递宿焉；架阁库在小厅西庑仓库，令州以职官，县以丞、簿、尉掌焉，诸案牍三年一检，简申监司，委官覆阅，除之其应留者移别库，今废；杂物库在小厅西庑；公使库，国初命诸州置公使库，过客必馆寓下，逮吏卒亦给口券，此古者使食诸侯之义也；酒库总四十余楹，在小厅西；钱库在小厅西庑；银器库在公使库西；帐设库在小厅西；醋库在荐巷，开宝中，诏听官酤。熙宁间，令抱课息余助公使库荐巷，旧基尚存，今徙孟巷；

---

① [宋]史能之.咸淳毗陵志.卷五.官寺一//宋元方志丛刊（第三册）.北京：中华书局，1990.

设厨在浙西道院西。① 教场在郡治东北隅，广十有四丈，表八十丈，轩厅各三楹，翼屋七楹，东西庑同，又小教场在郡圃，有阅武亭，今废。②

（宋以后的府治因袭）常州府治，即内子城。唐末景福间，此时唐彦随建楼堂门庑、甲仗、军资等库，余六百楹。宋初增葺，建炎中毁，绍兴间郡守俞俟兴复寖备。德祐乙亥毁。元初置常州路总管府，至元间稍复之，久而倾圮；大德壬寅，判官袁德麟重建，增创推官、幕官厅、架阁库，其官僚吏属皆蹴屋以居。国朝洪武元年改常州府；四年，府孙用复依定□制创置知府宅于治厅后，佐贰幕官宅于两旁，而吏舍附焉；正统三年，知府莫愚重建正厅、中堂、后堂、仪门、廊庑，规制宏廓，视昔有加，为江南诸郡甲观；成化十六年，知府孙仁重修正厅、廊庑及丰积库、架阁库。经历司在府厅东，照磨所在府厅西 ③……正统三年，知府莫愚大为创建其外，为中吴要辅牌坊。进为高明楼，之内左为礼宝馆，右为狱、土地祠，再进为库，两序东西向为六房吏舍，堂后为川堂，后堂为府宅舍；仪门之外，循□道东折而北，为同知厅，为推官厅，共下为经历检校廨，以推官上厅在府后堂左，规制宏敞，甲于他郡，至今因之……（成化、弘治、顺治、康熙、顺治年间修）④

（153）江阴军（宋为重城）

（罗城、子城）城自梁置江阴郡江阴县始筑。跨干明、演教二寺故址，隋、陈、唐皆因其旧，后人呼为古城，以其创始也。南唐改县为军，曰军城，《祥符图经》云周回一十三里，天祐十年（杨吴）筑建门四……宋增子城，门四……外城门五……元既定江南，得志中国，城尽毁。至正十一年兵起，始诏天下复缮治城郭，于是州人黄傅摄州事，率乡民城之。⑤

（明代县治因袭宋军治格局）县治在城西北隅，后负君山，西控扬子江口，前临官街，拱以坊表，榜曰"悦来"，即元总管府，寻改为州故址也。先是宋为军治，其制有鼓角门，前列宣诏、颁春、东新、西新四亭，后列甲仗架阁二库，设厅之外有常厅、签厅、双桧堂，而下堂名者四，亭名者六，其见于诗，则有若梅亭、练江亭、翠光亭，又有漾花池，莲风阁，见于《记》……（国朝）弘治八年，知县黄傅通加缮葺，于是制度大备，按今莅政之堂曰治厅，前为飞轩，甃以露台，中为甬路，立戒石亭，台两旁夹以廊，东为吏户礼粮房，东尽为土地神祠，西为兵刑工，承发房。吏之额，凡司吏八人，典史一十七人。其前为仪门，东西各为榜廊，东尽为狱，其外为鼓楼，其下垒石为址，中辟正门，门之外左为旌善亭，右为申明亭，由治厅之后为川堂，为两厢……合县址计地东西五十二丈，南北六十六丈……⑥

① [宋]史能之.咸淳毗陵志.卷六.官寺二//宋元方志丛刊（第三册）.北京：中华书局，1990.
② [宋]史能之.咸淳毗陵志.卷十二.武备教场//宋元方志丛刊（第三册）.北京：中华书局，1990.
③ 朱昱 撰.重修毗陵志.成文出版社有限公司，1983：376-377.
④ 于琨修.康熙常州府志.卷之十二.公署.中国地方志集成.江苏府县志辑.南京：江苏古籍出版社，1991：196.
⑤ [明]张衮 等.嘉靖江阴县志.卷一.建置记第一.城池.明嘉靖刻本.
⑥ [明]张衮 等.嘉靖江阴县志.卷一.建置记第一.公署.明嘉靖刻本.

（154）瑞安府（五代、宋为重城）

（罗城、子城）晋明帝太宁元年置郡，始城。悉用石甃……因跨山，为城名斗城。时有白鹿衔花之瑞，故又名鹿城……宋、齐、梁、陈、隋、唐因之；后梁开平初，钱氏增筑内外城，旁通壕堑。宋宣和间，方腊围城。教授刘士英谓城东负山，北倚江，可无患；唯西南低薄，宜增缮。乃取甃加筑三千九百四十七步。建炎间增置楼橹马，而嘉定间留守元刚重修建十门。元禁城郭，毋得擅修，岁久圮。至正庚寅冬，海寇登岸，郡守尊达纳实哩御之，明年辛卯重筑，建战棚窝铺砲座。洪武十七年指挥王铭增筑……①

（宋代府治格局相关线索）温州府治居斗山之中，左华盖，右松台，仁王峙其前，大江环其后，相土启宇，肇自晋太宁间，历唐至元悉仍故址。旧治在西南隅，谯楼大街正北，即今卫治也。洪武元年，郡守汤逊改建于西南隅教场之东，为今府治……②

（155）台州（宋为重城）

（罗城）台州府城：旧经周回一十八里，始筑时不可考。太平兴国三年再筑。庆历五年海溢，复大坏……明年元守绛至增甃之，至和元年复大水……孙守砺再加增筑。嘉祐六年，大水复坏；熙宁四年，钱守暄又累以密石；乾道九年，火及闉；淳熙二年，赵守汝愚又缮筑焉，三年秋大雨，城几圮，尤守袤复修之……③嘉定十六年，齐守硕复经界，有以故基……岁久惧愈湮，乃于其中酌存丈许，旁揭牌以为表识，其奄据者赀不治而听，其承佃如官店基法焉，新城既全，而旧城且不泯矣。城今有七门，各冠以楼……④

（子城）子城按旧经，周回四里，始筑时不可考，或云州治旧在大固山上，有子城故址焉，后随州治徙今处。其门有三。南曰谯门，上有楼，不名。东曰顺政门，楼名东山。西曰延庆门，今名迎春（城之南内外号里班内班，旧传钱王倣守台，胡进思自此迎立之。有班直分寓于此，故名）。⑤子城东自鼓楼，逾州学，过东山阁包职官厅，历玉霄亭，入于州之后，山西自鼓楼介于内外班之间。内外班，钱氏有国时，子城为守亲兵所居也，而长于内外班，曲而为洞门，又曲而依于大城。今越帅徽猷郎中叶公之再造台……大城东西南三面为丈二千四百有奇，州后北山城为丈九百有奇，而子城之丈不过三百有六十，积长较短，曾不能十之一也……自庆历至绍定，浩浩荡荡几二百年而载见，岂数乎事之方殷千里一壁懵不可究……⑥

（嘉定年间州治格局）郡初治临海，后徙章安，后又徙始丰，其复治临海，又几年于兹矣。度地既正，面势亦均，脉络聚而基础高，于以宅邦君为称，惜颇

---

① ［清］嵇曾筠 等.雍正浙江通志.卷二十四.温州府.清文渊阁四库全书本.
② ［明］汤日昭 等.万历温州府志.卷三.建置志公署.明万历刻本.
③ ［清］嵇曾筠 等.雍正浙江通志.卷二十四.清文渊阁四库全书本.
④ ［宋］陈耆卿.嘉定赤城志.卷二.地里门二.城郭 // 宋元方志丛刊（第七册）.北京：中华书局，1990.
⑤ ［宋］陈耆卿.嘉定赤城志.卷二.地里门二.城郭 // 宋元方志丛刊（第七册）.北京：中华书局，1990.
⑥ 王象祖.重修子城记 // ［宋］林表民.赤城集.卷一.台湾商务印书馆，1983.

蹙陋，如衙、鼓二楼，不正矗于前，而旁峙于左，是其一端也……州治在州城西北大固山下，旧在山上，今永庆院盖其处……仪门，在设厅前，列戟十二，淳熙七年沈守揆重建。设厅，在仪门后，淳熙七年沈守揆重建，有御笔诏旨藏焉。小厅，在设厅后，淳熙十五年章守冲重建。签厅，在平桥西庑，嘉定十六年齐守硕重修。鼓楼，在子城南门上，榜曰台州，乾道八年赵守思重建刻漏则，皇祐四年浮屠可荣所作，岁久浸差，绍兴三十一年黄守章重造。嘉定四年黄守又更箭筹治屏壶，新作鼓角如旧制。衙楼，在州治东南四十步，嘉定四年黄守重修。手诏亭，在仪门外东庑，与衙楼对，绍兴十八年宗守颖建。宣诏亭，在州治前，与仪门对，宣和元年赵守资道建。拜诏亭，在州西永福院，嘉定六年俞守建建。班春亭，在仪门西庑，嘉定四年黄守建，嘉定十六年齐守硕重修。清平阁，在节爱堂右山上。旧在堂前，贺参政允中以守萧洽清平而名。淳熙三年尤守袤重建，庆元二年刘守坦之徙今地。见山堂，在宅堂后。静镇堂，在小厅左。唐李嘉佑为守，窦常《南熏集》赞之，有"雅登郎位，静镇方州"之句，故名。嘉定六年俞守建重建。君子堂，在静镇堂前。太平兴国三年毕文简士安来守，真宗有"君子人"之称，故名。庆元元年周守晔重建。节爱堂，在君子堂右，旧名燕豫，淳熙四年尤守袤重建，取"节用爱人"之义，更今名（……记云：过静镇堂之左，少南为方池，并池而南，墙壁障碍，败屋倾欹，公厨以积醪醴。问诸故老，曰："此昔之燕豫堂也。"池旧有桥，横纵齐度，其东为草堂，今皆毁撤，后人因基筑台以望月，其下枕池为小阁，名曰清平。台庳且隘，不快登览，人迹罕至，亦渐颓圮。余既徙台于参云亭之后，榜曰"匡峰"，以望北山。平夷旧基，更作堂曰"乐山"，以望西山之秀。而池光山色，且蔽于阁而不得见也。乃徙阁于池之南，因燕豫堂之基，别为堂曰"节爱"，取"节用爱人"之义。旁为挟廊，而上与乐山堂通。池之北石崖盘踞……）霞起堂，在静镇堂后。淳熙三年尤守袤建，取孙绰赋"赤城霞起"之句。嘉定十二年喻守玨重建（尤自为记云：双岩堂，前踞两崖之间，独得地胜。其下面墙，广不盈丈，拥蔽心目，不快人意，予首辟之。墙之外粪壤所潴，乃垦乃夷，得旧址焉。撤废亭于射圃，移植其上，榜曰"凝思"，取孙兴公赋所谓"凝思幽岩"者也。亭之前有败屋数椽，东面西上，榱栋挠折，隅隩庳仄，乃改创为堂，三楹南向，与静镇堂相直，因名曰霞起。由双岩而望静镇，直若引绳，其外绕以回廊，上连参云，以为风雨游观之备，爰植美竹，以经纬之，于是堂成而胜益奇，前所未睹……始役于淳熙三年正月己未，成于二月壬午）。凝思堂，在霞起堂后，淳熙四年尤守袤建。双岩堂，在凝思堂后，庆历八年元守绛建，绍兴十七年曾守惇增修之。乐山堂，在清平阁下，淳熙三年尤守袤建，取"仁者乐山"之义。庆元二年刘守坦之徙阁于今地，前为堂，后为挹爽。和青堂，在小厅右。庆元四年叶守甄重建，取杜甫"云水长和岛屿青"之句。集宝斋，在清平阁右。旧在双岩堂左，治平四年葛守闳建，盖集葛玄、司马承祯、柳公权及近世名人翰墨刻其间，故名。嘉定元年李守兼徙今处，罗致金石，刻以实之。参云亭，在双岩堂左山上。庆历七年元守绛建，嘉定十六年齐守硕重新之。前有罗汉树颇奇怪（元自为记云：……庆历五年夏，山渤海溢，逾城杀人万余，漂室庐几半，州既残毁。明年，予来守兹土……廨之四隅，有楼及亭，列峙而五，至是摧圮，悉欲全之，则重烦里旅，然士大夫必有退公息偃之地，乃取城闉剩材，于二山之交作双岩堂庑，缘山椒作参云亭……）玉霄亭在参云亭左。绍兴十七年曾守惇建，取玉霄峰而名。嘉定十六年齐守硕修后轩。舒啸亭在参云亭后，旧名匾峰，淳熙四年尤守袤建，取孙绰赋"匾峰千岭"之句。绍熙元年江守乙祖更今名。驻目亭在参云亭右，庆历七年元守绛建，取杜甫"旷望延驻目"之句。嘉定十六年齐守硕重建。解缨亭在参云亭东，嘉定四年黄守重建。澄碧亭在静镇堂左庑，跨池，旧名兴移。淳熙十年史守弥正增水阁，更今名。瑞莲亭在节爱堂前池心，旧名玉虹，嘉定四年黄守以平桥获莲，更今名。凝香阁在静镇堂左，嘉定六年俞守建建且名。赤城奇观在郡圃后山上。旧名览辉，庆元三年刘守坦之建，开禧元年叶守筮更今名。双瑞轩在赤城奇观后，嘉定四年黄守以粟九穗、麦两歧，故名。梅台在赤城奇观前，开禧元年钱守文子建，下临巨壑，有梅数十本焉。桃源在郡圃，嘉定二年黄守建，自参云亭后循双岩堂而上，植桃百余，盖仿刘阮故事云……[1] 手诏库，在州治设厅东……军资库、常平库在州治西庑。省库同，籴本库同。经总制库在通判厅西。公使库、酒库在厅东。钱库在使院东。银器库在小厅西。帐设库在军资库西。设厨，在设厅东。甲仗库在州治西庑楼上。架阁库在州治东庑楼上。百物库在州治西庑。牙契库在通判厅西。盐本库同。诸司库同。都醋库在鼓角楼下街西。[2]

《台州重建便厅记》：台州便厅，淳熙十五年守章侯冲重建，未四十年蠹朽已岌岌矣。宝庆改元，守王侯……拨公帑钱授支盐徐昉规画，取材计直。召夫厚庸，革去蠹朽，鼎成翚飞，广崇之度比旧加倍，既而敞，宾次整，吏直及门庑旁创小厅，内因瑞莲立堂，又广凝思之室为屋，总余四十楹，糜钱总五百万，米百余斛。始五月丙寅迄六月己未，役甚巨而农不知，工不困也。[3]

（其他官署略）通判厅，厅在州西五十步，淳熙五年通判管锐重建……[4]添差通判厅，厅在州东四十步，旧为判官厅，绍兴十六年通判洪适改建。今废……判官厅，厅在州东七十步……推官厅，厅在州东五十步，嘉定三年推官赵师回重建……录事厅，厅在州南六十步，州院在焉，宣和三年工曹陈棐建……司理厅，厅在州南九十步，司理院在焉。嘉定七年司理吴焯重建。司户厅，厅在州南五十步，宣和元年户曹滕膺建……司法厅，厅在州南一十步，淳熙九年司法朱孝伦重建。支盐厅、巡辖递铺厅……[5]

---

① [宋]陈耆卿.嘉定赤城志.卷五.公廨门二.城郭//宋元方志丛刊（第七册）.北京：中华书局，1990.
② [宋]陈耆卿.嘉定赤城志.卷七.公廨门四.城郭//宋元方志丛刊（第七册）.北京：中华书局，1990.
③ 姜容.台州重建便厅记//[宋]林表民 等.赤城集.卷二.台湾商务印书馆，1983.
④ 李宗勉.重修台州通判厅记//[宋]林表民 等.赤城集.卷二.台湾商务印书馆，1983.
⑤ [宋]陈耆卿.嘉定赤城志.卷五.公廨门二.城郭//宋元方志丛刊（第七册）.北京：中华书局，1990.

（仓场务库略）：都米仓、糯米仓、都盐仓、抵当库、合同茶场、都酒务、商税务……。[1]

（156）处州（宋制不详）

城高三丈有五，周七百九十二丈，为门六……初府城在今城东七里，唐中和间盗卢约窃据是州，徙今地……宋宣和间重修。至元二十七年……因旧址之半……东北掘地为池，因土为城，南以溪为池，甃堤为城，西就山为城，并溪为池。嘉靖四十二年，知府张大韶重修，包以采石……[2]

（157）衢州（宋为重城）

（五代有罗城指挥使）璋本孙儒之党，寻降于王……（王）密使衢州罗城指挥使叶让杀之，事泄，璋遂杀让而叛。初，王命璋城衢州，工毕以图献王。王视西门樟树，谓左右曰："此树不入城，陈璋当非我所畜也。"至是果验。[3]

（宋子城）宋宣和三年方腊陷衢州，知州高至临始城龟峰，高一丈六尺五寸，广一丈一尺，周回四千五十步，为门六……绍兴十四年大水城圮，郡守林待聘修筑。嘉定三年又圮五之一，知州孙子直修筑，广袤凡五千三十有二尺……新六门城楼。元至正间监郡巴延呼图克因子城旧址筑新城，周回九里三十步……[4]

（158）建德府（宋为重城）

（罗城）周回十二里二步（刁衎《大厅记》云：陈晟筑罗城，按旧经，周回十九，里高二十五尺，阔二丈五尺。今城宣和三年平方腊后，知州周格重筑）。城有八门……[5]州城，宣和中知州周格重筑，岁久颓圮弗治，至为樊墙，以限逾越。嘉定癸酉，知州宋钧复兴板筑，越一期有半，乃讫工。筑凡东西八百二十有二丈，南北三百四十有四丈[6]。元因之。洪武初改筑又缩而小之，西北移入正东三百五十步，正北移入正南八十五步，正东移出一百六十步，周八里二十三步六分，高二丈四尺，阔二丈五尺，门有五……[7]

（子城）子城周围三里。正南为遂安军门，门有楼甚伟，淳祐壬子圮于水。明年，知州季镛筑基鸠材，念民疲，不敢亟；又明年，替去，知州吴盘成之。楼成，不减旧观，参政徐清叟为之记。谯楼，因州门为之。门之外，左为宣诏亭，右为颁春亭。壬子水，郡以厌胜之说，取州碑漂之。明年，知州季镛搜旧篆更置，楼亦浸弊。开庆己未，知州谢奕中重修，校官郑瑶为之记。[8]

① ［宋］陈耆卿.嘉定赤城志.卷七.公廨门四.城郭//宋元方志丛刊（第七册）.北京：中华书局，1990.
② ［清］嵇曾筠 等.雍正浙江通志.卷二十四.处州府.清文渊阁四库全书本.
③ ［宋］钱俨 等.吴越备史.卷第一.北京：中华书局，1991.
④ ［清］嵇曾筠 等.雍正浙江通志.卷二十四.衢州府.清文渊阁四库全书本.
⑤ ［宋］陈公亮.淳熙严州图经.卷一//宋元方志丛刊（第五册）.北京：中华书局，1990.
⑥ ［宋］方仁荣.景定严州续志.卷一//宋元方志丛刊（第五册）.北京：中华书局，1990.
⑦ ［清］嵇曾筠 等.雍正浙江通志.卷二十四.严州府.清文渊阁四库全书本.
⑧ ［宋］方仁荣.景定严州续志.卷一//宋元方志丛刊（第五册）.北京：中华书局，1990.

《淳熙严州图经》载子城内外官署格局：

（州衙）州衙在子城内正北（旧制屋宇甚备，经方腊之乱，荡然无遗。宣和三年知州周格重建）……遂安军门楼，旧睦州门。宣和三年因升为节度，知州周格建。绍兴甲子岁因水颓圮，乙丑知州罗汝楫重建。鼓角楼，宣和三年重建，榜曰严州。千峰榭，州宅北偏东，跨子城上，自唐有之，见方千诗，久废。景祐中范文正公即旧基重建，经方腊之乱，不存。后人重建，易名曰冷风台。绍兴二年知州潘良贵复旧名，绍兴八年，知州董弅即千峰榭之南建高风堂。潇洒楼在州宅正寝之北，宣和三年知州周格建。紫翠楼在州宅北子城下，今废。遗基尚存。甘棠楼旧在善利门北，城角俯临西湖，因方腊之乱不存。绍兴八年知州董弅既辟善利门，即门上跨城隅建楼，榜以旧名。竹阁在能仁寺南偏，范文正公守郡日喜登，尝赋诗。后人更名思范。绍兴九年，重葺复旧名，今废。宣诏亭在严州门前街东。班春亭在严州门前街西。秀亭在子城东东山上，前临阛阓一览尽得溪山之胜。前贤赋咏多矣，亭废，后人作小屋其上，名曰高胜。绍兴八年知州董弅命撤去，即故基建亭，榜以旧名，今废。

（其他官署机构）通判廨舍在遂安军门内街西。路分廨舍旧无定居，今在兜率寺东，以续置新定驿改充。观察支使、节度推官、观察推官、司户参军、司法参军并在军门内东偏（政和中改幕职为司六曹事曹官为掾，至建炎初复旧其闲有省员空廨，近岁添置，通判居之）。司理院在严州门内街东（司理参军廨舍在内）。州院在严州门内街西（知录参军廨舍在内）。州学教授廨舍在本学外门内今移在学之东侧。旧制有路钤，路分。本州岛驻札及州钤、都监、监押，近岁省并。只留路分一员，都监、监押共三员，除路分、都监廨舍外，或居寺院，或僦民居。税务监官二员，一员廨舍在税务内，一员僦居……

（仓场库务）都仓在子城东门内，街北。军资库在仪门外，街东。甲仗库在州衙大厅西庑楼屋上。回易库在仪门外，街西。公使库在州衙大厅东庑内。架阁库在州衙大厅东庑楼屋上。抵当库在州东。醋库在军门内，街东。合同场在州西善利门内。都酒务在严州门外街西。比较务在州东下市，今省并。赡军务在和平门外西陪郭坞口，今省并。都商税务在比较务东，东津税务在东津，神泉监在望云门外……[①]

《景定严州续志》载子城内外官署格局

（郡治）在子城正北。宣和中，知州周格重建，仅足公宇而已，燕游之地往往芜废。故前志所载，自千峰榭、高风堂、潇洒楼之外，余皆名存实无，充拓迨今，甫称诸侯之居。设厅之北为坐啸，又北为黄堂，旧名凝香，又北为正堂，曰秀歧，旧名省心，今侯钱可则以近郊献双穗麦，因更此名。潇洒楼在正堂北，旧名紫翠，其下为思范堂。堂之北为月台。燕堂在治事厅之北，又北为绿荫，东为东斋。高风堂在治事厅之东，又东北为植贤亭，为松月亭。堂北有柏石，刻"寿柏"二字，识其古也。千峰榭在高风堂之北，凭子城为之，其东为环翠亭。松关在千峰榭之

---

① ［宋］陈公亮．淳熙严州图经．卷一 // 宋元方志丛刊（第五册）．北京：中华书局，1990．

下。由松关而北为荷池，池之东为潺湲阁，西为木兰舟，旧名荷池。读书堂自为
一区，在木兰舟之西，旧为北园。淳祐己酉，知州赵孟传改建。拟兰亭在潺湲阁
之东，掬泉为流觞曲水，旧名流羽。其东北为酿泉。锦窠亭在酿泉之南，旧名采歧，
知州吴盘改今名。桂馆在潇洒园池之西，杏园、桃李庄又在其西。面山阁自为一
区，在锦窠亭之东，其下为赋梅堂，旧名黄堂，知州季镛易今名，而以黄堂匾于
设厅之北，于义为称。潇洒园池，郡圃之总会也，旧名后乐。射圃在潇洒园池之南，
为堂曰正己。东溪在射圃之南，亭曰"银潢左界"，旧名飞练，又南为"翔蛟"。

（列廨）通判厅：在军门内西，风月堂在公厅后。景定庚申通判曹元发始以
旧匾题之。南董堂在公厅右，嘉定癸酉通判谢采伯建。锦绣堂在南熏堂右，淳祐
辛亥通判吴溥建。园曰西园：为亭三，曰第一开（旧名梅亭）、曰爱莲、曰仰高。
旧有茅亭、湛碧、蔬畦三亭，今废。添差通判厅在东山下，淳熙丙午知州陈公亮
始以公馆为之。平分风月堂在公厅后。光风霁月堂，在公厅左，通判潘墀建。秀
亭枕东山为之，足远眺望。宝祐癸丑通判杨敬之重建，越三年乙卯，通判吴坚以
旧匾题之。余厅如前志。

（仓场库务）平籴仓：附于常平仓，宝祐戊午，知州李介叔置。先是，知州
宋钧捐帑买田，为催科义庄，以便役者，后乃沦没，至是始根括还官，岁收其入，
以备凶荒焉，郡人黄蜕为之记。合同场在辑睦坊，通判杨敬之重建。军资库旧在
仪门外东，今移街西，即回易库废址。抵质库在军门内东，淳祐辛亥知州赵汝历
以旧醋库改充。神泉铸钱监：在朝京门外，今废。安养院，淳祐壬子知州赵汝历
即神泉监废址为之。余如前志。[①]

（159）嘉兴府（宋为重城）

（罗城、子城）嘉兴府城……唐乾宁中守臣曹信筑，《吴越备史》谓唐僖宗文
德元年吴越武肃王命制置阮结筑，五代晋天福四年吴越王元瓘拓为州城，宋谓之
军城，元谓之路城……罗城周一十二里，高二丈二尺，厚一丈五尺，子城周二里
十步，高一丈二尺，厚一丈二尺，宋宣和间知州宋昭年更筑，德祐元年守臣余安
裕重修……元至元十三年罗城平，子城见存……[②]

（元代官署因袭宋治情况）总管府衙在子城内旧府治也，谯楼外有旧宣诏、
班春二亭，东西向。镇守万户府衙在郡治东二十步，旧府判东厅也。经历司在郡
治厅西偏。司狱司在郡治南五十步，旧司理院也。录事司在郡治西北二百步，旧
监仓东厅也。管军镇府所在郡治西南三十步，旧节推厅也。[③] 近民楼在郡治西，
旧西通判厅子城上……葵向阁在郡治东，旧东通判厅。[④] 禾兴堂在郡治内。浩然
堂在郡圃内西北……涣堂在郡圃内东北。修齐堂在郡治内，旧名同颖，宋守俞浙

① ［宋］方仁荣.景定严州续志.卷一//宋元方志丛刊（第五册）.北京：中华书局，1990.
② ［清］嵇曾筠 等.雍正浙江通志.卷二十三.嘉兴府.清文渊阁四库全书本.
③ 徐硕等.至元嘉禾志.卷七.廨舍//宋元方志丛刊（第五册）.北京：中华书局，1990.
④ 徐硕等.至元嘉禾志.卷九.楼阁//宋元方志丛刊（第五册）.北京：中华书局，1990.

改是。敬信节爱之堂，在郡治公厅后……平易堂在旧通判厅之东。坐啸堂在郡圃西偏。同宣堂在旧府判东厅。志隐堂在郡府判西厅，今为织造局。顺观堂在郡府判西厅，今为织造局。环聚亭在郡圃内。最宜亭在郡圃内。留春亭在郡圃内。玄玩亭在子城上。翠凉亭在郡圃内风月无边楼下。水香亭在郡圃瞰荷花池。啸鹤亭在旧东府判厅。碧漪亭在旧西府判厅。雪香亭在旧西府判厅。杯水亭在旧西府判厅。敬简斋在旧东府判厅。秀远斋在郡治内，旧名三几。[①]来月亭在郡治内旧府判东厅，考证：旧名花月，宋倅张子野创此亭，取"云破月来花弄影"之句。垂芳亭在郡圃内。玉明亭在郡圃内。观德亭在郡圃内，考证：旧名射弓亭，盖取射以观德之义。平远亭在郡圃内子城上。荷屋在郡圃内……[②]

（明代官署因袭宋治情况）府治处子城内中，为理厅，而轩其前，后为穿堂，为后堂，厅东北为府库，比厅而左为军资库，为经历司，久废。至嘉靖丁未秋，知府赵瀛重建。司北为架阁库，比厅而右为仪仗库，为照磨所，亦久颓废。嘉靖丁未岁知府赵瀛重建，北为茶房厅，之前为露台，台南为戒石亭，夹台左右为东西吏廊，吏廊之南为仪门，门左右各有翼室，俱洪武中知府刘观因旧葺治之。仪门直南为府谯……谯左右为朵楼，谯下为府门，宋景定中知军陈垲所葺也。府门左内为土地祠，为理刑馆……子城比罗城内稍东南偏，亦名子墙，今曰府墙。围二里十步，高与厚俱一丈二尺，宋城端之东有清风亭，东北有披云楼……府门南出，左右南向为榜廊，左而前为申明亭，折而东即宋颁春亭址[③]

淮南东路

（160）扬州（宋为重城）

（魏晋罗城）任城国太妃孟氏，巨鹿人，尚书令、任城王（元）澄之母。（元）澄为扬州之日，率众出讨。于后贼帅姜庆真阴结逆党，袭陷罗城。长史韦缵仓卒失图，计无所出。孟乃勒兵登阵，先守要便……贼不能克，卒以全城。[④]

（唐、五代、宋、元的城市建设）府城自吴王夫差城邗，楚王熊槐城广陵始，其后岁久残毁。周世宗命韩令坤别筑新城，宋高宗南渡，诏吕颐浩修扬州城，周二千二百八十丈，盖即古城遗址也。明初金院张林守扬州，以宋城太大，改筑西南隅，周九里七百五十七丈五尺高三丈，厚半之。门五……是为旧城，新城则创于嘉靖丙辰，以倭患用副使何城等议筑之。西接旧城，周十里千五百四十一丈九尺，高厚与旧城等，七门。[⑤]

① 徐硕等.至元嘉禾志.卷九.堂馆//宋元方志丛刊（第五册）.北京：中华书局，1990.
② 徐硕等.至元嘉禾志.卷九.亭宇（斋屋附）//宋元方志丛刊（第五册）.北京：中华书局，1990.
③ [明]赵文华等.嘉靖嘉兴府图记.卷二.明嘉靖刻本.
④ [南北朝]魏收.魏书.卷九十二.列传列女第八十.北京：中华书局，1974.
⑤ [清]赵宏恩等.乾隆江南通志.卷二十.舆地志.城池.扬州府.清文渊阁四库全书本.

（宋元）今扬州城乃后周显德五年于故城东南隅改筑，周二十余里。①

（子城）：唐光启三年中书令高骈镇淮海，有蝗行而不飞，自郭西浮濠缘城入

附图4　宋三城图
　　（图片来源：《嘉靖惟扬志》）

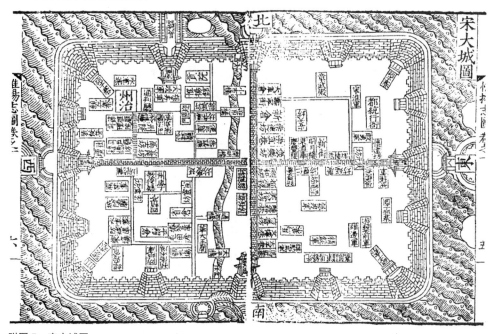

附图5　宋大城图
　　（图片来源：《嘉靖惟扬志》）

---

① [元]盛如梓.庶斋老学丛谈.卷中之上.台北：台湾商务印书馆，1986.

子城，聚于道院，驱除不止……① （后周显德五年）（帝）丁卯至扬州，命韩令坤发丁夫万余，筑故城之东南隅，为小城以治之。②

宋城的考古相关成果：20 世纪八九十年代，确定了宋三城的范围和布局、宋大城的部分门址和建筑，及部分唐、五代、宋城墙的因袭关系。③

宋大城位于蜀岗以下今扬州市区，约当唐代罗城的东南部分。勘查证明宋大城呈南北向的长方形，南北长 2900 米，东西宽 2200 米……北墙西起长春桥东侧的区委党校西北角，经凤凰桥到高桥以西，全长 2100 米……西墙由区委党校往南经保障河东至双桥养殖场东侧，全长 2860 米……南墙由养殖场东侧向东到康山街，基本呈一直线，全长 2200 米……④

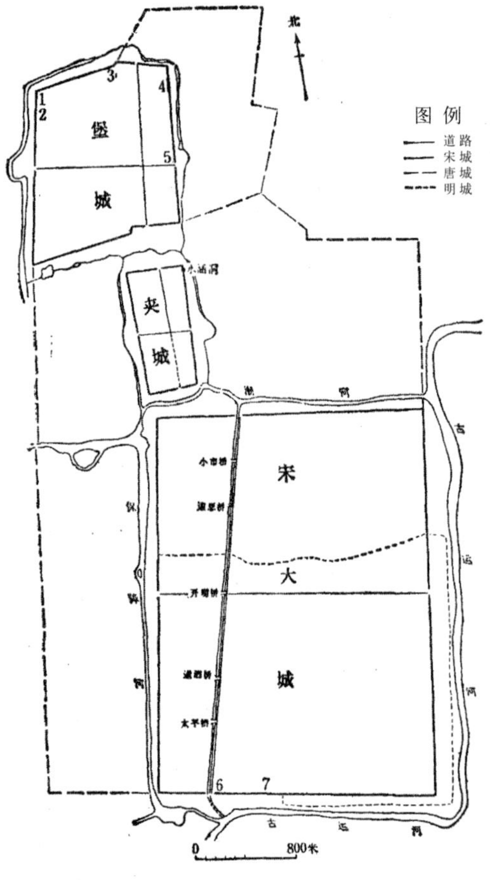

宋大城内，由纵横两条主要干道形成独特的城市结构。

宋大城内的街道主要有两条，一条是南北向斜路，自今凤凰桥一带向西南延伸，与现今扬州市的北门大街、南门大街相合。该大街不仅是宋大城内的主要南北大道，也是唐代和明清城内的主要大街。经钻探该道路宽 9 米，全长 2900 米。另一条是明城沿用的东西大道，西起明城的西门，经西门大街、大东门街、彩衣街和东关大街，到明城利津门止，全长 2150 米，它正好位于宋大城南北正中。⑤

州治格局：《嘉靖惟扬志》卷七公署志中记载了部分宋代旧署，以及署内部分建筑。可以和宋大城图中的部分文字标识相对应，摘录如下。

宋招抚衙（在迎恩桥北，即旧走马廉坊衙基。隆兴甲申，刘宝以镇江都统为淮南招抚使创建）。淮东提点刑狱廨宇，即宝祐时城隍庙基。淮东提

图一 扬州宋三城平面图
1—7.试掘点

附图 6　宋三城平面图
（图片来源：俞永炳，李久海《江苏扬州宋三城的勘探与试掘考古》）

①　[唐] 罗隐 . 广陵妖乱志 . 上海：上海书店出版社，1994.
②　[宋] 司马光 等 . 资治通鉴 . 卷第二百九十四 . 后周纪五 . 北京：中华书局，1956.
③　刘妍 . 隋—宋扬州城防若干复原问题探讨 [硕士论文] . 东南大学，2009：2.
④　俞永炳，李久海 . 江苏扬州宋三城的勘探与试掘 . 考古，1990（7）.
⑤　俞永炳，李久海 . 江苏扬州宋三城的勘探与试掘 . 考古，1990（7）.

举常平司，淮东制置使司，淮东安抚使司……宋扬州治（在大城西北隅，即子城。之南以为谯门，建楼其上，匾曰淮南，郑兴裔建）。置刻漏，谯门之外，左曰宣诏亭、手诏亭，右曰颁春亭。入谯门稍西，直北为府门，入仪门曰设厅，揭真宗皇帝垂训七条，前立戒石亭，刻高宗皇帝戒石铭，屏刻理宗御书车攻诗。厅后为整暇堂（旧名镇淮，贾似道重建，易匾）。又后为集思堂（旧名凝香，贾似道重建易匾）。堂匾皆宝祐御书。设厅之下，中为门二，一由东循郡圃之西出子城便门，通教场，一由西入辕门，为常衙厅，厅之后为敬简堂，芍药厅在其东，循云堂在敬简堂之后，为正堂（旧名筹胜，郑兴裔建）。后为雪芗阁、水晶楼，直北为多瑞堂，东为百花庄，有堂曰吏隐，西为野亭，后列军需库、甲仗库、军器库、簇帐部，又西为边机馆，随行激赏库。循而南为工膏房、考限房、盐房、回易房、铁作院。常衙厅之对为制置司金厅，匾曰淮南幕府。设厅之东为安抚司金厅，辕门之西为本州岛岛金厅（庆历建，帅守厅壁韩琦记，乾道帅守题名晁公武记，淳祐帅守题名丘岳记，通判厅在迎恩门内），添差通判厅（旧在城隍庙南，徙于通判厅西），签书通判厅（在知录厅北，堂侧有梅二，都梁李迪尝寓于此，匾曰爱梅），节度推官厅（在府门外东），知录厅（在谯门内东），司理厅（在谯门内西），司户厅（在谯楼外西），司法厅（在机宜厅南）。

（城内其他官署机构略）江都县治、丞厅、主簿厅、尉厅；玉钩亭、高宗行宫卷书楼、筹边楼、郡圃；武卫宋武官廨舍叅议厅、机宜厅、抚干厅、制帅幕官厅、扬州诸军都统制衙、镇江诸军都统制行衙、副总管衙、路钤厅、州钤厅……①

（161）亳州（宋制不详）

州城旧为古谯县址，宋真宗大中祥符四年谒太清宫，赐州城门楼名……明洪武初筑土城，二十二年……甃以砖石，筑陴溶隍，周九百十三步……②（明因宋治）亳州知州署在城内东北隅，唐总管府旧址，宋庆历间建，绍兴中兵毁，元延祐间复建，前明因之……③

（162）宿州（宋制不详）

城建于唐元和四年，筑土为之。明洪武十年始垒石覆甃。周六里三十步，计长一千一百一十五丈……④

（明因宋治旧基）州治在城西北隅，即宋元旧基，洪武元年开设。⑤

（163）楚州（南宋有子城）

绍兴二年冬十月甲辰……晏（通判州事刘晏）兵自子城出，春（守臣武功大

① ［明］盛仪．嘉靖惟扬志．卷七 // 天一阁藏明代方志选刊（12）．上海古籍书店，1981
② ［清］何绍基 等．光绪重修安徽通志．卷三十六．亳州．清光绪四年刻本．
③ ［清］何绍基 等．光绪重修安徽通志．卷三十八．清光绪四年刻本．
④ ［清］何绍基 等．光绪重修安徽通志．卷三十六．宿州．清光绪四年刻本．
⑤ ［明］曾显 等．弘治宿州志．卷上．公署．明弘治增补刻本．

夫柴春）斗死，录事参军刘晟亦为所害。① 熙台在子城上。②

（164）泰州（宋为重城）

（罗城、子城）升元元年刺史褚仁规筑罗城二十五里，濠广一丈二尺……显德五年团练使荆罕儒增子城于东北隅，更筑罗城，自子城西北至西，又自东南至南，合西南旧城周十里一十六步，皆甓高子城一尺，而厚如之。③

《泰州重展筑子城记》：……其城高二丈三尺，环回四里有余。其濠深一丈已上，广阔六步不止。中存旧址，便为隔城，上起新楼，以增壮贯……时有唐升元二年龙集戊戌暮春月二十五日壬申记，知泰州军州……褚仁规。④

宋建炎中通判马尚增修甓其外，为四门，绍兴初城圮。端平后州守许堪别创堡城于湖荡沮洳中，去城五里，曰新城。元末张士诚据新城。明初复修旧城，寻建州治，新城遂圮。今城周二千三丈二尺，高二丈七尺，门楼四。⑤

（州治）五代泰州治（在城东北隅，南唐升元初建……）宋天圣间，滕子京为郡从事，建文会堂；绍兴间，曾肇建三至堂；乾道五年，张子颜建无讼堂于东厅之东；嘉定元年，赵逢建三乐堂于无讼堂之前；嘉定十年，李骏建醒翁堂于西园方洲之内；宝庆二年，陈垓建堂以州名，名之曰泰堂，三年垓建文备堂于郡圃东（前通衙兵营门旧名小教场，月按拍诸军事选士马置营厩，凡七百间，号节制司）。⑥望京楼在郡圃，曾公致尧有六咏诗。成趣亭在郡圃，无讼堂在东厅之东。清涟堂在郡东厅之西。芙蓉阁在大厅后。藕花洲在郡圃。积翠亭在郡治，今废。清风阁：自五代时迭为山，高三丈五尺，翼以两径，中为滑石，峻台上有阁，名曰清风阁。齐云楼在郡圃，今改曰清风。留春亭在郡圃，四面皆芍药。⑦

（165）泗州（宋为东西城，形制不详）

宋有东西二土城，明初甃以砖石，始合为一。汴河贯其中，周九里三十步。⑧

（166）滁州（宋为重城）

旧有子城、罗城，相传唐宋间筑。明洪武中拓为今城，周九里十八步。⑨ 知州署在子城内广惠桥西。宋建，元明及国朝因之。⑩

（167）真州（宋为重城）

仁宗明道元年（1032年）七月辛未，广真州罗城。⑪

① 李心传等.建炎以来系年要录.卷五十九.北京：中华书局，1988.
② [宋]王象之等.舆地纪胜.卷第三十九.四川大学出版社，2005.
③ [明]盛仪.嘉靖惟扬志.卷十//天一阁藏明代方志选刊（12）.上海古籍书店，1981.
④ 南唐升元二年（938）《泰州重展筑子城记》（石刻，藏于泰州博物馆）.
⑤ [清]赵宏恩等.乾隆江南通志.卷二十.舆地志.城池.清文渊阁四库全书本.
⑥ [明]盛仪.嘉靖惟扬志.卷七.公署志//天一阁藏明代方志选刊（12）.上海古籍书店，1981.
⑦ [宋]王象之等.舆地纪胜.卷第四十.泰州景物下.四川大学出版社，2005.
⑧ [清]赵宏恩等.乾隆江南通志.卷二十一.舆地志.城池二.泗州.清文渊阁四库全书本.
⑨ [清]何绍基等.光绪重修安徽通志.卷三十六.滁州.清光绪四年刻本.
⑩ [清]何绍基等.光绪重修安徽通志.卷三十六.滁州.清光绪四年刻本.
⑪ [宋]李焘.续资治通鉴长编.卷一百十一.北京：中华书局，2004.

《快哉堂记》仪真子城东旧有亭，库局弗与地称，更而为堂……①

明《嘉靖惟扬志》载宋治情况，相关图文摘录如下。

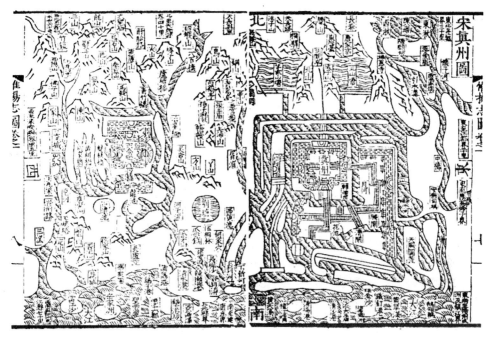

附图7 宋真州图

（图片来源：《嘉靖惟扬志》卷一）

真州治（在城内北隅，面济川门，开禧以后再经兵火，后郡守阎一德始创厅事，郭超始建谯楼，潘友文始立仪门）。州前为井亭（左右各一），稍后东为宣诏亭，西为颁春亭，仪门中为戒石亭，左为都钱库，右为军器库，后为设厅，东有便坐曰简静，其侧曰隐几，西曰思政厅，后为船斋，斋后为瑞芝堂，后有便坐临池曰凝清。凝清后曰中山，中山后有亭曰爱山，爱山后为淮南小山。设厅东为清边堂（文丞相尝憩此，与苗再成议兴复）。堂后曰爱莲，又后有节爱堂（即青鸾故地）。谯楼之东其前为司理院，院北向南为司理厅，又东为省马院，北为通判厅，有亭曰风月。通判厅左为军事判官厅，有昼静、必葺二堂，蓬斋枝室。通判厅右为签厅。谯楼之西其前为录事厅，其后有司法厅，后为教场，有立武亭，亭北为土地祠。②

（168）高邮军（宋有子城）

临翠亭在子城上。望归亭在子城西……③

（169-174）本路其他府州：海州、通州、安东州、招信军、淮安军、清河军（资料不详）

---

① 陈造 等. 江湖长翁集. 卷二十二. 记快哉堂记. 台湾商务印书馆，1983.

② [明] 盛仪. 嘉靖惟扬志. 卷七∥天 阁藏明代方志选刊（12）. 上海古籍书店，1981.

③ [宋] 王象之 等. 舆地纪胜. 卷第四十二. 高邮军景物下. 四川大学出版社，2005.

淮南西路

（175）寿春府（宋制不详）

（南北朝为重城之制）（王）神念长子遵业，位太仆卿。次子僧辩……元帝以僧辩为征东将军、开府仪同三司、江州刺史，封长宁县公，命即率巴陵诸军沿流讨景。攻拔鲁山，仍攻郢，即入罗城①……答仁又请守子城，收兵可得五千人，帝然之，即授城内大都督②……绎以王僧辩为征东将军、尚书令，胡僧等皆进位号，使引兵东下……辛酉，（王僧辩）攻郢州，克其罗城，斩首千级。宋子仙退据金城，僧辩四面起土山，攻之。③

（唐有子城）麻安石，唐贞元中至寿春谒太守……忽夜梦寿州子城内路西院中殿内，见戴冠帻神人，乘白马朱尾鬣，称是宋武帝……④寿州，今理寿春县。战国时楚地，秦兵击楚，楚考烈王东徙都寿春，命曰郢，即此地也。今郡罗城即考烈王所筑，今郡子城即宋武帝所筑。⑤故郢城。元和郡县志云在江陵三里，即楚旧都也，子囊临终遗言必城郢即此也。安蜀城唐书云江之南有……地直夷陵荆门城诗其东皆峭险处。⑥

（宋城重筑）寿州城其板筑之始不可考矣。旧《州志》云：宋嘉定间许都统重修，《宏简錄》：嘉定十二年正月，建康都统许俊却金兵于安丰军城，盖是时所筑。周十三里有奇，高二丈五尺，广二丈，城外东南为濠，宽二十余丈，北环东肥，西连西湖。旧《志》云：寿春城旧在八公山之阳，淮水东南五里许，周显德中徙至淮北。宋熙宁间复故处……今城或是熙宁间所重筑耳。⑦

（176）六安军（宋制不详）

有土城。明洪武十三年指挥王志始甃以石。⑧

（177）庐州（宋制不详）

（南朝）世祖承圣元年（552年）二月庚子，子鉴等围合肥，克其罗城。⑨

府城之建莫详。所始汉献帝时，州刺史刘馥造合肥空城，建立州治，梁天监中韦叡攻合肥，堰肥水溃城，城遂废。隋开皇五年改筑土城于今之治南，名金斗城。唐代宗时庐州刺史路应求按韩昌黎神道碑作路，应始加甓焉。城初据金斗河为池，宋乾道五年淮西帅郭振以镇大城，小拓其北，跨河为城，名曰斗

① [唐]李延寿.南史.卷六十三.北京：中华书局，1975.
② [唐]李延寿.南史.卷八.北京：中华书局，1975.
③ [宋]司马光 等.资治通鉴.卷一百六十四.梁纪二十.北京：中华书局，1956.
④ 李昉 等.太平御览.卷二百八十梦五.上海：上海古籍出版社，2008.
⑤ 杜佑 等.通典.卷一百八十一.州郡十一.北京：中华书局，1984.
⑥ [宋]王象之 等.舆地纪胜.卷第六十五.高邮军.景物下.四川大学出版社，2005.
⑦ [清]李兆洛 等.嘉庆凤台县志.卷三.营建志.清嘉庆十九年刻本.
⑧ [清]何绍基 等.光绪重修安徽通志.卷三十六六.安州.清光绪四年刻本.
⑨ [宋]司马光 等.资治通鉴考异.卷第七.四部丛刊本.

梁城。守臣王希吕等相继修葺。胡舜陟增置水关二。元至正时城圮，佥事马世德请发公私十万贯钱修之（明、清亦修之）。①知府署在府城西北隅，即宋元旧址。明洪武初建。②

（178）蕲州（宋有子城）

超然观在郡圃子城上……射圃环翠亭在郡圃子城上……涵辉阁在郡斋子城之上，有治平年中记。见山亭在子城上。③

（179）和州（宋有子城）

沈先生者，和州道士也……建炎元年秋，忽著衰麻立于谯门外，拊膺大哭良久，回首望门内而笑。三日乃止。未几，剧贼张遇攻破城，郡守率州兵保子城，贼不能下，遂去。凡居民在外者，皆被害。④

旧城相传范增所筑，汉高帝令灌婴还定江淮，复筑之，名曰古罗城。至宋时又筑于历阳，明初知州张纯诚更建……周十一里……同治六年知州游智开修南北二门，并建罗城。⑤

（180）安庆府（宋建新城，形制不详）

府旧城即今潜山县城。《通典》云楚灵王所建，历代因之。宋嘉定十年黄干知安庆府，以金兵破光州，请诸朝，徙城于盛唐湾宜城渡之阴，去旧治百四十里，即为今治。其城北负大龙，南瞰长江，东阻湖，西限河，周九里一十三步，门五……元末城溃筑闭。元至正十六年守帅余阙增高至二丈有六……⑥

（181）濠州（宋有子城）

彭祖庙在子城上东北角，有堂涂。⑦《博志》：禹作三城易大传曰重门击柝以待暴客，此城之始也。中都新城：国朝（明）启运建都，筑城于旧城西……洪武七年迁府治于此。皇城在新城内……三牛城即今之旧城是也。⑧

（182）光州（宋制不详）

光州城即汉弋阳城，宋庆元初知州梁季秘创建。周围九里高一丈，濠深七尺。明洪武初增筑。⑨

（183）黄州（宋制不详）

（唐）中和初徙治邾城，宋迁州治于江滨，今府治是也……府城宋元在今（明）城南二里许，西临大江，东傍湖泊，水涨湮没。⑩

① ［清］何绍基 等.光绪重修安徽通志.卷三十六.舆地志城池二庐州府.安州.清光绪四年刻本.
② ［清］何绍基 等.光绪重修安徽通志.卷三十八.庐州府.清光绪四年刻本.
③ ［宋］王象之 等.舆地纪胜.卷第四十七.蕲州景物下.四川大学出版社，2005.
④ 洪迈 等.夷坚丙志.卷九.沈先生.北京：中华书局，1985.
⑤ ［清］何绍基 等.光绪重修安徽通志.卷三十六.和州.清光绪四年刻本.
⑥ ［清］何绍基 等.光绪重修安徽通志.卷三十五.安庆府.清光绪四年刻本.
⑦ 乐史 等.太平寰宇记.卷一百二十九.中华书局，1985.
⑧ ［明］柳瑛 等.成化中都志.卷三.城郭.明弘治刻本.
⑨ ［清］王士俊 等.雍正河南通志.卷九.城池.光州.清文渊阁四库全书本.
⑩ ［明］卢希哲 等.弘治黄州府志.卷一.地理.明弘治刻本.

（184）无为军（宋为军壁）

宋初改镇为军，创营壁垒，两淮用兵，乃筑垣墉。元末土人赵普胜据之。明初知州夏君祥始筑。城周九里三十六步。[1] 无为州故有城，周若干丈，其始不知所由筑，及元末而圮，今复城之者，监察御史吴君百朋也。[2]

（185）本路其他府州：怀远军（资料不详）

江南东路

（186）江宁府（建康府）：相关史料见正文。

（187）宁国府（宋为重城）

（罗城、子城）府城初创于晋……今所谓子城是也……隋开皇间刺史王选以宛溪形势别筑罗城，广轮至三十里，宛溪贯其中。唐乾符后屡被兵燹，城废……南唐节度使林仁肇筑新城，韩熙载记之。（宋）建炎三年郡守吕好问复修；绍兴初知县李虔历以砖甓周围甃叠，三十一年知县任古急复行修葺；庆元中知县沈继祖、宋之瑞重修；开禧二年知县李澄更造各门楼，四年知县颜怡仲重葺。元至正中……加以甃甓，明洪武、永乐、正统中相继修理。[3]

隋开皇中刺史王选始拓西北冈阜。宋乾德中南唐节度使林仁肇复修筑新城……所筑新城自金光门西北转至旧城崇德门东北角，长五里三百三十三步，从崇德门南转至金光门东，长四里二百三十步，新旧城共长一十里一百九十三步。[4]

石中丞庙断碑。庙在子城南，石中丞，神览宣州人。[5]

（府治）《东倅厅题名记》：郡置丞尚矣，本朝选尤重。按宛陵郡志，特添差厘务自张點始，其后置废不常，廨舍亦非旧观。余始至，见子城之内，环府治为官舍者三。问之，其北于郡门者为州钤厅，又北为通判北厅，直西南为南厅。问添差东厅，则旧税务，直子城之北，杂于民廛者是也……于己亥冬十一月落成，于庚子春二月听事之。高明燕居之净邃，下而庖湢褻委，焕焉悉备。于是体统以正，观听以惬，而官府增壮矣。[6]

知府署在陵阳山第一峰之麓，晋以后悉治此。元改肃政廉访司，明初为行枢密院，又为元帅府。洪武己酉改为府署……[7]

（188）徽州（宋不复为子城）

（城墙之沿革）其外罗城周四里二步，高一丈二尺，子城周一里四十二步，

---

① ［清］何绍基 等．光绪重修安徽通志．卷三十六．无为州．清光绪四年刻本．
② ［明］徐阶．修筑无为州城碑记．[DB/OL].(2007).中国基本古籍库电子版．
③ ［清］何绍基 等．光绪重修安徽通志．卷三十五．宁国府．清光绪四年刻本．
④ ［明］李默 等．嘉靖宁国府志．卷七．防圉纪．明嘉靖刻本．
⑤ ［宋］王象之 等．舆地纪胜．卷一．宁国府碑记．四川大学出版社，2005.
⑥ 杜范 等．清献集．卷十六．序记．台湾商务印书馆，1983.
⑦ ［清］何绍基 等．光绪重修安徽通志．卷三十五．宁国府．清光绪四年刻本．

高一丈八尺，广一丈三尺五寸。唐大中九年修子城，中和三年又修罗城，至五年增广城之南北。总之为九里七步。咸通六年，即城之西北为堤，以御水。光化中，因堤筑为城，命曰新城，自南唐及国朝无所考。宣和中，既平睦寇，诏卢公修筑。乃计其工费闻于朝，为罗城，如唐中和五年之制。其地犹在，今仅号七里三十步……不复为子城，而于仪门外直南数十百步为谯楼，面势雄正，其外为宣诏班春之亭，先是谯楼在东，故常穿州治之东厢以出，既南作新谯，乃以旧谯基在东者为门，号迎和门……（绍兴二十年）迁州桥及鼓角于迎和楼，而虚南向谯楼不用。乾道八年夏五月，前赵侯集六县各新沿城一门，而州则恢复东南谯楼……[1]

（治所之沿革）州衙在子城之西北，正南曰设厅，防守库在东厢之楼，甲仗库在西厢之楼，仪门在其南，军资库、公使酒库分为左右，在仪门之南，又南则旧谯楼在焉，宣诏、班春二亭在谯楼之南。设厅之右为小厅，小厅之前为签厅，自余宾次吏舍，如他州之仪，皆宣和中卢徽猷所建，其堂房之外有紫翠楼，有静治……（其他建筑略）：燕香之堂、黄山楼、清心阁、芙蓉堂、四宝堂[2]。

（其他官署机构略）通判军州事、军事判官、军事推官、兵马都监、添差兵马都监、兵马监押、录事参军、司理参军、司法参军、司户参军、监；（仓库）州仓、常平仓、酒税务、公使库、醋库；（刑狱）州院、司理院。[3]

（元、明、清因袭宋治）元因之为路治。延祐乙卯……重甃甬道，又营小阁于堂东偏，为冬月署事之所，正堂之南仪门、谯楼皆仍旧……至正壬辰，兵乱城陷，路治亦损坏。明年元帅沙不丁克复城池，重创如旧规。国朝总兵官卫国公邓愈以为行枢密院，重建仪门……洪武三年复为府治，歳久摧坏当修。正统九年，同知徐亨奏准，适知府孙遇到官，协谋修葺。[4] 知府署在城西北，即宋宣和中州治。历元明，迄今皆仍旧址增建。国朝康熙三十年重修……[5]

（189）池州（宋为重城）

（罗城）府城相传唐永泰间刺史李芃筑。今按《寰宇记》侍御史李芃黄巢破后，刺史窦潏修复之，立门六……宋建炎中城毁于寇，知池州李彦卿重建，周七里三十步。嗣是李思重（等）……相继营葺。嘉定十二年程宗仁修，十六年知州史定之复于城外西偏筑新城，如偃月状。端平二年，知州王伯大辟甕门三……元时叠为兵毁。明正德十二年，知府何绍正创筑全城，西北仍旧址，而扩东南隅三百余丈，共周一千四百二十八丈，立门七……[6]

（子城）《名胜志》引元和《志》云：子城东门楼曰九华，即唐九峰楼也，与

① ［宋］罗愿．淳熙新安志．卷一 // 宋元方志丛刊（第八册）．北京：中华书局，1990.
② ［宋］罗愿．淳熙新安志．卷一 // 宋元方志丛刊（第八册）．北京：中华书局，1990.
③ ［宋］罗愿．淳熙新安志．卷一 // 宋元方志丛刊（第八册）．北京：中华书局，1990.
④ ［明］汪舜民 等．弘治徽州府志．卷五．郡邑公署铺舍附．明弘治刻本．
⑤ ［清］何绍基 等．光绪重修安徽通志．卷三十七．徽州府．清光绪四年刻本．
⑥ ［清］何绍基 等．光绪重修安徽通志．卷三十五．池州府．清光绪四年刻本．

牧之语合第。今《元和志》无此文,且亦断非李吉甫语耳。《方舆胜览》:池州有九华楼,云即子城东门楼……[1](另外,北宋沈括有《池州新作鼓角门记》)

(明治部分建筑因袭宋元治)府治在通远门内,元辛丑年开设。中为帅正堂,左咸宁库、经历司、右仪仗库、照磨所,后为穿堂,为正心堂(宋名中和堂,一名思政堂,通判赵昂发改建为从容堂……)[2]

(190)饶州(宋制不详)

(南朝)承圣二年(553年),上以佛受为建安太守,以侍中王质为吴州刺史。质至鄱阳,佛受置之金城,自据罗城,掌门管,缮治舟舰甲兵,质不敢与争。[3]

(唐)李吉甫为忠州刺史,改郴饶二州,会前刺史继死,咸言牙城有物,慎不敢居。吉甫命葺除其廨以视事,吏由是安。[4]

旧城秦番君吴芮所筑,至吴周鲂守郡增修之。梁大通中鲜于琮叛,内史陆襄缮城为保障计。宋建炎初,舒贼刘文舜寇饶州,守连南夫缮治。嘉定间水坏,州守史定之增修。明吴元年甲辰大水,城圮,总制宋炳、知府陶安即旧址城之。[5]

(191)信州(宋为重城)

宋信州城旧基,周围七里五十步,高二丈一尺,址广二丈有奇,崇广如制。皇祐二年水圮,州守张公实修筑,中为子城,围一里二百八十三步,高二丈五尺,后亦圮。淳熙七年州守林枅因旧址筑牙门,韩元吉记。淳祐十二年复罹洚水,甚于皇祐。宝祐二年,州守陈昌世重修,王雷记……元因宋旧,明洪武初修筑罗城,围九里二十步。[6]

信州新学……其地在子城之东[7]

(192)太平州(宋为重城)

(罗城、子城)府城创建于吴黄武闲,东晋太和七年桓温重筑,并建子城于内,为今府治。南唐保大三年复高广之,高三丈,周十五里,跨姑溪河。宋太平兴国九年,知州王洞重修,建炎三年,知州郭伟改筑新城,割姑溪于城外,减旧三之一,为今制,周六里,(乾道、淳熙、宝庆、明洪武间)修。[8](宋)子城上有碧云亭,创始于大观间。[9]太平新学在子城东南。[10]

① 杜牧 等. 樊川诗集注. 诗集卷三. 上海古籍出版社,1978.
② [明]王崇 等. 嘉靖池州府志. 卷三. 建置篇. 公署. 明嘉靖刻本.
③ [宋]司马光 等. 资治通鉴. 卷第一百六十五. 梁纪二十一. 北京:中华书局,1956.
④ 谢维新 等. 事类备要. 后集卷六十三节使门诛破奸盗. 上海:上海古籍出版社,1992.
⑤ [清]谢旻 等. 康熙江西通志. 卷六. 清文渊阁四库全书本.
⑥ [清]谢旻 等. 康熙江西通志. 卷六. 城池二. 广信府. 清文渊阁四库全书本.
⑦ 王遂 等. 清江三孔集. 卷十四. 信州学记. 齐鲁书社,2002.
⑧ [清]何绍基 等. 光绪重修安徽通志. 卷三十五. 太平府. 清光绪四年刻本.
⑨ 陈起 等. 江湖小集. 卷七十一. 横碧堂记. 台湾商务印书馆,1983.
⑩ [宋]王安石. 临川集. 卷第八十二. 太平州新学记. 上海:商务印书馆,1929.

（州治）知府署在城东北，宋太平兴国间建。顺治十四年……重建。①

宋《太平郡圃记》：郡圃视他郡为隘……以驻春为仗甲库，益隘甚岂然独存者，惟近民堂，然创于淳熙间，已百余年。屋老材腐，多支以木。居者每危压是惧。堂旧对池之阳，修可二十丈，中有官梅亭，跨以桥，水面才七八尺，少晴辄涸，虽名为池，而实沟浍之弗若也。乃凿而广之，灌以江水，作堂其上，匾曰挥麈……中为堂五楹，前为轩三楹，堂后又为重堂五楹，匾曰窈深，复旧也……②

（193）南康州〔宋有子城〕

（子城。至少有淳祐、嘉定两次修筑子城记录）《南康筑子城说》：今本军不能为城，不得已节浮费而为子城，设有寇，则二千石之老幼皆可保，千人之军足以守也。③《南康利民抵当库记》：嘉定丁丑某始至……上便民事：其一务城筑，其二广廪储。终更有日经费外得钱万缗……因以惠民，悉用为子城版筑费也。④古无城，宋淳祐间知军方岳筑土城，五里二十步……未讫役而卒。元至正间徐寿辉率众攻掠，遂为所陷。⑤（正德七年）凿石城之……周千丈。⑥

（州治）府治旧为军治，太平兴国三年创。至德祐废，元为总管府治，国初知府孟钦复拓旧基，兴建门堂、库藏、廊房、廨宅。洪武九年知府安智重建谯楼，而规制粗备。⑦

（194）广德军〔宋为重城〕

旧无城，宋淳熙六年，知军事赵希仁创建六门，设子城于内，元末倾圮，明初元帅赵继祖、邵荣始建城。⑧（南宋子城亦存）：绍兴二十五年……郡兵行子城上……⑨三峰楼即子城南门也。⑩

《广德军通判厅佐清堂记》：桐川旧称江东道院，其匾正揭通判厅燕息之堂，前植古梅，岁久益清。郡太守而下，往往婆娑其间，用为清赏。宝庆三年，盍俟君孺为守，始移取江东道院之名，以名郡斋之燕室，通判赵君善璟思所以逊避之，因附筑小亭于旧堂之旁，以自易名，其堂曰岁寒……其堂三楹。⑪

① 〔清〕何绍基 等．光绪重修安徽通志．卷三十八．舆地志公署二太平府．清光绪四年刻本．
② 陈起 等．江湖小集．卷七十一．太平郡圃记．台湾商务印书馆，1983．
③ 陈宓 等．龙图陈公文集．卷七．南康筑子城说．上海：上海古籍出版社，1995．
④ 陈宓 等．龙图陈公文集．卷九．南康利民抵当库记．上海：上海古籍出版社，1995．
⑤ 〔清〕谢旻 等．康熙江西通志．卷六．城池二．南康府．清文渊阁四库全书本．
⑥ 〔明〕陈霖 等．正德南康府志．卷三．明正德刻本．
⑦ 〔明〕陈霖 等．正德南康府志．卷四．明正德刻本．
⑧ 〔清〕何绍基 等．光绪重修安徽通志．卷三十六．广德州．清光绪四年刻本．
⑨ 洪迈 等．夷坚丙志．卷六．桐川酒．北京：中华书局，1985．
⑩ 〔宋〕王象之 等．舆地纪胜．卷第二十四．江南东路广德军．四川大学出版社，2005．
⑪ 黄震 等．黄氏日钞．卷八十七．广德军通判厅佐清堂记．台北：台湾商务印书馆，1986．

江南西路

（195）隆兴府（宋为重城）

（城墙沿革）汉颍阴侯灌婴筑豫章城，广十里八十四步，辟六门……唐垂拱元年、元和四年、贞元十四年……新之……南唐保大十年建南都于此，宋洪州城周三十一里，门十六。绍兴六年，李纲来帅，以城北岁拥江沙，遂横截东北隅入三里，许其广丰北郭……元仍宋旧……明初以城西南滨江，改筑于内，视旧城杀五之一，周二千七十丈有奇，高二丈九尺，厚二丈一尺。[①] 铁柱在子城南……致爽轩在子城之西……风月台在子城上[②]

（府治格局）按汉晋《豫章》：郡署在城南，有子城，东西双阙门[③]，自唐以来为都督观察节度治所，乃江西之会府也，故其制广袤宏衍如。唐陇西公李宪创新楼，立石柱、石尊，半寻有咫，刻姓名于石柱。宋太守张继则重修大厅，揭州名于中门之楣，杨杰记之，其规制壮丽可概见矣。元仍宋。国朝洪武三年，郡守赵文奎并司府二县之地，重建廨宇，永乐元年改为布政司府，迁今处。[④]

《与李尚书措置画一札子》：纲窃观六朝，于上流重地，必择名臣为之帅守，使自为家计，乃能镇抚一方……自到豫章以来，修筑城池为可守计，创置营房，使兵民不相杂处，缮治器甲，修造官府仓库，措置财赋，蓄积金谷，团结军伍，招捕盗贼，皆幸，稍稍就绪，庶几古人之万一，少副朝廷委任之意，今具下项……建置官府仓廪。洪州素无吏舍，止以设厅前廊屋为之。难以检察，因规度都厅之南，造吏院三十间，以居群吏，却以设厅前旧吏舍分置甲仗、激赏、营田、仪从、添赐等库。下马门外旧皆草屋为，造房廊数十间，收其直，归公使库……大丰仓自兵火后全无屋宇，为造新廒八座，计四十余间，以贮大使司并常平司米斛。前此并无教阅之所，为造新兵射厅及阅武堂，防城器具之类不可无安顿去处，为造东南壁及西北壁防城库两所共四十间。无馆宾客之所，为置侯参谋宅以充行衙，见今贾□分居止，皆有数目在工房……[⑤]

（196）江州（宋制不详）

旧传筑于汉灌婴，又云九江王英布所筑。兴废不一。刘宋升明间左中郎将周山图造楼橹，立水栅，宋开宝九年曹翰屠江州，堕其城七尺。开禧间守臣俞崇龟（龜）重筑，元总管李黼重修。明洪武二十二年调官军陆旺等设直九江卫城……周十里一百七十八步。[⑥]

---

① [清]谢旻 等 . 康熙江西通志 . 卷五 . 城池一 . 南昌府 . 清文渊阁四库全书本 .

② [宋]王象之 等 . 舆地纪胜 . 卷第二十六 . 四川大学出版社，2005.

③ [清]谢旻 等 . 康熙江西通志 . 卷十九 . 公署 . 清文渊阁四库全书本 .

④ [明]章潢 等 . 万历新修南昌府志 . 卷四 . 署宇 . 明万历十六年刻本 .

⑤ 李纲 等 . 李忠定公奏议 . 卷六十六 . 续修四库全书本 . 上海：上海古籍出版社，1995.

⑥ [清]谢旻 等 . 康熙江西通志 . 卷六 . 城池二 . 九江府 . 清文渊阁四库全书本 .

发运司在子城内，州治之东。三贤堂在州治后圃。四望亭在州治后圃，子城上。高远亭在子城内史南隅，有名公诗甚多。清燕堂在州治便厅之后。爱日堂在州治内，便厅之右。齐云楼在州治东北，子城上，皇祐至和间建。紫烟楼在州治正寝后。[①]

（197）赣州（宋制不详）

府城周十有三里，崇三丈，广视崇杀六之一，为雉堞四千九百五十有二，为警铺六十有三，为门五……晋永和五年太守高琰创筑，唐防御使卢光稠开拓其南凿址为隍。宋熙宁中知州刘彝谋置水窗，孔宗翰始甃以石……元诏毁为阜。至正、洪武、成化、弘治……重创修[②]

（198）吉州（宋制不详）

永淳元年自石阳移今所，天祐中刺史彭玕广城池，宋开宝中申屠令坚重加缮治，绍兴三年州守吕源增垒濬濠，淳熙十一年州守朱希颜复加缮治。周围二十里二百十五步，高二丈五尺，辟九门。元至正十年监郡纳苏罗丹重新之。明吴元年甲辰都督朱政更筑城，围九里，高如旧，厚一丈……按：《林志》载吉安子城在府城内西南隅，府治居其中，周围二里，北高一丈四尺，阔九尺五寸，东南高二丈四尺，阔一丈九尺，为门三。今癸亥通志及府县志皆不载。[③]

（199）袁州（宋为重城）

相传汉大将军灌婴所筑。隋大业末萧铣陷城。唐武德四年安抚使李大亮筑城……乾宁二年，刺史揭镇筑罗城，一千五百余丈，又增筑外城濬，治濠堑。宋大中祥符间修《图经》，云城周回七里二十步，高三丈八尺，子城周围一里一百二十步，高三丈七尺……（建炎、开禧间后）相继缮修。元仍宋旧。明洪武四年知府刘伯起增修筑。[④]

府治在城西北，南唐保大二年刺史刘仁赡始建。宋景德间郡守杨侃增修，建炎间守汪希旦重建戟门，嘉定间守滕强恕重建谯楼，楼下对创班春宣诏二亭。元至顺壬申总管锦州不花缮修路治……国朝改路为府，治仍旧，永乐正统间知府朱瓒姚文继修。[⑤]

《袁州厅壁记》：南唐保大二年春二月，廉使彭城公新建大厅者，所以延宾旅，服不庭也……所建立郡斋使宅，堂宇轩廊，东序西厅。州司使院，备武厅球场，上供库、甲仗库，鼓角楼、宜春馆，衙堂职掌，三院诸司，总六百余间。仍添筑罗城，开辟濠堑……其年五月一日记。[⑥]

① [宋]王象之 等.舆地纪胜.卷第三十.四川大学出版社,2005.
② [明]董天锡 等.嘉靖赣州府志.卷五城隍.明嘉靖刻本.
③ [清]谢旻 等.康熙江西通志.卷五.城池.吉安府.清文渊阁四库全书本.
④ [清]谢旻 等.康熙江西通志.卷五.城池.袁州府.清文渊阁四库全书本.
⑤ [明]严嵩 等.正德袁州府志.卷四.公署.明正德刻本.
⑥ [清]董诰 等.全唐文.卷八百七十六.袁州厅壁记.中华书局,1983.

（200）抚州（宋为重城）

（唐）宝应中太守王圆自西津赤冈移治于连樊小溪之陲。乾符间王仙芝乱，钟傅入据州城。南城人危全讽起兵讨捕，诏授本州刺史。全讽以其仄倚，城西低临水际，非建治之所，乃徙于羊角山中。有子城，外有罗城，皆中和五年所筑也。①

《唐抚州罗城记》:（罗城）周十五里，高二仞……敞八门，通驰道。②

《新移抚州子城记》: ……于是左通台门，南正戟扉。三局三厅，大寝小寝。局署狴牢，环回星列。峨东轩以资眺览，峙西阁而备宴见。③

危全讽《州衙宅堂记》: ……中和五年春三月（885年），全讽莅郡之始，制置之初，以其宅僻倚西隅，而甚欹侧，乃易其旧址，迁此新基。高而且平，雅当正位。于是芟去榛棘，草创公署。此际多以旧木权宜制之，于今十有四年，卒就摧朽。今则躬亲指画，再□基场。□□重堂，傍竖厨库。西廊东院，周回一百馀间。才涉数旬，切厢俱毕。虽虹梁（□□），不获饰焉。而铃阁郡斋，□□壮观。建□□续益称□城□叙其由故记壁。④

（宋）子城周遭一里二百二十五步，西凑罗城……而郡治据羊角山冢稍倚西偏，仪门之前，左为谯楼，楼南为州门，通道东出与承春相直，三门鼎峙。谯楼之外，阛阓辐辏，自昔谓之三市……考景定图志，当时子城尚无恙，不知何年堕废，大半为民居，后来止沿羊角四周缭以土垣，大□规制损前十六七，其三门后改为阁，而西益一阁曰横秋，与谯楼对峙。横秋，宋时郡西圃中旧阁名也，今与州门俱废而缺。谯楼下通道横贯承春。所谓子城，人亦不复知矣。罗城周遭十五里二十六步……（南唐升元、绍兴）修。⑤

王无咎《抚州新建使厅记》: 治平二年四月五日，抚州之厅成……盖全讽之建当天祐之元年，至今殆二百年，而其势将坏，故公始议革之……既成，则其规模高广皆逾于旧。而其始又以智损其中六楹，故使坐其下者，宛转四顾，豁然虚旷……⑥

嘉定六年郡守江公亮重建仪门，十六年郡守王槐重建台门。宝庆二年，郡守薛师旦重建治事厅（在□厅右）、金厅（在治事厅之南）。绍兴六年郡守黄炳重建设厅，规模柱石视昔益弘壮。⑦

黄震《抚州修造总记》: ……余来抚州，幸承缪侯修城郭一新，因续修子城三门，再建鼓角楼……（于学校、于贡院、于公宇、于军营、于亭观、于桥道、

① [清]谢旻等.康熙江西通志.卷五.城池.抚州府.清文渊阁四库全书本.
② [清]董诰等.全唐文.卷八百十九.中华书局,1983.
③ 同上.
④ [清]董诰等.全唐文.卷八百六十八.袁州厅壁记.中华书局,1983.
⑤ 嘉靖抚州府志.中国方志丛书.华中地方第九二五号.台北:成文出版社.
⑥ 吕祖谦.宋文鉴.卷第八十四.上海书店,1985.
⑦ 弘治抚州府志.天一阁明代方志选刊续编.上海书店,1990.

于水利……）咸淳九年春，朝奉郎知抚州新除江西提刑黄震记。[1]

（元、明、清）明……削西南城约六里，仅存九里三十步。[2]（府治）元至元间，达鲁花赤赤塔不台增修。皇明洪武初，知府李庭桂因旧葺新，中为正厅，匾曰宣化。北为直舍，为后堂。南甬道中为戒石亭，前为仪门，为外门。两廊为六房，为勘合科，为承发科。外门之外为榜亭，亭左横跨大街。东向为谯楼，谯楼之外为承流、宣化二坊，为申明、旌善二亭。[3]

（201）瑞州（宋为重城）

子城。周回三里，辟四门……南即谯楼……宋建炎太守黄次山始筑之，岁久就圮（正德修）。视旧址隘三之二，而府治暨南昌道则为益固焉。外城，唐武德五年李大亮始筑土城，环以濠。（升元、保太、宋元丰、元至正）皆尝修治，岁久圮塞。正德六年，知府邝璠履榛莽中得旧址筑之……城分南北，锦江中贯滨江两涯累石为岸，市南谿创三石闸以时蓄，而城跨其上。[4]

府治在凤山之麓，南唐保大十年刺史王颜始建。宋景定元年遭兵燹，仅存戟门，知州陈训修复，德祐元年复燹于兵……姚文龙知州事因旧址复。[5]

（202）兴国军（宋有子城）

兴国军者本隶武昌，以摘山鼓铁之利，遂建军壁，故庙学草创而不完。景祐受册之明年……旧祠在牙城之西……[6]

（203）南安军（宋制不详）

府城自古在水南驿门之南，创自宋淳化辛卯，城里而薄池狭可逾。大中祥符间知军事周循故址筑。（绍兴、淳熙、嘉定、绍定、咸淳）相继葺之……[7]（嘉定十三年）知军陈畴完其工，延袤凡十里五步，环城浚池，自为记。元至正壬辰同知薛理始筑今城。[8]

南安府治即宋南安军治、元南安路总管府也。创始于宋淳化间，至道丁酉知军李夷庚始大之。绍兴癸亥知军吴暇改作，辛酉知军都洁重修。[9]

（204）临江军（宋制不详）

旧无城，宋淳化初止筑土塘，以治枕大江，地势卑下，郡中之渠穿岸而东注于江者凡七。岸易倾颓，基勿克固。元大德间总管李倜始伐石修筑，水患仅免。至正间守臣保童筑城浚濠，置戍兵守之……[10]

① 黄震 等.黄氏日钞.卷八十七.台北：台湾商务印书馆，1986.
② 嘉靖抚州府志.中国方志丛书.华中地方第九二五号.台北：成文出版社.
③ 弘治抚州府志.天一阁明代方志选刊续编.上海书店，1990.
④ [明]熊相 等.正德瑞州府志.卷二.地理志城池.明正德刻本.
⑤ [明]熊相 等.正德瑞州府志.卷四.公署.明正德刻本.
⑥ 余靖 等.武溪集.卷六.记兴国军重修文宣王庙记.台湾商务印书馆，1983.
⑦ [明]刘节 等.嘉靖南安府志.卷十九.经略志城池.明嘉靖刻本.
⑧ [清]谢旻 等.康熙江西通志.卷六.城池二.南安府.清文渊阁四库全书本.
⑨ [明]刘节 等.嘉靖南安府志.卷十五.建置志一公署.明嘉靖刻本.
⑩ [清]谢旻 等.康熙江西通志.卷五.城池.临江府.清文渊阁四库全书本.

临江府署，宋淳化三年知军事王禹锡创建军州廨，在富寿冈东，元末毁。国朝洪武初始建府署，知府黄庭桂增创。①

（205）建昌军（宋制不详）

唐僖宗乾符中危全讽镇建昌，筑城。周回十里，广一丈六尺，高二。南唐李崇瞻置制建武军筑制院城，一百六十丈，门四。宋元丰中廖恩据邵武为乱，知军郑琰请于朝，作新城，即今治。周九里三十步，东垒以石界，吁水为池，西南北间以甓……②

《建昌知军厅记》：……义乃更浮桥，迁集宾亭作回车院，而本厅及焉。厅之筑土方五丈，架梁三十有五尺，取材于山，因役于军……③

荆湖北路

（206）江陵府（宋有子城）

（南朝）湘东王于子城中造湘东苑，穿地构山，长数百丈。④西魏恭帝元年（554年）十一月……谨乃令中山公护及杨忠等率精骑先据江津，断其走路，梁人竖木栅于外城……旬有六日，外城遂陷，梁主退保子城。翌日率其太子以下面缚出降，寻杀之。⑤

（唐）乾符五年（878年）春正月……知温方受贺，贼已至城下，遂陷罗城。将佐共治子城而守之……⑥

（五代）后唐庄宗过河，荆渚高季昌……乃筑西面罗城，拒敌之具。不三年，庄宗不守。英雄之料，顷刻不差，宜乎贻厥子孙。⑦

（宋）府仓在牙城西街北，今之仓者乃在牙城之南街西。⑧

荆州开元观，直牙城西五百步，有南极注生铁像……⑨

荆州牙城之东有屋数十楹，其傍凿池植花竹，筑室其中……⑩

壬申、癸酉，泊沙头，江陵帅辛弃疾幼安招游渚官……息壤在子城南门外。⑪

千里井，荆南子城东门外，百余步，有大井。⑫

① [明]刘松 等.隆庆临江府志.卷四.建置.明隆庆刻本.
② [清]谢旻 等.康熙江西通志.卷五.城池.建昌府.清文渊阁四库全书本.
③ 李觏.直讲李先生文集.卷二十三.台湾商务印书馆，2011.
④ 李昉 等.太平御览.卷一百九十六.上海：上海古籍出版社，2008.
⑤ 杜佑 等.通典.卷一百五十兵三.北京：中华书局，1984.
⑥ [宋]司马光 等.资治通鉴.卷第二百五十三.唐纪六十九.北京：中华书局，1956.
⑦ 李昉 等.太平御览.卷五百杂录八.上海：上海古籍出版社，2008.
⑧ 张孝祥 等.于湖集.于湖居士文集卷第十四.荆南重建万盈仓记.北京：中华书局，1985.
⑨ 张孝祥 等.于湖集.于湖居士文集卷第二十八.跋道德经碑.北京：中华书局，1985.
⑩ 张孝祥 等.于湖集.于湖居士文集卷第二十九.高侍郎夫人墓志铭.北京：中华书局，1985.
⑪ [宋]范成大.吴船录.卷下.北京：中华书局，1985.
⑫ [宋]王象之 等.舆地纪胜.卷第六十四.江陵府.四川大学出版社，2005.

（207）鄂州（宋为重城）

（南朝）答仁又请守子城，收兵可得五千人。帝然之，即授城内大都督……元帝以僧辩为征东将军、开府仪同三司、江州刺史，封长宁县公，命即率巴陵诸军沿流讨景。攻拔鲁山，仍攻郢，即入罗城。[1]

（宋）黄鹤楼在子城西南隅，黄鹄矶山上……万人敌在城东，黄鹄山顶，亦古城也，西连子城，下瞰外郭。建炎草窃犯城，郡守命其上以强弩射之，寇退，因得其名……奇章堂在设厅，初知州陈邦光建……又奇章亭在州治东南一里子城上……焦度楼在州治东南子城上。[2]

（208）复州（宋有子城）

雪观在子城上。梦野今名梦野奇观，皇朝景祐中，郡守王琪作于子城西南隅。凝香、绿阴、瑞露在郡治。西亭在罗城外……仁风楼在子城上，旧名江汉楼。宝香阁在郡治，韩通所立。养心斋在设厅东。[3]

湖北罹兵戎，烧残之余，通都大邑剪为茂草，复州尤甚，子城内有废地，稍除荡瓦砾，治作菜圃，丁钼斸种植以供蔬茹，签判官舍在其东，录曹在其西……[4]

（209）常德府（宋制不详）

常德府城滨沅水之阳，六国时楚遣张若筑城拒秦，即今城府址也。后唐沈如常于城之西南百步、东南一里各造二石匮，以捍水固城。宋元丰间李湜开沟渠，置斗门，后并圮毁。元至顺三年路尹□璘不花筑土城。明洪武中总制胡汝即旧城修之。六年指挥孙德辟旧基，垒以砖石……周千七百三十三丈。[5]

（210）岳州（宋有子城）

庆历四年，守巴陵以郡学俯于通道，地迫制卑，讲肆无所容，乃度牙城之东，得形胜以迁焉。[6]

岳州府城滨洞庭之东，三国吴筑巴邱邸阁城，至宋元嘉十六年立巴陵郡，因吴旧址增筑，即今府城也……洪武四年始更拓之……周千四百九十八丈。[7]

（211）辰州（宋制不详）

辰州府城滨沅水西北，城自汉为武陵郡治，宋嘉祐二年知辰州窦舜卿请筑州城，隆兴间为水所圮。（明洪武、成化）修……周九百六十六丈。[8]

（212）沅州（宋或为重城）

沅州府城在沅水东岸，宋熙宁初章惇平田元猛时所筑。周三里有奇，高二丈

① ［唐］李延寿．南史．卷六十三列传第五十三．北京：中华书局，1975.
② ［宋］王象之 等．舆地纪胜．卷第六十六．鄂州．四川大学出版社，2005.
③ ［宋］王象之 等．舆地纪胜．卷第七十六．复州．四川大学出版社，2005.
④ 洪迈 等．夷坚丙志．甲卷十．复州菜圃．北京：中华书局，1985.
⑤ ［清］曾国荃 等．光绪湖南通志．卷四十一．建置志．城池．常德府．清光绪十一年刻本．
⑥ 尹洙 等．河南集．河南先生文集卷四．岳州学记．台湾商务印书馆，1983.
⑦ ［清］曾国荃 等．光绪湖南通志．卷四十一．建置志．城池．岳州府．清光绪十一年刻本．
⑧ ［清］曾国荃 等．光绪湖南通志．卷四十二．建置志二．城池二．辰州府．清光绪十一年刻本．

三尺，甃以砖。建炎间，郡守张长源增筑瓮城。明洪武间，江夏侯周德兴复拓二里有余。门四。①

精果寺在罗城内，又名景星寺，有晋天福钟尚存。②

（213）靖州（宋制不详）

靖州城在渠江之阳，旧城在渠江上流，宋崇宁间迁于纯福坡下，即今州城。明洪武三年增筑，甃石覆瓦，周九百十六丈四尺。③

（214）荆门军（宋有子城）

《与庙堂乞筑城札子》：荆门……素无城壁，仓廪府库之间，麋鹿可至。累政欲修筑子城……用砖包砌，立门施楼，其废尚多，目今已见包城十丈，砌角台一所，建敌楼一座。由此计之，犹当用缗钱三万。④

（215）寿昌军（宋制不详）

（军衙）即未升府时，武昌县为之谯楼，六楹，去仪门九十步，两庑各有楼，以储军器，视丽谯之楹，而壮不及之。中为设厅。揭真宗皇帝圣训七条，前设太宗皇帝御制戒亭，设厅之东为常衙厅，金厅在仪门之东，曰名士堂。吏舍在常衙厅金厅南，其详见郡治图（郡图见亭馆门）。金判兼教授厅在军衙之东，依莲坊即旧武昌馆，嘉定戊辰知县事李骏建，以为肃饯之所，厅奥庖湢皆具，升军后即以为职官厅焉。东偏小堂曰拄笏，淳祐己巳金教王禹圭复于厅后创直廊，扁以冰壶，旧有万顷堂在后囿，今废，即其地筑小亭，扁曰玻璃，颇有枕江种竹之趣。知录兼司理厅在谯门外之东，犴狱在厅事之左，加创于嘉定壬午，复建于嘉熙，复军之后东有堂曰明清，前瞰方池，荷香柳影，气象幽胜，后有堂曰清香。司户兼司法厅在军治东，初升军在郡西，淳祐二年即以为县治而易以今廨堂，屋六楹，扁曰咏梅，本没官屋，尝以为簿厅云。武昌县衙旧即今郡衙，升军始迁于报恩寺之西……（略）

（仓库）都仓、常平仓在市西崇真坊。大军仓在市西天庆观之侧。寄椿仓在市东吴王城之侧，先是淮西军储在光黄之间默林等处，寿昌升郡，遂移置焉，以备齐安起发。军资库、常平库、公使库、大军库并在设厅西。⑤

（216—220）本路其他府州：德安府、澧州、峡州、归州、汉阳军（资料不详）

荆湖南路

（221）潭州（宋为重城）

长沙府城。旧《志》云：自汉至元，城仍旧址。元以前筑以土墁，覆以甓；

① ［清］曾国荃 等 . 光绪湖南通志 . 卷四十二 . 建置志二 . 城池二 . 沅州府 . 清光绪十一年刻本 .
② ［宋］王象之 等 . 舆地纪胜 . 卷第七十一 . 四川大学出版社，2005.
③ ［清］曾国荃 等 . 光绪湖南通志 . 卷四十二 . 建置志二 . 城池二 . 靖州 . 清光绪十一年刻本 .
④ 陆九渊 等 . 象山集 . 卷之十八 . 台湾商务印书馆，1983.
⑤ 佚名 . 宝祐寿昌乘 // 宋元方志丛刊（第八册）. 北京：中华书局，1990.

国初，守御指挥立广乃垒趾以石……周围度计二千六百三十九丈五尺，里计一十四奇二百二十八步。① 长沙府城，滨湘江之东，汉长沙王吴芮筑（芮所筑者，在府城南，今废，旧志误）。迄宋俱仍旧址。②

《赐潭州通判李丕绪等修子城敕书》：敕李丕绪省知潭州任颧奏汝都大提举管勾修筑子城，用砖甃砌……③

（向子諲）知潭州……是冬，金兵大入……外城破，公率军民入子城，巷战两日。敌纵火烧延府舍，公犹在谯楼督战……④

绍兴二年乙卯，福建、江、湖宣抚使前军统制官解元，后军统制官程振以所部入潭州，屯于子城之内。⑤

有老卒夫妇居牙城中，白昼为何人所屠，而掠其赀……⑥

《尊羡堂记》：湖南转运使判官所治，旧直潭州城之东南中，更兵革徙于子城之中，比岁复即其旧，为东西两厅，今且十载矣。东则倚冈阜，来者相继立亭观于上，有登览之胜，而其西独病于迫隘，燕闲舒适无所可寓，又西隔垣有地数亩，盖莽不治也。乾道八年冬，建安黄公来为判官，实治西厅……视其地而加剪辟焉。气象平旷若有待者，将规以立宇，会有主管文字废厅，易之，得羡缗市材，辑工为堂，五楹，仅逾月，郡县不知而堂已克成。植梅竹于前，而其后为方沼，向之莽不治者，一旦为靓深夷衍之居，于以问民事，接宾客奉燕处，无不宜者。于是始与其东之亭观隐然相望，而其迫隘之患亡矣。⑦

（222）衡州（宋有子城）

衡州府城在衡山之南，湘水之西。周显德间始立木栅，宋景定中知州赵兴说始建城。明洪武初，指挥庞虎加修筑，成化间知府何珣增饰。雉堞高二丈五尺，周一千二百七十丈八尺，合七里三十步。甃以石，荫以串屋，门七。⑧

提举常平茶盐司在子城东南，旧通判厅也，有均政堂、惠民堂、泰定斋、五峰阁……元次山茅阁记在子城西……新堂旧在九嶷山之麓，今在郡治。鉴亭在郡治，九岩堂之后。梅亭在郡圃。⑨

（223）道州（宋有子城）

知州署在州城内西南隅，宋知军事辛若济重建，司理参军掌禹锡有记。明知州王会修。⑩ 西楼在子城之西。漫斋在州治。粲粲亭、欣欣亭、振振亭、肃肃亭

① ［明］杨林 等．嘉靖长沙府志．卷五．兵防纪．明嘉靖刻本．
② ［清］曾国荃 等．光绪湖南通志．卷四十一．建置志．城池．长沙府．清光绪十一年刻本．
③ 胡宿．文恭集．卷二十六．赐潭州通判李丕绪等修子城敕书．台湾商务印书馆，1983．
④ 胡宏 等．五峰集．卷三．杂文论史中兴业．台湾商务印书馆，1983．
⑤ 李心传等．建炎以来系年要录．卷五十五．北京：中华书局，1988．
⑥ 陆游．渭南文集．卷第三十八．墓志铭朝奉大夫直秘阁张公墓志铭．台湾商务印书馆，1983．
⑦ 张栻．南轩集．卷十二．记．台湾商务印书馆，1983．
⑧ ［清］曾国荃 等．光绪湖南通志．卷四十一．建置志．城池．衡州府．清光绪十一年刻本．
⑨ ［宋］王象之 等．舆地纪胜．卷第五十五．衡州．四川大学出版社，2005．
⑩ ［清］曾国荃 等．光绪湖南通志．卷四十三．建置志三．公署．道州．清光绪十一年刻本．

在州治后。潇阳楼在子城之东。平易堂、宅生堂在州治。①

（224）永州（宋有子城）

永州府城在潇水之南，即东汉零陵郡城。至五代仍旧，宋咸淳中扩而增之，明洪武六年重修。周九里二十七步。②

南楼在子城东下，临东湖。南池在子城东。清源堂在郡治，胡侯寅所建。石林亭在郡圃，环碧亭在郡圃。潇湘楼在子城西。小山堂在郡治。双凤亭在州门。九岩亭在郡治。万石亭在州子城北。③

二十日，行群山间。时有青石如雕镂者，丛卧道傍，盖入零陵界焉。晚宿永州泊光华馆。郡治在山坡上，山骨多奇石，登新堂及万石亭，皆柳子厚之旧……子城脚有苍石崖，围一小亭。又有潇湘楼，下临潇水，不葺。④

（225）郴州（宋有子城）

郴州城在骑田岭北三十六里。汉太守杨璆筑，后周显德三年增筑子城，宋淳熙己酉州守丁逢建城楼，明正德戊子千户胡勳增修，嘉靖乙丑知州赵珣创筑外城，万历间千户高景春重修。周三里五分，高二丈厚八尺，门三。⑤

李吉甫为忠州刺史，改郴饶二州，会前刺史继死，咸言牙城有物，慎不敢居。吉甫命葺除其廨以视事，吏由是安。⑥

（226）宝庆府（宋有子城）

思政堂、填雅堂、进思堂、荷恩堂、松桂堂、双桂堂、丰年堂在郡治。清风阁即谯楼也。横翠楼在子城上。⑦ 庆历中……学在牙城之中，左狱右庾，庳陋弗称。治平四年……迁于城之东南。⑧

宝庆府城在邵水之阳，旧传为楚白善所筑，历代仍之。明洪武初，总制胡海洋指挥黄荣重筑……高二丈五尺，周一千五百二十九丈，西南月城二。⑨ 知府署在府城正街，即宋理宗为防御使时所居地。⑩

（227）全州（宋有子城）

楚南伟观在子城西。⑪

（228）茶陵军（宋有子城）

茶陵州城在洣江之阳，宋绍定中知县刘子迈筑……明洪武二十二年，知县

① ［宋］王象之 等．舆地纪胜．卷第五十八．道州．四川大学出版社，2005．
② ［清］曾国荃 等．光绪湖南通志．卷四十一．建置志．城池．永州．清光绪十一年刻本．
③ ［宋］王象之 等．舆地纪胜．卷第五十六．永州．四川大学出版社，2005．
④ ［宋］范成大．骖鸾录．中华书局，1985．
⑤ ［清］曾国荃．光绪湖南通志．卷四十二．建置志二．城池二．郴州．清光绪十一年刻本．
⑥ 谢维新．事类备要．后集卷六十三节使门诛破奸盗．上海：上海古籍出版社，1992．
⑦ ［宋］王象之 等．舆地纪胜．卷第五十九．宝庆府．四川大学出版社，2005．
⑧ 张栻 等．南轩集．卷九．记．邵州复旧学记．台湾商务印书馆，1983．
⑨ ［清］曾国荃．光绪湖南通志．卷四十一．建置志．城池．宝庆府．清光绪十一年刻本．
⑩ ［清］曾国荃．光绪湖南通志．卷四十三．建置志三．公署．宝庆府．清光绪十一年刻本．
⑪ ［宋］王象之 等．舆地纪胜．卷第六十．全州．四川大学出版社，2005．

李士谦增筑。^① 宋刘用行《茶陵筑城记》：周围丈九百三十有五址，广为尺三十，巅广损之，高为尺二十有五。^②

（229）桂阳军（宋有子城）

丰湖水源出宝积寺前，流入子城。^③ 桂阳州城在大凑山之东，州在宋为监城，又为军城。明洪武二年仍旧基修筑，成化四年甃以石。周五百二十八丈。^④

（230）武冈军（宋有子城）

州旧有城垣，为圜五里，许仅奠藩封州治，而文庙、公署、商邸、民居环列在外，涖兹士者每危之……（嘉靖丁卯）州藩乃析民地为城。^⑤ 知州署在州城南，旧在城正中，宋武冈军治故址，明正统间迁□治，崇祯末毁于火。^⑥

福建路

（231）福州（宋为重城）

晋太康三年始置郡……遂迁焉。唐（中和、文德）修之……是曰子城。及王氏据有此土，益加修葺。唐天复元年王审知于子城外环筑罗城……梁开平元年审知又筑南北夹城……后归吴越，宋开宝七年其刺史钱昱复筑东南夹城……曰外城。太平兴国三年钱氏纳土，诏尽堕其城。皇祐四年复诏郡守曹颖叔渐次修筑，乃自严胜门始甃百五十丈。（熙宁、绍兴）累子城……咸淳九年又增筑外城。元混一天下，城壁复渐堕废……（至正、洪武）修。^⑦

（淳熙年间府治格局）衙门，唐上元；军门，元和所建；天王堂，咸通所造；尚有遗迹……伪闽僭号，改作逾制。通文、永隆之间，宫有宝皇、大明、长春、紫薇、东华、跃龙；殿有文明、文德、九龙、大酺、明威；门有紫宸、启圣、应天、东清、安泰、全德。钱氏内附，废撤无留者，独面衙门一殿故址犹在，至今呼为明威。国初，守臣避不敢居，以为设厅。凡敕设宴集，乃就焉，而即其西建大厅以为视事之所（《旧记》："节度、观察使衙在府中近西。"此今呼为常厅）。天圣五年，始于其东创都厅（今修令堂、自公堂）。九年，以大厅毁敝摧剥，斥而新之。景祐四年，又于其西创便坐（今三清堂）。有以接僚属、治政事、临见吏民矣。庆历八年，乃大新衙门。嘉祐中，又更军门为双门……上建楼九间，熙宁二年始创滴漏，有鼓角、更点。下为亭以翼之，左宣诏，右班春。内府廊三十五楹。大都督府门：唐武德八年，州始升为都督府。上元二年，创门。梁

① ［清］曾国荃 . 光绪湖南通志 . 卷四十一 . 建置志一 . 清光绪十一年刻本 .
② ［清］曾国荃 . 光绪湖南通志 . 卷四十一 . 建置志一 . 清光绪十一年刻本 .
③ ［宋］王象之 等 . 舆地纪胜 . 卷第六十一 . 桂阳军 . 四川大学出版社，2005.
④ ［清］曾国荃 . 光绪湖南通志 . 卷四十二 . 建置志二 . 城池二 . 桂阳州 . 清光绪十一年刻本 .
⑤ ［清］吕调阳 等 . 武冈新筑外城记 . [DB/OL]. (2007). 中国基本古籍库电子版 .
⑥ ［清］曾国荃 . 光绪湖南通志 . 卷四十三 . 建置志三 . 公署 . 武冈州 . 清光绪十一年刻 .
⑦ ［明］陈道 等 . 弘治八闽通志 . 卷十三 . 地理 . 城池 . 福州府 . 明弘治刻本 .

贞明六年，升为大都督。钱氏归朝，凡伪世门额悉废毁，惟威武军与大都督门仍旧。庆历八年，成郎中戬修（……列戟十有四，戟衣长一丈二尺，以朱、白、苍、黄、玄为次）。谓之仪门，亦曰衙门。设厅，衙门内旧有之，庆历六年蔡正言襄重建。嘉祐八年，元给事绛修。宣和五年，俞提刑向权州事，复修。设厨（在今自公堂之地，见"熙宁图"。后移于设厅西南隅，大厅之东厢），大厅设厅之西，旧有之。天圣九年十一月，郑职方载重建。十年十月，建大厅东门。于中庭之东、西创御书二阁。都厅，大厅之东（"治平图"题为都厅，今所谓签厅也），天圣五年章兵部频创，隆兴元年，汪侍郎应辰移都厅，至乾道二年，王参政之望始立今额。前修令堂，后自公堂。小厅，大厅之西，景祐四年范都官亢创。熙宁中，更名清和堂（见"熙宁图"，时以设厅为大厅，以大厅为小厅，于是以小厅为清和堂）。靖康后，始塑三清像于此，为三清堂，旁有观音堂。日新堂，设厅之北。庆历六年，蔡正言襄创。建炎三年，改钤辖为安抚使，以为安抚厅。春野亭，日新堂东南。庆历六年蔡正言襄创，元丰四年，刘待制瑾修。前有池亭，淳熙三年陈丞相俊卿创。九仙楼，楼下东衣锦阁，西五云阁。旧小厅之西南有清风楼、爽心阁，即此也。楼旧有之；阁，嘉祐八年，元给事绛创，熙宁间更名九仙楼、赏心阁。宣和元年，孙龙图竢于阁西增名五云（……今五云阁下有安抚司印书库）。五年，俞提刑向权州事。以余太宰典乡郡，于阁东更赏心名衣锦。安抚司签厅，置衣锦阁南，寻移春野亭。乾道元年，王参政之望复旧。淳熙五年，移自公堂。六年，复旧。燕堂，大厅之北。嘉祐四年，燕司封度建安民堂（见"治平图·序"，燕公所建也。安民堂在大厅北。又创甲仗库于安民堂东，亦见"熙宁图"）。熙宁间，又创谈笑轩于安民堂北。（见"熙宁图"），后皆更名燕堂。堂之西庑有舫斋，元祐四年，林中散积作舣阁其上。六年，柯龙图述修。宣和七年，权州事俞提刑向重修。使宅，燕堂之西南，今眉寿堂、雅歌堂、和乐堂之地也……淳熙五年，又重创雅歌之北为和乐堂，旧眉寿之西庑，嘉祐八年，元给事绛建信美堂（堂西南为箕笂轩，通忠义堂东庑。并见"熙宁图"），后废。绍兴十五年，莫尚书将于其北为堂曰庆雨。二十六年，李待制如冈于其南为堂，曰爱山。万象亭，燕堂之北。绍兴十四年叶观文梦得创，十六年薛殿撰弼修，立名。止戈堂，今安抚厅后，架阁库之北，旧甲仗库置大厅东厢（见"治平图"，上有凝翠楼……今楼存）。嘉祐四年，燕司封度增置甲仗库于安民堂东（见"熙宁图"，今燕堂东）。自庆历后，设厅之北惟日新堂而止。元丰四年十一月，刘待制瑾始创架阁库于堂北（旧架阁库在使院之东。见"熙宁图"），前作大门，谨启冶合之时（绍兴间，以门东西两间为安抚司钱库）。复辟库后为堂，曰武备，东、西、北列甲仗库。又为大门其南，而旁为便门二，扃镳严固，于是，旧甲仗二库皆废（大厅东厢库，今楼下便路，燕堂东库今为廊屋矣）。建炎四年，建寇猖獗……绍兴二年，贼平，遂更名，堂曰止戈。初，州签厅建长官厅侧。隆兴元年，汪侍郎应辰命移使院。赵侍郎子潚继之，以不便，遂移今所，盖用架阁库及通止戈堂门也（今签厅即止戈堂门南。东为直司，即架阁库东庑；西为职官直舍，即架阁库西庑）。甘棠院，今忠义堂之西（按"熙宁图"，在忠义堂西，会稽亭南，后废，其额只寄于流觞亭西屋檐间）。开宝九年钱昱创……（嘉祐八年，元给事绛建会稽亭……则斯时四亭皆在也。"治平图"有梦蝶亭在会稽亭西，临风亭在梦蝶亭西，枕流亭在梦蝶亭北；又有绮霞亭在威武堂西南，临风亭南，绮霞亭北，又有望京楼。至"熙宁图"，则临风、绮霞亭、望京楼皆废矣）。而又别创小斋，甲于四亭，不独用于待宾，亦可处兹为政，乃目之曰甘棠院。"其南为门，榜曰甘棠。"（"治平图"尚有甘棠门，今春台馆门是也）天圣中，陈郎中绛重修。皇祐四年，刘待制夔于其东建逍遥堂（大观三年，罗殿撰畸修。绍兴二年，程待制迈重修。额，徐兢篆）。嘉祐八年，元给事绛于逍遥堂西作流觞亭，旧有流觞木槽。后汪枢密澈移双松亭，作石槽。亭西北作佚老庵（初名佚老，后改为隐几。见"治平图"……后又改为净名庵，见"熙宁图"，今废）。庵西南作会稽亭。治平元年，建忠义堂于逍遥堂南（堂东、西壁绘像凡四十七……）。庭间有池，作亭其上，曰熙熙。熙宁八年，元郎中积中更甘棠门名为春台馆。其后钱公四亭摧坏。绍兴十年，张丞相浚理梦蝶故址为偃盖亭。二十三年，张侍郎宗元改创为秀野亭，又创清风亭于秀野亭之南。双松亭，秀野亭之东北，有蔡公襄隶书额，公为守时所创也。宣和七年，余提刑向修。绍兴二年，程待制迈重修（"治平图"、"熙宁图"亭西有火箭库，后废）。威武堂，忠义堂之西。有蔡公襄所书额，公为守时所创也。绍兴二年，程待制迈修（前有教场，西有敦教侯庙。"熙宁图"作永安王庙。今永安王庙在逍遥堂东）。坐啸台，逍遥堂之北。旧养和亭也……怡山阁，坐啸堂之东。旧望云楼、阅射亭、荔枝楼之地也。元祐五年，柯龙图述创。绍兴二年，程待制迈修。[1]

（其他官署略）转运行司、提点刑狱司、西外宗正司、通判厅、职官厅、曹官厅、驻泊都监监押厅、将官厅；廨舍有：监务廨舍、监甲仗库廨舍；主要仓库有：都仓、盐仓、军资库、公使库、安抚司公使库、安抚司抵当库、经总制库。[2]

（232）建宁府（宋制不详）

建宁府。府城自汉景耀三年吴以王蕃为郡守，始筑于溪南覆船山下。刘宋元嘉初太守华瑾之迁于溪北黄华山下，陈刺史骆文广复徙于覆船山下……建中元年刺史陆长源复筑于黄华山之麓，延袤九里三百四十三步，高二丈广一丈二尺，为门九……天祐中刺史孟威增筑东罗城。五代晋天福五年伪闽王延政又增筑之，周围二十里……靖康建炎间范汝为作乱，城遂坏，绍兴十四年复为洪水所圮，明年郡守张铢修筑……元世祖既定江南，遂罢守御，城日颓圮。至正十二年，红巾入寇，郡守赵节因其旧而修筑之，周围九里三十步，为门九。[3]

① 梁克家 等．淳熙三山志．卷七．公廨类一 // 宋元方志丛刊（第八册）．北京：中华书局，1990.
② 梁克家 等．淳熙三山志．卷七．公廨类一 // 宋元方志丛刊（第八册）．北京：中华书局，1990.
③ [明]陈道 等．弘治八闽通志．卷十三．地理．明弘治刻本.

（233）泉州（宋为重城）

府城郡旧有衙城，衙城外为子城，子城外为罗城，又罗城南外为翼城。内外有壕，舟楫可通城市，岁久城废濠多湮塞……元至正十二年江浙省以淮西盗起，命州郡修濬城池……高二丈一尺，周围三千九百三十八丈，东西城基广二丈四尺，外甃以石，南城基广二丈，内外皆石，为门凡七。①

（234）南剑州（宋为重城）

府城（周围九里一百八十步，宋元间，为门十有一，曰镡津门，在子城之东，曰开平门，在子城之南，曰延安门，在子城之西，曰崇化门，在子城之北……）②

府治在城北隅……宋州治在今治东，元改本路总管府，国朝洪武元年以为延平卫署，三年知府唐铎改今地，其中毁建无考……③

（235）漳州（宋为重城）

山拱罗城，四面柳营横接，江东十年，前事影随风，今日宛如春梦，天下几多邮驿，人生到处飘蓬，丹霞楼上再相逢，横笛为君三弄。④

《漳州到任条具民间利病五事奏状》：（绍兴三年二月）本州……旧来自有子城，官舍仓库刑狱皆在其中，惟是修筑灭裂，初无砖石甃砌，所以经雨辄坏，今仅存基址而已。臣欲乞随宜且修子城……⑤

府城郡旧筑土为子城，周回四里，辟门六……宋咸平二年浚河，环子城外……外城惟木栅，周回一十五里，绍兴间郡守张成大毁子城，彻外城。东西北三面木栅以土筑之，独南一面临溪为阻。环子城之河皆在城内矣……⑥

（236）汀州（宋为重城）

府城，唐大历四年刺史陈剑迁筑今所……宋治平间郡守刘均拓而广之，周围五里二百五十四步，基广三丈，面广三之一，高一丈八尺，濬三濠，深一丈五尺……（绍兴、隆兴、绍熙、嘉熙）修。国朝洪武四年……砌以砖石。⑦

子城唐刘岐创筑。宋朝治平间修缮。周一里二百九十一步，高一丈一尺，为敌楼二百一十一间。宣和间，郡守潘公辟重建双门，架谯楼其上⑧。绍兴间……甃以砖石。⑨

州治格局（开庆间）

郡治在子城内正北卧龙山下。地占高明，山水拱抱。自建炎杨勍之变，碑

---

① [明]陈道 等．弘治八闽通志．卷十三．地理．泉州府．明弘治刻本．
② [明]郑庆云 等．嘉靖延平府志．地理志．卷三．城池．明嘉靖刻本．
③ [明]郑庆云 等．嘉靖延平府志．公署志．卷一．明嘉靖刻本．
④ 陈德武．白雪遗音．西江月·漳州丹霞驿．中华书局，1959.
⑤ 廖刚．高峰文集．卷五．台湾商务印书馆，1983.
⑥ [明]陈道 等．弘治八闽通志．卷十三．地理．漳州府．明弘治刻本．
⑦ [明]陈道 等．弘治八闽通志．卷十三．地理．汀州府．明弘治刻本．
⑧ 《永乐大典·门》载《临汀志》：仪门在谯楼之内，翼以两廊。左廊楼曰"东架阁"，使院门在其下；右廊楼曰"西架阁"，州院在其后。郡守李公华重创。又载"辕门在设厅之东庑"。
⑨ [宋]胡太初．临汀志．城池．福建人民出版社．1990.

珉焚尽，前此营葺之由，漫不可考。绍兴元年，郡守陈公直始创中厅、宅堂。十四年，郡守陈公定国创设厅、镇山堂、仪门、两庑、甲仗、架阁诸库，甫就而去，继者补葺苟遗。及绍定间，郡守李公华削平寇叛，疮痍甫瘳，慨郡治隘陋，以次改作。内自宅堂，外至州门，规创一新，轮奂壮伟……谯楼在子城双门上。旧卑隘弗称，绍定间，郡守李公华增高辟广，翼以舞凤，一新缔创，规置伟壮。两阶所创亭，左曰宣诏，右曰颁春。仪门在谯楼之内。翼以两廊：左廊楼曰东架阁，使院门在其下；右廊楼曰西架阁，州院在其后。郡守李公华重创。设厅在仪门之内。后有镇山堂。前两庑架楼：左曰文事，右曰武备。辕门在设厅之东庑。中厅在辕门之内。清平堂在中厅之正南。福建道院在中厅之左。原名节爱堂，郡守周公晋改今名。帐门在中厅之后。寿荣堂为正堂燕凝之所。嘉泰间，郡守陈公暎名左轩曰四说，右轩曰四印。堂后崇数级，郡守罗公必元创小轩曰燕清。轩之左，郡守黄公实创楼曰依光。清心堂在福建道院之左。有楼曰览胜，郡守朱公诜隶焉。卧龙书院在清堂之左。旧名卧龙堂。山堂在州宅后正北。旧有双松奇石，名双松堂……堂后跨子城，创小亭曰山中佳处，皆自书匾。熙春堂在州宅后正北，山堂之西。累土为创堂台，建楼两层，旧名北楼，后名道山楼……有寿字碑，高阔丈余，不知何人书。第二层名曰更上，第三层名曰环翠……郡圃在卧龙山麓。旧荒芜弗治，亭榭悉在草莽中。宝祐六年，郡守胡公太初因加葺饰，辟径为垣道数十级，跨垣为门三楹，摭旧守陈公暎东山堂"常留绿野春光在"之句，匾其门曰"常春圃"，于是景物悉呈露。其详见柱刻石。东山堂在圃中西北隅，旧为威果营教场废址。庆元间，郡守陈公暎爱面东诸山紫翠插空，葺旧射堂改名之。前凿方沼，植水木芙蓉、海棠、海桂，赋诗云："朝看碧汉初腾日，暮对青山淡抹云。"教授陈一新为之记。玉壶锦幄，郡守卢公同父创。时和岁丰之堂，旧名"无境"，郡守卢公同父改今名。玲珑窗旧名赏静，郡守同父改今名，移"流觞曲水"于其前。仰高亭旧名晚对，郡守罗公必元改今名。快哉茅亭依山，郡守傅公康创。香远台旧名柰月，旁蔓荼蘼，郡守黄公实改今名。金厅在子城内之左。使院在仪门左庑。南楼横跨颁条门城上……郡守李公华重新州治，惟南楼仍卑陋不称，嘉熙间，郡守戴公挺撤而新之，于是皆为伟观。通判厅旧在颁条门内，今行衙是。元丰间，徙州东八十步正对鄞江门，耆老相传，旧为提刑衙，建炎四年废于郁攸。绍兴元年，郡守陈公直方、郡倅许公端夫重创。岁久屋老，淳祐间，郡倅孙公基鼎新之，惟大门正厅存旧。郡守黄公炳为之记。郡倅单公谓大继之，更创大门焉。宅堂匾曰公生明，后曰衍庆，向北大亭曰鄞江风月。水观亭在水观之左，旧名横舟。君子轩在宅堂之左，旧名爱莲。架楼曰悠然，前台曰延月，曰宜晚，在鄞江风月之对。岁寒亭在鄞江风月之左。佑圣堂在鄞江风月之右，因旧守碧堂为之……判府厅在州东南门下……推官厅在州东登俊坊正街……录事厅在子城内谯楼之西，旧门东向，久不利。嘉熙间，录事上官迁易南向，历任始安，右院隶焉。司理厅在州西崇福坊正街，左院隶焉。司户厅在州东福寿坊。旧门北向正街，后向南。司法厅在判官厅之右。兵马押监厅在州西崇福坊城隍庙左，今废，改创州厢。添差南兵马都监厅在州西崇福坊司理厅侧对，今废。添差东兵马都监厅在判官厅之左，今废。训练禁军厅旧无廨舍，以广节指挥营所居为之，今废。商税厅在州东福寿坊正街，务隶焉。[1] 省仓在鄞江门内……常平仓在省仓内。盐仓旧在军资库内，今移在库后别门。军资库在州衙西庑后，内子库十一所：夏税库、常平库、免役库、盐钱库、大礼库、物料库、免丁库、赃罚库、犒赏库、衣赐库，以上并在库内。抵当库，宝祐六年奉朝旨移创州门前两庑。公使库在东厅之东，淳祐间郡守郭公正已重创，内子库二：陈设库、鞍鞭库。公使酒库在东厅之东，与公使库相对。醋库在酒库门左，架阁库在州衙东庑楼上，今楼名文事。甲仗库在州衙西庑楼上，今楼名武备。七色库在通判厅西庑，淳祐间郡倅孙公基重修。合同场在州东正街推官厅左，后改为卖盐场，宝祐间又改为慈幼局。商税务在州东济川门内。惠民药局在金厅门左。药铺二，一在州门首左庑，一在济川门内。作院在州东开元寺西。[2]

（237）邵武军（宋制不详）

府城古有乌阪城，越王所筑也，在今城东三里许……宋太平兴国四年置邵武军，治今所，乃别筑土城……周回一十里有奇，辟门七。……元尽隳江南城壁。至元戊戌总管魏刘家奴复筑垒，以陶甓西南，视旧址收入一里许。[3]

（238）兴化军（宋为重城）

府城宋太平兴国八年筑。内为子城，周回二里三百一十八步，覆以屋，环以通衢，仍斥广。外城版筑，草创土垣，茅覆而已。宣和三年始更筑。崇一丈五尺，基厚半之，□其上甃以砖甓，周回七里八十三步，引北涧水为濠，广一丈，深六尺，缭城而达于东南与西南沟堑，合为门五……南渡之后岁久寝废，既而盗起……踵而成之。长一千二百九一八丈，高一丈八尺，表里以石，覆以砖。[4]

《兴化判官厅平一楼记》：……上幕廨舍，旧号库陋，豫章程君必东以甲科初仕奉亲而来，逾年而立重屋于厅事之后，以为公余读书之地，榜曰平一……[5]

成都府路

（239）成都府（宋有子城）

秦惠王二十七年张仪筑大城，周十二里，隋时杨秀附旧城西南二隅增筑少城，

① ［宋］胡太初.临汀志.城池.福建人民出版社.1990.
② ［宋］胡太初.临汀志.仓场库务.福建人民出版社.1990.
③ ［明］陈道 等.弘治八闽通志.卷十三.地理.邵武府.明弘治刻本.
④ ［明］陈道 等.弘治八闽通志.卷十三.地理.兴化府.明弘治刻本.
⑤ 陈宓 等.龙图陈公文集.卷九.上海：上海古籍出版社，1995.

广十里。唐僖宗时高骈筑罗城，周二十五里，高二丈六尺，外绕长堤二十六里，其后程戡、卢法原、王刚中、范成大先后修葺。明赵清鹜以砖石，陈怀复浚池隍，崇祯末圮。国朝康熙初……重修，高三丈，厚一丈八尺，周二十二里三分。① 西川罗城四仞高三寻阔，周三十三里……中和三年龙集癸卯八月二十五日记。②《北梦琐言》：骈镇蜀日，以南蛮侵暴，筑罗城四十里。③

《益州重修公宇记》：……今之官署，即蜀王秀所筑之城中北也……至道丁酉岁咏始议改作计工……其东因孟氏文明厅，为设厅，廊有厢楼，厅后起堂，中门立戟，通于大门其中。因王氏西楼为后楼，楼前有堂，堂有掖室，室前回廊，廊南暖厅，屏有黄氏名笔画双鹤花竹怪石在焉，众名曰双鹤厅。次南凉厅，壁有黄氏画湖滩山水双鹭在焉，其画二壁泊鹤屏皆于坏屋移置，因名曰画厅。凉暖二厅便寒暑也，二厅之东，官厨四十间，厨北越通廊，廊北为道院，一厅一堂，厨与道院本非正位，盖撙减古廊二础之外盈地所安也。凉厅西有都厅，厅在使院六十间之中，所以便议公也。院北有节堂，堂北有正堂，与后楼前为次西位也。节堂西通兵甲库，所以示隐故也。凉都二厅南列四署，同寮以居，前门通衢，后门通厅，所以便行事也。公库直室客位食厅之列，马厩、酒库、园果疏流之次四面称宜，无不周尽。疏篁奇树，香草名花，所在有之不可弹记。东挟戍兵一营，南有资军大库，库非新建。附故书改朝西门为衙西门，去三门为一门，平僭伪之迹合州郡之制，允谓得中矣。不损一钱，不扰一民，得屋大小七百四十间，二营不在数，有以利事矣。若俟木朽而后计役，耗官损民何啻累百万计。州郡兴修无足纪录，且欲旌其削伪为正，无惑远民使子子孙孙不复识逾僭之度……周翰谨述于高碑之阴，云景德三年记。④

（240）眉州（宋有子城）

唐有《眉州创罗城记》，唐大顺三年卢极撰文。⑤

（宋）景疏楼在子城上，甚草草。闻旧楼在其角，尤不如今。⑥

（241）汉州（宋制不详）

明天顺中知州李鼎、州判王瑛始筑土城，正德间佥事郝绾用石包砌。高一丈八尺，周九里七分，计一千八百四十六丈，门四，池深阔各一丈。⑦

（242）雅州（宋制不详）

石城。明洪武初千户余子正修筑。高二丈五尺，周五里，计九百丈。⑧

① [清] 黄廷桂 等. 雍正四川通志. 卷四. 上城池. 清文渊阁四库全书本.
② 崔致远 等. 桂苑笔耕集. 卷十六. 西川罗城图记. 中华书局，2007.
③ 骆宾王 等. 笺注骆临海集. 卷五. 上海：上海古籍出版社，1985.
④ 张咏. 益州重修公宇记 // 程遇孙. 成都文类. 卷二十六. 记. 官宇一. 中华书局，2011.
⑤ [宋] 王象之. 舆地碑记目. 卷四. 中华书局，1985.
⑥ [宋] 范成大. 吴船录. 卷上. 北京：中华书局，1985.
⑦ [清] 黄廷桂 等. 雍正四川通志. 卷四上. 汉州. 清文渊阁四库全书本.
⑧ [清] 曹抡彬. 乾隆雅州府志. 卷三. 城池. 清乾隆四年刊本.

（243）茂州（宋有子城）

茂州居群蛮之中，地不过数十里，旧无城，惟植鹿角……熙宁八年，屯田员外郎李琪知茂州，民投牒请筑城，琪为奏之，乞如民所请，筑城绕民居凡八百余步……九年三月二十四日始兴筑，城裁丈余。①

（244-254）本路其他府州：崇庆府、彭州、绵州、嘉定府、邛州、简州、黎州、威州、永康军、仙井监、石泉军（资料不详）

潼川府路

（255）潼川府（宋为重城）

（唐）（大和五年六月）玄武江水涨二丈，梓州罗城漂人庐舍。②

（五代）彦晖兄弟有庙在潼州府子城。③

（宋）提刑司，在罗城内之东北隅。④节堂，赵雄所建。栢楼在府治。燕堂在府治。红楼在子城上，五代时董璋建……名世堂在府治。镇雅堂在府治。长啸楼在子城上。燕祉堂在府治。⑤

（256）遂宁府（宋为重城）

蜀安国寺碑，在州罗城外，有永平二年碑……提举学事，旧有衙在罗城之北。崇宁六年置。⑥余清堂在郡治前，列海棠古栢，宣和癸卯建。报美堂在郡治。棲云台在郡治子城之上……崇宁寺在罗城外，旧名安国寺，崇宁中赐今名……蜀安国寺碑在州罗城外，有蜀永平二年。⑦

今遂宁府谯门之外有桥曰仪桥，不知何时所创，上加栏楯，道分为三，尚仿佛古人之意，谓之仪者，犹仪门也。⑧

（257）顺庆府（宋有子城）

平政堂在郡治。静治堂在郡圃。坐啸堂在郡治。凝香堂在郡治。诚正斋在郡治。仙鹤楼在郡治之后，子城之上，下瞰大江，实为郡治亭台之观。⑨

（258）普州（宋有子城）

李洞读易洞在郡西楼岩寺。洞，雍州人……尝凿石为洞，读易其中，洞卒，葬子城东十里之焦山。⑩

① [宋]司马光.涑水记闻.卷十三.中华书局，1989.
② [五代]刘昫 等.旧唐书.卷十七下.本纪第十七下.北京：中华书局，1975.
③ [宋]欧阳修.五代史记.卷六十三上.北京：中华书局，1974.
④ [宋]王象之 等.舆地纪胜.卷第一百五十四.四川大学出版社，2005.
⑤ [宋]王象之 等.舆地纪胜.卷第一百五十四.潼川府.四川大学出版社，2005.
⑥ [宋]王象之 等.舆地碑记目.卷四.遂宁府碑记.中华书局，1985.
⑦ [宋]王象之 等.舆地碑记目.卷第一百五十五.遂宁府.中华书局，1985.
⑧ [宋]赵与时.宾退录.卷九.台湾商务印书馆，1983.
⑨ [宋]王象之 等.舆地纪胜.卷第一百五十六.顺庆府.四川大学出版社，2005.
⑩ [宋]王象之 等.舆地纪胜.卷第一百五十八.普州.四川大学出版社，2005.

（259）昌州（宋制不详）

成化中同知莫琚、知县覃琳砌石城……周五里五分。①

（260）叙州（宋制不详）

唐德宗时韦皋开都督府于三江口，创建土城。会昌中因马湖江水荡圮，徙筑江北。宋末安抚郭汉傑移治登高山。元至元中复城于三江口，即今治。明洪武初增筑外城……周六里。②

（261）长宁军（宋制不详）

宋寇瑊筑土城，明成化间知府王良美甃以石……周六里。③

（262）合州（宋制不详）

明成化中知州唐珣砌石城……周一十六里二分。④

（263）荣州（宋有子城）

大周圣德勒石文碑在州衙子城门外，长安三年立韦旗撰。⑤

（264）怀安军（宋有子城）

淳简堂在郡治，取怀安民淳事简之义。深远堂在郡治。率正堂在小倅厅，子城之巅。就日堂在郡治。岁寒堂在郡堂。嘉禾堂在郡治。登江楼在郡治之东隅。凝翠堂在郡治。紫云阁在郡治之北隅。绣川堂在郡治，紫云阁之下。⑥

（265）宁西军（宋有子城）

宋元旧有土城，明天顺间甃以砖石……周二里一分。⑦

（266）泸州（宋有子城）

自州治东出芙蕖桥，至大楼，曰南定，气象轩豁，楼之名。缭子城数十步，有亭，盖梁子辅作守时所创，正面南下，临大江，名曰来风亭。⑧

（267-268）本路其他府州：资州、渠州（资料不详）

利州路

（269）兴元府（宋有子城）

府城旧址在府东二里，秦历公所筑，汉高祖王汉中时居此。宋嘉定十二年徙筑今城，明洪武三年知府费震重修，周九里八十步。⑨

① ［清］黄廷桂 等．雍正四川通志．卷四上．荣昌县．清文渊阁四库全书本．
② ［清］黄廷桂 等．雍正四川通志．卷四上．叙州府．清文渊阁四库全书本．
③ ［清］黄廷桂 等．雍正四川通志．卷四上．长宁县．清文渊阁四库全书本．
④ ［清］黄廷桂 等．雍正四川通志．卷四上．合州．清文渊阁四库全书本．
⑤ ［宋］王象之 等．舆地碑记目．卷四．荣州碑记．中华书局，1985.
⑥ ［宋］王象之 等．舆地碑记目．卷第一百六十四．怀安军．中华书局，1985.
⑦ ［清］黄廷桂 等．雍正四川通志．卷四上．富顺县．清文渊阁四库全书本．
⑧ 陆游 等．老学庵笔记．卷三．北京：中华书局，1979.
⑨ ［清］沈青峰 等．雍正陕西通志．卷十三．城池．汉中府．清文渊阁四库全书本．

天汉楼在府治子城上，周步江山，为一郡之胜。江汉堂在府治。廉泉亭在府治。高兴亭在府治，子城西北隅。嘉荫堂在宪司……南沮渡北顾亭在府治子城上西北隅。明珠井在子城内西南。①

知府署在城内东南，宋绍兴中建。江汉堂后，更名亲民署，左有古汉台，台有榭，明洪武三年知府费震修葺……②

（270）阆州（宋有子城）

（宋）三圣庙在子城中。③治平初太守朱寿昌筑东园于牙城东内，有郎官庵、三角四照红药之亭……楼亭锦屏楼，在郡治……④

（271）隆庆府（五代有子城）

赵廷隐陈兵于（剑州）牙城后山。⑤

（272）蓬州（宋制不详）

明天顺间州判李懋筑墙树栅，弘治间知县毕宗贤、同知段普鳌以砖石，高一丈，周四里，计七百二十丈，门四。

（273）洋州（宋制不详）

《重建州治记》：……嘉定己卯，边备不戒，金虏遂犯梁洋，郡治悉遭焚毁……先是郡治皆瓦砾，寄治倅厅……先创立鼓楼，谯门甫立，即经营公宇……自季冬涓日命工营葺，至癸巳春，不逾月常衙厅已落成。继立宅堂，高下相称，檐瓦鳞次，甍栋翚飞，气象鼎新，顿还旧观。方欲建签舍、修吏房、三门四隅，以次而举……承直郎宜差洋州州学教授权兴道县事兼任签判通判九峰陈材记。⑥

（274-284）本路其他府州：利州、巴州、文州、沔州、政州、大安军、阶州、同庆府、西和州、凤州、天水军（资料不详）

夔州路

（285）夔州（宋制不详）

明初树栅为城，成化十年郡守吕晟始砌以石，高一丈八尺，周五里四分，计九百七十二丈，门五。⑦

（286）绍庆府（宋制不详）

明嘉靖三十一年砌石城，高一丈二尺，周二里，计三百六十丈。⑧

---

① [宋]王象之 等．舆地纪胜．卷第一百八十三．兴元府．四川大学出版社，2005.
② [清]沈青峰 等．雍正陕西通志．卷十五．公署．汉中府．清文渊阁四库全书本.
③ [宋]王象之 等．舆地纪胜．卷第一百八十五．阆州．四川大学出版社，2005.
④ 祝穆 等．方舆胜览．卷六十七．北京：中华书局，2003.
⑤ [宋]欧阳修等．五代史记．卷六十四上．北京：中华书局，1974.
⑥ [宋]陈材．统制李侯重建州治记碑．陕西洋县文化馆存．绍定六年（1233年）刻.
⑦ [清]黄廷桂 等．雍正四川通志．卷四上．夔州府．清文渊阁四库全书本.
⑧ [清]黄廷桂 等．雍正四川通志．卷二十六．彭水县．清文渊阁四库全书本.

《黔州观察使新厅记》（权德舆）[①]:

元和二年夏六月，制诏商州刺史陇西李君，以中执法剖符兹土，凡四使十五郡五十余城，裔夷岩险，以州部修贡职者，又数倍焉。察廉经理，招徕教化，以柔远人，以布王泽。先是兵火焚如之后，公堂庳陋，飨士接宾，礼容不称。君乃规崇构，开华轩，西厢东序，靓深宏敞，广厦翼张，长梁翚飞，修廊股引，丽谯对起……三年冬十月，兵部侍郎权德舆记。

（287）咸淳府（宋制不详）

明洪武中修砌，石城。高二丈，周五里三分，计九百五十四丈，门五。[②]

（288）万州（宋制不详）

州城，五代梁时李存审所建，夹河为栅，南北二城相直，后晋天福三年，自旧澶州移治夹河。宋西宁市年，南城圮于水，独守北城，前方列而后拱，形如卧虎，周二十四里[③]……旧土城，明成化二十二年知县龙济鳌以石，高一丈二尺，周五里，计九百丈。[④]

（289）达州（宋制不详）

明成化二十一年筑土城，弘治中始甃砖石……周三里五分。[⑤]

（290）涪州（宋制不详）

明成化初砌石城，高一丈三尺，周四里。[⑥]

（291）重庆府（宋制不详）

明洪武初指挥戴鼎因旧址修砌，石城。高十丈，周十二里六分。[⑦]

考古成果：2010年4月，重庆市考古所对老鼓楼遗址进行调查，推断此处为南宋时期四川制置司衙署所在地，即余玠帅府。建筑遗迹应为重庆府衙署的谯楼。[⑧]

（292）云安军（宋制不详）

云阳县，旧土城。明正德间知县梅宁甃以石，高一丈四尺，周八里三分。[⑨]

（293）梁山军（宋有子城）

旧土城，明成化间知县吴班甃以石，高一丈四尺，周九百九十余丈。[⑩]

---

① 李昉 等．文苑英华．卷八百．黔州观察使新厅记．北京：中华书局，1966.
② [清]黄廷桂 等．雍正四川通志．卷四上．忠州．清文渊阁四库全书本．
③ 光绪开州志．卷之三．中国方志丛书．华北地方第五一号．台北：成文出版社，2007.
④ [清]黄廷桂 等．雍正四川通志．卷四上．清文渊阁四库全书本．
⑤ [清]黄廷桂 等．雍正四川通志．卷四下．清文渊阁四库全书本．
⑥ [清]黄廷桂 等．雍正四川通志．卷四上．清文渊阁四库全书本．
⑦ [清]黄廷桂 等．雍正四川通志．卷四上．重庆府．清文渊阁四库全书本．
⑧ 重庆日报．2012年8月31日．第三次全国文物普查百大新发现．渝中区巴县衙门老鼓楼衙署遗址曾是南宋、明、清、民国4代衙署．转引自新华网 http://www.cq.xinhuanet.com/2012-08/31/c_112911483.htm.
⑨ [清]黄廷桂 等．雍正四川通志．卷四上．清文渊阁四库全书本．
⑩ [清]黄廷桂 等．雍正四川通志．卷四上．清文渊阁四库全书本．

（宋）端敏堂在郡圃之东。瑞丰亭在郡圃端敏堂之右。瑞光亭在仰高堂之侧。仰高堂在设厅之东，旧为清净堂，后易今名。爱民堂在设厅之右。翔云楼在鼓角楼之左。垂云楼在子城之北……①

（294）大宁监（宋制不详）

大宁县。明正德初砌石城，周三里五分，计六百三十丈，门四。②

（295）思州（宋制不详）

大观元年蕃部长田祐恭愿为王民始建思州治，治在今婺川县，宣和中废。③

（296）播州（宋制不详）

漳腊堡，在松潘卫西北四十里，即播州城故址也，洪武十一年建。④

（297-299）本路其他府州：施州、南平军、珍州（资料不详）

广南东路

（300）广州（宋为重城）

子城，庆历四年经略魏瓘筑也……周环五里，雉堞三百，竣事迁谏议大夫因任，皇祐四年侬寇抵大通港，望城壁而悔，留五十三日，不得逞而去，朝廷以瓘有备，除集贤院学士，再知广州，复环城浚池，筑东西南瓮城门三。⑤

（南宋治所格局）简节堂在州治。整暇堂在州治。坐啸堂在州治。清风堂在东园。广平堂在州治，以宋璟而得名也。庆瑞堂在州治，熙宁中产双莲，经略曾布建。清海楼在子城上，下瞰番禺二山。石屏台在经略厅，西有池，百余步，池中刻石，其状若屏，或云南汉时王液池也。华远堂在转运司。澄清堂在转运司。仁寿堂在提举司。达观楼在市舶司。斗南楼在子城上，扶胥浴日之景列其前，海山肘其后……燕台堂在宅堂内。连天观在提举司。观风堂在州厅。东睇锦亭在城上。戏彩堂在厅事北。十贤堂在子城上。⑥（另有郡圃和转运司等略⑦）

（明治因袭宋治）布政使司署在双门大街。隋为广州刺史署；唐为岭南道署，号曰都府……咸通中为岭东道节度使府……宋为经略安抚使司……改双阙为双门，扁清海军大都督府。仪门列戟一十有四，前为设厅，中为治事厅，元符二年经略使柯述拓而正之，求南汉铁柱尚存其四，因置前楹，而别建经略安抚厅于其西。其属通判、司理参军、司法参军、司户参军皆列署于内。其右为西园。淳祐中方

① ［宋］王象之 等.舆地纪胜.卷第一百七十九.梁山军.四川大学出版社，2005.
② ［清］黄廷桂 等.雍正四川通志.卷四上.清文渊阁四库全书本.
③ ［明］洪价 等.嘉靖思南府志.卷一.地理志.明嘉靖刻本.
④ ［清］黄廷桂 等.雍正四川通志.卷四下.清文渊阁四库全书本.
⑤ ［元］陈大震.大德南海志.卷八.廨宇 // 宋元方志丛刊（第八册）.北京：中华书局，1990.
⑥ ［宋］王象之 等.舆地纪胜.卷第八十九.广州.四川大学出版社，2005.
⑦ ［元］陈大震.大德南海志.卷十.旧志诸司公廨 // 宋元方志丛刊（第八册）.北京：中华书局，1990.

大琮因后圃址建元老壮猷堂，堂之东有亭曰连天观阁，西曰先月楼台，南为运甓斋，飨军堂，后改为郡治（即今府署）。元为广东道宣慰使司都元帅府（至元十六年，因宋旧署，改建前为仪门三间，公厅五间即宋设厅，常衙厅五间即宋治事厅……又前为经历司、架阁库、东西司房……）至正末为江西行中书省，明洪武元年左丞何真归附改广东行中书省……九年改为承宣布政使司。①

（301）韶州（宋为重城）

（五代）广州（刘岩刘隐）……北侵陷韶州。（牙将李彦图）子不肖，闭子城以自卫，州人无归……相率诣全播，第请为帅，拒之不可遂，从之。②

城周围九里三十步，高二丈五尺，基广二丈，中广一丈五尺，上广一丈。梁乾化初录事李光册移州治于武水东浈水西笔峰山下。五代南汉白龙二年，刺史梁裴始筑州城（宋皇祐、绍熙、宝元，洪武）修。③

知府署旧在浈水东莲花岭下，唐初刺史邓文进移于武水西，梁乾化间大水淹没。録事李光册始迁中洲，今府治是也，宋明道间修治，余靖有记。明初知府□旭重建，宣德二年以府治为淮王府，迁府治于通济仓前，十年，淮王迁江西饶州，正统十年知府湛礼始修复旧署，国朝康熙二十六年知府唐宗尧重修。④

《韶州新修州衙记》：由是因基构程……谨列郡之仪式，挈壶所以授朔，树戟所以示威，乃伉高门以备其制……器甲犀利，对峙二库，加以层楼，谨曝凉也。按贤序宾容豆举觯，则有东西小厅，地暖春早，百卉先媚，亭曰探芳，疏池酾流，一水回合，亭曰环翠。射侯之亭曰百中，可以观德也。燕居之亭曰清虚，可以颐神也。翚飞翼舒，不借不偪，城隅一楼，景最奇绝，东溪北山，秀在眉宇……明道元年十一月日记。⑤

（302）潮州（宋有子城）

旧有子城，宋至□□筑。北倚金山，由北而南绕以濠，东临大江，外郭以土为之。绍兴十四年知州李广文乃移近南□□流，旧址甃石。绍定端平间，知州王允应许应龙东观相继甃筑完之，为门十有一。元大德间，总管大中治理修东城之滨溪者谓之堤城……⑥

知府署在新街，旧在金山之麓，本晋义安郡署，隋唐以来虽州郡名屡易，署皆因之，宋景炎三年毁于兵，元至正中，总管丁聚建为总管府。明洪武初改路为府，迁治于今所。⑦

①　[清]阮元 等.道光广东通志.卷一百二十九.建置略五.广州府上.清道光二年刻本.
②　路振 等.九国志.卷二吴.商务印书馆,1937.
③　[清]欧樾华 等.同治韶州府志.卷十五.建置略.城池.韶州府.清同治刊本.
④　同上.
⑤　余靖 等.武溪集.卷五.韶州新修州衙记.台湾商务印书馆,1983.
⑥　[清]阮元 等.道光广东通志.卷一百二十六.建置略二.城池二.潮州府.清道光二年刻本.
⑦　[清]阮元 等.道光广东通志.卷一百三十二.建置略八.廨署四.潮州府.清道光二年刻本.

（303）梅州（宋有子城）

宋以前建置无考，皇祐间侬智高反，始筑土城为捍卫。周四百五十丈，即梅州城也。①

（304）南雄州（宋有子城）

府城仅环府治。宋皇祐壬辰，知州萧渤辟之，为门三……（《记》：……皇祐四年夏五月，蛮人陷邕……南雄守殿中丞萧侯渤议乘众力治旧城而大之……广袤六千八百六十尺，下厚四十五尺，上杀二之一，崇二十五尺，加女墙六尺，用人之力一百八十万。直南立正门，冠以丽谯，卫以瓮城，东西二门如之，环城纵出楼橹相望。凡为屋大小五十四区，二百六十楹，其他守械称是）（淳熙、嘉定、绍定）修。②

旧城有二。一曰斗城，外为顾城。斗城创筑于宋皇祐四年，顾城筑于元至正乙巳，今皆称为老城，周围广七百二十七丈。③

府治在南门内，宋皇祐癸巳知州萧渤创，乾道壬辰王资修，元泰定乙丑达鲁花赤亦焉都丁广而新之，至元丙子总管杨益创后堂，戊寅修谯楼……制：中为堂曰忠爱，后为亭曰正心，堂曰虚明，又后为知州宅，左右为库，东为仪从库，迤东为经历司，又东为同知，前为通判，西为丰积库，为架阁库，又西为推官，堂之前两序为六房，各十五间，中为戒石亭，又前为仪门，东为照磨所，为吏舍，门外东为土地祠，西为狱，又前为谯楼，为大门，东西为榜，廊各十，坊三，中曰东南首郡，东曰承流，西曰宣化，东为申明亭，西为旌善亭……④

（305）肇庆府（宋为重城）

宋皇祐中，侬智高反，始筑子城，仅容廨宇。政和癸巳，郡守郑敦义乃筑砖城，周八百七十一丈，高二丈，厚一丈，开四门……明洪武元年加修筑。⑤

府署即古端州旧址，宋徽宗初封端王，及即位，升兴庆军，寻改肇庆府。明洪武二年知府步从信创建，九年知府胡善重修……⑥

（306）新州（宋有子城）

新昌郡……有城而无郭，无以考其故，惟城之北曰朝天门者，断墉翼之，岿然犹存，读其记，则政和中太守古公革承诏所为。经始之绩未就绪也。城才一里百有十二步耳，仅容州治，列廪狱余，官廨民居悉在城外……绍兴二十年……阙土为城。⑦

① ［清］阮元 等．道光广东通志．卷一百二十八．建置略四．嘉应州．清道光二年刻本．
② ［明］谭大初 等．嘉靖南雄府志．下卷．营缮城池．明嘉靖刻本．
③ ［清］阮元 等．道光广东通志．卷一百二十八．建置略四．南雄州．清道光二年刻本．
④ ［明］谭大初 等．嘉靖南雄府志．下卷公署．明嘉靖刻本．
⑤ ［清］江藩 等．道光肇庆府志．卷五．建置一．肇庆府．清光绪重刻道光本．
⑥ ［清］阮元 等．道光广东通志．卷一百三十三．建置略九．清道光二年刻本．
⑦ 胡寅 等．斐然集．卷二十一．新州竹城记．台湾商务印书馆，1983．

（307）惠州（宋有子城）

（绍兴二年）是冬，虔贼谢达犯惠州，围其城。守臣左朝奉郎范漴闻贼且至，募乡豪入保子城，城外居民悉委以喐。贼达纵其徒焚掠，独葺苏轼白鹤故居，奠之而去。[1]

惠州府署，国朝洪武元年知府万迪始建署于梌木山之阜，本隋州治也。[2]

（308）德庆府

高皇帝受命中兴，亿万载鸿业基于康州，得为府，宜与国初之应天府并。官府非壮丽，无以重龙。藩镇侏儒，菌蠢然已非称，敧不支，罅不补，岂惟风雨之忧，抑国之羞！邑赋例，郡家自督庸资，吏贪肥己，安得余力及土木！虽德庆逾百年，仍昔康耳。鄞冯侯光衷左鱼来驾，左朱喜其俗醇真，用古循吏法，摩以简静民，各安其天而心化。徐索财计源，柢搜斯抉，渗斯窒，汛斯裁，赢斯累，锐欲起百废而力副副其志。乃模乃址，乃材乃工，故陋撤去尽而新是，图仪门，辟棨戟，严丽谯，巍鼓角，壮外薄，雄楼悬永庆军扁而双门其下，宣诏、颁春之亭，翼然东西向。狞院与廒仓皆二，鼎鼎峻整，屏藩之体貌隆矣。阁焉宸章焕，殿焉素王俨，庑焉从祀序。讲堂宏宏，灵星崇崇。射有圃，童有校……淳祐二年夏五月朔，朝奉大夫、直秘阁主管建康府崇禧—李昂英记。[3]

（309–314）本路其他府州：循州、连州、德庆府、南恩州、英德府、贺州、封州（资料不详）

广南西路

（315）静江府（宋为重城）

（唐）王晙，景龙末为桂州都督，桂州粮匮乏，晙始改筑罗城。[4]唐武德中岭南抚慰大使李靖筑子城。周三十里有八步，高一丈二尺。（宋皇祐、乾道、绍熙间）相继修复。元至正十六年廉访使额尔吉纳始甃以石，谓之新城。明洪武八年增筑……[5]夹城：从子城西北角二百步北上，抵伏波山，缘江南下，抵子城逍遥楼，周回六七里，光启年中前政陈太保可环创造。[6]（宋）訾家洲在子城东南百余步长河中。东山亭府之东门有大亭枕江与望月楼接连，近子城。碧浔亭在子城东北隅十余步……堂舍：八桂堂在府治。无倦斋在府治。[7]

① 李心传 等.建炎以来系年要录.卷六十一.北京：中华书局，1988.
② [明]杨宗甫 等.嘉靖惠州府志.卷六.建置志.明嘉靖刻本.
③ 李昂英 等.文溪集.卷二.记德庆府营造记.台湾商务印书馆，1983.
④ 王钦若 等.册府元龟.卷六百八十三.牧守部.北京：中华书局，1960.
⑤ [清]金鉷 等.雍正广西通志.卷三十四.城池桂林府.清文渊阁四库全书本.
⑥ [唐]莫休符.桂林风土.清初传录明谢氏小草斋钞本.
⑦ 祝穆 等.方舆胜览.卷三十八.广西路学校府学.北京：中华书局，2003.

（316）容州（宋为重城）

容县城在绣江上游，唐容管经略使韦丹所筑。内为子城，周二里二百六十步，外城周十三里……宋咸淳寇毁，四年重修。①

大周圣德勒石文碑，在州衙子城门外，长安三年立，韦祺撰。②清心堂在郡治。宁远堂在郡治。思元堂在郡治。远意楼在郡治。绣江亭在州之西南，子城外。面面楼在郡治。粲粲园在郡治。③

（317）邕州（宋有子城）

南宁府城，自宋皇祐间始经略使狄青征侬智高时所筑，未获地利，寻亦崩颓，后有刘郡守梦神人告以就蛇迹曲折处筑之，离故城址数百步，迹用果成，历代修葺。广阑周围一千三十步，高一丈九尺。④

清风堂在郡治。梯云阁在子城东隅。筹边楼在子城上。安政堂在教场。瑞文堂在清风堂之后。双梅堂在州治后。五花洲在子城东洲上。⑤

（318）融州（宋为重城）

融县，城建自唐时。至宋，安抚使谭寿昌废旧城，拓东南北三面，创外城，周围九里，为门三……⑥

南楼在子城上。廉静堂在郡治。飞跃亭在子城上。燕香堂在宅堂。碧寒亭在通判厅。刻玉楼、致爽堂在郡治。裹香亭在司理厅。坐啸堂在五箴堂之东。超览楼、观澜楼、清晖楼并在子城上。双桂堂、五箴堂、玉融道院并在郡治。⑦

（319）象州（宋制不详）

旧土城明洪武间始筑……周围五千九百五十丈。⑧

（320）昭州（宋有子城）

唐武德八年乐州刺史江齐贤建，后圮。宋治平元年太守汪齐建筑。高二丈一尺，周四百一十六丈……元初诏天下毁城池，郡累被寇。至正庚寅……次年通守赵士元继完之。明洪武十三年……乃辟广之……周五百四十一丈。⑨

双榕阁在州治东二里。三瑞楼在州治城上西隅。卷雨楼在子城西。书云楼在州治南。澄清楼在子城西。⑩

汪齐，治平中出守，移州治于今所，《筑子城石佛堂记》云：武德中迁州治

① ［清］金鉷 等.雍正广西通志.卷三十四.清文渊阁四库全书本.
② 王象之 等.舆地纪胜.卷第一百六十.容州.四川大学出版社，2005.
③ 王象之 等.舆地纪胜.卷第一百四.容州.四川大学出版社，2005.
④ ［明］方瑜 等.嘉靖南宁府志.卷二.地里志.城池.明嘉靖四十三年刻本.
⑤ 王象之 等.舆地纪胜.卷第一百六.邕州.四川大学出版社，2005.
⑥ ［清］金鉷 等.雍正广西通志.卷三十四.清文渊阁四库全书本.
⑦ 王象之 等.舆地纪胜.卷第一百十四.融州.四川大学出版社，2005.
⑧ ［清］金鉷 等.雍正广西通志.卷三十四.清文渊阁四库全书本.
⑨ 同上。
⑩ 王象之 等.舆地纪胜.卷第一百七.昭州.四川大学出版社，2005.

于昭潭之北，有江水之患，乃易地子城清化营。①

（321）梧州（宋有子城）

宋开宝元年砌以砖，周二里一百四十步，高二丈五尺，皇祐四年寇毁，至和二年展筑。周三里二百三十七丈，辟四门。明洪武十二年复展，八百六十丈。②

桂江在子城西五十步。凤棲亭在子城上，嘉鱼亭之西。嘉鱼亭在子城南。白鹤楼在州城上之西。独秀楼在子城上。江山伟观在子城上，即桂江楼也。丹桂坊在子城东，贡院前。③

（322）藤州（宋制不详）

城在大江之南，绣江之东，二水合流，上有平原，创立城垣不知所始，元至顺三年知州文魁重砌，周三百三十丈……④

（323）龚州（宋制不详）

明洪武初，知县齐逊始筑土城，天顺间始筑砖城，周三百一十二丈。顺治七年因旧筑立罗城，墙八尺，阔四尺，计五百丈，盖以土茅，今罗城颓圮，砖城仍旧。⑤

（324）浔州（宋制不详）

宋嘉祐间始改建于平地，立土垣。嘉泰元年知州周禧、知县廖德明继筑。元至元庚辰推官范野撤而新之。明洪武六年百户吴胜复广旧城，周三百七十四丈。⑥

（325）柳州（宋制不详）

宋元祐间知柳州毕君卿始建，筑土城。明洪武二年指挥苏铨等拓之，易以砖，东西三里，南北二里，高二丈，周围七百四十八丈。⑦

（326）贵州（宋制不详）

唐元和间刺史谢鹏始筑，宋绍熙间摄郡事谭景先修之，元至正间城池颓圮，峒贼出掠……今城高一丈五尺，阔八尺，周围五百九十丈。⑧

（327）庆远府（宋有子城）

崇宁三年十一月，余（黄庭坚）谪处宜州半载矣。官司谓余不当居关城中，乃以是月甲戌，抱被入宿子城南……⑨

庆远府。府城，汉时筑土城，唐天宝元年刺史吴怀忠易以砖石，周四百五十三步，为门四，是谓旧城。明洪武二十九年开设庆远卫，拓东门外地，筑城以广之。是谓新城。共周围一千二百二十九丈。⑩

---

① 王象之 等.舆地纪胜.卷第一百七.官吏.四川大学出版社，2005.
② [清]金鉷 等.雍正广西通志.卷三十四.梧州府.清文渊阁四库全书本.
③ 王象之 等.舆地纪胜.卷第一百八.梧州.四川大学出版社，2005.
④ [清]金鉷 等.雍正广西通志.卷三十四.清文渊阁四库全书本.
⑤ 同上。
⑥ 同上。
⑦ 同上。
⑧ 同上。
⑨ [宋]黄𪫶.山谷年谱.卷三十.清文渊阁四库全书本.
⑩ [清]金鉷 等.雍正广西通志.卷三十四.清文渊阁四库全书本.

（328）宾州（宋制不详）

宋开宝中知州杨居政筑，后废。（明）砖城，周围五百一十七丈。①

（329）横州（宋制不详）

横州，旧土城。元至正丙戌，州判倪思敬始筑砖城。明洪武二十二年指挥徐复扩大之，周围方十里一千二百一十步。②

横州署旧在城内西南隅，宋建。元为总管府治，明洪武中知州薛明理重修。③

（330）化州（宋有子城）

赞王庙在子城外西偏。④

（331）高州（宋制不详）

唐时始筑土城，宋元因之。周围三百八丈六尺高六尺。洪武……于旧城之外重置新城……加甃以砖，周六百一十四丈，计三里一百四十八步，高一丈四尺，为门五。⑤

（332）雷州（宋为重城）

府城始建于南汉乾亨间（东汉建武中伏波将军马援始筑徐闻。□梁改南合州，唐改雷州，迁徙未定。至南汉始建于此）。宋淳化五年（《方舆纪要》作至道三年）知军事扬维新增筑子城。绍兴十五年，知军事王跃复筑外城，作女墙，辟四门。二十二年黄勋、二十四年赵伯柽相继成之。⑥子城周围一百四十步，高一丈七尺，下阔一丈三尺，上阔九尺。（罗城）陶砖甃甓，自西壁凡三百四十丈，东壁半之，又於东北壁堑山削城，凡一百八十丈。⑦

南汉乾亨十三年创建州治于古海康县治，宋因之，元改州为路，至元十七年以州治改宣慰司（谨按：南汉所建州治，元改宣慰司，明初改为卫治，未时，碑碣、谯楼、阜民桥，嘉靖时犹存。国初改为协镇府，今为参将府，俱详见武署）。迁州于旧治之西。⑧

（333）钦州（宋制不详）

宋天圣元年推官徐的始建议迁近海白沙之东，即今治所……洪武四年修筑，环围五百九十四丈五尺。⑨

（334）廉州（宋制不详）

创于宋元祐，修于绍圣，皆土筑。明洪武三年百户刘春增筑西城，六百九十

① [清]金鉷 等.雍正广西通志.卷三十四.清文渊阁四库全书本.
② [清]金鉷 等.雍正广西通志.卷三十四.清文渊阁四库全书本.
③ [清]金鉷 等.雍正广西通志.卷三十六.清文渊阁四库全书本.
④ 王象之 等.舆地纪胜.卷第一百十六.化州.四川大学出版社，2005.
⑤ [明]曹志遇 等.万历高州府志.卷一.城池.明万历刻本.
⑥ [清]阮元 等.道光广东通志.卷一百二十七.建置略三.雷州府.清道光二年刻本.
⑦ [明]欧阳保 等.万历雷州府志.卷八.建置志.城池【海康附府】.明万历四十二年刻本.
⑧ [清]阮元 等.道光广东通志.卷一百二十七.建置略三.雷州府.清道光二年刻本.
⑨ [明]林希元 等.嘉靖钦州志.卷六.城池.明嘉靖刻本.

丈五尺，是为旧城，二十八年指挥孙全复移东城一百五十丈，增广土城四百一十八丈。① 府署即汉合浦郡旧址，唐贞观中改为廉州，宋元因之。明洪武二年同知邹源创建。②

（335）琼州（宋为重城）

汉置珠崖郡，城在东潭，唐琼州城在白石都，宋开宝五年始徙今治，筑城凡三里，即汉玳瑁县地。绍兴间复筑外罗城，元因宋旧……明洪武初指挥孙安张荣重筑。③

（336-337）本路其他府州：白州、郁林州（资料不详）

燕山府路

（338）平州（宋制不详）

（元）平州古城，今之北城是也，南城辽人筑之。④

旧土城一座，在阳河东二里，明洪武十三年迁河西兔耳山东。⑤

（339）易州（宋有子城）

候台在州子城西南隅，高三层，燕昭王所筑，以候云物。⑥

（340-347）本路其他府州：燕山府、涿州、檀州、营州、顺州、蓟州、景州、经州（资料不详）

云中府路

（348）云中府（宋制不详）

（唐）咸通十三年十二月，尽忠夜帅牙兵攻（云州）牙城。⑦

（五代）（清泰三年七月）步军指挥使桑迁作乱，以兵围子城，彦珣突围出城，就西山据雷公口。三日，招集兵士入城诛乱军，军城如故。⑧

洪武五年大将军徐达因旧城城南之半增筑。周围十二里……景泰间巡抚副都御史年富请于府城北别筑北小城，周围六里……天顺间金都御史韩雍续手，府城东修筑东小城，南修筑南小城，各周围五里。⑨

---

① [清]阮元 等.道光广东通志.卷一百二十七.建置略三.廉州府.清道光二年刻本.
② [清]阮元 等.道光广东通志.卷一百三十四.建置略十.廉州府.清道光二年刻本.
③ [清]阮元 等.道光广东通志.卷一百二十八.建置略四.城池四.琼州府.清道光二年刻本.
④ 见《平州石幢记》.《永平府志》卷二十七.封域志.古迹下.卢龙石幢："石幢，在府城南街.高三丈，环以石栏，觚棱八面，自下而上凡七层.第一层刻创建石幢记（金大定年间）."
⑤ [清]史梦兰 等.光绪抚宁县志.卷四.城池.清光绪三年刻本.
⑥ 乐史 等.太平寰宇记.卷六十七.河北道十六.中华书局，1985.
⑦ [宋]欧阳修等.五代史记.卷四.北京：中华书局，1974.
⑧ [宋]欧阳修等.五代史记.卷七.北京：中华书局，1974.
⑨ [明]胡谧 等.成化山西通志.卷三.民国二十二年景钞明成化十一年刻本.

（349）朔州（宋制不详）

元末守将姚副枢以旧城太宽，截筑东南二角以便备守，未完。入国朝洪武间，指挥郑遇春、薛寿因所省旧址累修，周围七里。[①]

（350）蔚州（宋制不详）

后周大象二年因建州始筑。洪武七年设卫指挥同知周房奉敕修筑，周围七里十二步。[②]

（351–356）本路其他府州：武州、应州、奉圣州、归化州、儒州、妫州（资料不详）

---

① ［明］胡谧 等 . 成化山西通志 . 卷三 . 民国二十二年景钞明成化十一年刻本 .

② 同上。

参考文献

古籍类

[1] 司马迁 . 史记 . 北京：中华书局，1959.

[2] 陈寿 . 三国志 . 北京：中华书局，1959.

[3] 李延寿 . 南史 . 北京：中华书局，1975.

[4] 魏征等 . 隋书 . 北京：中华书局，1973.

[5] 郦道元 . 水经注 . 北京：中华书局，2009.

[6] 刘昫 . 旧唐书 . 北京：中华书局，1975.

[7] 王溥 . 唐会要 . 北京：中华书局，1955.

[8] 薛居正 . 旧五代史 . 北京：中华书局，1976.

[9] 王溥 . 五代会要 . 北京：中华书局，1998.

[10] 欧阳修等 . 五代史记 . 北京：中华书局，1974.

[11] 吴任臣 . 十国春秋 . 北京：中华书局，1983.

[12] 钱俨 . 吴越备史 . 北京：中华书局，1991.

[13] 脱脱等 . 宋史 . 北京：中华书局，1977.

[14] 叶隆礼 . 契丹国志 . 卷之九 . 上海古籍出版社，1985.

[15] 司马光 . 资治通鉴 . 北京：中华书局，1956.

[16] 杜佑等 . 通典 . 北京：中华书局，1984.

[17] 徐松编 . 宋会要辑稿 . 北京：中华书局，1957.

[18] 窦仪等 . 宋刑统 . 北京：中华书局，1984.

[19] 司义祖 整理 . 宋大诏令集 . 北京：中华书局，1962.

[20] 王应麟编 . 玉海 . 江苏古籍出版社，上海书店，1987.

[21] 李埴 . 皇宋十朝纲要 . 文海出版，1967.

[22] 李心传等 . 建炎以来系年要录 . 北京：中华书局，1988.

[23] 李焘 . 续资治通鉴长编 . 北京：中华书局，2004.

[24] 王钦若等 . 册府元龟 . 北京：中华书局，1960.

[25] 封演 . 封氏闻见记 . 中华书局，1985.

[26] 李诫 . 营造法式 . 上海：商务印书馆，1933.

[27] 司马光 . 稽古录 . 北京：中华书局，1991.

[28] 司马光 . 涑水记闻 . 中华书局，1989.

[29] 孟元老 . 东京梦华录 . 北京：中华书局， 2006.

[30] 庄绰 . 鸡肋编 . 清文渊阁四库全书本 . 北京：中华书局， 1983.

[31] 周密 . 齐东野语 . 北京：中华书局， 1983.

[32] 周城 . 宋东京考 . 北京：中华书局， 1988.

[33] 郑兴裔 . 郑忠肃奏议遗集 . 台湾商务印书馆， 1983.

[34] 赵升编 . 朝野类要 . 北京：中华书局， 2007.

[35] 张孝祥等 . 于湖集 . 北京：中华书局， 1985.

[36] 张栻 . 南轩集 . 台湾商务印书馆， 1983.

[37] 袁褧 . 枫窗小牍 . 北京：中华书局， 1985.

[38] 余靖等 . 武溪集 . 台湾商务印书馆， 1983.

[39] 佚名 . 大元圣政国朝典章 . 北京：中国广播电视出版社，1998.

[40] 叶梦得 . 石林燕语 . 北京：中华书局， 1984.

[41] 叶梦得 . 石林诗话 . 北京：中华书局， 1991.

[42] 邵寶等 . 容春堂集 . 上海古籍出版社， 1991.

[43] 新刊大宋宣和遗事 . 古典文学出版社， 1956.

[44] 谢维新 等 . 事类备要 . 上海：上海古籍出版社， 1992.

[45] 王遽等 . 清江三孔集 . 齐鲁书社， 2002.

[46] 王安中等 . 初寮集 . 台湾商务印书馆， 1983.

[47] 王安石 . 临川集 . 上海：商务印书馆， 1929.

[48] 汪应辰 . 文定集 . 上海：商务印书馆， 1935.

[49] 苏轼 . 经进东坡文集事略 . 上海书店， 1989.

[50] 沈约 . 宋书 . 中国华侨出版社， 1999.

[51] 沈亚之 . 沈下贤集 . 台湾商务印书馆， 2011.

[52] 沈括 . 长兴集 . 台湾商务印书馆， 1983.

[53] 邵伯温 . 邵氏闻见录 . 三秦出版社， 2005.

[54] 欧阳修 . 归田录 . 三秦出版社， 2003.

[55] 宋敏求 . 春明退朝录 . 北京：中华书局， 1985.

[56] 马总等 . 通纪 . 北京：中华书局， 2006.

[57] 骆宾王等 . 笺注骆临海集 . 上海：上海古籍出版社， 1985.

[58] 吕祖谦 . 宋文鉴 . 上海书店， 1985.

[59] 吕祖谦等 . 观澜集注 . 浙江古籍出版社， 2008.

[60] 陆游 . 渭南文集 . 台湾商务印书馆， 1983.

[61] 楼钥 . 攻媿集 . 台湾商务印书馆， 2011.

[62] 林表民等 . 赤城集 . 台湾商务印书馆， 1983.

[63] 廖刚 . 高峰文集 . 台湾商务印书馆， 1983.

[64] 李心传 . 建炎以来朝野杂记 . 北京：中华书局， 2000.

[65] 李昂英等 . 文溪集 . 台湾商务印书馆， 1983.

[66] 李觏 . 直讲李先生文集 . 台湾商务印书馆， 2011.

[67] 李昉 . 文苑英华 . 北京：中华书局， 1966.

[68] 黎靖德编 . 朱子类语 . 北京：中华书局， 1986.

[69] 孔元措 . 孔氏祖庭广记 . 济南：山东友谊出版社， 1989.

[70] 孔延之 . 会稽掇英总集 . 台湾商务印书馆， 1983.

[71] 胡仔等 . 苕溪渔隐丛话 . 人民文学出版社， 1962.

[72] 胡宿 . 文恭集 . 台湾商务印书馆， 1983.

[73] 胡宏等 . 五峰集 . 台湾商务印书馆， 1983.

[74] 洪适 . 盘洲文集 . 台湾商务印书馆， 1983.

[75] 弘治抚州府志 . 天一阁藏明代方志选刊续编 47. 上海书店， 1990.

[76] 汉魏南北朝墓志集释 . 广西师范大学出版社， 2008.

[77] 韩琦等 . 安阳集 . 台湾商务印书馆， 1983.

[78] 顾炎武 . 日知录 . 上海：商务印书馆， 1929.

[79] 顾炎武 . 历代宅京记 . 北京：中华书局， 1984.

[80] 杜牧 . 樊川文集 . 巴蜀书社， 2007.

[81] 杜范 . 清献集 . 台湾商务印书馆， 1983.

[82] 董诰 . 全唐文 . 中华书局， 1983.

[83] 崔致远等 . 桂苑笔耕集 . 中华书局， 2007.

[84] 陈造等 . 江湖长翁集 . 台湾商务印书馆， 1983.

[85] 陈起等 . 江湖小集 . 台湾商务印书馆， 1983.

[86] 陈宓等 . 龙图陈公文集 . 上海：上海古籍出版社， 1995

[87] 陈德武 . 白雪遗音 . 中华书局， 1959.

[88] 晁载之 . 续谈助 . 中华书局， 1985.

[89] 常茂徕校注 . 如梦录 . 中州古籍出版社， 1984.

[90] 查继佐 . 罪惟录 . 杭州：浙江古籍出版社， 1986.

[91] 曹安 . 谰言长语 . 北京：中华书局， 1991.

[92] 蔡襄 . 端明集 . 台湾商务印书馆， 1983.

[93] 蔡绦 . 铁围山丛谈 . 北京：中华书局， 1983.

[94] 罗隐 . 罗昭谏集 . 台湾商务印书馆， 1983.

[95] 白居易 . 白氏长庆集 . 上海书店， 1989.

[96] 李石 . 续博物志 . 成都：巴蜀书社， 1991.

[97] 韩元吉等 . 南涧甲乙稿 . 台湾商务印书馆， 1983.

[98] 胡寅等 . 斐然集 . 台湾商务印书馆， 1983.

[99] 释道宣 . 广弘明集 . 台湾商务印书馆， 1983.

[100] 范成大 . 吴船录 . 北京：中华书局， 1985.

[101] 范成大．骖鸾录．北京：中华书局，1985.

[102] 尹洙等．河南集．台湾商务印书馆，1983.

[103] 王谠．唐语林．北京：中华书局，2007.

[104] 赵汝愚 编．宋名臣奏议．四库全书本．

[105] 苏轼．苏文忠公全集．岳麓书社，2000.

[106] 程大昌．续演繁露．商务印书馆，1938.

[107] 黄震．黄氏日钞．台北：台湾商务印书馆，1986.

[108] 李日华．六研斋二笔．四库全书本．

[109] 李纲等．李忠定公奏议．续修四库全书本．上海：上海古籍出版社，1995.

[110] 黄䎖．山谷年谱．清文渊阁四库全书本．

方志类

[111] 乐史．太平寰宇记．中华书局，1985.

[112] 王象之等．舆地纪胜．四川大学出版社，2005.

[113] 王象之．舆地碑记目．中华书局，1985.

[114] 李昉等．太平广记．北京：中华书局，1961.

[115] 李昉．太平御览．上海：上海古籍出版社，2008.

[116] 祝穆等．方舆胜览．北京：中华书局，2003.

[117] 洪迈等．夷坚丙志．北京：中华书局，1985.

[118] 刘纬毅著．汉唐方志辑佚．北京：北京图书馆出版社，1997.

[119] 路振等．九国志．商务印书馆，1937.

[120] 陆广微．吴地记．南京：江苏古籍出版社，1999.

[121] 范成大．吴郡志．南京：江苏古籍出版社，1986.

[122] 朱长文．吴郡图经续记．南京：江苏古籍出版社，1999.

[123] 宋敏求．长安志 // 宋元方志丛刊（第一册）．北京：中华书局，1990.

[124] 程大昌等．雍录 // 宋元方志丛刊（第一册）．北京：中华书局，1990.

[125] 于钦等．齐乘 // 宋元方志丛刊（第一册）．北京：中华书局，1990.

[126] 周应合．景定建康志 // 宋元方志丛刊（第二册）．北京：中华书局，1990.

[127] 俞希鲁．至顺镇江志 // 宋元方志丛刊（第三册）．北京：中华书局，1990.

[128] 史能之．咸淳毗陵志 // 宋元方志丛刊（第三册）．北京：中华书局，1990.

[129] 周淙．乾道临安志 // 宋元方志丛刊（第四册）．北京：中华书局，1990.

[130] 施谔．淳祐临安志 // 宋元方志丛刊（第四册）．北京：中华书局，1990.

[131] 潜说友．咸淳临安志 // 宋元方志丛刊（第四册）．北京：中华书局，1990.

[132] 陈公亮．淳熙严州图经 // 宋元方志丛刊（第五册）．北京：中华书局，1990.

[133] 方仁荣．景定严州续志 // 宋元方志丛刊（第五册）．北京：中华书局，1990.

[134] 徐硕等.至元嘉禾志//宋元方志丛刊（第五册）.北京：中华书局，1990.

[135] 谈钥.嘉泰吴兴志//宋元方志丛刊（第五册）.北京：中华书局，1990.

[136] 张津.乾道四明图经//宋元方志丛刊（第五册）.北京：中华书局，1990.

[137] 罗濬.宝庆四明志//宋元方志丛刊（第五册）.北京：中华书局，1990.

[138] 张铉.至大金陵新志//宋元方志丛刊（第六册）.北京：中华书局，1990.

[139] 梅应发，刘锡.开庆四明续志//宋元方志丛刊（第六册）.北京：中华书局，1990.

[140] 沈作宾，施宿.嘉泰会稽志//宋元方志丛刊（第七册）.北京：中华书局，1990.

[141] 张淏等.宝庆会稽续志//宋元方志丛刊（第七册）.北京：中华书局，1990.

[142] 陈耆卿.嘉定赤城志//宋元方志丛刊（第七册）.北京：中华书局，1990.

[143] 罗愿.淳熙新安志//宋元方志丛刊（第八册）.北京：中华书局，1990.

[144] 梁克家.淳熙三山志//宋元方志丛刊（第八册）.北京：中华书局，1990.

[145] 陈大震等.大德南海志//宋元方志丛刊（第八册）.北京：中华书局，1990.

[146] 佚名.宝祐寿昌乘//宋元方志丛刊（第八册）.北京：中华书局，1990.

[147] 盛仪.嘉靖惟扬志//天一阁藏明代方志选刊（12）.上海古籍书店，1981.

[148] 王鏊.正德姑苏志//天一阁藏明代方志选刊续编（11-14）.上海书店，1990.

[149] 胡太初.临汀志.福建人民出版社.1990.

[150] 沈德潜.西湖志纂.文海出版社，1971.

[151] 嵇曾筠.浙江通志.上海古籍出版社，1991.

[152] 于琨修.康熙常州府志.南京：江苏古籍出版社，1991.

[153] 戴锡纶等.直隶南雄州志.清道光四年刊本.成文出版社，1967

[154] 夏曰瑚，张良楷，王韧.建德县志·金华朱集成堂.1919(民国8年).

[155] 嘉靖抚州府志.中国方志丛书.华中地方第九二五号.成文出版社，2007

[156] 光绪开州志.中国方志丛书.华北地方第五一五号.台北：成文出版社，2007.

[157] 卢宪.嘉定镇江志.南京：江苏古籍出版社，1988.

[158] 赵文华.嘉靖嘉兴府图记.明嘉靖刻本.

[159] 张琏.嘉靖耀州志.明嘉靖刻本.

[160] 张衮.嘉靖江阴县志.明嘉靖刻本.

[161] 李默.嘉靖宁国府志.明嘉靖刻本.

[162] 谭大初等.嘉靖南雄府志.明嘉靖刻本.

[163] 陈棐.嘉靖广平府志.明嘉靖刻本.

[164] 郑庆云等.嘉靖延平府志.明嘉靖刻本.

[165] 杨宗甫等.嘉靖惠州府志.明嘉靖刻本.

[166] 杨林等.嘉靖长沙府志.明嘉靖刻本.

[167] 张良知等.嘉靖许州志.明嘉靖刻本.

[168] 王齐等.嘉靖雄乘.上海古籍书店，1962.

[169] 王崇等.嘉靖池州府志.明嘉靖刻本.

[170] 唐交等．嘉靖霸州志．明嘉靖刻本．

[171] 洪价等．嘉靖思南府志．明嘉靖刻本．

[172] 冯惟讷等．嘉靖青州府志．明嘉靖刻本．

[173] 方瑜等．嘉靖南宁府志．明嘉靖四十三年刻本．

[174] 樊深等．嘉靖河间府志．明嘉靖刻本．

[175] 董天锡等．嘉靖赣州府志．明嘉靖刻本．

[176] 潘庭楠等．嘉靖邓州志．明嘉靖刻本．

[177] 刘继先等．嘉靖武定州志．明嘉靖刻本．

[178] 林希元等．嘉靖钦州志．明嘉靖刻本．

[179] 陆钺等．嘉靖山东通志．明嘉靖刻本．

[180] 刘节等．嘉靖南安府志．明嘉靖刻本．

[181] 严嵩等．正德袁州府志．明正德刻本．

[182] 熊相等．正德瑞州府志．明正德刻本．

[183] 曾显等．弘治宿州志．明弘治增补刻本．

[184] 汪舜民等．弘治徽州府志．明弘治刻本．

[185] 卢希哲等．弘治黄州府志．明弘治刻本．

[186] 陈道等．弘治八闽通志．明弘治刻本．

[187] 章潢等．万历新修南昌府志．明万历十六年刻本．

[188] 汤日昭等．万历温州府志．明万历刻本．

[189] 曹志遇等．万历高州府志．明万历刻本．

[190] 栗祁等．万历湖州府志．明万历刻本．

[191] 欧阳保等．万历雷州府志．明万历四十二年刻本．

[192] 胡谧等．成化山西通志．民国二十二年景钞明成化十一年刻本．

[193] 柳瑛等．成化中都志．明弘治刻本．

[194] 谢旻等．康熙江西通志．清文渊阁四库全书本．

[195] 王士俊等．雍正河南通志．清文渊阁四库全书本．

[196] 沈青峰等．雍正陕西通志．清文渊阁四库全书本．

[197] 金鉷等．雍正广西通志．清文渊阁四库全书本．

[198] 嵇曾筠等．雍正浙江通志．清文渊阁四库全书本．

[199] 黄廷桂等．雍正四川通志．清文渊阁四库全书本．

[200] 赵宏恩等．乾隆江南通志．清文渊阁四库全书本．

[201] 曹抡彬．乾隆雅州府志．清乾隆四年刊本．

[202] 李兆洛等．嘉庆凤台县志．清嘉庆十九年刻本．

[203] 刘庠等．同治徐州府志．清同治十三年刻本．

[204] 欧樾华等．同治韶州府志．清同治刊本．

[205] 阮元等．道光广东通志．清道光二年刻本．

[206] 史梦兰等.光绪抚宁县志.清光绪三年刻本.

[207] 曾国荃等.光绪湖南通志.清光绪十一年刻本.

[208] 何绍基等.光绪重修安徽通志.清光绪四年刻本.

[209] 莫休符.桂林风土记.清初传录明谢氏小草斋钞本.

今人著作类

[210] 中国营造学社汇刊.北京:知识产权出版社,2004.

[211] 顾颉刚,史念海.中国疆域沿革史.上海:商务印书馆,1999.

[212] 谭其骧.长水集.北京:人民出版社,1987.

[213] 钱穆.中国历代政治得失.北京:三联书店,2007.11.

[214] 陈寅恪.金明馆丛稿初编.上海:上海古籍出版社,1980.

[215] 梁思成.营造法式注释(上卷).北京:中国建筑工业出版社,2001.

[216] 刘敦桢.中国古代建筑史(第二版).北京:中国建筑工业出版社,1984.

[217] 郭湖生.中华古都:中国古代城市论文集.台北:空间出版社,2003.

[218] 潘谷西,何建中.《营造法式》解读.东南大学出版社,2005.

[219] Wu Liangyong. A Brief History of Ancient Chinese City Planning. Kasseel: Gesamth ochschulbibliothek.

[220] 傅熹年.傅熹年建筑史论文集.天津:百花文艺出版社,2009.

[221] 傅熹年.中国古代城市规划、建筑群布局及建筑设计方法研究上册.北京:中国建筑工业出版,2001.

[222] 傅熹年.中国美术全集·绘画编.北京:文物出版社,2006.

[223] 郭黛姮.中国古代建筑史·第三卷.北京:中国建筑工业出版社,2003.

[224] 王贵祥等.中国古代建筑基址规模.北京:中国建筑工业出版社,2008.6:83.

[225] 杨宽.中国古代都城制度史.上海:上海人民出版社,2006.

[226] 张驭寰.中国城池史.北京:中国友谊出版公司,2009.

[227] 龚延明.宋代官制辞典.北京:中华书局,1997.

[228] 贺业钜.中国古代城市规划史.北京:中国建筑工业出版社,2003.

[229] 潘谷西.中国建筑史(第四版).北京:中国建筑工业出版社,2001.

[230] 朱瑞熙.中国政治制度通史.第六卷宋代//白钢主编.中国政治制度通史.北京:社会科学文献出版社,2007.

[231] [日]斯波义信.宋代江南经济史研究.方健等译.南京:江苏人民出版社.2001.

[232] [日]平田茂树.日本宋代政治制度研究评述.上海:上海古籍出版社,2010.

[233] [日]宫泽知之.宋代中国的国家和经济——财政、市场、货币.创文社.1998.

[234] [日]久保田和男.宋代开封研究.郭万平译.上海:上海古籍出版社,2010.

[235] 包伟民.宋代地方财政史研究.上海:上海古籍出版社,2001.

[236] 宿白.隋唐城址类型初探//北京大学考古系.纪念北京大学考古专业三十周年论文集.北京:文物出版社, 1990.

[237] 天一阁博物馆, 中国社会科学院历史研究所.天一阁藏明钞本天圣令校证附唐令复原研究.北京:中华书局, 2006.

[238] 何勇强.钱氏吴越国史论稿.杭州:浙江大学出版社, 2002.

[239] 戴显群.唐五代社会政治史研究.哈尔滨:黑龙江人民出版社,2008.

[240] 郭黎安.宋史地理志汇释.合肥:安徽教育出版社, 2003.

[241] 桂栖鹏, 楼毅生.浙江通史隋·唐五代卷.杭州:浙江人民出版社, 2005.

[242] 中国历史文化名城词典编委会编.中国历史文化名城词典.上海:上海辞书出版社, 1985.

[243] 郑天挺, 吴泽, 杨志玖.中国历史大辞典.上卷.上海:上海辞书出版社, 2000.

[244] 施丁, 沈志华主编.资治通鉴大辞典·上编.长春:吉林人民出版社,1994.

[245] 祝鸿熹主编.古代汉语词典.成都:四川辞书出版社,2000.

[246] 俞鹿年.中国官制大辞典.上卷.哈尔滨:黑龙江人民出版社,1992.

[247] 颜品忠,颜吾芟,邸建新,等.中华文化制度辞典:文化制度.北京:中国国际广播出版社,1998.

[248] 赵德义, 汪兴明编.中国历代官称辞典.北京:团结出版社,1999.

[249] 唐嘉弘主编.中国古代典章制度大辞典.郑州:中州古籍出版社,1998.

[250] 孙永都, 孟昭星.中国历代职官知识手册.天津:百花文艺出版社,2006.

[251] 季德源.中华军事职官大典.北京:解放军出版社,1999.

[252] 华夫主编.中国古代名物大典.济南:济南出版社,1993.

[253] 包伟民主编.宋代制度史研究百年.上海:商务印书馆, 2004.

[254] 聂崇歧.宋代府州军监之分析//聂崇歧.宋史丛考.北京:中华书局, 1980.

[255] 贾玉英.宋代地方政治制度史研究述评//包伟民主编.宋代制度史研究百年.上海:商务印书馆, 2004.

[256] 宋史全文.哈尔滨:黑龙江人民出版社, 2005.

[257] 牛来颖.唐宋州县公廨及营修诸问题.//荣新江.唐研究.第十四卷.北京:北京大学出版社,2008.

[258] 江天健.宋代地方官廨的修建//台湾大学历史系.转变与定型:宋代社会文化史学术研讨会论文集.2000.

[259] 丘刚, 董祥.北宋东京皇城的初步勘探与试掘//开封考古发现与研究.郑州:中州古籍出版社, 1998.

[260] 开封市文物工作队编.开封考古发现与研究.郑州:中州古籍出版社, 1998.

[261] 开封市地方史志编纂委员会编.开封简志.郑州:河南人民出版社, 1988.

[262] 周宝珠.宋代东京研究.郑州:河南大学出版社, 1999.

[263] 吴涛.北宋都城东京.郑州:河南人民出版社, 1984.

[264] 郑寿彭.宋代开封府研究.台北:国立编译馆中华丛书编审委员会, 1980.

[265] 程遂营等编.开封.上海:中华地图学社,2005.

[266] 张劲.两宋开封临安皇城宫苑研究.济南:齐鲁书社,2008.

[267] 徐吉军.南宋都城临安.杭州:杭州出版社,2008.

[268] 南京市地方志编纂委员会编纂.南京建置志.深圳:海天出版社,1994,P110.

[269] 杭州市文物考古所.南宋恭圣仁烈皇后宅遗址.北京:文物出版社,2008.

[270] 常州市地名委员会编.江苏省常州市地名录.1983.

[271] 刘建国.古城三部曲——镇江城市考古.南京:江苏古籍出版社,1995.

[272] 南雄市地方志编纂委员会.南雄年鉴.1993-1997.

[273] 刘庆柱.汉长安城.北京:文物出版社,2003.

[274] 赵化成,高崇文.秦汉考古.北京:文物出版社,2002.

[275] 李合群.北宋东京布局研究[博士学位论文].郑州:郑州大学,2005.

[276] 姜东成.元大都城市形态与建筑群基址规模研究[博士学位论文].清华大学建筑学院,2007.

[277] 崔伟.《永乐大典》本江苏佚志研究[博士学位论文].安徽大学,2010.

[278] 王妮妮.唐代厅壁记及其史料价值[硕士学位论文].西安:陕西师范大学,2010.

[279] 梅静.明清苏州园林基址规模变化及其与城市变迁之关系研究[硕士学位论文].清华大学建筑学院,2009.

[280] 刘妍.隋—宋扬州城防若干复原问题探讨[硕士学位论文].东南大学,2009.

[281] 尹家琦.北宋东京皇城宣德门研究[硕士学位论文].郑州:河南大学,2009.

期刊类

[282] 宿白.隋唐长安城和洛阳城.考古,1978(6).

[283] 郭湖生.关于中国古代城市史的谈话.建筑师,1996(6).

[284] 包伟民.视角、史料与方法:关于宋代研究中的"问题".历史研究,2009(6).

[285] 姚柯楠,李陈广.衙门建筑源流及规制考略.中原文物,2005,(3).

[286] 潘晟.明代方志地图编绘意向的初步考察.中国历史地理论丛.2005,20(4).

[287] 张驭寰.北宋东京城复原研究.建筑学报,2000(9).

[288] 李合群.北宋东京内城里坊布局初探.中原文物,2005(3).

[289] 李合群.北宋东京皇宫二城考略.中原文物,1996(3).

[290] 张劲.开封历代皇宫沿革与北宋东京皇城范围新考.史学月刊.2002(7).

[291] 曹汛.伤悼郭湖生先生.建筑师,总第130期,2008(3).

[292] 谭刚毅.宋画《清明上河图》中的民居和商业建筑研究.古建园林技术,2003(4).

[293] 张维明.宋《平江图》碑年代考.东南文化,1987(3).

[294] 杜瑜.从宋《平江图》看平江府城的规模和布局.自然科学史研究,1989(2).

[295] 曹婉如.现存最早的一部尚有地图的图经——《严州图经》.自然科学史研究.1994(04).

[296] 鲁西奇、马剑 . 城墙内的城市——中国古代治所城市形态的再认识 . 中国社会经济史研究 .
二○○九年第二期 .

[297] 郭湖生 . 隋唐长安 . 建筑师 (57)，1994.

[298] 俞永炳，李久海 . 江苏扬州宋三城的勘探与试掘考古，1990(07).

[299] 萧红颜 . 谯楼考 . 亚洲民族建筑保护与发展学术研讨会论文集，2004.

[300] 邹水杰 . 汉代县衙署建筑格局初探 . 南都学坛 . 第 24 卷第 2 期，2004 年 3 月 .

[301] 武廷海 . 从形势论看宇文恺对隋大兴城的"规画" . 城市规划，2009(12).

其他

[302] 南京晨报 . 2007 年 3 月 31 日 .

[303] 重庆日报 . 2012 年 8 月 31 日 .

[304] 京江晚报 . 2009 年 8 月 20 日 .

[305] 中国文物报 . 2000 年 11 月 22 日 .

[306] 中国基本古籍库（电子版）. 2007.

后记

　　这本书是笔者博士论文《宋代官署建筑研究》的阶段性修改成果。论文是在导师王贵祥先生的国家自然科学基金"合院建筑尺度与古代宅田制度关系对元大都及明清北京城市街坊空间影响研究"（项目编号：50378046）的研究框架和体系指导下展开的。

　　笔者对宋代官署建筑的研究始于一幅源自宋代方志中的地方衙署的地图，在完成了以这幅古地图的格局、建筑复原为主要工作内容的确硕论文之后，展开了对整个宋代地方城市官署建筑和相关制度的探索和研究。

　　在论文的写作过程中，感谢导师王贵祥教授对笔者的精心指导和培养，使我由昔日懵懂孩童，而今始尝研学之乐。先生深邃的学术思维、勤奋的工作态度，是赐我一生不尽的财富。同时，也感谢清华大学建筑学院的郭黛姮、楼庆西、吕舟、张复合、贺从容、贾珺、刘畅、李路珂、青锋等诸位老师在本人论文开题和写作过程中给予的指导和帮助，感谢305、505的全体师友和同窗对我多年来的关心、支持和鼓励。

　　本书的顺利出版得到了北方工业大学建筑营造体系研究所"建筑与文化·认知与营造"丛书项目的资助，感谢贾东教授及各位前辈的厚爱、各位同事的热忱帮助，在此深表敬意和谢忱。

　　最后感谢父母和爱人对我的默默支持和付出。

袁　琳

2012 年 12 月 21 日